信号与系统分析

聂小燕　杜　娥　编著

清華大学出版社
北　京

内 容 简 介

本书全面论述和阐述信号与系统分析的基本理论和分析方法，主要内容包括信号与系统的基本概念，LTI连续时间系统的时域分析、频域分析和复频域分析，LTI离散时间系统的时域分析、z 域分析和频域分析。本书按照先时域后变换域、先连续后离散、先信号分析后系统分析的指导思想，重点突出三大变换、两大系统。全书图文并茂，实例丰富，提供配套的教学资源、知识全景图和各章思维导图。

本书可作为高等院校电子信息类、自动化类和计算机类专业的本科和专科教材，也可作为高职高专、成人教育和自学考试的参考用书。

图书在版编目(CIP)数据

信号与系统分析/聂小燕，杜娥编著. —北京：清华大学出版社，2022.6（2024.8重印）
ISBN 978-7-302-60973-5

Ⅰ. ①信… Ⅱ. ①聂… ②杜… Ⅲ. ①信号分析－教材 ②信号系统－系统分析－教材 Ⅳ. ①TN911.6

中国版本图书馆 CIP 数据核字(2022)第 089515 号

责任编辑：佟丽霞　赵从棉
封面设计：常雪影
责任校对：赵丽敏
责任印制：曹婉颖

出版发行：清华大学出版社
　网　址：https://www.tup.com.cn，https://www.wqxuetang.com
　地　址：北京清华大学学研大厦 A 座　　**邮　编**：100084
　社 总 机：010-83470000　　**邮　购**：010-62786544
　投稿与读者服务：010-62776969，c-service@tup.tsinghua.edu.cn
　质量反馈：010-62772015，zhiliang@tup.tsinghua.edu.cn
印 装 者：三河市科茂嘉荣印务有限公司
经　销：全国新华书店
开　本：185mm×260mm　**印　张**：16.75　**字　数**：407 千字
版　次：2022 年 8 月第 1 版　**印　次**：2024 年 8 月第 3 次印刷
定　价：52.00 元

产品编号：093626-01

前 言

“信号与系统分析”课程是通信工程、电子信息工程、自动控制、信息工程及计算机等专业的专业基础课。该课程理论性、逻辑性强，较抽象；需要学生具有较好的高等数学、电路分析知识和一定的复变函数知识；教与学均有一定的难度。

电子科技大学成都学院信号与系统课程组经过多年的教学实践探索，对“信号与系统分析”课程的教学大纲、教学体系、教学内容和教学方法进行了系统的改革与创新。为了培养学生的学习习惯，提高学生思考、分析和解决问题的素质及能力，在总结多年来实践教学经验的基础上，组织编写了本书。

本书有如下特色：

(1) 强调树立以学生为主体的编写思想。在调研独立学院学生的学习习惯、知识现状和分析后续课程所必需的“信号与系统分析”课程的知识的基础上，本书编写时力争符合学生的认知规律，遵循先易后难、循序渐进的原则分解教材内容，适时适度地进行技巧和知识面的铺垫，以利于教与学的开展。组织教学内容时，把基本概念和知识要点有机整合，去掉烦琐的推导过程，形成本书的知识点。在注重条理清晰、逻辑严谨的同时，尽量做到重点突出、难点分散，能快速引导学生入门，从而激发学生学习“信号与系统分析”课程的兴趣。

(2) 重视基本概念，重视对学生能力的培养。在内容编排和体系结构上，尽量考虑有利于对基本概念的理解和掌握。教材结构体系突出三大变换，两大系统，先时域后变换域、先连续后离散、先信号分析后系统分析。

(3) 在不同的章节、不同的位置精细设计不同难度、深度的例题。例题除及时跟进内容外，其难度呈阶梯状推进，引导学生逐渐学会自主学习，培养学生的抽象思维能力和分析、对比、归纳、总结能力。

(4) 为了使学生不仅能读懂，而且喜欢、愿意学习这门课程，本书文字叙述在确保概念准确的前提下，尽力做到语言通俗易懂、流畅，图文配合恰当，且详略得当。

(5) 分层次编写课后习题。习题 A 强调基础知识练习，并配有一定的能起到章节小结作用的填空题和简答题，能帮助学生理解本章内容及重点，夯实基本概念和分析方法；习题 B 题目灵活、难度稍大，供学有余力的学生进行课外拓展。书后配有习题的答案，可以帮助学生自主检查知识掌握的程度。

(6) 课程组教师积极参与建设了与教材配套的移动教学资源——微课(移动课本),教材和微课的功能可以互相增强。本书凸显了与信息技术和网络教学资源的融合,同时也兼具了指导学生开展网络学习的功能。例如,学生通过用手机扫描书中二维码链接窗口,就可以浏览相应的网络资源,其中包括各章节的重难点解析、视频讲解、知识拓展等,从而激发学生主动学习的兴趣,引导其自主学习。

本书第 3、4、6、7 章由聂小燕编写,第 1、2、5 章及习题答案由杜娥编写,聂小燕负责全书内容的组织和定稿工作,由任璧蓉、杜娥、唐溢、孟雪琴、温苾芳、张佳芬和蒋霞等负责全书的校订以及附录部分的整理编写工作。

本书知识全景图导图式微课可以用手机扫描下方二维码,下载到计算机上观看。

视频讲解

此外,本书参考了部分老师和同行所公开的书籍和文献,尽管已在参考文献中列出,但难免有疏漏,在此一并致以衷心的感谢。

鉴于编者水平有限及写作时间短促,不妥之处敬请指正。

编　者

2022 年 2 月

目 录

第1章 绪 论

CHAPTER 1

本章首先以连续时间信号为例介绍信号的分类、常用信号、信号的基本运算，然后讨论系统的相关概念，最后介绍信号分析及系统分析的基本思路。这些内容是学习“信号与系统”课程的重要基础，是展开后续课程学习的前提，应熟练掌握基本概念及运算，应清晰地理解信号分析及系统分析的基本思路。

1.1 信号的概念

信号的概念很早就存在于人们的日常生活中。在中国古代，当人们看见万里长城的烽火台升起浓烟时，就知道有敌人入侵了，其中包含的信息是敌人入侵，这一信息的载体是烽烟。而当渔船遇险发出求救信号时，其中的信息是渔船遇险请求救援，信息的载体是无线电波。本书讨论的信号是指包含信息的电压或电流信号。

1.1.1 信号的分类

根据信号的不同属性可以对信号进行不同的分类，各种分类方法是互不相关的。本书只讨论如下7种分类方法。

1. 确定性信号与随机信号

确定性信号是指可以用时间函数来描述的信号，例如，信号 $f(t)=\sin 2t$；而随机信号是指不能用确定的时间函数描述的信号，将在专门的后续课程中讨论。

本书只研究确定性信号，因此，全书信号与函数这两个名词在使用中为同一概念。由于确定性信号是可以用函数来描述的，所以具有时间特性，能作出随时间变化的波形图；具有能量(功率)特性，可求出信号的能量(功率)；具有频率特性，由一定的频率分量组成。

2. 连续时间信号与离散时间信号

设 t_0 是时间变量 t 的一个任意值，t_0 为实数。

定义 比时间 t_0 小无穷小的时间为 t_0^-，即

$$t_0^- = \lim_{\substack{\varepsilon\to 0\\ \varepsilon>0}}(t_0-\varepsilon) \tag{1.1.1}$$

定义 比时间 t_0 大无穷小的时间为 t_0^+,即

$$t_0^+ = \lim_{\substack{\varepsilon \to 0 \\ \varepsilon > 0}} (t_0 + \varepsilon) \tag{1.1.2}$$

在高等数学中定义过函数的第一类间断点。若 t_0(t_0 为实数)是函数 $f(t)$的第一类间断点,则存在函数的左极限 $f(t_0^-)$和右极限 $f(t_0^+)$,且 $f(t_0^-)=f(t_0^+)$,但函数在 $t=t_0$ 时刻的函数值 $f(t_0)$无定义,或者 $f(t_0^-)\neq f(t_0^+)$。例如图 1.1.1 所示信号 $f(t)$,$f(0)$无定义,左极限 $f(0^-)=0$,右极限 $f(0^+)=1$,所以 $t=0$ 是信号 $f(t)$的第一类间断点。

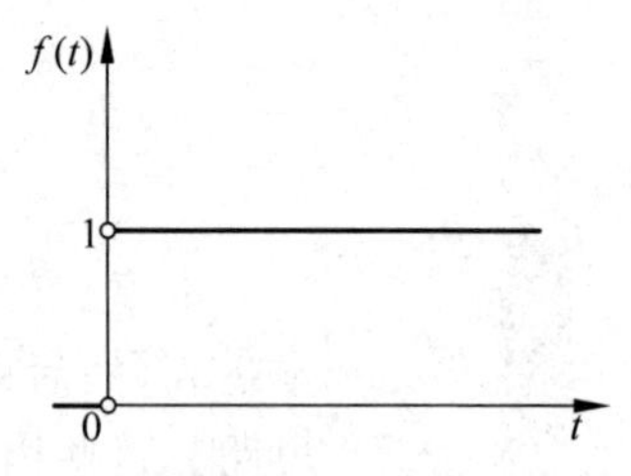

图 1.1.1　函数的第一类间断点例图

若信号 $f(t)$对于自变量 t 除第一类间断点外处处有定义,就称信号 $f(t)$为连续时间信号,如图 1.1.2(a)所示。离散时间信号是指只在离散的时间点上有定义,其余时间无定义的信号,如图 1.1.2(b)所示。

第 1 章至第 4 章学习连续时间信号与系统分析,第 5 章、第 6 章讨论离散时间信号与系统分析。

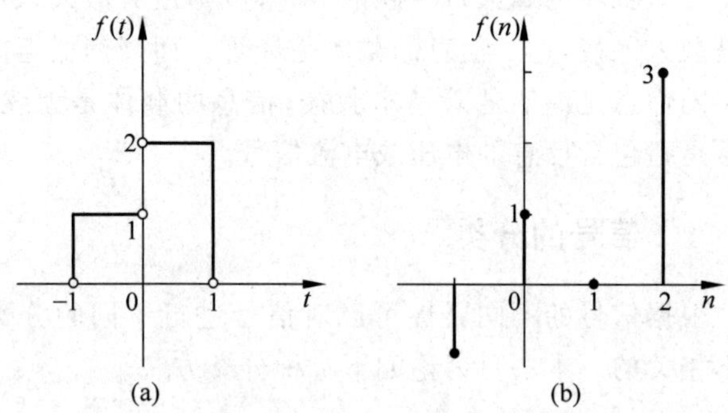

图 1.1.2　连续时间信号、离散时间信号波形例图

为了区分这两类信号,用 t 表示连续时间信号的自变量,用圆括号把自变量括在里面,即(t),例如连续时间信号 $f(t)$。而用 n 表示离散时间信号的自变量,用方括号把自变量括在里面,即$[n]$,例如离散时间信号 $f[n]$。

3. 周期信号与非周期信号

周期信号 $f(t)$的周期为 T(s,秒),角频率 $\omega_0=\dfrac{2\pi}{T}$(rad/s,弧度/秒),频率 $f=\dfrac{1}{T}$(Hz,赫兹),满足关系式

$$f(t)=f(t-T) \tag{1.1.3}$$

周期信号的波形以 T 为周期周期性重复。图 1.1.3 所示即为周期 $T=2$ 的周期信号。

不满足式(1.1.3)的信号不具有周期性,称为非周期信号,例如图 1.1.2(a)所示信号即为非周期信号。

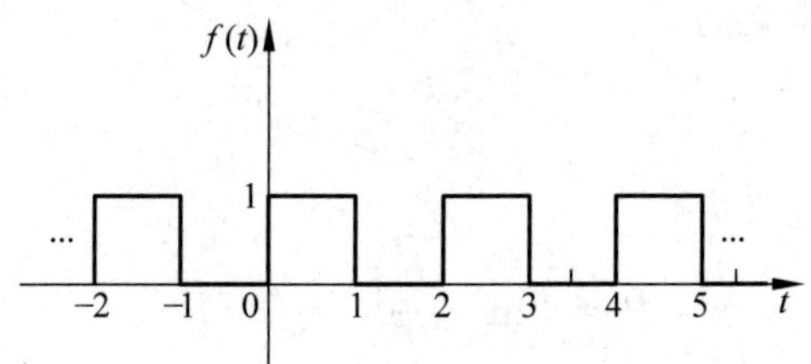

图 1.1.3　周期信号波形例图

4. 对称信号与非对称信号

本书只介绍两种对称信号：

满足 $f(t)=-f(-t)$ 的信号称为奇信号，波形对称于原点，如图 1.1.4(a)所示；

满足 $f(t)=f(-t)$ 的信号称为偶信号，波形对称于纵轴，如图 1.1.4(b)所示。

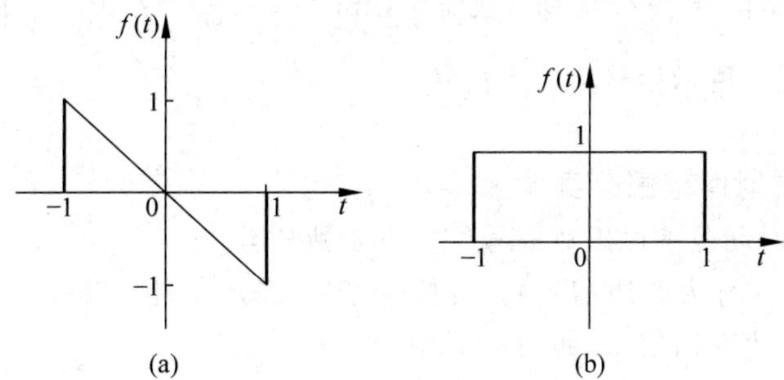

图 1.1.4　奇信号、偶信号波形例图

5. 实信号与复信号

用实函数描述的信号称为实信号，可以作出随时间变化的波形图；用复函数描述的信号称为复信号，只能分别作出其实部及虚部的波形图。例如，信号 $f(t)=2t-1$ 是实信号，而信号 $y(t)=e^{j\omega t}$ 是复信号。

一切物理可实现的信号均为实信号。为了建立一些有用的概念或为了简化运算常使用复变函数，于是出现了复信号。例如，运用欧拉公式[式(1.1.4)、式(1.1.5)]可以将实余弦信号或实正弦信号表示成一对复信号的叠加。

$$\cos\alpha t=\frac{1}{2}(e^{j\alpha t}+e^{-j\alpha t}) \tag{1.1.4}$$

$$\sin\alpha t=\frac{1}{2j}(e^{j\alpha t}-e^{-j\alpha t}) \tag{1.1.5}$$

6. 能量信号与功率信号

将信号 $f(t)$ 看作电压或电流，其通过 1Ω 电阻时所消耗的能量 E 或功率 P 称为信号 $f(t)$ 的能量或功率。按照电路分析课程的概念，可得出：

信号 $f(t)$的能量的定义为

$$E=\int_{-\infty}^{+\infty} f^2(t)\mathrm{d}t \tag{1.1.6}$$

信号 $f(t)$的功率的定义为

$$P=\lim_{T\to+\infty}\frac{1}{2T}\int_{-T}^{T} f^2(t)\mathrm{d}t \tag{1.1.7}$$

若信号 $f(t)$的能量有限就称信号 $f(t)$为能量信号,功率当然等于零。即 $E<+\infty$,$P=0$。

若信号的功率有限就称信号 $f(t)$为功率信号,功率信号的能量为无穷大。即 $E\to+\infty$,$P<+\infty$。

例如,图 1.1.2(a) 所示信号 $f(t)$ 的能量为 $E=\int_{-\infty}^{+\infty} f^2(t)\mathrm{d}t=\int_{-1}^{0}\mathrm{d}t+\int_{0}^{1}4\mathrm{d}t=5$,信号 $f(t)$ 的功率为 $P=0$,因此图 1.1.2(a) 所示信号为能量信号。

而图 1.1.3 所示信号 $f(t)$ 的功率为 $P=\lim_{T\to+\infty}\frac{1}{2T}\int_{-T}^{T} f^2(t)\mathrm{d}t=\frac{1}{2}\int_{0}^{1}\mathrm{d}t=\frac{1}{2}$,能量 $E\to+\infty$。所以,图 1.1.3 所示信号为功率信号。

7. 信号按所占时间范围分类

按照信号所占时间范围可以对信号作如下 4 种分类。

(1) 有始信号(又称为右边信号)。若信号 $f(t)$满足条件:当 $t<t_1$(t_1 为实常数)时,$f(t)\equiv0$,则称 $f(t)$为有始信号,如图 1.1.5(a)所示。

若 $t_1=0$,即 $t<0$ 时 $f(t)\equiv0$,又称信号 $f(t)$为因果信号,如图 1.1.5(b)所示。

(2) 有终信号(又称为左边信号)。若信号 $f(t)$满足条件:当 $t>t_2$(t_2 为实常数)时,$f(t)\equiv0$,则称信号 $f(t)$为有终信号,如图 1.1.5(c)所示。

若 $t_2=0$,即 $t>0$ 时 $f(t)\equiv0$,又称 $f(t)$为逆因果信号(亦称为反因果信号),如

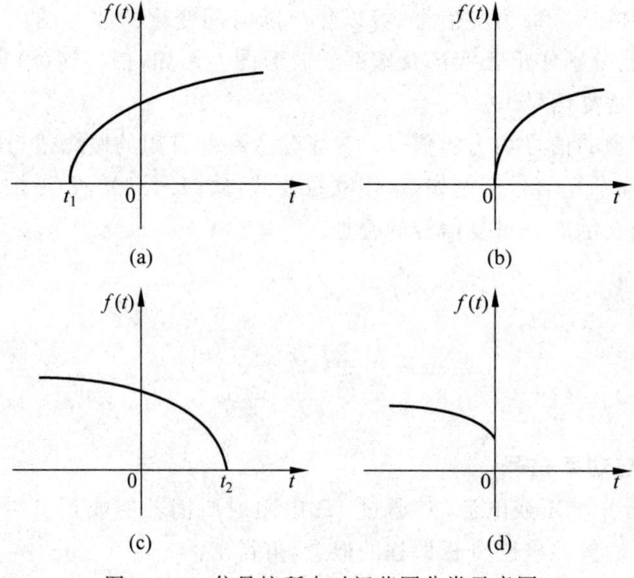

图 1.1.5　信号按所占时间范围分类示意图

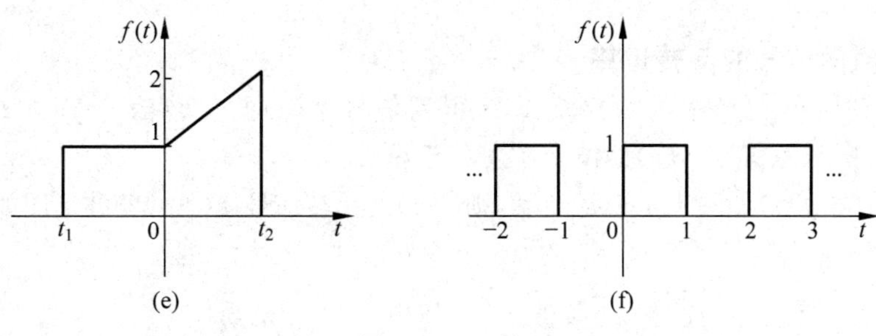

图 1.1.5 (续)

图 1.1.5(d)所示。

(3) 时限信号。若信号 $f(t)$满足条件：当 $t<t_1$ 和 $t>t_2(t_2>t_1, t_1$、t_2 均为实常数)时 $f(t)\equiv 0$，则称 $f(t)$为时限信号，如图 1.1.5(e)所示。

(4) 无时限信号。若信号 $f(t)$的自变量 t 在$(-\infty,+\infty)$都有取值，则称信号 $f(t)$为无时限信号，如图 1.1.5(f)所示的信号。一切周期信号均为无时限信号。

1.1.2 连续时间信号的基本运算

视频链接

1. 连续时间信号的加、乘运算

连续时间信号 $f_1(t)$、$f_2(t)$的加(代数加)信号 $y_1(t)=f_1(t)+f_2(t)$，乘信号 $y_2(t)=f_1(t)f_2(t)$，在 $t=t_0$ 时刻(t_0 为实数)的函数值，等于信号 $f_1(t)$和 $f_2(t)$在该瞬时($t=t_0$)的函数值之和、积，即

$$y_1(t_0)=f_1(t_0)+f_2(t_0) \tag{1.1.8}$$

$$y_2(t_0)=f_1(t_0)f_2(t_0) \tag{1.1.9}$$

例如，运用信号加、乘运算的定义式(1.1.8)、式(1.1.9)计算图 1.1.6(a)、(b)所示信号 $f_1(t)$、$f_2(t)$的和信号及乘积信号分别如图 1.1.6(c)、(d)所示。

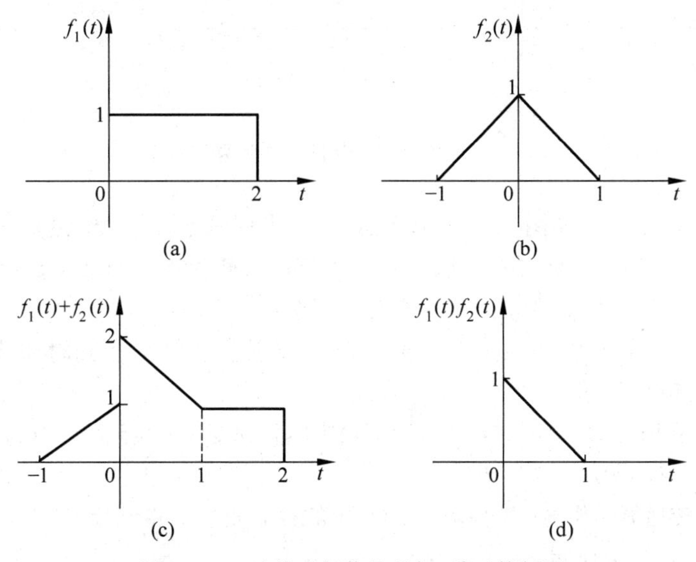

图 1.1.6 连续时间信号的加、乘运算例图

2. 连续时间信号的反转运算

用$-t$代替信号$f(t)$中的独立变量t，得到信号$f(t)$的反转信号$f(-t)$，反转信号$f(-t)$的波形图与原信号$f(t)$的波形图对称于纵轴。

例如，若信号$f(t)$如图1.1.7(a)所示，则$f(t)$的反转信号$f(-t)$的波形图如图1.1.7(b)所示。

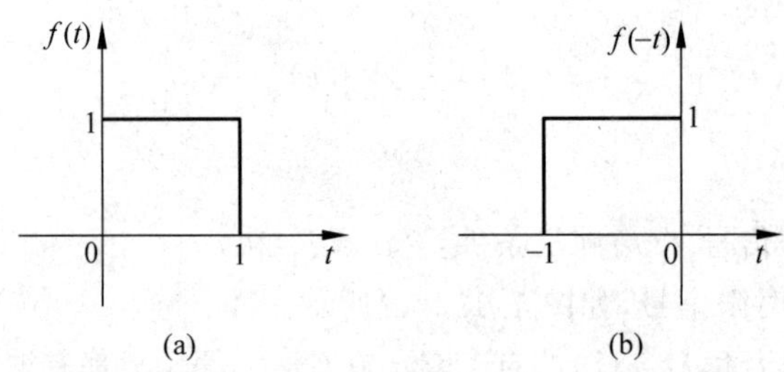

图1.1.7　连续时间信号的反转运算波形例图

3. 连续时间信号的时移运算

用$t-t_0$（t_0为实数）代替信号$f(t)$中的独立变量t得到信号$f(t)$的时移信号$f(t-t_0)$。当$t_0>0$时，信号$f(t-t_0)$的波形图是信号$f(t)$的波形图沿t轴右移t_0的结果；当$t_0<0$时，信号$f(t-t_0)$的波形图是信号$f(t)$的波形图沿t轴左移$|t_0|$的结果。

例如，若信号$f(t)$如图1.1.8(a)所示，根据信号时移运算的定义可作出信号$f(t-1.5)$、$f(t+1)$的波形图分别如图1.1.8(b)、(c)所示。

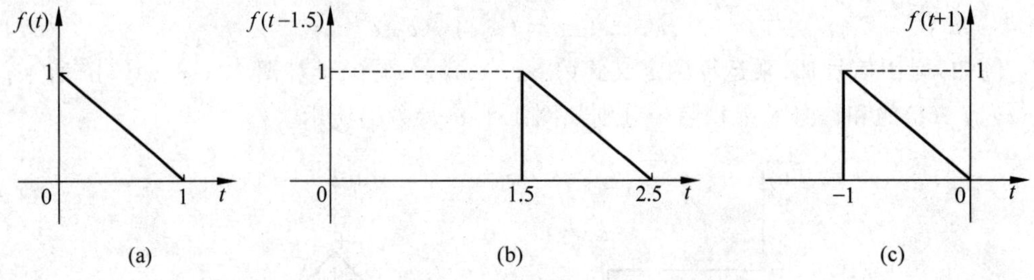

图1.1.8　连续时间信号的时移运算波形例图

例1.1.1　信号$f(t)$如图1.1.9(a)所示，试作出信号$f(1-t)$的波形图。

显然，此题需要用到反转、时移两种运算，本例题将两种不同的运算顺序都表示出来，希望可以帮助读者加深对独立变量t这一概念的理解。

解1　先时移运算。用$t+1$代替信号$f(t)$中的独立变量t，得到时移信号$f(t+1)$，其波形图如图1.1.9(b)所示。

再反转运算。用$-t$代替时移信号$f(t+1)$中的独立变量t得到信号$f(1-t)$，$f(1-t)$的波形图如图1.1.9(c)所示。

解2　先反转运算。用$-t$代替信号$f(t)$中的独立变量t，得到反转信号$f(-t)$，$f(-t)$的波形图如图1.1.9(d)所示。

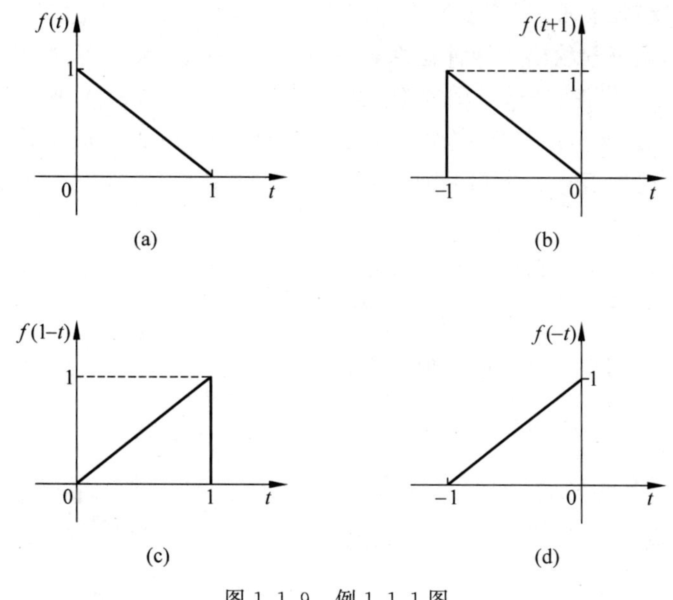

图 1.1.9　例 1.1.1 图

再时移运算。用 $t-1$ 代替反转信号 $f(-t)$ 中的独立变量 t，得到信号 $f(1-t)$。$f(1-t)$ 的波形图是 $f(-t)$ 波形图沿 t 轴右移 1 的结果，$f(1-t)$ 的波形图仍然如图 1.1.9(c) 所示。

4. 连续时间信号的尺度变换运算

用 at（a 为实常数，$a\neq 0$）代替信号 $f(t)$ 中的独立变量 t，得到信号 $f(t)$ 的尺度变换信号 $f(at)$。当 $a>1$ 时，信号 $f(at)$ 的波形图是信号 $f(t)$ 的波形图沿 t 轴压缩到 $\frac{1}{a}$ 的结果，纵坐标不变；当 $0<a<1$ 时，信号 $f(at)$ 的波形图是信号 $f(t)$ 的波形图沿 t 轴扩展到 $\frac{1}{a}$ 的结果，纵坐标不变。

例如，已知信号 $f(t)$ 的波形图如图 1.1.10(a) 所示，根据信号的尺度变换运算定义，可得信号 $f\left(\frac{t}{2}\right)$、$f(3t)$ 的波形图分别如图 1.1.10(b)、(c) 所示。

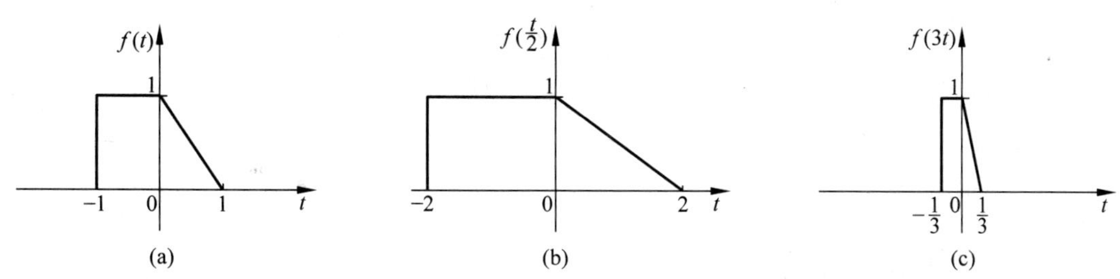

图 1.1.10　连续时间信号的尺度变换运算波形例图

例 1.1.2　信号 $f(t)$ 的波形图如图 1.1.11(a) 所示，试作信号 $f(1-2t)$ 的波形图。

此题用到了反转、时移、尺度变换三种运算，可以经六种运算顺序得出 $f(1-2t)$ 的波形图。为简便起见，本书只给出了两种运算顺序，其余四种运算顺序可同理得出。

解 1 先用 $t+1$ 代替信号 $f(t)$ 中的独立变量 t，得到信号 $f(t+1)$，波形图如图 1.1.11(b)所示。再用 $-t$ 代替信号 $f(t+1)$ 中的独立变量 t，得到信号 $f(1-t)$，波形图如图 1.1.11(c)所示。最后用 $2t$ 代替信号 $f(1-t)$ 中的独立变量 t，得到信号 $f(1-2t)$，信号 $f(1-2t)$ 的波形图如图 1.1.11(d)所示。

解 2 先用 $-t$ 代替信号 $f(t)$ 中的独立变量 t，得到信号 $f(-t)$，波形图如图 1.1.11(e)所示。再用 $2t$ 代替 $f(-t)$ 中的独立变量 t，得到信号 $f(-2t)$，波形图如图 1.1.11(f)所示。最后用 $t-\frac{1}{2}$ 代替信号 $f(-2t)$ 中的独立变量 t，得到信号 $f(1-2t)$。作出 $f(1-2t)$ 的波形图仍然如图 1.1.11(d)所示。

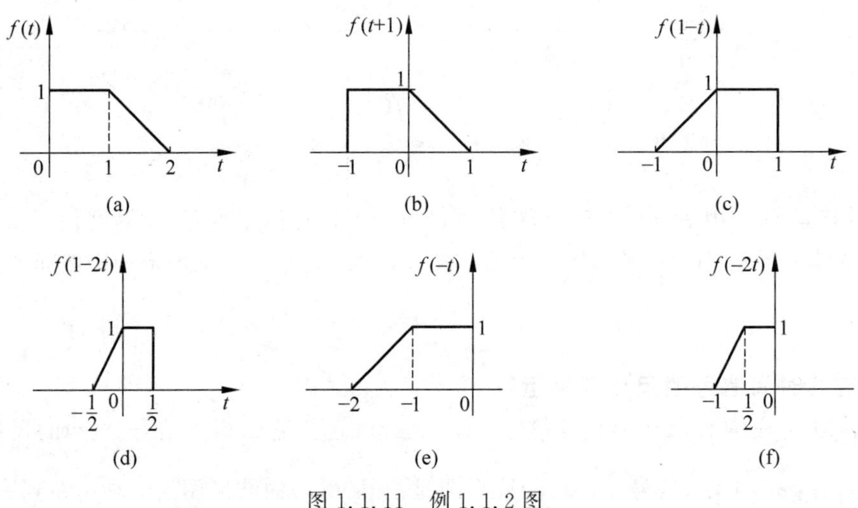

图 1.1.11 例 1.1.2 图

5. 信号的微分、积分运算

本书只讨论可以用函数描述的确定性信号，所以书中的信号与函数表示同一概念，其微积分运算的定义与高等数学相同，而且在后续章节中还会阐述阶跃信号及单位冲激信号的微积分。

定义符号

$$f^{(-1)}(t)=\int_{-\infty}^{t} f(\tau)\mathrm{d}\tau \tag{1.1.10}$$

例如，信号 $f(t)$ 如图 1.1.12(a)所示，根据高等数学函数的微分运算的定义，可求得 $f'(t)$ 的波形图如图 1.1.12(b)所示。

1.1.3 常用连续时间信号

1. 连续时间单位阶跃信号 $u(t)$

定义连续时间单位阶跃信号

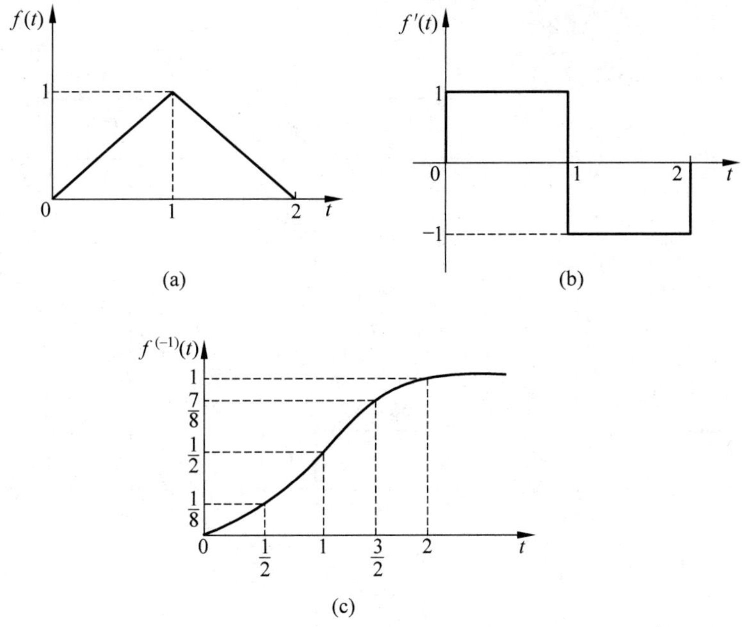

图 1.1.12　连续时间信号的微分运算例图

$$u(t)=\begin{cases}1, & t>0\\ 0, & t<0\end{cases} \tag{1.1.11}$$

其波形图如图 1.1.13 所示。

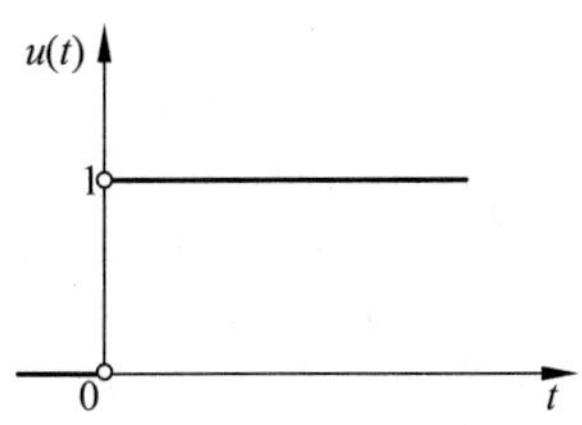

图 1.1.13　连续时间单位阶跃信号 $u(t)$ 的波形图

例 1.1.3　信号 $f(t)$ 如图 1.1.14(a)所示，试分别作出信号 $f(t)u(t)$、$f(t)u(t-1)$、$f(t)u(-t)$、$f(t)u(1-t)$ 的波形图。

解　单位阶跃信号 $u(t)$ 的波形图如图 1.1.14(b)所示，作信号的反转运算 $u(-t)$ 的波形图如图 1.1.14(c)所示，进行时移运算得 $u(t-1)$、$u(1-t)$ 波形图分别如图 1.1.14(d)、(e)所示。根据信号相乘的定义式(1.1.9)，可得 $f(t)u(t)$、$f(t)u(t-1)$、$f(t)u(-t)$、$f(t)u(1-t)$ 各波形图分别如图 1.1.14(f)～(i)所示。

例 1.1.4　信号 $f_1(t)$、$f_2(t)$ 如图 1.1.15 所示，试分别写出用阶跃信号表示的信号 $f_1(t)$、$f_2(t)$ 的表达式。

解　图 1.1.15(a)所示信号除可以表示为 $f_1(t)=\begin{cases}1, & 0<t<1\\ 0, & \text{其他}\end{cases}$ 外，还可以用阶跃信号写为 $f_1(t)=u(t)-u(t-1)$。

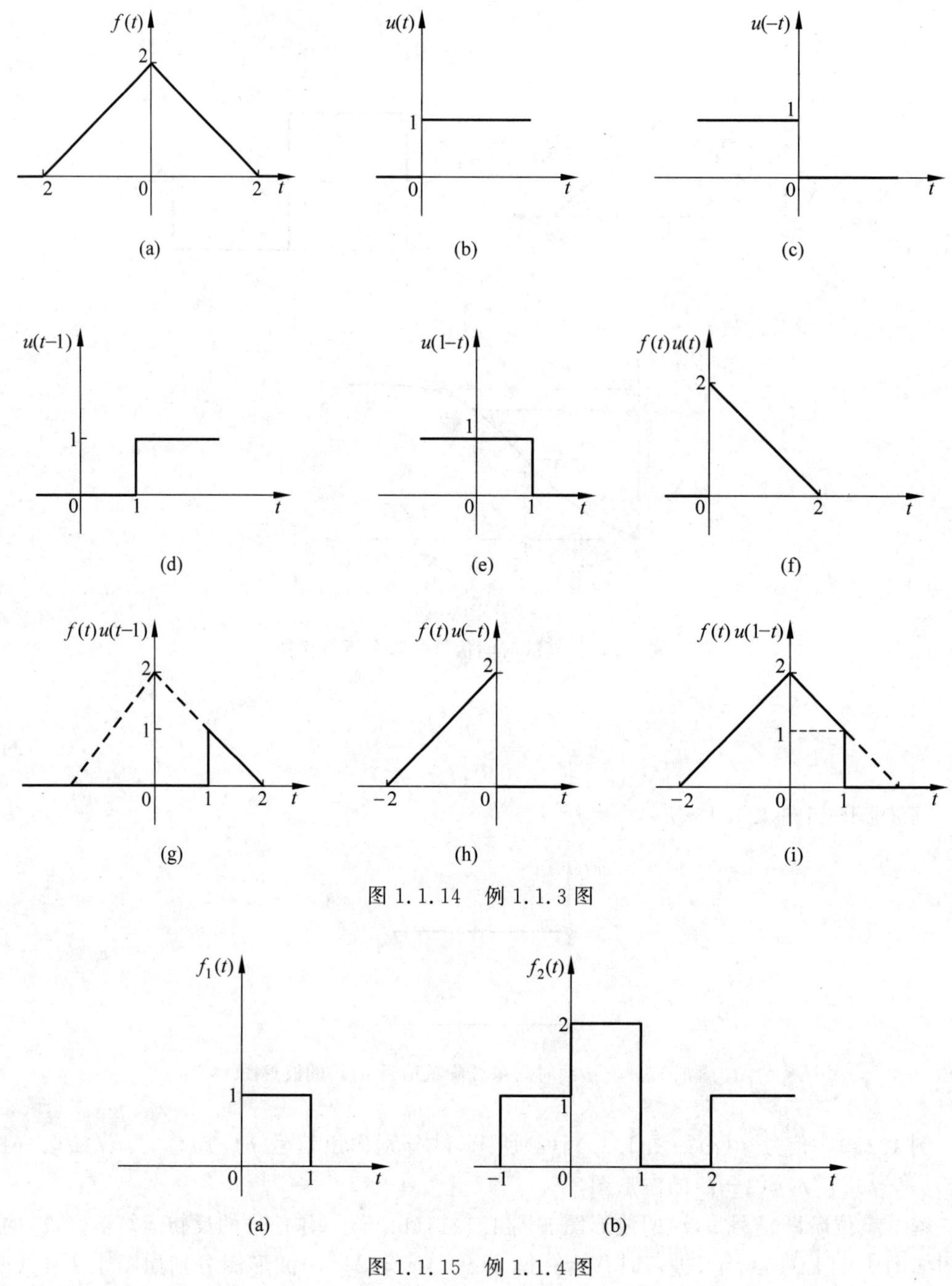

图 1.1.14 例 1.1.3 图

(a) (b)

图 1.1.15 例 1.1.4 图

图 1.1.15(b)所示信号为

$$f_2(t)=u(t+1)+u(t)-2u(t-1)+u(t-2)$$

2. 门信号 $Ag_{\tau}(t-t_0)$

符号 $Ag_{\tau}(t-t_0)$表示门信号，其中门高为 A，门宽为 τ，门的中心位置为 t_0。例如门信号 $g_2(t)$，门高为 1，门宽是 2，门的中心位置在 0。$g_2(t)=u(t+1)-u(t-1)$，波形图如

图 1.1.16 所示。

例 1.1.5　写出图 1.1.17 所示信号 $f(t)$ 的表达式。

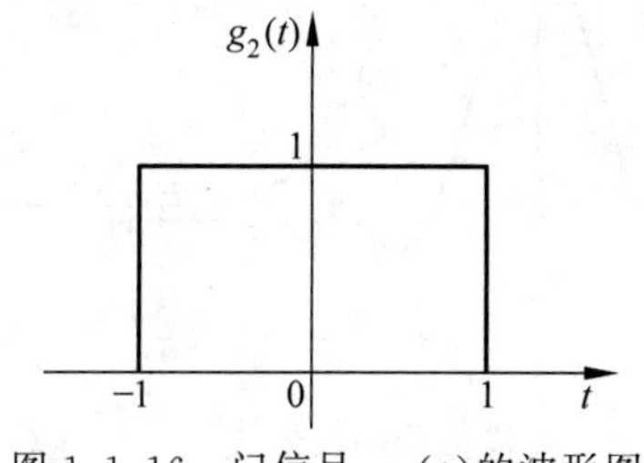

图 1.1.16　门信号 $g_2(t)$ 的波形图

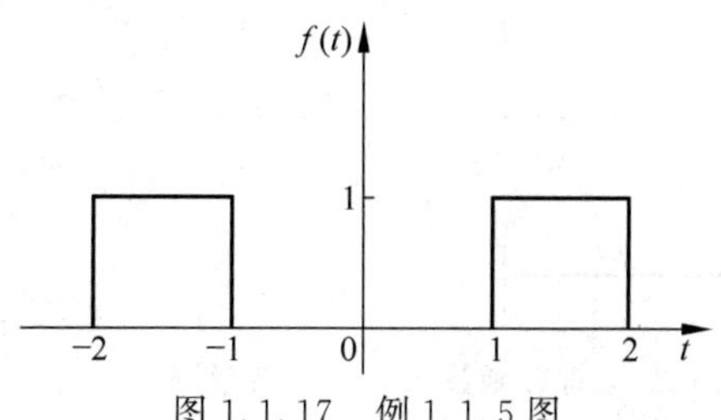

图 1.1.17　例 1.1.5 图

解

$$
\begin{aligned}
f(t) &= u(t+2) - u(t+1) + u(t-1) - u(t-2) \\
&= g_4(t) - g_2(t) = g_1(t+1.5) + g_1(t-1.5)
\end{aligned}
$$

3. 斜升信号 $f(t)=kt$（k 为常数）

称一次函数 $f(t)=kt$ 为斜升信号，其中，k 为直线的斜率。波形图如图 1.1.18 所示。

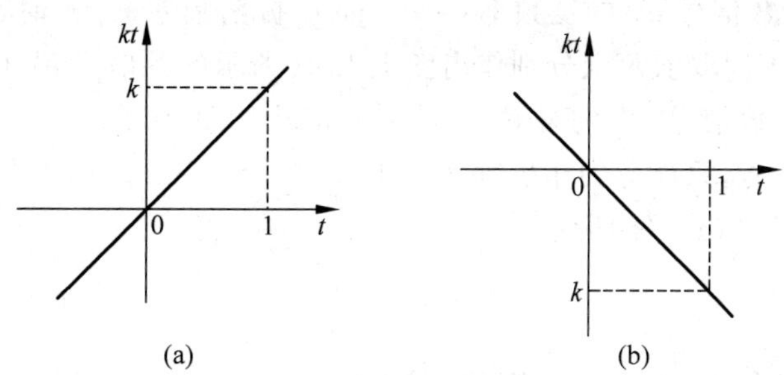

图 1.1.18　斜升函数波形图

(a) $k>0$；(b) $k<0$

4. 符号函数 sgn(t)

定义符号函数

$$
\operatorname{sgn}(t) = \begin{cases} 1, & t > 0 \\ -1, & t < 0 \end{cases} \tag{1.1.12}
$$

符号函数的波形图如图 1.1.19 所示。

5. 抽样信号 Sa(t)

定义抽样信号

$$
\mathrm{Sa}(t) = \frac{\sin t}{t} \tag{1.1.13}
$$

其波形图如图 1.1.20 所示。$\mathrm{Sa}(0)=1$；当 $t=k\pi(|k|=1,2,3,\cdots)$ 时，$\mathrm{Sa}(t)=0$。

6. 无时限指数信号 e^{st}

定义无时限指数信号

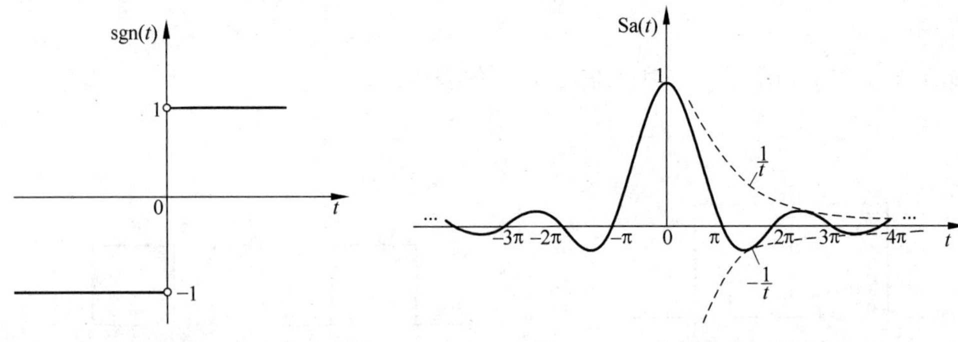

图 1.1.19 符号函数 sgn(t)的波形图　　图 1.1.20 抽样信号的波形图

$$e^{st}, \quad t \in (-\infty, +\infty) \tag{1.1.14}$$

其中,$s=\sigma+\mathrm{j}\omega$ 称为信号 e^{st} 的复频率,实常数 σ 及 ω 分别称为阻尼因子及振荡(角)频率。

例如,信号 $e^{(2+\mathrm{j}3)t}$ 的复频率为 $2+\mathrm{j}3$;信号 $e^{-\mathrm{j}t}$ 的复频率为 $-\mathrm{j}$;信号 -4 的复频率为 0。如果要计算信号 $\cos 2t$ 的复频率,可以由欧拉公式(1.1.4)得 $\cos 2t=\frac{1}{2}e^{\mathrm{j}2t}+\frac{1}{2}e^{-\mathrm{j}2t}$,所以实信号 $\cos 2t$ 有一对共轭的复频率 $s_1=\mathrm{j}2$ 和 $s_2=s_1^*=-\mathrm{j}2$。

(1) 当无时限指数信号 e^{st} 的复频率 $s=\sigma+\mathrm{j}\omega$ 中振荡频率 $\omega=0$ 时,信号 $e^{st}=e^{\sigma t}$ 为实信号,可以按照 σ 的不同取值范围分别作出图 1.1.21 所示的各信号 $e^{\sigma t}$ 的波形图。

(2) 当无时限指数信号 e^{st} 的复频率 $s=\sigma+\mathrm{j}\omega$ 中阻尼因子 $\sigma=0$ 时,信号 $e^{st}=e^{\mathrm{j}\omega t}=\cos\omega t+\mathrm{j}\sin\omega t$ 为复信号,只能分别作出其实部 $\mathrm{Re}(e^{\mathrm{j}\omega t})=\cos\omega t$ 及虚部 $\mathrm{Im}(e^{\mathrm{j}\omega t})=\sin\omega t$ 的波形图分别如图 1.1.22(a)、(b)所示。

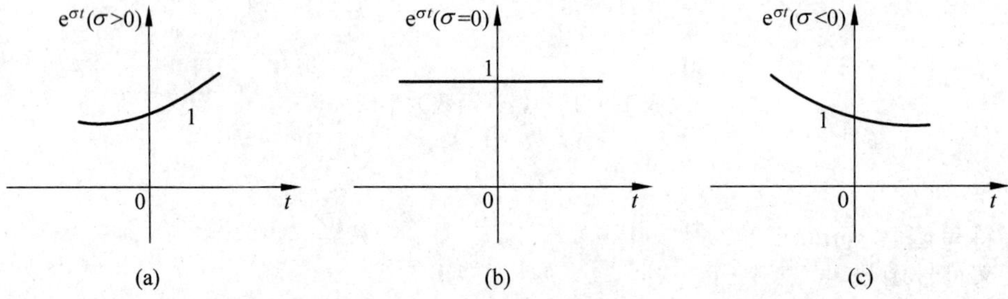

图 1.1.21 无时限指数信号 $e^{\sigma t}$ 的波形图

(a) 上升的指数信号;(b) 直流信号;(c) 衰减的指数信号

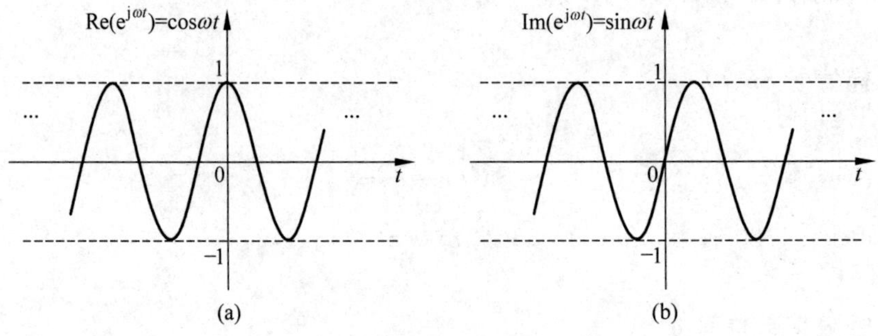

图 1.1.22 无时限指数信号 $e^{\mathrm{j}\omega t}$ 的实部及虚部波形图

(3) 当无时限指数信号 e^{st} 的复频率 $s=\sigma+j\omega$ 中阻尼因子 σ 及振荡频率 ω 均不为零 $(\sigma\neq0,\omega\neq0)$ 时，信号 $e^{st}=e^{(\sigma+j\omega)t}=e^{\sigma t}\cos\omega t+je^{\sigma t}\sin\omega t$。可以分别作出 $\sigma>0$ 和 $\sigma<0$ 时，信号 e^{st} 的实部 $\mathrm{Re}(e^{st})=e^{\sigma t}\cos\omega t$ 和虚部 $\mathrm{Im}(e^{st})=e^{\sigma t}\sin\omega t$ 的波形图。

例 1.1.6 试粗略画出信号 $f(t)=e^{st}=e^{(\sigma+j\omega)t}$，当 $\sigma\neq0,\omega\neq0$ 且 $\sigma>0$ 时的实部波形图。

解 当 $\sigma>0$ 时，实无时限指数信号 $e^{\sigma t}$ 的波形图如图 1.1.21(a)所示，而信号 $\cos\omega t$ 的波形图如图 1.1.22(a)所示，根据两信号相乘的定义式(1.1.9)可得信号 $f(t)=e^{st}$ 的实部 $\mathrm{Re}(e^{st})=e^{\sigma t}\cos\omega t$ 的波形图如图 1.1.23 所示。

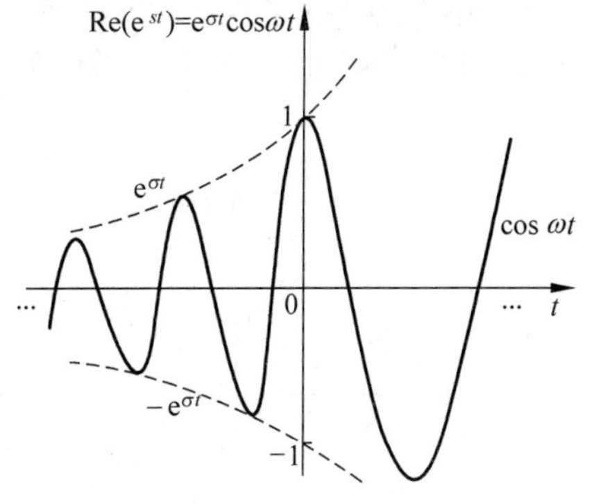

图 1.1.23　例 1.1.6 图

7. 单位冲激信号 $\boldsymbol{\delta}(t)$

单位冲激信号 $\delta(t)$ 在数学中称为分布函数，它与单位阶跃信号 $u(t)$ 都称为奇异函数。它是在积分过程中定义的，或者定义为一些规则函数族的极限。图 1.1.24(a)所示的门信号 $g_\tau(t)$ 和图 1.1.24(b)所示的三角波信号 $f_\tau(t)$，当 τ 变小时，脉冲宽度变窄，脉冲高度增高，面积始终为 1，分别构成门信号函数族和三角波函数族。而这两个函数族当 $\tau\to0$ 时的极限却是相同的，都是宽度为 0、高度无穷、面积为 1 的窄脉冲，另外如抽样函数、高斯脉冲等都具有这一性质。称这些规则函数族的极限为冲激信号，它描述的是作用时间极短、能量却巨大的物理现象的极限。本书不对单位冲激信号 $\delta(t)$ 的定义进行严格的讨论，但读者应掌握其性质。

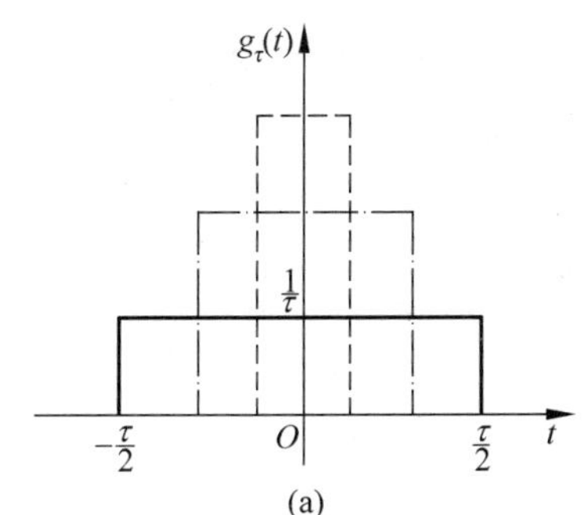

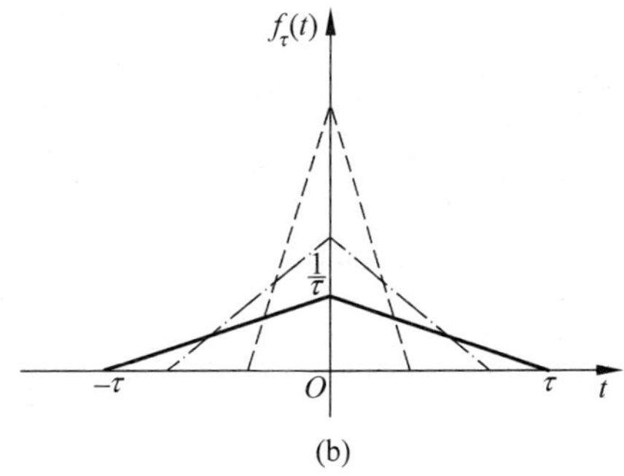

图 1.1.24　规则函数族例图

单位冲激信号具有如下 5 个性质。

1) 狄拉克定义

狄拉克定义作为单位冲激信号 $\delta(t)$ 的定义是不严格的，但它却是 $\delta(t)$ 的性质之一。其定义式为

$$\text{当 } t\neq0 \text{ 时}, \delta(t)=0, \quad \text{而}\int_{-\infty}^{+\infty}\delta(t)\mathrm{d}t=1 \tag{1.1.15}$$

式(1.1.15)表明单位冲激信号 $\delta(t)$ 是一个宽度为 0、高度无穷、发生在 $t=0$ 时刻、面积

为 1 的窄脉冲。用空心箭头表示单位冲激信号 $\delta(t)$，箭头旁的圆括号内标明其面积，如(1)，波形图如图 1.1.25(a)所示。对于宽度为 0、高度无穷、发生在 $t=0$ 时刻、面积为 A(A 为常数)的窄脉冲，记为 $A\delta(t)$。A 称为冲激信号的强度，$A\delta(t)$的波形图如图 1.1.25(b)所示。

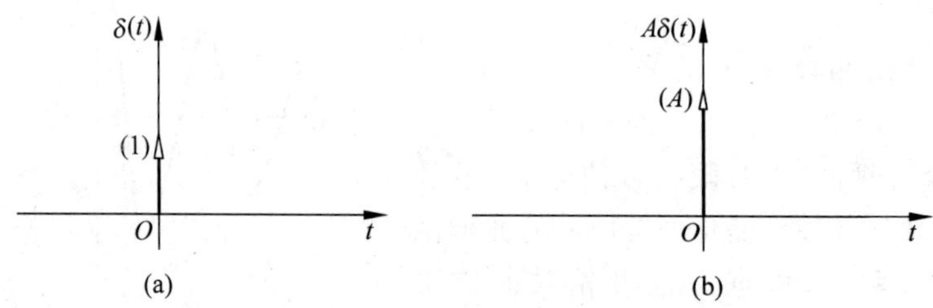

图 1.1.25　冲激信号的波形图

2）冲激信号的抽样性

$$f(t)\delta(t-t_0)=f(t_0)\delta(t-t_0) \tag{1.1.16}$$

$$\int_{-\infty}^{+\infty} f(t)\delta(t-t_0)\mathrm{d}t=f(t_0) \tag{1.1.17}$$

说明　用狄拉克定义式(1.1.15)即可简单推出式(1.1.16)。如果连续时间信号 $f(t)$ 是有界信号，即 $f(t_0)$存在，因为冲激信号 $\delta(t-t_0)$只发生在 $t=t_0$ 时刻，其余时间均等于 0，则 $f(t)\delta(t-t_0)$是一发生在 $t=t_0$ 时刻、高度无穷、宽度为 0、面积为 $f(t_0)$的窄脉冲 $f(t_0)\delta(t-t_0)$，即 $f(t)\delta(t-t_0)=f(t_0)\delta(t-t_0)$。

利用式(1.1.16)和式(1.1.15)可得出

$$\int_{-\infty}^{+\infty} f(t)\delta(t-t_0)\mathrm{d}t=\int_{-\infty}^{+\infty} f(t_0)\delta(t-t_0)\mathrm{d}t=f(t_0)\int_{-\infty}^{+\infty}\delta(t-t_0)\mathrm{d}t=f(t_0)$$

证毕。

例 1.1.7　计算

(1) $\int_{-\infty}^{+\infty}(t+1)\delta(t-1)\mathrm{d}t$　　(2) $\int_{-\infty}^{+\infty}(3t-1)\delta(t+3)\mathrm{d}t$

(3) $\int_{-\infty}^{+\infty}\cos\pi t\,\delta(t+2)\mathrm{d}t$　　(4) $\int_{-\infty}^{+\infty}\mathrm{e}^{-(2t-1)}\delta(t+1)\mathrm{d}t$

(5) $\int_{-\infty}^{+\infty}\delta(t-1)u(t-2)\mathrm{d}t$

解　用冲激信号的抽样性式(1.1.17)直接计算。

(1) $\int_{-\infty}^{+\infty}(t+1)\delta(t-1)\mathrm{d}t=(t+1)\Big|_{t=1}=2$

(2) $\int_{-\infty}^{+\infty}(3t-1)\delta(t+3)\mathrm{d}t=(3t-1)\Big|_{t=-3}=-10$

(3) $\int_{-\infty}^{+\infty}\cos\pi t\,\delta(t+2)\mathrm{d}t=\cos\pi t\Big|_{t=-2}=\cos(-2\pi)=1$

(4) $\int_{-\infty}^{+\infty}\mathrm{e}^{-(2t-1)}\delta(t+1)\mathrm{d}t=\mathrm{e}^{-(2t-1)}\Big|_{t=-1}=\mathrm{e}^3$

(5) $\int_{-\infty}^{+\infty}\delta(t-1)u(t-2)\mathrm{d}t=u(t-2)\Big|_{t=1}=u(-1)=0$

3）冲激信号的尺度变换特性

$$\delta(at)=\frac{1}{|a|}\delta(t),\quad a\neq 0, a\text{ 为常数} \tag{1.1.18}$$

推论

$$\delta(t)=\delta(-t) \tag{1.1.19}$$

证明 选取 $t=0$ 时连续的函数 $f(t)$ 做测试函数，计算

$$\int_{-\infty}^{+\infty} f(t)\delta(at)\mathrm{d}t$$

令

$$x=at,\quad a\neq 0, a\text{ 为常数}$$

当 $a>0$ 时，有

$$\int_{-\infty}^{+\infty} f(t)\delta(at)\mathrm{d}t=\int_{-\infty}^{+\infty} f\left(\frac{x}{a}\right)\delta(x)\mathrm{d}\left(\frac{x}{a}\right)=\frac{1}{a}\int_{-\infty}^{+\infty} f\left(\frac{x}{a}\right)\delta(x)\mathrm{d}x$$

根据单位冲激信号的取样性式(1.1.17)得到

$$\int_{-\infty}^{+\infty} f(t)\delta(at)\mathrm{d}t=\frac{1}{a}f\left(\frac{x}{a}\right)\bigg|_{x=0}=\frac{1}{a}f(0)$$

由于 $a>0$，$a=|a|$，所以当 $a>0$ 时，

$$\int_{-\infty}^{+\infty} f(t)\delta(at)\mathrm{d}t=\frac{1}{|a|}f(0) \tag{1.1.20}$$

当 $a<0$ 时，

$$\int_{-\infty}^{+\infty} f(t)\delta(at)\mathrm{d}t=\int_{+\infty}^{-\infty} f\left(\frac{x}{a}\right)\delta(x)\mathrm{d}\left(\frac{x}{a}\right)$$

交换积分限得

$$\int_{-\infty}^{+\infty} f(t)\delta(at)\mathrm{d}t=-\frac{1}{a}\int_{-\infty}^{+\infty} f\left(\frac{x}{a}\right)\delta(x)\mathrm{d}x=-\frac{1}{a}f\left(\frac{x}{a}\right)\bigg|_{x=0}=-\frac{1}{a}f(0)$$

由于 $a<0$，$-a=|a|$，所以当 $a<0$ 时，

$$\int_{-\infty}^{+\infty} f(t)\delta(at)\mathrm{d}t=\frac{1}{|a|}f(0) \tag{1.1.21}$$

而

$$\int_{-\infty}^{+\infty} f(t)\,\frac{1}{|a|}\delta(t)\mathrm{d}t=\frac{1}{|a|}f(t)\bigg|_{t=0}=\frac{1}{|a|}f(0) \tag{1.1.22}$$

比较式(1.1.20)、式(1.1.21)及式(1.1.22)得到

$$\delta(at)=\frac{1}{|a|}\delta(t),\quad a\neq 0, a\text{ 为常数}$$

式(1.1.18)中，当 $a=-1$ 时，得

$$\delta(t)=\delta(-t)$$

式(1.1.19)说明单位冲激信号 $\delta(t)$ 是偶信号。证毕。

例 1.1.8 计算

(1) $\int_{-\infty}^{+\infty}(t+1)\delta(2t)\mathrm{d}t$　　(2) $\int_{-\infty}^{+\infty}\sin\pi t\delta\left(\frac{1}{2}-t\right)\mathrm{d}t$

(3) $\int_{4}^{+\infty}\cos\pi t\delta(t+1)\mathrm{d}t$　　　　(4) $\int_{-\infty}^{4}(5t-20)\delta(\pi-t)\mathrm{d}t$

解　(1) 根据冲激信号的尺度变换特性式(1.1.18)知

$$\delta(2t)=\frac{1}{2}\delta(t)$$

再应用冲激信号的抽样性式(1.1.17)得

$$\int_{-\infty}^{+\infty}(t+1)\delta(2t)\mathrm{d}t=\int_{-\infty}^{+\infty}(t+1)\ \frac{1}{2}\delta(t)\mathrm{d}t=\frac{1}{2}\int_{-\infty}^{+\infty}(t+1)\delta(t)\mathrm{d}t=\frac{1}{2}(t+1)\bigg|_{t=0}=\frac{1}{2}$$

(2) 在式(1.1.19)即 $\delta(t)=\delta(-t)$ 中，进行 $t-\frac{1}{2}$ 的时移运算得

$$\delta\left(t-\frac{1}{2}\right)=\delta\left(\frac{1}{2}-t\right)$$

再应用冲激函数的取样性式(1.1.17)得

$$\int_{-\infty}^{+\infty}\sin\pi t\delta\left(\frac{1}{2}-t\right)\mathrm{d}t=\int_{-\infty}^{+\infty}\sin\pi t\delta\left(t-\frac{1}{2}\right)\mathrm{d}t=\sin\pi t\bigg|_{t=\frac{1}{2}}=1$$

(3) 因为 $\delta(t+1)$ 是发生在 $t=-1$ 时刻的冲激，不在积分限$(4,+\infty)$内，即在积分限内被积函数为0，所以$\int_{4}^{+\infty}\cos\pi t\delta(t+1)\mathrm{d}t=0$。

(4) 因为 $\delta(\pi-t)=\delta(t-\pi)$，而 $\delta(t-\pi)$ 是发生在 $t=\pi$ 时刻的冲激，在积分限$(-\infty,4)$内，所以

$$\int_{-\infty}^{4}(5t-20)\delta(\pi-t)\mathrm{d}t=\int_{-\infty}^{4}(5t-20)\delta(t-\pi)\mathrm{d}t=(5t-20)\bigg|_{t=\pi}=5\pi-20$$

4) 单位冲激信号 $\delta(t)$ 的积分

$$\delta^{(-1)}(t)=u(t)\tag{1.1.23}$$

即

$$\frac{\mathrm{d}u(t)}{\mathrm{d}t}=\delta(t)\tag{1.1.24}$$

证明　由式(1.1.10)即 $f^{(-1)}(t)=\int_{-\infty}^{t}f(\tau)\mathrm{d}\tau$，得

$$\delta^{(-1)}(t)=\int_{-\infty}^{t}\delta(\tau)\mathrm{d}\tau$$

信号 $\delta(\tau)$ 的波形图如图1.1.26所示。

当 $t<0$ 时，$\delta(\tau)$ 不在积分限$(-\infty,t)$内，$\delta^{(-1)}(t)=\int_{-\infty}^{t}\delta(\tau)\mathrm{d}\tau=0$。

当 $t>0$ 时，$\delta(\tau)$ 在积分限$(-\infty,t)$内，$\delta^{(-1)}(t)=\int_{-\infty}^{t}\delta(\tau)\mathrm{d}\tau=1$，即

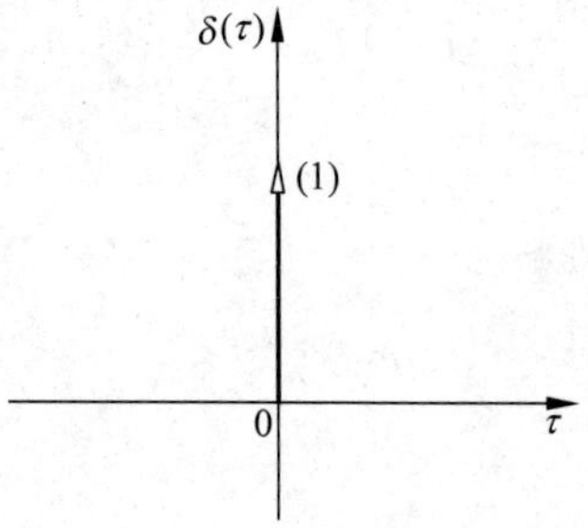

图1.1.26　信号 $\delta(\tau)$ 的波形图

$$\delta^{(-1)}(t)=\begin{cases}1, & t>0\\ 0, & t<0\end{cases}$$

而这正是单位阶跃信号 $u(t)$ 的定义式(1.1.11)：

$$u(t)=\begin{cases}1, & t>0\\0, & t<0\end{cases}$$

所以

$$\delta^{(-1)}(t)=u(t), \quad \frac{\mathrm{d}u(t)}{\mathrm{d}t}=\delta(t)$$

证毕。

例 1.1.9　试计算：(1)单位阶跃信号 $u(t)$的积分；(2)单位斜升信号 $tu(t)$的积分。

解　(1) $u^{(-1)}(t)=\int_{-\infty}^{t}u(\tau)\mathrm{d}\tau$

信号 $u(\tau)$的波形图如图 1.1.27 所示。

当$t<0$时,$u(\tau)=0$,积分为0。当$t>0$时,$u^{(-1)}(t)=\int_{0}^{t}\mathrm{d}\tau=t$,即

$$u^{(-1)}(t)=\begin{cases}t, & t>0\\0, & t<0\end{cases}$$

所以

$$u^{(-1)}(t)=\delta^{(-2)}(t)=tu(t) \qquad (1.1.25)$$

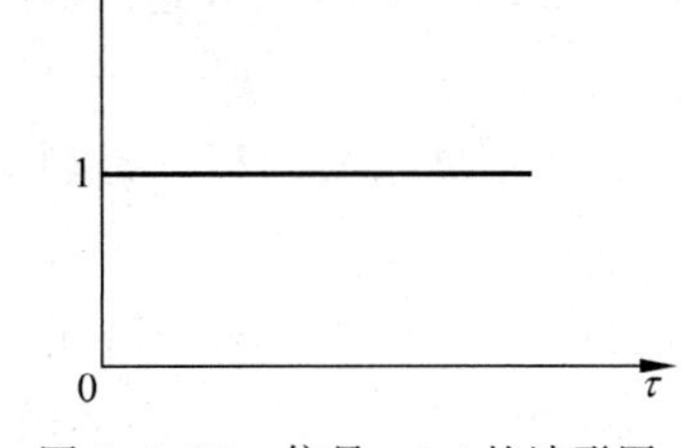

图 1.1.27　信号 $u(\tau)$的波形图

(2) $[tu(t)]^{(-1)}=\int_{-\infty}^{t}\tau u(\tau)\mathrm{d}\tau$

当 $t<0$ 时,$u(\tau)=0$,则$\int_{-\infty}^{t}\tau u(\tau)\mathrm{d}\tau=0$；而当 $t>0$ 时,$u(\tau)=1$,则$\int_{-\infty}^{t}\tau u(\tau)\mathrm{d}\tau=\int_{0}^{t}\tau\mathrm{d}\tau=\frac{1}{2}t^2$。即

$$[tu(t)]^{(-1)}=\begin{cases}\frac{1}{2}t^2, & t>0\\0, & t<0\end{cases}$$

所以

$$[tu(t)]^{(-1)}=[u(t)]^{(-2)}=[\delta(t)]^{(-3)}=\frac{1}{2}t^2u(t) \qquad (1.1.26)$$

综上所述,单位冲激信号 $\delta(t)$的积分是单位阶跃信号 $u(t)$,单位阶跃信号 $u(t)$的积分是单位斜升信号 $tu(t)$,单位斜升信号 $tu(t)$的积分是二次函数$\frac{1}{2}t^2u(t)$；或二次函数$\frac{1}{2}t^2u(t)$的微分是单位斜升信号 $tu(t)$,单位斜升信号 $tu(t)$的微分是单位阶跃信号 $u(t)$,单位阶跃信号 $u(t)$的微分是单位冲激信号 $\delta(t)$。

例 1.1.10　信号 $f(t)$如图 1.1.28(a)所示,试分别作出信号 $f'(t)$、$f''(t)$的波形图,并分别写出 $f(t)$、$f'(t)$、$f''(t)$的表达式。

解　根据斜升信号的定义可作出信号 $f'(t)$的波形图如图 1.1.28(b)所示,其表达式为

$$f'(t)=u(t+1)-2u(t)+2u(t-2)-u(t-3)$$

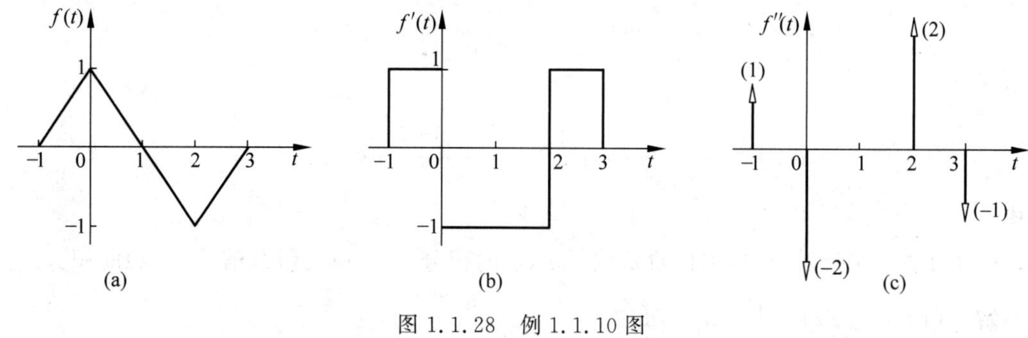

图 1.1.28　例 1.1.10 图

由于阶跃信号的微分是冲激信号，常数的微分为零，于是可作出信号 $f''(t)$ 的波形图如图 1.1.28(c)所示，其表达式为

$$f''(t)=\delta(t+1)-2\delta(t)+2\delta(t-2)-\delta(t-3)$$

因为阶跃信号的积分是斜升信号 $[u(t-t_0)]^{(-1)}=(t-t_0)u(t-t_0)$，积分 $f'(t)$ 可得出

$$f(t)=[f'(t)]^{(-1)}=(t+1)u(t+1)-2tu(t)+2(t-2)u(t-2)-(t-3)u(t-3)$$

5）单位冲激信号 $\delta(t)$ 的微分

对单位冲激信号的尺度变换特性的推论式(1.1.19) $\delta(t)=\delta(-t)$ 求一阶导数，得到

$$\delta'(t)=-\delta'(-t) \tag{1.1.27}$$

式(1.1.27)说明 $\delta'(t)$ 为奇函数，波形应对称于原点，因此 $\delta'(t)$ 又称为冲激偶信号。为了在分析问题时使波形图清晰，仍用冲激信号的波形图来表示冲激的微分，区别在于前者的空心箭头旁括号()内标明冲激的强度(即脉冲面积)，后者在空心箭头旁写全称，如图 1.1.29 所示。

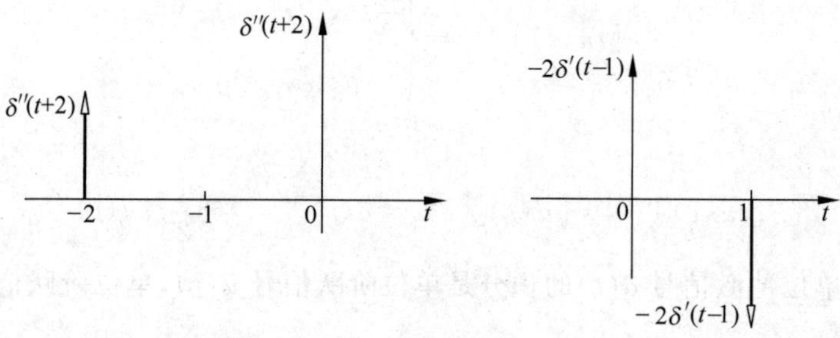

图 1.1.29　冲激的微分的波形图

单位冲激信号的微分具有以下性质：

$$\int_{-\infty}^{+\infty} f(t)\delta^{(N)}(t-t_0)\mathrm{d}t=(-1)^N f^{(N)}(t)\Big|_{t=t_0}, \quad N \text{ 为正整数} \tag{1.1.28}$$

当 $N=1, t_0=0$ 时，得

$$\int_{-\infty}^{+\infty} f(t)\delta'(t)\mathrm{d}t=(-1)f'(t)\Big|_{t=0} \tag{1.1.29}$$

当 $N=1, t_0=0, f(t)=1$ 时，得

$$\int_{-\infty}^{+\infty}\delta'(t)\mathrm{d}t=0 \tag{1.1.30}$$

证明 （略）

例 1.1.11 试证明：$f(t)\delta'(t)=f(0)\delta'(t)-f'(0)\delta(t)$。

证明 在冲激信号的抽样性式(1.1.16)中，令 $t_0=0$ 得

$$f(t)\delta(t)=f(0)\delta(t)$$

则

$$[f(t)\delta(t)]'=[f(0)\delta(t)]'=f(0)\delta'(t) \tag{1.1.31}$$

计算乘积函数的微分

$$[f(t)\delta(t)]'=f'(t)\delta(t)+f(t)\delta'(t)$$

根据冲激信号的抽样性式(1.1.16)

$$f'(t)\delta(t)=f'(0)\delta(t)$$

有

$$[f(t)\delta(t)]'=f'(0)\delta(t)+f(t)\delta'(t) \tag{1.1.32}$$

比较式(1.1.31)与式(1.1.32)得

$$f(0)\delta'(t)=f'(0)\delta(t)+f(t)\delta'(t)$$

故

$$f(t)\delta'(t)=f(0)\delta'(t)-f'(0)\delta(t)$$

证毕。

1.2 线性时不变(LTI)连续时间系统的概念

1.2.1 系统的概念

系统泛指若干相互关联、相互作用的事物按一定规律组合而成的具有某种功能的整体。本书中研究的系统是指产生、处理、传输信号的电路。可以用一个方框图来描述系统的输入、输出关系，而不涉及系统的内部状况。例如，可以用图 1.2.1 表示连续时间系统，其中的输入信号 $f(t)$ 又称为激励信号，输出信号 $y(t)$ 又称为响应信号，箭头的方向表示信号(电压或电流)的传输方向。

图 1.2.1 连续时间系统的方框图描述

连续时间系统的输入信号 $f(t)$ 与输出信号 $y(t)$ 的关系可以用符号简单表示为

$$f(t)\rightarrow y(t) \tag{1.2.1}$$

1.2.2 系统的数学模型

为了对系统(电路)进行定量的描述，根据元件的 V-A 特性及电路基本理论可以列出联

系系统的输入信号 $f(t)$、输出信号 $y(t)$关系的方程，称为该系统的数学模型——系统方程，即系统（电路）的数学模型（系统方程）是系统特性的数学抽象、描述。

例 1.2.1 图 1.2.2 所示电路，$R=2\Omega$，$L=2\text{H}$，$C=1\text{F}$，输入信号为电压源 $f(t)$，输出信号为回路电流 $y(t)$，试列写该电路的系统方程。

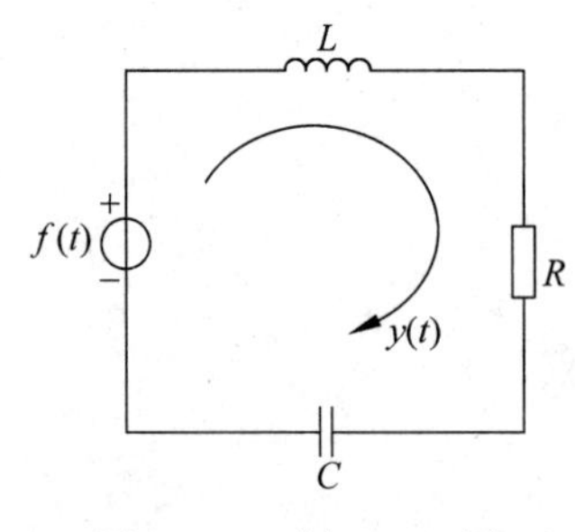

图 1.2.2 例 1.2.1 图

解 由电路分析理论知电路元件的 V-A 特性分别如下：

电阻元件

$$u_R(t)=Ri_R(t)$$

电感元件

$$u_L(t)=L\frac{\mathrm{d}i_L(t)}{\mathrm{d}t}$$

电容元件

$$u_C(t)=\frac{1}{C}\int_{-\infty}^{t}i_C(\tau)\mathrm{d}\tau$$

应用基尔霍夫定律可列出回路方程

$$Ly'(t)+Ry(t)+\frac{1}{C}\int_{-\infty}^{t}y(\tau)\mathrm{d}\tau=f(t)$$

对 t 求导得

$$Ly''(t)+Ry'(t)+\frac{1}{C}y(t)=f'(t)$$

整理得

$$y''(t)+\frac{R}{L}y'(t)+\frac{1}{LC}y(t)=\frac{1}{L}f'(t)$$

代入元件参数得到该电路的数学模型（系统方程）为

$$y''(t)+y'(t)+\frac{1}{2}y(t)=\frac{1}{2}f'(t)$$

可见，图 1.2.2 所示电路为一个二阶电路（有两个独立的储能元件 L、C），系统的数学模型为二阶常系数常微分方程。

例 1.2.2 图 1.2.3(a)所示电路，输入信号为恒压源 $f(t)$，输出信号为电容器 C 两端的电压 $y(t)$，试写出电路方程。

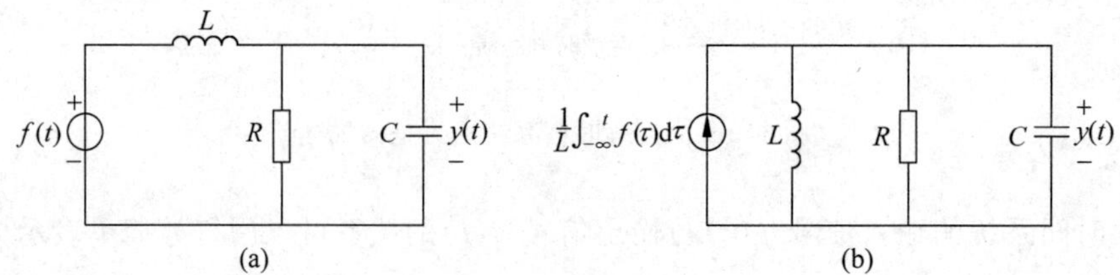

图 1.2.3 例 1.2.2 图

解 作出等效电路如图 1.2.3(b)所示，列 KCL 方程得

$$\frac{1}{L}\int_{-\infty}^{t} y(\tau)\mathrm{d}\tau+\frac{y(t)}{R}+C\frac{\mathrm{d}y(t)}{\mathrm{d}t}=\frac{1}{L}\int_{-\infty}^{t} f(\tau)\mathrm{d}\tau$$

整理得

$$\frac{1}{L}y(t)+\frac{1}{R}y'(t)+Cy''(t)=\frac{1}{L}f(t)$$

系统方程为

$$y''(t)+\frac{1}{RC}y'(t)+\frac{1}{LC}y(t)=\frac{1}{LC}f(t)$$

1.2.3　系统的初始状态的概念

首先以一个在理想状态下工作的简单电路为例来帮助理解系统的初始状态的概念。如果读者刚开始学习时理解这一概念有困难，可以在后续章节的学习过程中再继续领悟。

如图 1.2.4 所示为理想电流源 $f(t)$对电容 C 充电的电路图，输入信号为电流源 $f(t)$、输出信号为电容 C 两端的电压 $y(t)$。列出系统方程为

$$y(t)=\frac{1}{C}\int_{-\infty}^{t} f(\tau)\mathrm{d}\tau$$

可见，为了计算输出信号 $y(t)$，必须知道整个时间范围$(-\infty,t)$内的输入信号 $f(t)$。

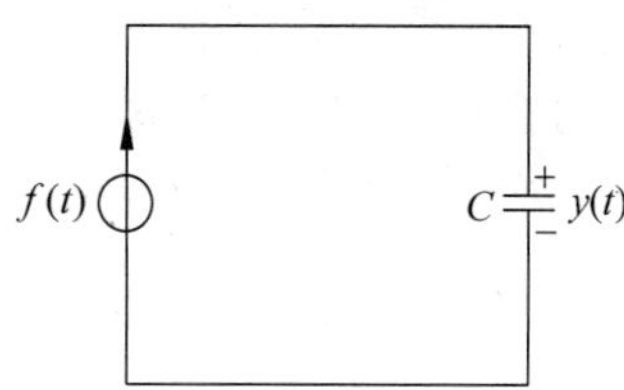

图 1.2.4　系统的初始状态例图

在电路分析课程中是选取一个初始时刻 t_0，测出该时刻电容 C 两端的初始电压 $y(t_0)$，于是初始时刻以后($t>t_0$)电容 C 两端的电压为

$$y(t)=y(t_0)+\frac{1}{C}\int_{t_0}^{t} f(\tau)\mathrm{d}\tau$$

其中，$y(t_0)=\frac{1}{C}\int_{-\infty}^{t_0} f(\tau)\mathrm{d}\tau$ 称为系统的初始状态，即电容两端的初始电压。系统的初始状态记录了输入信号 $f(t)$ 在初始时刻以前($t<t_0$)作用于电路的总结果，又与初始时刻以后的输入信号$[f(t),t>t_0]$一起确定电路在初始时刻以后的输出信号 $y(t)$。

电路的初始状态是一组最大无关数组，图 1.2.4 所示电路只有一个储能元件 C，初始状态只需一个数；图 1.2.2 和图 1.2.3 所示电路有两个储能元件 L、C，初始状态中需有两个数，通常选取在初始时刻电容 C 两端的电压和电感 L 中流过的电流为系统的初始状态；当电路中有 N 个独立储能元件时，电路为 N 阶电路，初始状态中应有 N 个数。

因此，系统的初始状态记录了系统在初始时刻以前($t<t_0$)输入 $f(t)$作用于系统的总结果，而系统在初始时刻以后($t>t_0$)的输出信号 $y(t)$由系统在初始时刻的初始状态和初始时刻以后($t>t_0$)的输入信号 $f(t)$共同确定。

系统的初始时刻的选取是任意的，本书选取初始时刻为 $t_0=0^-$。

1.2.4　5 个基本概念

为了能更清楚地认识本书研究的线性时不变(liner time-invariant systems，LTI)系统的性质，特将如下 5 个基本概念提出来单独介绍。

1. 线性特性

首先定义比例性：当系统输入信号为 $f(t)$时，输出信号为 $y(t)$；若输入信号为 $af(t)$时（a 为常数），输出信号为 $ay(t)$，则称系统具有比例性。

再定义叠加性：当系统输入信号为 $f_1(t)$时，输出信号为 $y_1(t)$；输入信号为 $f_2(t)$时，输出信号为 $y_2(t)$；若输入信号为 $f(t)=f_1(t)+f_2(t)$时，输出信号为 $y(t)=y_1(t)+y_2(t)$，则称系统具有叠加性。

线性特性指同时具有比例性和叠加性，引用式(1.2.1)所定义的符号。

若 $f_1(t) \to y_1(t)$，$f_2(t) \to y_2(t)$，则线性特性可以表示为

$$f(t)=a_1f_1(t)+a_2f_2(t) \to y(t)=a_1y_1(t)+a_2y_2(t), \quad a_1、a_2 \text{ 均为常数} \tag{1.2.2}$$

通常，称 $f(t)=a_1f_1(t)+a_2f_2(t)$为信号 $f_1(t)$和 $f_2(t)$的线性组合，称 $y(t)=a_1y_1(t)+a_2y_2(t)$为信号 $y_1(t)$和 $y_2(t)$的线性组合（a_1、a_2 均为常数）。

2. 时不变性

当系统输入信号为 $f(t)$时，输出信号为 $y(t)$。若系统输入信号产生了时移$(t-t_0)$，输出信号也产生相同的时移，则称系统具有时不变性。

即时不变性可以表示为

$$\text{若 } f(t) \to y(t), \quad \text{则 } f(t-t_0) \to y(t-t_0) \tag{1.2.3}$$

3. 零输入响应 $y_s(t)$

连续时间系统在初始状态单独作用下（输入信号为 0）产生的输出信号称为系统的零输入响应，记为 $y_s(t)$。它是指在 $t=0$ 以后无输入信号作用于系统，系统在初始时刻以后（$t>0$）的运行是靠初始状态维持的（即 $t<0$ 的输入信号作用的总结果）。很显然这里讨论的只是初始时刻以后（$t>0$）的结果，而初始时刻之前（$t<0$）的情况无法描述，因此零输入响应 $y_s(t)$的结果后面标注 $t>0$。

4. 零状态响应 $y_f(t)$

系统在输入信号（指 $t>0$ 的输入信号）单独作用下（初始状态为 0）产生的输出信号称为系统的零状态响应，记为 $y_f(t)$。很显然，当 $t<0$ 时，$y_f(t)$等于 0，因此零状态响应 $y_f(t)$是因果信号。

5. 分解性

若系统的全响应 $y(t)$可以分解成零输入响应 $y_s(t)$与零状态响应 $y_f(t)$的叠加，则称系统具有分解性。若系统具有分解性，系统的全响应可以表示为

$$y(t)=y_s(t)+y_f(t) \tag{1.2.4}$$

1.2.5　系统的分类

与信号分类的概念相似，系统分类的各种定义也是不相关的。在此先阐述如下 4 种分类方法，其他分类法将在后续章节讨论。

1. 连续时间系统与离散时间系统

若系统的输入信号为连续时间信号 $f(t)$时，系统的输出信号 $y(t)$也是连续时间信号，则称这样的系统为连续时间系统，如图 1.2.5 所示。若系统的输入信号为离散时间信号 $f[n]$时，系统的输出信号也是离散时间信号 $y[n]$，则称这样的系统为离散时间系统，如图 1.2.6 所示。

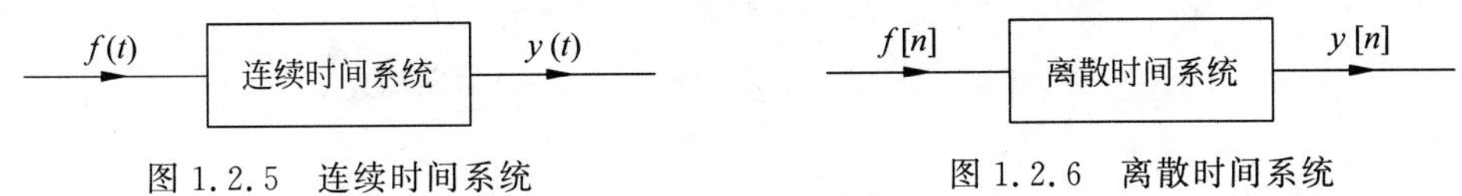

图 1.2.5　连续时间系统　　图 1.2.6　离散时间系统

2. 动态系统与非动态系统

动态系统中至少有一个元件是储能元件，系统具有记忆性，系统方程是微分方程。非动态系统中不含储能元件，不具有记忆性，系统方程是代数方程。

3. 时不变系统与时变系统

具有时不变性的系统称为时不变系统，即若 $f(t)\rightarrow y(t)$，则 $f(t-t_0)\rightarrow y(t-t_0)$。而时变系统则不具有时不变性。

4. 线性系统与非线性系统

同时具有分解性 $y(t)=y_s(t)+y_f(t)$、零输入响应 $y_s(t)$线性特性和零状态响应 $y_f(t)$线性特性的系统称为线性系统。非线性系统不同时具有这 3 项性质。

5. 因果系统与非因果系统

一切物理可实现的系统均为因果系统，因果系统是指有原因才有结果的系统，即若 $t<0$ 时，输入信号 $f(t)\equiv 0$，则当 $t<0$ 时，输出信号 $y(t)\equiv 0$。说明系统在 t_0 时刻的输出信号 $y(t)$由 t_0 时刻之前的输入信号$[f(t),t\leqslant t_0]$决定，与 t_0 时刻以后的输入$[f(t),t>t_0]$无关。

1.2.6　线性时不变系统的性质及描述

本书只研究线性时不变(linear time-invariant，LTI)系统，很多实际的系统在一定条件下都可以近似看成 LTI 系统，同时，LTI 系统的系统分析理论又是研究时变系统或非线性系统的基础。

在此小结 LTI 连续时间系统的性质如下：

(1) 具有线性系统的性质：即同时具有分解性 $y(t)=y_s(t)+y_f(t)$、零输入响应 $y_s(t)$ 线性特性和零状态响应 $y_f(t)$ 线性特性。

(2) 具有时不变系统的性质：时不变性。

设 N 阶 LTI 连续时间系统输入信号为 $f(t)$，输出信号为 $y(t)$。N 阶系统有 N 个独立储能元件，系统方程为 N 阶微分方程；线性系统对应的方程是线性方程；时不变系统决定方程各项系数均为常数，所以 N 阶 LTI 连续时间系统的系统方程为 N 阶线性常系数常微分方程，其一般形式为

$$\begin{aligned}&y^{(N)}(t)+a_{N-1}y^{(N-1)}(t)+\cdots+a_1y'(t)+a_0y(t)\\&=b_Mf^{(M)}(t)+b_{M-1}f^{(M-1)}(t)+\cdots+b_1f'(t)+b_0f(t),\\&a_0、a_1、\cdots、a_{N-1},b_0、\cdots、b_M(M<N)\text{ 均为常数}\end{aligned}\tag{1.2.5}$$

1.3 信号与系统分析概述

1.3.1 信号分析概述

信号分析简单讲就是把信号分解成一些基本信号的离散和或连续和(积分)。

例如连续时间信号 $f(t)$ 可以分解成奇信号分量 $f_o(t)$ 及偶信号分量 $f_e(t)$ 之和：

$$f(t)=f_o(t)+f_e(t)\tag{1.3.1}$$

其中，奇信号分量为

$$f_o(t)=\frac{1}{2}[f(t)-f(-t)]\tag{1.3.2}$$

偶信号分量为

$$f_e(t)=\frac{1}{2}[f(t)+f(-t)]\tag{1.3.3}$$

例 1.3.1 连续时间信号 $f(t)$ 如图 1.3.1(a)所示，试求信号的奇信号分量 $f_o(t)$ 及偶信号分量 $f_e(t)$ 的波形图。

解 作出信号 $f(t)$ 的反转信号 $f(-t)$ 的波形图如图 1.3.1(b)所示。

根据式(1.3.2)、式(1.3.3)作出奇信号分量 $f_o(t)$、偶信号分量 $f_e(t)$ 的波形图分别如图 1.3.1(c)、(d)所示。

进行信号分析时，可以选取不同的基本信号。本书选取单位冲激信号 $\delta(t)$ 和无时限指数信号 $e^{jk\omega_0 t}$、$e^{j\omega t}$、e^{st} 作基本信号来分析连续时间信号，将在第 2 章、第 3 章、第 4 章中讨论。选取单位冲激序列 $\delta[n]$、离散无时限指数序列 $e^{j\Omega n}$、z^n 作基本信号来分解离散时间信号，将在第 5 章、第 6 章中讨论。

1.3.2 LTI 连续时间系统的系统分析概述

系统分析是对给定的系统求出当输入某一信号时的输出信号。

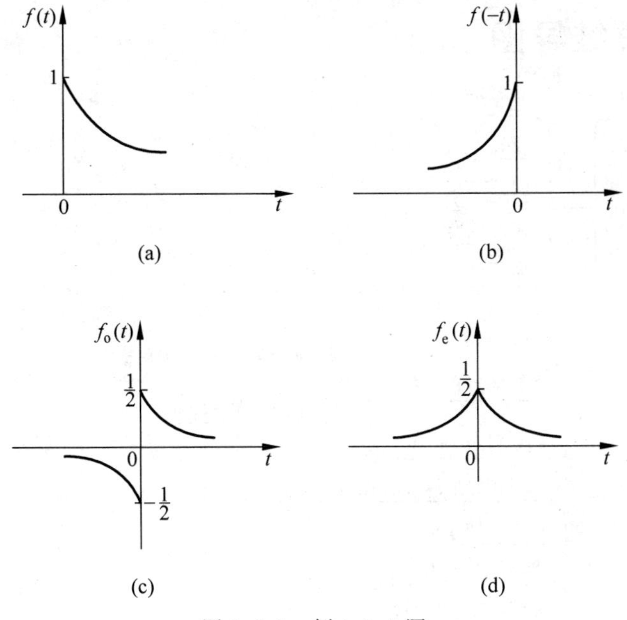

图 1.3.1　例 1.3.1 图

前面已经讨论过 LTI 连续时间系统的输入信号 $f(t)$ 和输出信号 $y(t)$ 满足 N 阶线性常系数常微分方程式(1.2.5)。设初始条件为 $y(0),y'(0),\cdots,y^{(N-1)}(0)$，应用高等数学解微分方程的经典解法可以按下列步骤求解：①求齐次解 $y_h(t)$，其中含 N 个待定常数；②根据输入信号 $f(t)$ 的形式求出特解 $y_p(t)$；③求全解 $y(t)=y_h(t)+y_p(t)$，其中含 N 个待定常数，代入初始条件 $y(0),y'(0),\cdots,y^{(N-1)}(0)$ 定待定常数。但是，用经典法直接解电路方程通常很难求出特解 $y_p(t)$，致使有时得不到全解 $y(t)$。

由于信号与系统分析课程只分析 LTI 系统，因此，可以利用 LTI 系统具有分解性，分别计算零输入响应 $y_s(t)$ 和零状态响应 $y_f(t)$。

选取初始时刻 $t_0=0^-$，设 N 阶 LTI 连续时间系统的初始状态为 $y(0^-),y'(0^-),\cdots,y^{(N-1)}(0^-)$，根据零输入响应 $y_s(t)$ 的定义，$y_s(t)$ 应满足齐次微分方程

$$y_s^{(N)}(t)+a_{N-1}y_s^{(N-1)}(t)+\cdots+a_1y_s'(t)+a_0y_s(t)=0$$

求解与之对应的特征方程，计算出 N 个特征根 λ_k，于是可得到含 N 个待定常数的零输入响应 $y_s(t)$ 的表达式。在 LTI 连续时间系统的分解性式(1.2.4)$y(t)=y_s(t)+y_f(t)$ 中，令 $t=0^-$ 得 $y(0^-)=y_s(0^-)+y_f(0^-)$。根据 LTI 系统零状态响应 $y_f(t)$ 的定义知 $y_f(0^-)=0$。因此 $y(0^-)=y_s(0^-)$，于是就可以直接代入初始状态到含 N 个待定常数的零输入响应的表达式 $y_s(t)$ 中求出待定常数，得到系统的零输入响应 $y_s(t)$。

计算零状态响应 $y_f(t)$ 时，先将输入信号 $f(t)$ 分解成一些由基本信号分量描述的简单的子输入信号的叠加，然后计算这些子输入信号分别通过系统后的子输出信号，由于 LTI 系统具零状态响应 $y_f(t)$ 线性特性，那么这些子输出信号的叠加就是零状态响应 $y_f(t)$。

再根据 LTI 系统的分解性，得到输出信号(全响应)$y(t)=y_s(t)+y_f(t)$。由于可以选取不同的信号做基本信号，因而有不同的与之对应的信号分析及 LTI 系统分析的方法。

1.4 本章思维导图

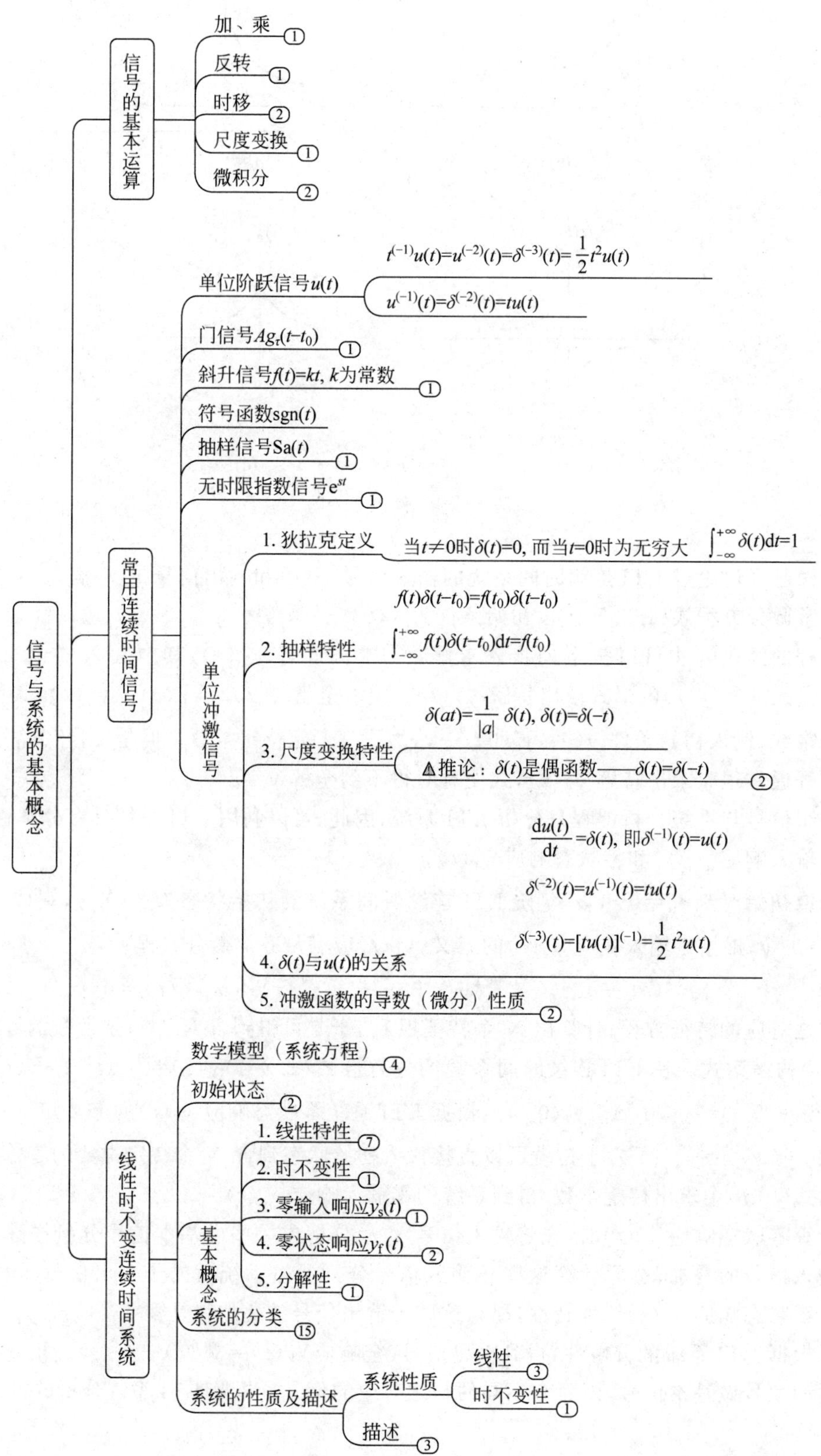

信号与系统的基本概念
信号的基本运算
加、乘 ①
反转 ①
时移 ②
尺度变换 ①
微积分 ②
常用连续时间信号
单位阶跃信号$u(t)$
$t^{(-1)}u(t)=u^{(-2)}(t)=\delta^{(-3)}(t)=\frac{1}{2}t^2u(t)$
$u^{(-1)}(t)=\delta^{(-2)}(t)=tu(t)$
门信号$Ag_\tau(t-t_0)$ ①
斜升信号$f(t)=kt$, k为常数 ①
符号函数sgn(t)
抽样信号Sa(t) ①
无时限指数信号e^{st} ①
单位冲激信号
1. 狄拉克定义
当$t\neq0$时$\delta(t)=0$, 而当$t=0$时为无穷大 $\int_{-\infty}^{+\infty}\delta(t)dt=1$
2. 抽样特性
$f(t)\delta(t-t_0)=f(t_0)\delta(t-t_0)$
$\int_{-\infty}^{+\infty}f(t)\delta(t-t_0)dt=f(t_0)$
3. 尺度变换特性
$\delta(at)=\frac{1}{|a|}\delta(t)$, $\delta(t)=\delta(-t)$
▲推论：$\delta(t)$是偶函数——$\delta(t)=\delta(-t)$ ②
4. $\delta(t)$与$u(t)$的关系
$\frac{du(t)}{dt}=\delta(t)$, 即$\delta^{(-1)}(t)=u(t)$
$\delta^{(-2)}(t)=u^{(-1)}(t)=tu(t)$
$\delta^{(-3)}(t)=[tu(t)]^{(-1)}=\frac{1}{2}t^2u(t)$
5. 冲激函数的导数（微分）性质 ②
线性时不变连续时间系统
数学模型（系统方程） ④
初始状态 ②
基本概念
1. 线性特性 ⑦
2. 时不变性 ①
3. 零输入响应$y_s(t)$ ①
4. 零状态响应$y_f(t)$ ②
5. 分解性 ①
系统的分类 ⑮
系统的性质及描述
系统性质
线性 ③
时不变性 ①
描述 ③

习题 A

1.1 填空题(将正确答案填入括号内)

(1) 连续时间信号 $f_1(t)=f_1(t)u(t-t_1)$称为开始于 $t=t_1$ 时刻的有始信号；称连续时间信号 $f_2(t)=f_2(t)u(t)$为________信号；连续时间信号 $f_3(t)=f_3(t)u(2-t)$，当 $t>2$ 时，信号 $f_3(t)$等于________；称连续时间信号 $f_4(t)=f_4(t)u(-t)$为________信号；而连续时间信号 $f_5(t)=f_5(t)[u(t+2)-u(t-3)]$，当 $t<-2$ 和 $t>3$ 时，$f_5(t)$等于________。

一切周期信号均为无时限信号，这种说法对吗？答：________。

(2) 单位阶跃信号 $u(t)$的定义为________，符号函数 $\operatorname{sgn}(t)$的定义为________，抽样信号 $\mathrm{Sa}(t)$的定义为________。

(3) 符号 $f^{(-1)}(t)$的定义为________。

(4) ________的系统称为连续时间系统，________的系统称为离散时间系统。

(5) $\delta(-3t)=$________$\delta(t)$；$\delta(-t)=$________$\delta(t)$；$\delta^{(-1)}(t)=$________；$u^{(-1)}(t)=\delta^{(-2)}(t)=$________；$u'(t)=$________；$\delta^{(-3)}(t)=$________。

(6) 若某 LTI 连续时间系统在输入信号为 $f(t)$时，零状态响应为 $y_{\mathrm{f}}(t)$，则在输入信号为 $2f'(t-1)$时的零状态响应为________。

1.2 试简答下列问题

(1) 试分别叙述连续时间 LTI 系统零输入响应 $y_{\mathrm{s}}(t)$与零状态响应 $y_{\mathrm{f}}(t)$的定义。

(2) LTI 连续时间系统有些什么性质？

1.3 单项选择题

(1) $\int_{0^-}^{+\infty}\delta(t)\mathrm{e}^{-2t}\,\mathrm{d}t=$________。

A. $4\mathrm{e}^{-2t}$　　B. $-2\mathrm{e}^{-2t}$　　C. 1　　D. -2

(2) 下列信号中(A、α、t_0 均为常数)，为时限信号的是________。

A. $A\mathrm{e}^{-\alpha t}\delta(t)$　　B. $4\mathrm{e}^{-\alpha t}$　　C. $A\mathrm{e}^{-|\alpha|t}$　　D. $A\mathrm{e}^{-\alpha(t-t_0)}$

(3) 复频率$-2-\mathrm{j}$所代表的信号为________。

A. $\mathrm{e}^{-2t}\cos t$　　B. $\mathrm{e}^{-2t}\sin t$

C. $\mathrm{e}^{-2t}\cos t+\mathrm{e}^{-2t}\sin t$　　D. $\mathrm{e}^{(-2-\mathrm{j})t}$

(4) $u(1-t)\delta(t-2)=$________。

A. $\delta(1-t)$　　B. $\delta(t+2)$　　C. 0　　D. 1

(5) 若某 LTI 连续时间系统初始状态为 0，当输入信号为 $f(t)$时，输出信号为 $y(t)$，则当输入信号增大 1 倍时，输出信号________。

A. 增大，但无法确定增大的倍数　　B. 也增大 1 倍

C. 保持不变　　D. 以上 3 种结论均不正确

1.4 连续时间信号 $f_1(t)$、$f_2(t)$分别如题 1.4 图所示，试分别作出 $y_1(t)=f_1(t)+f_2(t)$，$y_2(t)=f_1(t)f_2(t)$的波形图。

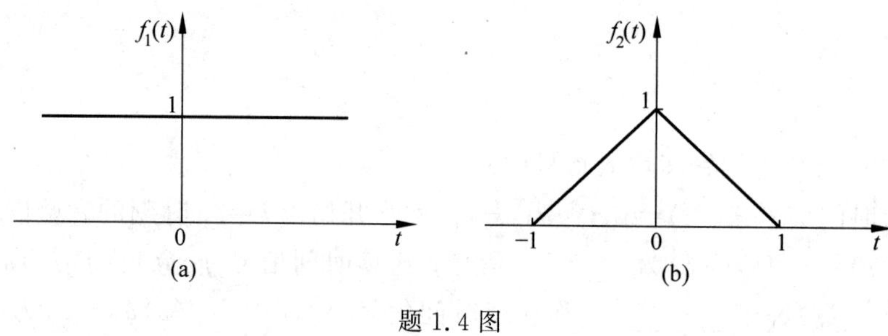

题 1.4 图

1.5 信号 $f(t)$ 如题 1.5 图所示，试作出信号 $f(t+1)$、$f\left(t-\frac{1}{2}\right)$、$f(-t)$、$f\left(\frac{t}{2}\right)$、$f(3t)$、$f(-2t)$、$f(1-2t)$ 的波形图。

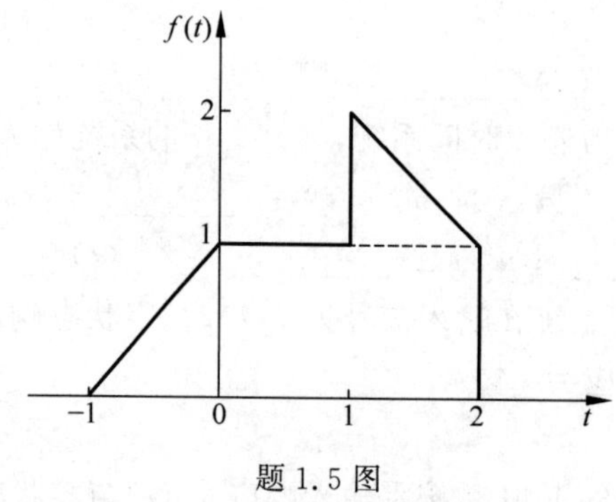

题 1.5 图

1.6 信号 $f_1(t)$、$f_2(t)$ 的波形如题 1.6 图所示，试用信号 $f_1(t)$ 经基本运算后的结果来表示信号 $f_2(t)$。

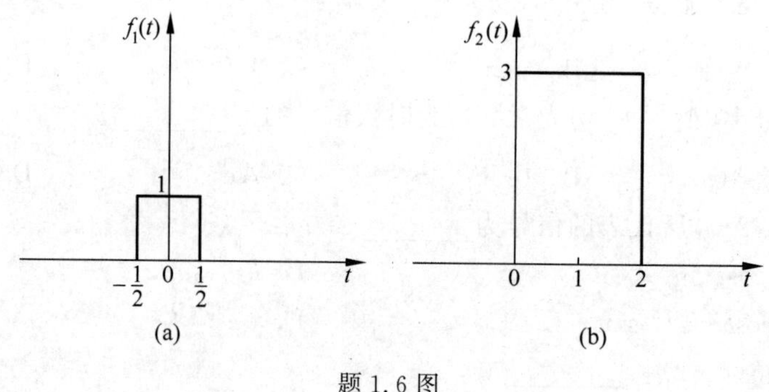

题 1.6 图

1.7 信号 $y_1(t)$、$y_2(t)$ 如题 1.7 图所示，试用信号 $y_1(t)$ 经基本运算后的结果来表示信号 $y_2(t)$。

1.8 试粗略画出下列信号的波形图：(1) e^{-t}；(2) 1；(3) $u(t)$；(4) $e^{-t}u(t)$；(5) $e^{-(t-1)}u(t-1)$；(6) $e^{-t}u(t-1)$；(7) $e^{-(t-1)}u(t)$。

1.9 信号 $f(t)$ 分别如题 1.9 图(a)、(b)所示，试分别作出信号 $f'(t)$、$f''(t)$ 的波形图，并分别写出信号 $f(t)$、$f'(t)$、$f''(t)$ 的表达式。

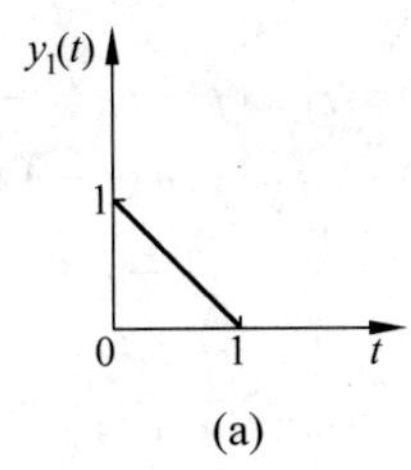

(a)

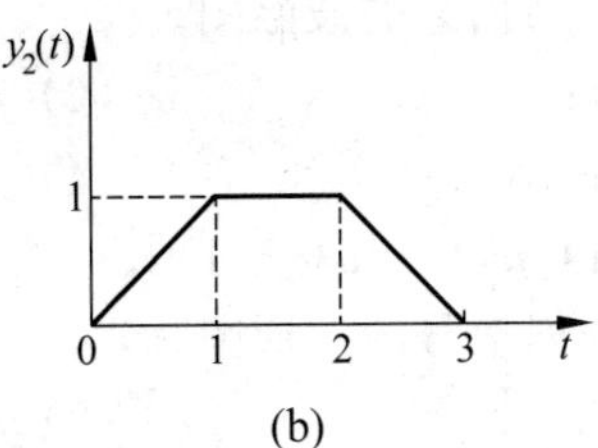

(b)

题 1.7 图

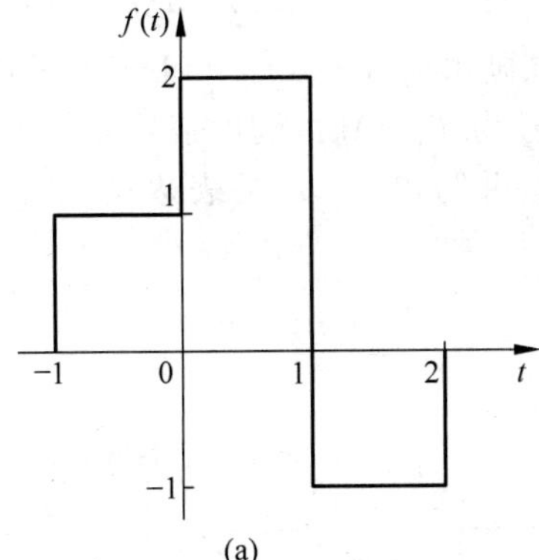

(a)

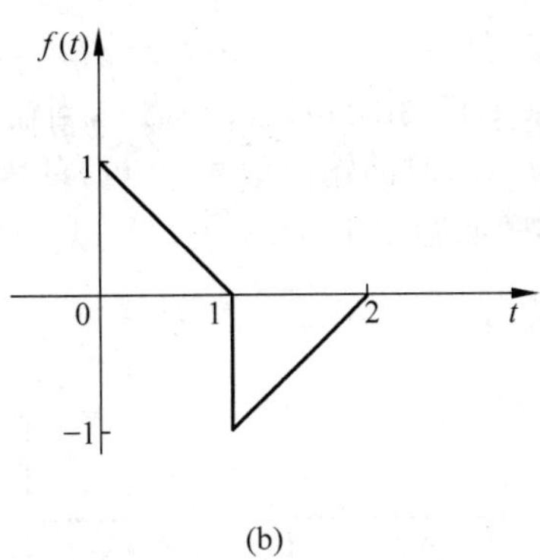

(b)

题 1.9 图

1.10 计算

(1) $\int_{-\infty}^{+\infty}\sin\pi t\delta\left(t-\frac{1}{2}\right)\mathrm{d}t$；　　(2) $\int_{-\infty}^{+\infty}\mathrm{e}^{-2t}\delta(t+1)\mathrm{d}t$；

(3) $\int_{-\infty}^{+\infty}(t+\cos\pi t)\delta(t+2)\mathrm{d}t$；　　(4) $\int_{-\infty}^{0}\mathrm{e}^{3t}\delta(t-\pi)\mathrm{d}t$；

(5) $\int_{-\infty}^{+\infty}\mathrm{e}^{-\mathrm{j}\omega t}\delta(t+3)\mathrm{d}t$；　　(6) $\int_{-\infty}^{+\infty}u(t+t_0)\delta(t-t_0)\mathrm{d}t, t_0>0$；

(7) $\int_{-\infty}^{+\infty}\sqrt{t}\cos(3\pi t)\delta(1-t)\mathrm{d}t$；　　(8) $\int_{-\infty}^{+\infty}(t^2+2t)\delta(1-t)\mathrm{d}t$；

(9) $\int_{-\infty}^{+\infty}(2-t)[\delta(t)+\delta(t)]\mathrm{d}t$；　　(10) $\int_{-\infty}^{t}\mathrm{Sa}(t)\delta(t)\mathrm{d}t$。

1.11 试证明 $\delta(at-t_0)=\frac{1}{|a|}\delta\left(t-\frac{t_0}{a}\right)$，其中 t_0 为实常数，a 为非零常数。

1.12 画出下列信号的波形图。

(1) $f_1(t)=[\mathrm{e}^{-2t}u(t)]'$；　　(2) $f_2(t)=\mathrm{e}^{-t+2}\delta(t-1)$；

(3) $f_3(t)=2u(t-1)\delta(t-2)$。

1.13 分别写出下列各信号的复频率。

(1) $f_1(t)=66$；　　(2) $f_2(t)=\mathrm{e}^{(1+\mathrm{j})t}$；

(3) $f_3(t)=4\mathrm{e}^{-1+\mathrm{j}2t}$；　　(4) $f_4(t)=3\cos 5t$；

(5) $f_5(t)=\mathrm{e}^{-t}\sin 6t$；　　(6) $f_6(t)=10\mathrm{e}^{t}\sin\left(2t+\frac{\pi}{8}\right)$。

1.14 粗略画出下列信号的波形图。

(1) $f_1(t)=tu(t)$； (2) $f_2(t)=t[u(t)-u(t-1)]$；

(3) $f_3(t)=(t-1)u(t)$； (4) $f_4(t)=(t-1)u(t-1)$；

(5) $f_5(t)=(t-1)[u(t)-u(t-1)]$。

1.15 粗略画出下列信号的波形图。

(1) $f_1(t)=\sin\pi t$； (2) $f_2(t)=\sin\pi tu(t)$；

(3) $f_3(t)=\sin\pi tu(t-1)$； (4) $f_4(t)=\sin\pi(t-1)$；

(5) $f_5(t)=\sin\pi(t-1)u(t)$； (6) $f_6(t)=\sin\pi(t-1)u(t-1)$；

(7) $f_6(t)=\sin\pi tu(t-1)$； (8) $f_7(t)=\sin\pi t[u(t)-u(t-1)]$。

1.16 信号 $f(t)=\mathrm{e}^{-2t}[u(t)-u(t-1)]$，试画出信号 $y(t)=f(1-2t)$ 的波形图。

1.17 某 LTI 系统初始状态为 0，当输入信号为 $f_1(t)$ 时，输出信号为 $y_1(t)$。试画出输入信号为 $f_2(t)$ 时的输出信号 $y_2(t)$ 的波形图，并写出 $y_2(t)$ 的表达式。$f_1(t)$、$y_1(t)$、$f_2(t)$ 的波形图如题 1.17 图所示。

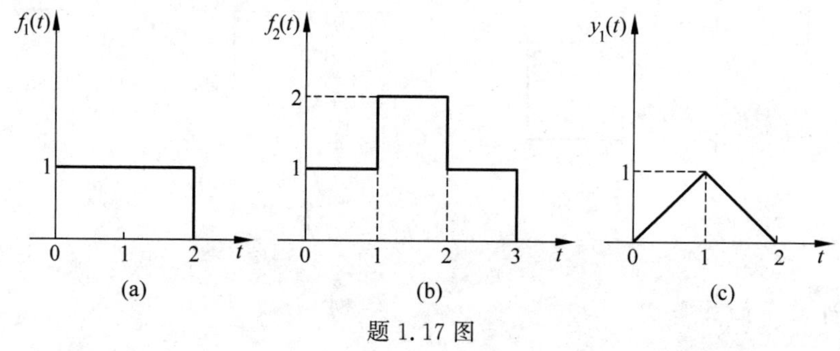

题 1.17 图

1.18 已知在某系统中 $y(t)=\begin{cases}x(t), & t\text{ 为偶数}\\ 0, & t\text{ 为奇数}\end{cases}$，试判断该系统：(1)线性；(2)时不变性；(3)稳定性；(4)记忆性；(5)因果性。

1.19 已知信号 $f(2-2t)$ 的波形如图所示，画出 $f(t)$ 和它的一阶积分的波形图。

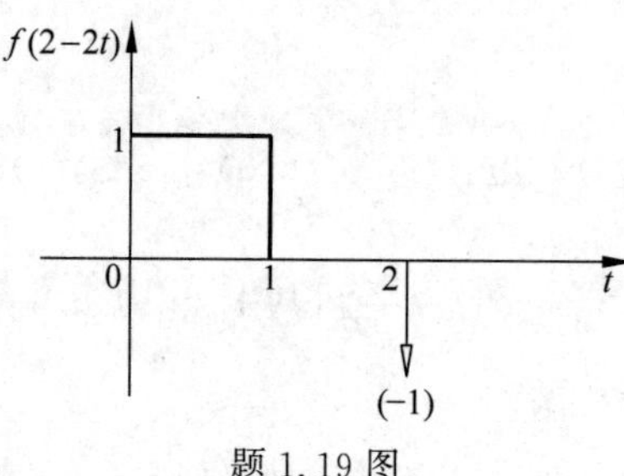

题 1.19 图

习题 B

1.20 填空题

(1) 判定下列信号的奇偶性。

① 两个奇信号之和为一个(　　)信号；

② 一个奇信号与一个偶信号之积是一个(　　)信号；

③ 一个奇信号与一个奇信号之积是一个(　　)信号。

(2) 信号 $f(t)=\sum_{R=-\infty}^{+\infty}(-4)^R\delta(t-R\tau)$($\tau$ 为实常数)是连续还是离散时间信号？答(　　)。

1.21　连续时间信号(1) $f_1(t)=\cos 2t-\sin 3t$；(2) $f_2(t)=\cos 4t+3\cos \pi t$ 是不是周期信号？若是，请求出周期。

1.22　试作出题1.22图所示信号的偶分量和奇分量。

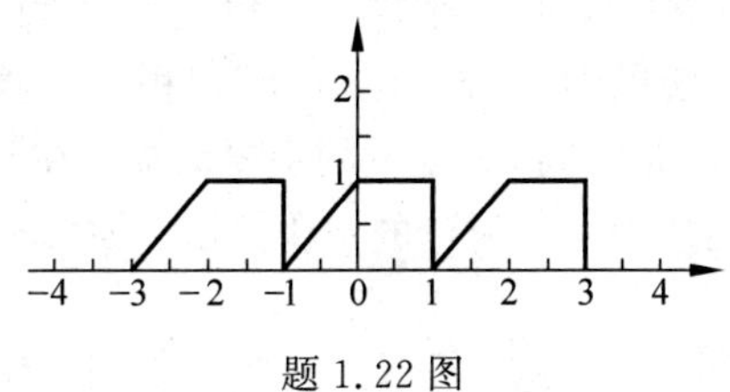

题1.22图

1.23　试作出信号 $f(t)=(2-|t|)[u(t+1)-u(t-1)]$的波形图，并写出不带绝对值符号的 $f(t)$的表达式。

1.24　画出下列信号的波形图。

(1) $f_1(t)=u(t^2-9)$；　　(2) $f_2(t)=\delta(t^2-16)$。

1.25　设连续时间系统输入信号为 $f(t)$，输出信号为 $y(t)$，试判定系统 $y(t)=f\left(\frac{t-2}{3}\right)$是不是LTI系统。

1.26　判定下列系统方程所描述的连续时间系统是不是LTI连续时间系统。输入信号是 $f(t)$，输出信号是 $y(t)$。

(1) $y'(t)-2y(t)=4f(t)$；　　(2) $y''(t)+2ty'(t)+y(t)=f(t)$；

(3) $y(t)=f\left(\frac{t}{2}\right)$；　　(4) $y''(t)+5y'(t)+6y(t)=2f(t)+f(-t)$。

第2章 LTI连续时间系统的时域分析

CHAPTER 2

本章分析连续时间信号选用的基本信号是单位冲激信号 $\delta(t)$。用系统的单位冲激响应 $h(t)$来描述LTI连续时间系统。对应的系统分析方法称为LTI系统的时域分析法，用卷积积分计算系统的零状态响应 $y_{\mathrm{f}}(t)$。讨论的自变量是时间 t。全章的主要篇幅放在基本概念的阐述上，至于更具体的计算，运用第4章讨论的拉普拉斯变换(Laplace transform，LT)来求解。

2.1 LTI连续时间系统的零输入响应 $y_{\mathrm{s}}(t)$

当输入信号为 $f(t)$、输出信号为 $y(t)$时，N 阶LTI连续时间系统的数学模型(系统方程)为式(1.2.5)给出的 N 阶线性常系数常微分方程

$$y^{(N)}(t)+a_{N-1}y^{(N-1)}(t)+\cdots+a_1y'(t)+a_0y(t)$$
$$=b_Mf^{(M)}(t)+b_{M-1}f^{(M-1)}(t)+\cdots+b_1f'(t)+b_0f(t),$$
$$a_0,a_1,\cdots,a_{N-1},b_0,b_1,\cdots,b_M \text{ 均为常数}; M<N$$

由于零输入响应 $y_{\mathrm{s}}(t)$的定义是LTI连续时间系统在初始状态单独作用下(输入信号为0)时的响应分量，因此 $y_{\mathrm{s}}(t)$应满足齐次微分方程

$$y_{\mathrm{s}}^{(N)}(t)+a_{N-1}y_{\mathrm{s}}^{(N-1)}(t)+\cdots+a_1y_{\mathrm{s}}'(t)+a_0y_{\mathrm{s}}(t)=0 \quad (2.1.1)$$

该齐次微分方程对应的特征方程为

$$\lambda^N+a_{N-1}\lambda^{N-1}+\cdots+a_1\lambda+a_0=0 \quad (2.1.2)$$

解该特征方程得到特征根 λ_k，$k=1,2,\cdots,N$。

当特征根 λ_k 均为单根时，系统的零输入响应为

$$y_{\mathrm{s}}(t)=c_1\mathrm{e}^{\lambda_1 t}+c_2\mathrm{e}^{\lambda_2 t}+\cdots+c_N\mathrm{e}^{\lambda_N t}=\sum_{k=1}^{N}c_k\mathrm{e}^{\lambda_k t}, \quad t>0 \quad (2.1.3)$$

当特征根出现重根时，为简便，设 λ_1 为 r 重根，$\lambda_{r+1},\lambda_{r+2},\cdots,\lambda_N$ 均为单根，则

$$y_{\mathrm{s}}(t)=c_1\mathrm{e}^{\lambda_1 t}+c_2t\mathrm{e}^{\lambda_1 t}+\cdots+c_rt^{r-1}\mathrm{e}^{\lambda_1 t}+\sum_{k=r+1}^{N}c_k\mathrm{e}^{\lambda_k t}, \quad t>0$$

即

$$y_{\mathrm{s}}(t)=(c_1+c_2t+\cdots+c_rt^{r-1})\mathrm{e}^{\lambda_1 t}+\sum_{k=r+1}^{N}c_k\mathrm{e}^{\lambda_k t}, \quad t>0 \quad (2.1.4)$$

其中 $c_1,c_2,\cdots,c_N$ 为待定常数。由于 $y(0^-)=y_s(0^-),y'(0^-)=y'_s(0^-),\cdots,y^{(N-1)}(0^-)=y_s^{(N-1)}(0^-)$，在式(2.1.3)和式(2.1.4)中代入初始条件 $y(0^-),y'(0^-),\cdots,y^{(N-1)}(0^-)$，即可求出待定常数 $c_1,c_2,\cdots,c_N$。

例 2.1.1　LTI 连续时间系统的输入信号为 $f(t)$，输出信号为 $y(t)$，系统方程为 $y'(t)+4y(t)=2f(t)$，系统的初始条件为 $y(0^-)=5$，求系统的零输入响应 $y_s(t)$。

解　建立特征方程 $\lambda+4=0$，解得特征根 $\lambda_1=-4$。

根据式(2.1.3)得系统的零输入响应

$$y_s(t)=c_1\mathrm{e}^{\lambda_1 t}=c_1\mathrm{e}^{-4t},\quad t>0$$

代入初始条件

$$y(0^-)=y_s(0^-)=c_1=5$$

所以，系统的零输入响应为

$$y_s(t)=5\mathrm{e}^{-4t},\quad t>0$$

例 2.1.2　LTI 连续时间系统的系统方程为 $y''(t)+5y'(t)+6y(t)=f'(t)+f(t)$，系统的初始状态为 $y(0^-)=0,y'(0^-)=1$，求系统的零输入响应 $y_s(t)$。

解　解特征方程 $\lambda^2+5\lambda+6=0$，得到特征根 $\lambda_1=-2,\lambda_2=-3$。

于是有

$$y_s(t)=c_1\mathrm{e}^{-2t}+c_2\mathrm{e}^{-3t},\quad t>0$$

上式对 t 求导得

$$y'_s(t)=-2c_1\mathrm{e}^{-2t}-3c_2\mathrm{e}^{-3t},\quad t>0$$

代入初始条件，得到

$$y(0^-)=y_s(0^-)=c_1+c_2=0$$

$$y'(0^-)=y'_s(0^-)=-2c_1-3c_2=1$$

联立求解得

$$c_1=1,\quad c_2=-1$$

所以，系统的零输入响应为

$$y_s(t)=\mathrm{e}^{-2t}-\mathrm{e}^{-3t},\quad t>0$$

例 2.1.3　LTI 连续时间系统的系统方程为 $y^{(3)}(t)+2y''(t)+y'(t)=f'(t)$，系统的初始状态为 $y(0^-)=y'(0^-)=y''(0^-)=1$，求系统的零输入响应 $y_s(t)$。

解　求解特征方程 $\lambda^3+2\lambda^2+\lambda=0$，得到特征根 $\lambda_{1,2}=-1,\lambda_3=0$。

根据式(2.1.4)得系统的零输入响应

$$y_s(t)=c_1\mathrm{e}^{-t}+c_2t\mathrm{e}^{-t}+c_3,\quad t>0$$

求一阶、二阶导数得

$$y'_s(t)=-c_1\mathrm{e}^{-t}-c_2t\mathrm{e}^{-t}+c_2\mathrm{e}^{-t},\quad t>0$$

$$y''_s(t)=c_1\mathrm{e}^{-t}+c_2t\mathrm{e}^{-t}-2c_2\mathrm{e}^{-t},\quad t>0$$

代入初始条件，得

$$\begin{cases}c_1+c_3=1\\-c_1+c_2=1\\c_1-2c_2=1\end{cases}$$

求解上述方程组得

$$c_1=-3,\quad c_2=-2,\quad c_3=4$$

$$y_s(t)=-3e^{-t}-2te^{-t}+4,\quad t>0$$

2.2 LTI 连续时间系统的零状态响应 $y_f(t)$

2.2.1 LTI 连续时间系统的零状态响应 $y_f(t)$ 的定义

LTI 连续时间系统在输入信号 $f(t)$ 单独作用下(初始状态为零)的响应分量,称为 LTI 连续时间系统的零状态响应,记为 $y_f(t)$。

因此,系统的零状态响应 $y_f(t)$ 是系统方程

$$\begin{aligned}&y_f^{(N)}(t)+a_{N-1}y_f^{(N-1)}(t)+\cdots+a_1y_f'(t)+a_0y_f(t)\\&=b_Mf^{(M)}(t)+b_{M-1}f^{(M-1)}(t)+\cdots+b_1f'(t)+b_0f(t),\\&a_0,a_1,\cdots,a_{N-1},b_0,b_1,\cdots,b_M\ \text{均为常数}\end{aligned}$$

在初始状态为零时的解。

2.2.2 LTI 连续时间系统的单位冲激响应 $h(t)$

LTI 连续时间系统的输入信号为单位冲激信号 $\delta(t)$ 时的零状态响应,称为 LTI 连续时间系统的单位冲激响应,记为 $h(t)$。$h(t)$ 是 LTI 连续时间系统的系统特性的时域描述,它由系统唯一确定。

若 N 阶 LTI 连续时间系统的数学模型为

$$\begin{aligned}&y^{(N)}(t)+a_{N-1}y^{(N-1)}(t)+\cdots+a_1y'(t)+a_0y(t)\\&=b_Mf^{(M)}(t)+b_{M-1}f^{(M-1)}(t)+\cdots+b_1f'(t)+b_0f(t),\\&a_0,a_1,\cdots,a_{N-1},b_0,\cdots,b_M\ \text{均为常数}\end{aligned}$$

则系统的单位冲激响应 $h(t)$ 是方程

$$\begin{aligned}&h^{(N)}(t)+a_{N-1}h^{(N-1)}(t)+\cdots+a_1h'(t)+a_0h(t)\\&=b_M\delta^{(M)}(t)+b_{M-1}\delta^{(M-1)}(t)+\cdots+b_1\delta'(t)+b_0\delta(t),\\&a_0,a_1,\cdots,a_{N-1},b_0,b_1,\cdots,b_M\ \text{均为常数}\end{aligned}$$

在初始状态为零时的解。

直接求解这个方程式非常烦琐,为简便起见,本书不讨论直接解该方程计算出 $h(t)$ 的方法,而是在第 3 章及第 4 章中介绍由系统的频率响应 $H(\omega)$ 和系统函数 $H(s)$ 求出 LTI 连续时间系统的单位冲激响应 $h(t)$ 的计算方法。

例 2.2.1 某 LTI 连续时间系统,输入信号为 $f(t)$ 时,零状态响应 $y_f(t)=\int_{t-1}^{+\infty}e^{-2(t-\tau)}f(\tau-2)d\tau$,求该系统的单位冲激响应 $h(t)$。

解 根据 LTI 连续时间系统的单位冲激响应 $h(t)$ 的定义,得该系统的单位冲激响应

$$h(t)=\int_{t-1}^{+\infty}e^{-2(t-\tau)}\delta(\tau-2)d\tau$$

其中，$\delta(\tau-2)$为发生在 $\tau=2$ 时刻的冲激，如图 2.2.1 所示。

当 $t-1<2$ 时，$\delta(\tau-2)$在积分限$(t-1,+\infty)$内，根据冲激的抽样性质式(1.1.17)得

$$h(t)=\mathrm{e}^{-2(t-\tau)}\big|_{\tau=2}=\mathrm{e}^{-2(t-2)}$$

当 $t-1>2$ 时，$\delta(\tau-2)$不在积分限$(t-1,+\infty)$内，积分为零。

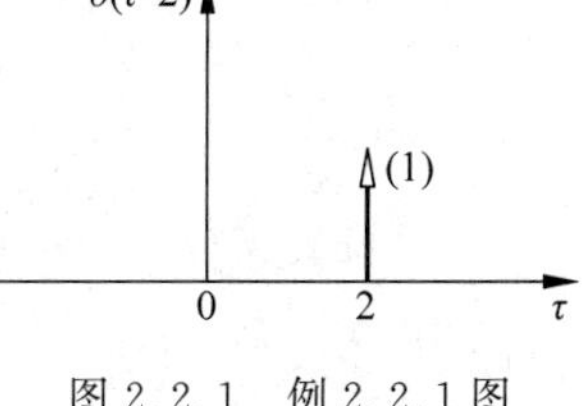

图 2.2.1　例 2.2.1 图

所以该系统的单位冲激响应为

$$h(t)=\begin{cases}\mathrm{e}^{-2(t-2)}, & t-1<2, \quad 即 \quad t<3\\ 0, & t-1>2, \quad 即 \quad t>3\end{cases}$$

因此得

$$h(t)=\mathrm{e}^{-2(t-2)}u(3-t)$$

2.2.3　LTI 连续时间系统的零状态响应 $y_{\mathrm{f}}(t)$的求法

首先，将输入信号 $f(t)$分解成冲激信号的连续和。

在单位冲激信号的抽样性式(1.1.17)$\int_{-\infty}^{+\infty}f(t)\delta(t-t_0)\mathrm{d}t=f(t_0)$ 中，令 $t=\tau$，得

$$\int_{-\infty}^{+\infty}f(\tau)\delta(\tau-t_0)\mathrm{d}\tau=f(t_0)$$

再设 t_0 为变量 t，得到

$$f(t)=\int_{-\infty}^{+\infty}f(\tau)\delta(\tau-t)\mathrm{d}\tau$$

已知单位冲激信号 $\delta(t)$是偶函数，$\delta(t)=\delta(-t)$，当产生时移$(t-\tau)$时，得

$$\delta(t-\tau)=\delta(\tau-t)$$

于是

$$f(t)=\int_{-\infty}^{+\infty}f(\tau)\delta(t-\tau)\mathrm{d}\tau=\int_{-\infty}^{+\infty}f(\tau)\mathrm{d}\tau\delta(t-\tau) \tag{2.2.1}$$

式(2.2.1)表明信号 $f(t)$被分解为一系列冲激信号的连续和。

下面接着讨论零状态响应 $y_{\mathrm{f}}(t)$的求法。

若 LTI 系统的单位冲激响应为 $h(t)$，即输入信号为单位冲激信号 $\delta(t)$ 时，则零状态响应为$h(t)$；当输入信号为$\delta(t-\tau)$时，由于LTI系统具有时不变性，零状态响应为$h(t-\tau)$；当输入信号为 $f(\tau)\mathrm{d}\tau\delta(t-\tau)$ 时，由于 LTI 系统具有零状态响应线性特性，根据比例性，此时零状态响应为 $f(\tau)\mathrm{d}\tau h(t-\tau)$；当输入信号是一系列冲激信号 $f(t)=\int_{-\infty}^{+\infty}f(\tau)\mathrm{d}\tau\delta(t-\tau)$ 时，由于 LTI 系统具有零状态响应线性特性，根据叠加性可得零状态响应为 $y_{\mathrm{f}}(t)=\int_{-\infty}^{+\infty}f(\tau)\mathrm{d}\tau h(t-\tau)=\int_{-\infty}^{+\infty}f(\tau)h(t-\tau)\mathrm{d}\tau$，其中的积分运算$\int_{-\infty}^{+\infty}f(\tau)h(t-\tau)\mathrm{d}\tau$ 在数学上是 $f(t)$ 与 $h(t)$ 之间的卷积积分，记为 $f(t)*h(t)$。所以，当输入信号为 $f(t)$ 时，对于单位冲激响应为$h(t)$ 的LTI系统，系统的零状态响应 $y_{\mathrm{f}}(t)$ 等于输入信号 $f(t)$ 与系统的单位冲激响应 $h(t)$ 之间的卷积积分。

$$y_{\mathrm{f}}(t)=f(t)*h(t) \tag{2.2.2}$$

引用式(1.2.1)的符号可以简单地将上述推导过程表示为：

$\delta(t)\rightarrow h(t)$　LTI连续时间系统的单位冲激响应 $h(t)$ 的定义

$\delta(t-\tau)\rightarrow h(t-\tau)$　LTI连续时间系统具有时不变性

$f(\tau)\mathrm{d}\tau\delta(t-\tau)\rightarrow f(\tau)\mathrm{d}\tau h(t-\tau)$　LTI连续时间系统具有 $y_f(t)$ 线性特性(比例性)

$\int_{-\infty}^{+\infty} f(\tau)\mathrm{d}\tau\delta(t-\tau)\rightarrow\int_{-\infty}^{+\infty} f(\tau)\mathrm{d}\tau h(t-\tau)$　LTI系统具有 $y_f(t)$ 线性特性(叠加性)

即

$$f(t)=\int_{-\infty}^{+\infty} f(\tau)\delta(t-\tau)\mathrm{d}\tau \rightarrow y_f(t)=\int_{-\infty}^{+\infty} f(\tau)h(t-\tau)\mathrm{d}\tau=f(t)*h(t)$$

关于卷积积分的定义和计算将在2.3节中讨论。

2.2.4 LTI连续时间系统的单位阶跃响应 $s(t)$

LTI连续时间系统输入信号为单位阶跃信号 $u(t)$ 时的零状态响应分量定义为系统的单位阶跃响应，记为 $s(t)$，由式(2.2.2)可以得出

$$s(t)=u(t)*h(t) \tag{2.2.3}$$

后文还会说明LTI连续时间系统的单位冲激响应 $h(t)$ 与单位阶跃响应 $s(t)$ 存在如下关系：

$$s'(t)=h(t) \tag{2.2.4}$$

$$s(t)=h^{(-1)}(t) \tag{2.2.5}$$

式(2.2.4)和式(2.2.5)的证明将在例2.3.6中完成。

视频链接

2.3 卷积积分

2.3.1 卷积积分的定义

具有相同自变量的两函数 $f_1(t)$、$f_2(t)$ 的积分 $\int_{-\infty}^{+\infty} f_1(\tau)f_2(t-\tau)\mathrm{d}\tau$ 称为这两个函数的卷积积分(简称卷积)，记为 $f_1(t)*f_2(t)$，卷积积分的结果仍为同一自变量的函数 $y(t)$。即

$$f_1(t)*f_2(t)=\int_{-\infty}^{+\infty} f_1(\tau)f_2(t-\tau)\mathrm{d}\tau=y(t) \tag{2.3.1}$$

例2.3.1　计算 $y(t)=u(t)*u(t)$。

解　根据卷积积分的定义式(2.3.1)得

$$u(t)*u(t)=\int_{-\infty}^{+\infty} u(\tau)u(t-\tau)\mathrm{d}\tau$$

将单位阶跃信号 $u(t)$ 的自变量 t 换为 τ，得到 $u(\tau)$，波形图如图2.3.1(a)所示，反转 $u(\tau)$ 得 $u(-\tau)$ 的波形图如图2.3.1(b)所示。

信号 $u(-\tau)$ 在 τ 轴上移动 t，当 $t>0$ 时，右移 t，信号 $u(t-\tau)$ 的波形图如图2.3.1(c)所示；当 $t<0$ 时，左移 $|t|$，信号 $u(t-\tau)$ 的波形图如图2.3.1(d)所示。

当 $t>0$ 时，信号 $u(\tau)u(t-\tau)$ 的波形图如图2.3.1(e)所示；当 $t<0$ 时，信号 $u(\tau)u(t-$

$\tau)=0$。

因此，当 $t>0$ 时，$\int_{-\infty}^{+\infty}u(\tau)u(t-\tau)\mathrm{d}\tau=\int_{0}^{t}\mathrm{d}\tau=t$；而当 $t<0$ 时，$\int_{-\infty}^{+\infty}u(\tau)u(t-\tau)\mathrm{d}\tau=0$。

所以有

$$u(t)*u(t)=tu(t) \tag{2.3.2}$$

信号 $tu(t)$ 的波形图如图 2.3.1(f)所示。

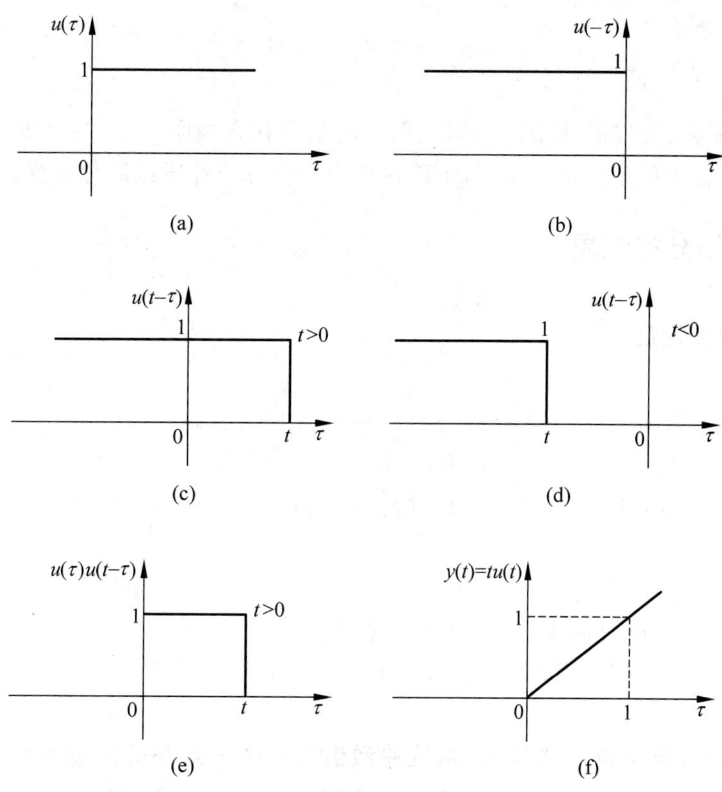

图 2.3.1　例 2.3.1 图

例 2.3.2　若连续时间信号 $y(t)=f_1(t)*f_2(t)$，且连续时间信号 $y(t)$、$f_1(t)$、$f_2(t)$ 的面积分别为 S_y、S_1、S_2，试证明 $S_y=S_1S_2$。

证明　根据卷积积分的定义式(2.3.1)可知

$$y(t)=f_1(t)*f_2(t)=\int_{-\infty}^{+\infty}f_1(\tau)f_2(t-\tau)\mathrm{d}\tau$$

则

$$S_y=\int_{-\infty}^{+\infty}y(t)\mathrm{d}t=\int_{-\infty}^{+\infty}\left[\int_{-\infty}^{+\infty}f_1(\tau)f_2(t-\tau)\mathrm{d}\tau\right]\mathrm{d}t$$

交换积分顺序得

$$S_y=\int_{-\infty}^{+\infty}f_1(\tau)\left[\int_{-\infty}^{+\infty}f_2(t-\tau)\mathrm{d}t\right]\mathrm{d}\tau$$

其中

$$\int_{-\infty}^{+\infty}f_2(t-\tau)\mathrm{d}t=\int_{-\infty}^{+\infty}f_2(t)\mathrm{d}t=S_2$$

于是

$$S_y=\int_{-\infty}^{+\infty} f_1(\tau)S_2\mathrm{d}\tau=S_2\int_{-\infty}^{+\infty} f_1(\tau)\mathrm{d}\tau$$

已知

$$\int_{-\infty}^{+\infty} f_1(\tau)\mathrm{d}\tau=S_1$$

所以

$$S_y=S_2S_1=S_1S_2$$

证毕。

利用卷积积分，可以简化 LTI 连续时间系统的零状态响应 $y_f(t)$的计算，但直接按定义式(2.3.1)计算卷积积分通常很烦琐，下面讨论卷积积分的性质以简化运算。

2.3.2 卷积积分的性质

1. 代数运算性质

交换律：

$$f_1(t)*f_2(t)=f_2(t)*f_1(t) \tag{2.3.3}$$

结合律：

$$f_1(t)*[f_2(t)*f_3(t)]=[f_1(t)*f_2(t)]*f_3(t) \tag{2.3.4}$$

分配律：

$$f_1(t)*[f_2(t)+f_3(t)]=f_1(t)*f_2(t)+f_1(t)*f_3(t) \tag{2.3.5}$$

注：以上性质存在的条件是各卷积积分存在。

证明 (略)(直接用定义很容易证明卷积积分的代数运算性质，这里不再赘述。)

2. 信号 $f(t)$与单位冲激信号、单位冲激信号的微分或积分的卷积积分

$$f(t)*\delta^{(N)}(t)=f^{(N)}(t),\quad N\text{ 为 0、正整数或负整数} \tag{2.3.6}$$

证明 (略)

例 2.3.3 试证明：(1) $f(t)*\delta(t)=f(t)$；(2) $f(t)*\delta'(t)=f'(t)$；(3) $f(t)*\delta^{(-1)}(t)=f^{(-1)}(t)$。

证明 (1) 应用卷积定义式(2.3.1)得

$$f(t)*\delta(t)=\int_{-\infty}^{+\infty} f(\tau)\delta(t-\tau)\mathrm{d}\tau$$

由于 $\delta(t-\tau)=\delta(\tau-t)$，则有

$$f(t)*\delta(t)=\int_{-\infty}^{+\infty} f(\tau)\delta(\tau-t)\mathrm{d}\tau$$

根据单位冲激信号的抽样性式(1.1.17)得

$$f(t)*\delta(t)=\int_{-\infty}^{+\infty} f(\tau)\delta(\tau-t)\mathrm{d}\tau=f(\tau)\Big|_{\tau=t}=f(t)$$

(2) 根据卷积积分的定义式(2.3.1)得

$$f(t)*\delta'(t)=\int_{-\infty}^{+\infty} f(\tau)\delta'(t-\tau)\mathrm{d}\tau$$

在单位冲激信号的微分的特性式(1.1.28) $\int_{-\infty}^{+\infty} f(t)\delta^{(N)}(t-t_0)\mathrm{d}t=(-1)^N f^{(N)}(t_0)$ 中，若 $N=1, t=\tau$，得

$$\int_{-\infty}^{+\infty} f(\tau)\delta'(\tau-t_0)\mathrm{d}\tau=(-1)f'(t_0)$$

再令 $t_0=t$，由于

$$\delta'(\tau-t)=(-1)\delta'(t-\tau)$$

则

$$f(t)*\delta'(t)=\int_{-\infty}^{+\infty} f(\tau)(-1)\delta'(\tau-t)\mathrm{d}\tau=(-1)^2 f'(\tau)\Big|_{\tau=t}=f'(t)$$

(3) 已知 $\delta^{(-1)}(t)=u(t)$，则

$$f(t)*\delta^{(-1)}(t)=f(t)*u(t)=\int_{-\infty}^{+\infty} f(\tau)u(t-\tau)\mathrm{d}\tau$$

其中 $u(t-\tau)$ 波形图如图 2.3.1(c)、(d)所示，得到

$$f(t)*\delta^{(-1)}(t)=\int_{-\infty}^{t} f(\tau)\mathrm{d}\tau=f^{(-1)}(t)$$

证毕。

式(2.3.6)表明连续时间信号 $f(t)$ 与单位冲激信号 $\delta(t)$ 的卷积积分等于信号 $f(t)$ 本身；$f(t)$ 与单位冲激信号的微分 $\delta^{(N)}(t)$（N 为正整数）相卷积等于信号 $f(t)$ 求同阶微分 $f^{(N)}(t)$；$f(t)$ 与单位冲激信号的积分 $\delta^{(N)}(t)$（N 为负整数）相卷积等于信号 $f(t)$ 求同重积分 $f^{(N)}(t)$。

3. 卷积积分的时移特性

若

$$f_1(t)*f_2(t)=y(t)$$

则

$$f_1(t-t_1)*f_2(t-t_2)=y(t-t_1-t_2) \tag{2.3.7}$$

证明　根据卷积积分定义式(2.3.1)得

$$f_1(t-t_1)*f_2(t-t_2)=\int_{-\infty}^{+\infty} f_1(\tau-t_1)f_2(t-\tau-t_2)\mathrm{d}\tau$$

令 $x=\tau-t_1$，则

$$\begin{aligned}f_1(t-t_1)*f_2(t-t_2)&=\int_{-\infty}^{+\infty} f_1(x)f_2(t-x-t_1-t_2)\mathrm{d}x\\&=\int_{-\infty}^{+\infty} f_1(\tau)f_2(t-t_1-t_2-\tau)\mathrm{d}\tau\end{aligned}$$

已知

$$f_1(t)*f_2(t)=\int_{-\infty}^{+\infty} f_1(\tau)f_2(t-\tau)\mathrm{d}\tau=y(t)$$

故

$$f_1(t-t_1)*f_2(t-t_2)=y(t-t_1-t_2)$$

证毕。

4. 卷积的微积分特性

若

$$y(t)=f_1(t)*f_2(t)$$

则

$$y^{(N)}(t)=f_1^{(I)}(t)*f_2^{(J)}(t) \tag{2.3.8}$$

其中,N、I、J 均为正整数、负整数或0,且 $N=I+J$。

证明 (略)

例 2.3.4 已知 $y(t)=f_1(t)*f_2(t)$,试证明 $y^{(-1)}(t)=f_1^{(-3)}(t)*f_2''(t)$。

证明 若

$$y(t)=f_1(t)*f_2(t)$$

则根据信号与冲激的微分、积分相卷积的特性式(2.3.6)可以得到

$$y^{(-1)}(t)=y(t)*\delta^{(-1)}(t)=y(t)*[\delta^{(-3)}(t)*\delta''(t)]$$

其中 $\delta^{(-3)}(t)*\delta''(t)=\delta^{(-1)}(t)$。运用卷积积分的代数运算性质得

$$\begin{aligned}y^{(-1)}(t)&=[f_1(t)*f_2(t)]*[\delta^{(-3)}(t)*\delta''(t)]\\&=[f_1(t)*\delta^{(-3)}(t)]*[f_2(t)*\delta''(t)]\\&=f_1^{(-3)}(t)*f_2''(t)\end{aligned}$$

证毕。

例 2.3.5 信号 $f_1(t)$、$f_2(t)$的波形图分别如图 2.3.2(a)、(b)所示,试计算 $y(t)=f_1(t)*f_2(t)$。

解 1 用阶跃信号分别表示信号:

$$f_1(t)=u(t+1)-u(t-1)$$

$$f_2(t)=u(t)-u(t-2)$$

则

$$y(t)=f_1(t)*f_2(t)=[u(t+1)-u(t-1)]*[u(t)-u(t-2)]$$

利用卷积积分的代数运算性质——结合律式(2.3.4)、分配律式(2.3.5)得到

$$\begin{aligned}y(t)=&[u(t+1)*u(t)]-[u(t-1)*u(t)]-[u(t+1)*u(t-2)]+\\&[u(t-1)*u(t-2)]\end{aligned}$$

由式(2.3.2)知

$$u(t)*u(t)=tu(t)$$

根据卷积积分的时移特性式(2.3.7)得到

$$y(t)=(t+1)u(t+1)-2(t-1)u(t-1)+(t-3)u(t-3)$$

$y(t)$的波形图如图 2.3.2(c)所示。

解 2 作出信号 $f_1(t)$、$f_2(t)$的一阶导数的波形图,分别如图 2.3.2(d)、(e)所示。

若

$$y(t)=f_1(t)*f_2(t)$$

根据式(2.3.8)得

$$y''(t)=f_1'(t)*f_2'(t)=[\delta(t+1)-\delta(t-1)]*[\delta(t)-\delta(t-2)]$$

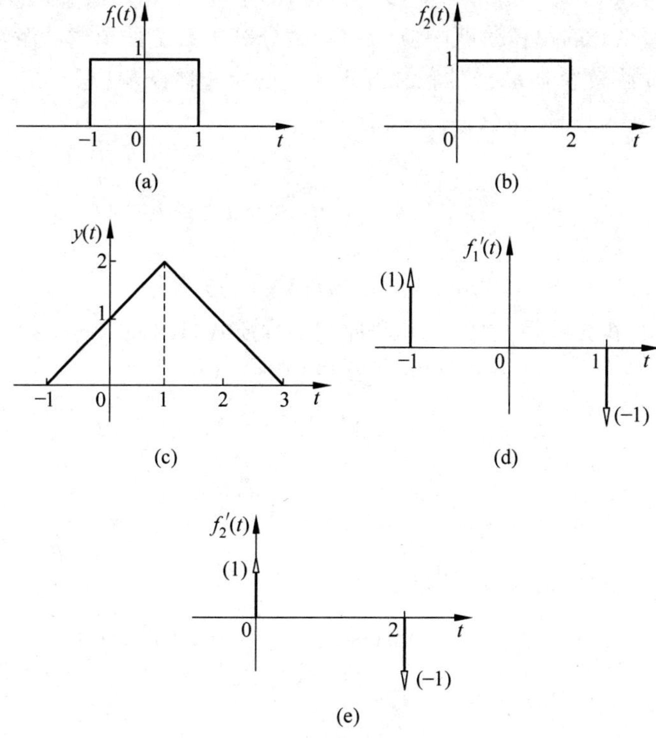

图 2.3.2　例 2.3.5 图

$$
\begin{aligned}
&=[\delta(t+1)*\delta(t)]-[\delta(t-1)*\delta(t)]-[\delta(t+1)*\delta(t-2)]+\\
&\quad[\delta(t-1)*\delta(t-2)]
\end{aligned}
$$

因为

$$\delta(t)*\delta(t)=\delta(t)$$

根据时移特性式(2.3.7)得

$$y''(t)=\delta(t+1)-2\delta(t-1)+\delta(t-3)$$

而

$$[\delta(t-t_0)]^{(-2)}=(t-t_0)u(t-t_0)$$

所以

$$y(t)=[y''(t)]^{(-2)}=(t+1)u(t+1)-2(t-1)u(t-1)+(t-3)u(t-3)$$

结果与解 1 一致。

例 2.3.6　若 LTI 连续时间系统的单位冲激响应为 $h(t)$，单位阶跃响应为 $s(t)$，试证明 $s'(t)=h(t)$，$s(t)=h^{(-1)}(t)$，即证明式(2.2.4)、式(2.2.5)。

证明　LTI 连续时间系统单位阶跃响应 $s(t)$ 的定义为：输入信号为单位阶跃信号 $u(t)$ 时的零状态响应。

即若 LTI 系统的单位冲激响应为 $h(t)$，则

$$s(t)=u(t)*h(t)$$

根据卷积积分的微、积分特性式(2.3.8)可得

$$s'(t)=u'(t)*h(t)$$

而 $u'(t)=\delta(t)$，所以 $s'(t)=\delta(t)*h(t)=h(t)$，即 $s'(t)=h(t)$ 或 $s(t)=h^{(-1)}(t)$。证毕。

LTI 连续时间系统的单位阶跃响应 $s(t)$ 的微分等于系统的单位冲激响应 $h(t)$，LTI 连续时间系统的单位冲激响应 $h(t)$ 的积分等于系统的单位阶跃响应 $s(t)$。

例 2.3.7 计算 $y(t)=tu(t-1)*u(t+3)$。

解

$$tu(t-1)=(t-1)u(t-1)+u(t-1)$$

设

$$y_1(t)=tu(t)*u(t)$$

根据卷积积分的微、积分特性式(2.3.8)和冲激的性质式(1.1.26)得

$$\begin{aligned}y_1^{(3)}(t)&=[tu(t)]''*u'(t)\\&=\delta(t)*\delta(t)=\delta(t)\end{aligned}$$

于是有

$$y_1(t)=tu(t)*u(t)=\delta^{(-3)}(t)=\frac{1}{2}t^2u(t)$$

根据卷积积分的时移特性式(2.3.7)得

$$(t-1)u(t-1)*u(t+3)=\frac{1}{2}(t+2)^2u(t+2)$$

由式(2.3.2)可知

$$u(t)*u(t)=tu(t)$$

根据卷积积分的时移特性式(2.3.7)得

$$u(t-1)*u(t+3)=(t+2)u(t+2)$$

所以

$$\begin{aligned}y(t)&=(t-1)u(t-1)*u(t+3)+u(t-1)*u(t+3)\\&=\frac{1}{2}(t+2)^2u(t+2)+(t+2)u(t+2)\end{aligned}$$

例 2.3.8 计算 $y(t)=\mathrm{e}^{-3t}u(t)*u(t-1)$。

解

$$y(t)=\mathrm{e}^{-3t}u(t)*u(t-1)=\mathrm{e}^{-3t}u(t)*[u(t)*\delta(t-1)]=[\mathrm{e}^{-3t}u(t)*u(t)]*\delta(t-1)$$

令

$$x(t)=\mathrm{e}^{-3t}u(t)*u(t)$$

则

$$x'(t)=\mathrm{e}^{-3t}u(t)*u'(t)=\mathrm{e}^{-3t}u(t)*\delta(t)=\mathrm{e}^{-3t}u(t)$$

于是有

$$x(t)=[x'(t)]^{(-1)}=\int_{-\infty}^{t}\mathrm{e}^{-3\tau}u(\tau)\mathrm{d}\tau$$

当 $t<0$ 时，$u(\tau)=0$，$x(t)=0$；当 $t>0$ 时，$x(t)=\int_0^t\mathrm{e}^{-3\tau}\mathrm{d}\tau=\frac{1-\mathrm{e}^{-3t}}{3}$。即 $x(t)=\frac{1}{3}(1-\mathrm{e}^{-3t})u(t)$。所以

$$y(t)=x(t)*\delta(t-1)=x(t-1)=\frac{1}{3}[1-\mathrm{e}^{-3(t-1)}]u(t-1)$$

2.4　LTI 连续时间系统时域分析举例

例 2.4.1　某 LTI 连续时间系统输入信号 $f(t)$如图 2.4.1(a)所示，系统的单位冲激响应 $h(t)$如图 2.4.1(b)所示，试求该系统的零状态响应 $y_f(t)$。

解 1　LTI 连续时间系统的单位冲激响应为 $h(t)$，当输入信号为 $f(t)=\delta(t)-\delta(t-2)$时，系统的零状态响应 $y_f(t)$为输入信号 $f(t)$和系统的单位冲激响应 $h(t)$的卷积积分，即 $y_f(t)=f(t)*h(t)$。

已知信号与单位冲激信号相卷积等于信号本身，即 $f(t)*\delta(t)=f(t)$，应用卷积积分的时移特性得到

$$y_f(t)=[\delta(t)-\delta(t-2)]*h(t)=h(t)-h(t-2)$$

$y_f(t)$的波形图如图 2.4.1(c)所示。

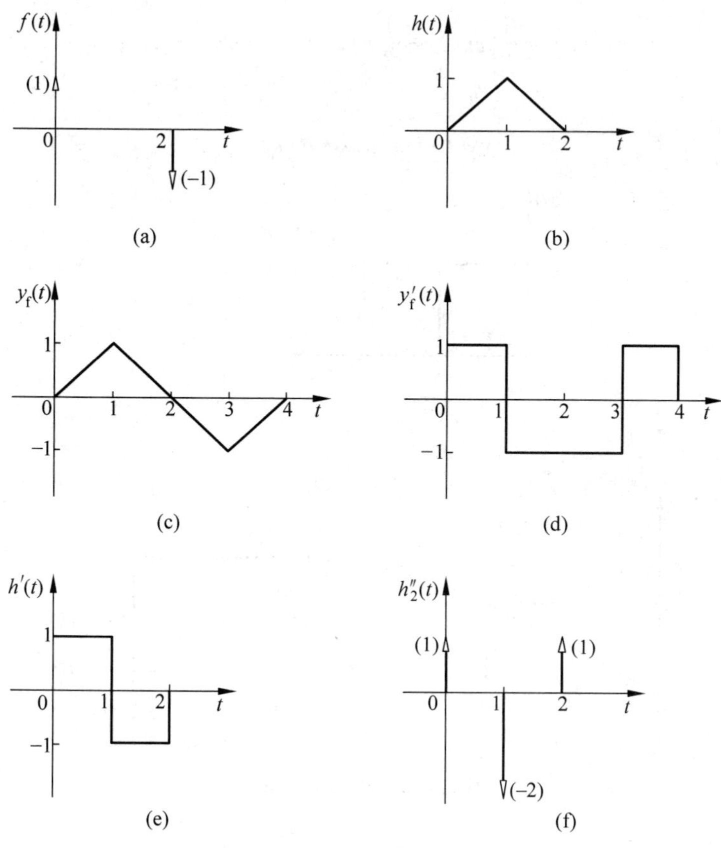

图 2.4.1　例 2.4.1 图

作出 $y_f(t)$的一阶导数的波形图如图 2.4.1(d)所示，有

$$y'_f(t)=u(t)-2u(t-1)+2u(t-3)-u(t-4)$$

故系统的零状态响应为

$$y_f(t)=[y'_f(t)]^{(-1)}=tu(t)-2(t-1)u(t-1)+2(t-3)u(t-3)-(t-4)u(t-4)$$

解 2 作出单位冲激响应 $h(t)$ 的一阶导数 $h'(t)$、二阶导数 $h''(t)$ 的波形图分别如图 2.4.1(e)、(f)所示，有

$$h''(t)=\delta(t)-2\delta(t-1)+\delta(t-2)$$

$$f(t)=\delta(t)-\delta(t-2)$$

LTI 系统的零状态响应 $y_{\mathrm{f}}(t)=f(t)*h(t)$，利用卷积积分的微、积分特性式(2.3.8)得

$$\begin{aligned}y_{\mathrm{f}}''(t)&=f(t)*h''(t)=[\delta(t)-\delta(t-2)]*[\delta(t)-2\delta(t-1)+\delta(t-2)]\\&=\delta(t)-2\delta(t-1)+2\delta(t-3)-\delta(t-4)\end{aligned}$$

故

$$y_{\mathrm{f}}(t)=[y_{\mathrm{f}}''(t)]^{(-2)}=tu(t)-2(t-1)u(t-1)+2(t-3)u(t-3)-(t-4)u(t-4)$$

例 2.4.2 LTI 连续时间系统单位冲激响应 $h(t)$ 如图 2.4.2(a)所示，试计算当输入为图 2.4.2(b)所示信号 $f(t)$ 时的零状态响应 $y_{\mathrm{f}}(t)$。

解 图 2.4.2(a)所示系统的单位冲激响应 $h(t)=u(t)-u(t-1)$，作出 $f'(t)$ 的波形图如图 2.4.2(c)所示，有

$$f'(t)=\frac{1}{2}u(t)-\frac{1}{2}u(t-2)-\delta(t-2)$$

因为

$$y_{\mathrm{f}}(t)=f(t)*h(t)$$

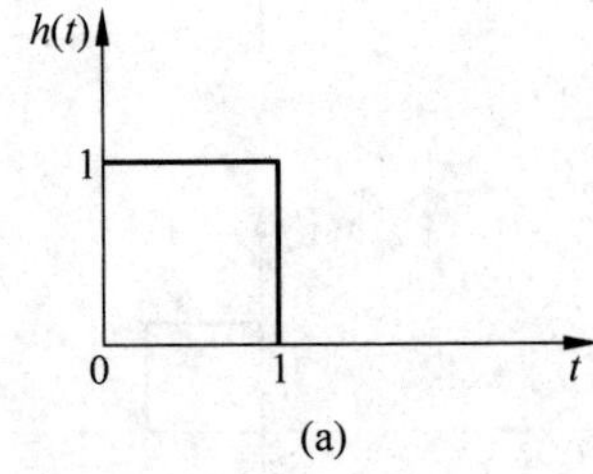

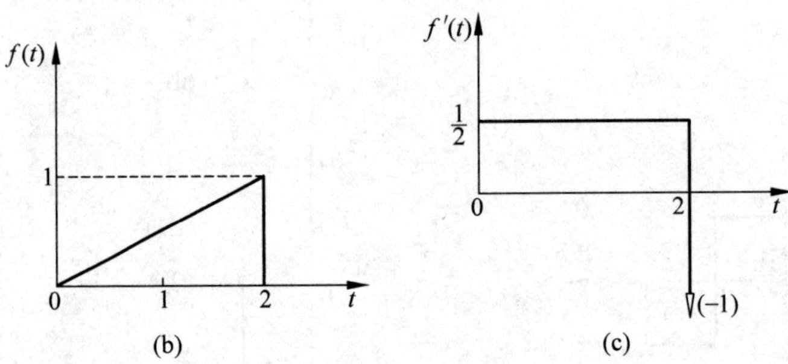

图 2.4.2 例 2.4.2 图

则有

$$\begin{aligned}y_{\mathrm{f}}'(t)&=f'(t)*h(t)=\left[\frac{1}{2}u(t)-\frac{1}{2}u(t-2)-\delta(t-2)\right]*[u(t)-u(t-1)]\\&=\frac{1}{2}tu(t)-\frac{1}{2}(t-1)u(t-1)-\frac{1}{2}(t-2)u(t-2)+\frac{1}{2}(t-3)u(t-3)-\\&\quad u(t-2)+u(t-3)\end{aligned}$$

由式(1.1.25)、式(1.1.26)知

$$u^{(-1)}(t)=tu(t),\quad t^{(-1)}u(t)=\frac{1}{2}t^2u(t)$$

故

$$y_f(t)=[y_f'(t)]^{(-1)}=\frac{1}{4}t^2u(t)-\frac{1}{4}(t-2)^2u(t-2)-(t-2)u(t-2)-\frac{1}{4}(t-1)^2u(t-1)+\frac{1}{4}(t-3)^2u(t-3)+(t-3)u(t-3)$$

例 2.4.3　某 LTI 连续时间系统单位冲激响应 $h(t)=e^{-t}u(t)$，输入信号 $f(t)$ 如图 2.4.3 所示，求系统的零状态响应 $y_f(t)$。

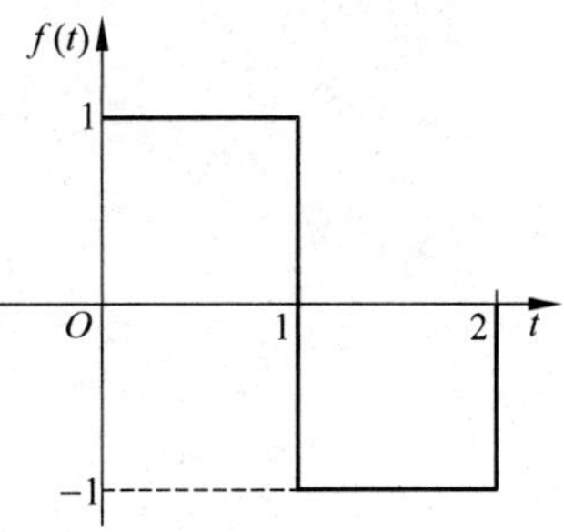

图 2.4.3　例 2.4.3 图

解　由图 2.4.3 所示系统的输入信号

$$f(t)=u(t)-2u(t-1)+u(t-2)$$

可以先求解系统的单位阶跃响应 $s(t)$，再利用 LTI 系统的性质即可求得系统的零状态响应 $y_f(t)$。

根据式(2.2.5)知 LTI 连续时间系统的单位冲激响应的积分等于系统的单位阶跃响应，即

$$s(t)=h^{(-1)}(t)=\int_{-\infty}^{t}e^{-\tau}u(\tau)d\tau$$

当 $t<0$ 时，积分为 0；当 $t>0$ 时，$\int_0^t e^{-\tau}d\tau=1-e^{-t}$。因此，系统的单位阶跃响应 $s(t)=(1-e^{-t})u(t)$。

根据 LTI 系统的性质，若

$$u(t)\to s(t)$$

则

$$f(t)=u(t)-2u(t-1)+u(t-2)\to y_f(t)=s(t)-2s(t-1)+s(t-2)$$

因此，系统的零状态响应

$$y_f(t)=(1-e^{-t})u(t)-2[1-e^{-(t-1)}]u(t-1)+[1-e^{-(t-2)}]u(t-2)$$

例 2.4.4　某 LTI 连续时间系统方框图由 4 个子系统连接而成，如图 2.4.4(a)所示，其中各子系统的单位冲激响应分别为 $h_1(t)=u(t)$，$h_2(t)=\delta(t-1)$，$h_3(t)=\delta(t)$，加法器的系统框图如图 2.4.4(b)所示。试求该系统的单位冲激响应 $h(t)$。

解 1　根据 LTI 连续时间系统零状态响应的求法，由式(2.2.2)可得

$$\begin{aligned}
f_1(t)&=y_1(t)=f(t)*h_1(t)=f(t)*u(t)\\
f_2(t)&=f_1(t)*h_2(t)=[f(t)*u(t)]*\delta(t-1)\\
&=f(t)*[u(t)*\delta(t-1)]=f(t)*u(t-1)\\
y_2(t)&=f_2(t)*h_3(t)=[f(t)*u(t-1)]*\delta(t)\\
&=f(t)*[u(t-1)*\delta(t)]=f(t)*u(t-1)
\end{aligned}$$

则输出信号

$$y_f(t)=y_1(t)-y_2(t)=[f(t)*u(t)]-[f(t)*u(t-1)]=f(t)*[u(t)-u(t-1)]\tag{2.4.1}$$

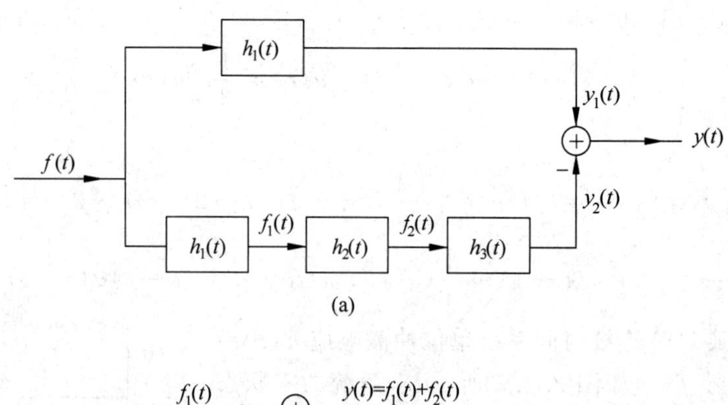

(a)

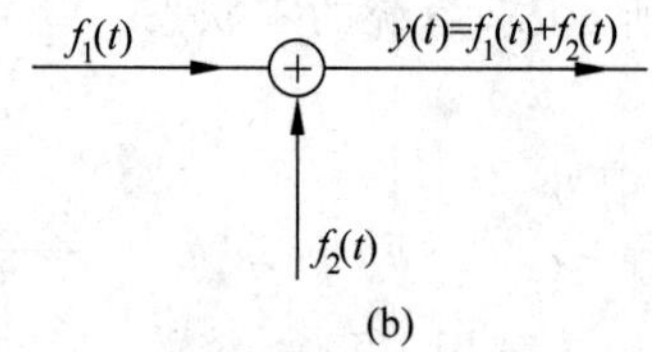

(b)

图 2.4.4　例 2.4.4 图

而若设该 LTI 连续时间系统的单位冲激响应为 $h(t)$，当输入信号为 $f(t)$ 时，系统的零状态响应

$$y_{\mathrm{f}}(t)=f(t)*h(t) \tag{2.4.2}$$

比较式(2.4.1)、式(2.4.2)得该系统的单位冲激响应为

$$h(t)=u(t)-u(t-1)$$

解 2　根据 LTI 连续时间系统单位冲激响应的定义知，当该系统输入信号为 $f(t)=\delta(t)$ 时，输出信号为系统的单位冲激响应 $h(t)$。

设 $f(t)=\delta(t)$，则

$$y_1(t)=f_1(t)=f(t)*h_1(t)=\delta(t)*u(t)=u(t)$$

$$f_2(t)=f_1(t)*h_2(t)=u(t)*\delta(t-1)=u(t-1)$$

$$y_2(t)=f_2(t)*h_3(t)=u(t-1)*\delta(t)=u(t-1)$$

所以

$$h(t)=y_{\mathrm{f}}(t)=y_1(t)-y_2(t)=u(t)-u(t-1)$$

例 2.4.5　某 LTI 连续时间系统单位冲激响应 $h(t)=\sin 2\pi t[u(t)-u(t-1)]$，试计算系统的单位阶跃响应 $s(t)$。

解　已知系统的单位冲激响应 $h(t)=\sin 2\pi t[u(t)-u(t-1)]$。根据式(2.2.5)得系统的单位阶跃响应

$$s(t)=h^{(-1)}(t)=\int_{-\infty}^{t}h(\tau)\mathrm{d}\tau=\int_{-\infty}^{t}\sin 2\pi\tau[u(\tau)-u(\tau-1)]\mathrm{d}\tau$$

当 $t<0$ 时，

$$s(t)=0$$

当 $0<t<1$ 时，

$$s(t)=\int_{0}^{t}\sin 2\pi\tau\,\mathrm{d}\tau=\left.\frac{-\cos 2\pi\tau}{2\pi}\right|_{0}^{t}=\frac{1}{2\pi}(1-\cos 2\pi t)$$

当 $t>1$ 时，

$$s(t)=\int_0^1 \sin 2\pi\tau \, d\tau=0$$

故该系统的单位阶跃响应为

$$s(t)=\frac{1}{2\pi}(1-\cos 2\pi t)[u(t)-u(t-1)]$$

例 2.4.6　某 LTI 连续时间系统单位阶跃响应 $s(t)$ 如图 2.4.5(a)所示。求输入为如图 2.4.5(b)所示的连续时间信号 $f(t)$ 时的零状态响应 $y_f(t)$，并作出 $y_f(t)$ 的波形图。

解　作出 $s'(t)$ 的波形图如图 2.4.5(c)所示。

根据 LTI 连续时间系统的单位阶跃响应 $s(t)$ 与单位冲激响应 $h(t)$ 的关系式(2.2.4)得

$$h(t)=s'(t)=u(t)-u(t-1)$$

而输入信号

$$f(t)=u(t)+u(t-1)-u(t-2)-u(t-3)$$

$$\begin{aligned} y_f(t) &= f(t)*h(t) \\ &= [u(t)+u(t-1)-u(t-2)-u(t-3)]*[u(t)-u(t-1)] \end{aligned}$$

根据式(2.3.2)和卷积积分的性质得

$$y_f(t)=tu(t)-2(t-2)u(t-2)+(t-4)u(t-4)$$

波形图如图 2.4.5(d)所示。

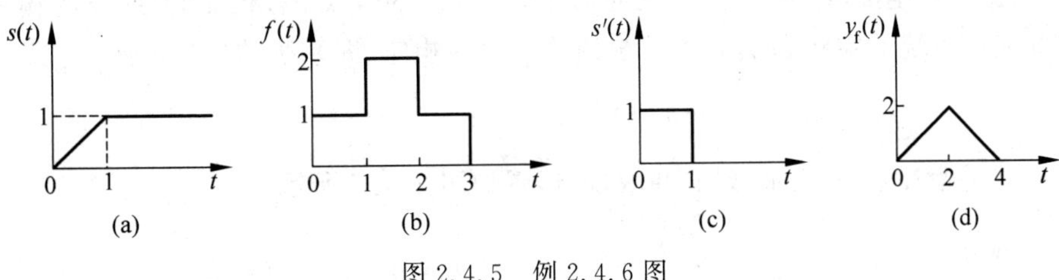

图 2.4.5　例 2.4.6 图

例 2.4.7　已知某 LTI 连续时间系统初始状态为 $y(0^-)=1, y'(0^-)=2$。当输入信号 $f_1(t)=u(t)$ 时，全响应(输出信号)为 $y_1(t)=3e^{-t}-2e^{-3t}, t>0$；若系统的初始状态不变，当输入信号为 $f_2(t)=2u(t)$ 时，全响应(输出信号)为 $y_2(t)=4e^{-t}-4e^{-3t}, t>0$。求初始状态为 $y(0^-)=2, y'(0^-)=4$，输入为图 2.4.6 所示信号 $f_3(t)$ 时，系统的全响应(输出信号) $y_3(t)$。

解　设该 LTI 连续时间系统在初始状态 $y(0^-)=1, y'(0^-)=2$ 单独作用下的零输入响应为 $y_{s1}(t)$，在输入信号 $f_1(t)=u(t)$ 单独作用下的零状态响应为 $y_{f1}(t)$。由于 LTI 系统具有分解性，则

$$y_1(t)=y_{s1}(t)+y_{f1}(t)=3e^{-t}-2e^{-3t}, \quad t>0 \tag{2.4.3}$$

根据零状态响应线性特性，当输入信号为 $f_2(t)=2u(t)=2f_1(t)$ 时，系统的零状态响应为 $y_{f2}(t)=2y_{f1}(t)$；若初始状态不变，$y_{s2}(t)=y_{s1}(t)$，则可得

$$y_2(t)=y_{s2}(t)+y_{f2}(t)=y_{s1}(t)+2y_{f1}(t)=4e^{-t}-4e^{-3t}, \quad t>0 \tag{2.4.4}$$

联立求解式(2.4.3)、式(2.4.4)可得该系统输入为 $f_1(t)=u(t)$ 时的零状态响应

$$y_{f1}(t)=y_2(t)-y_1(t)=(e^{-t}-2e^{-3t})u(t)$$

该系统初始状态为 $y(0^-)=1, y'(0^-)=2$ 时的零输入响应

$$y_{s1}(t)=y_1(t)-y_{f1}(t)=2e^{-t},\quad t>0$$

当初始状态为 $y(0^-)=2, y'(0^-)=4$ 时，根据零输入响应线性得到

$$y_{s3}(t)=2y_{s1}(t)=4e^{-t},\quad t>0$$

当输入图 2.4.6 所示信号 $f_3(t)=u(t)-2u(t-1)+u(t-3)$ 时，根据 LTI 连续时间系统的零状态响应线性和时不变性得到

$$\begin{aligned}y_{f3}(t)&=y_{f1}(t)-2y_{f1}(t-1)+y_{f1}(t-3)\\&=(e^{-t}-2e^{-3t})u(t)-2[e^{-(t-1)}-2e^{-3(t-1)}]u(t-1)+[e^{-(t-3)}-2e^{-3(t-3)}]u(t-3)\end{aligned}$$

由于 LTI 连续时间系统具有分解性，所以，当初始状态为 $y(0^-)=2, y'(0^-)=4$，输入信号为图 2.4.6 所示信号 $f_3(t)$ 时，系统的全响应为

$$\begin{aligned}y_3(t)&=y_{s3}(t)+y_{f3}(t)\\&=4e^{-t}+(e^{-t}-2e^{-3t})u(t)-\\&\quad 2[e^{-(t-1)}-2e^{-3(t-1)}]u(t-1)+[e^{-(t-3)}-2e^{-3(t-3)}]u(t-3),\quad t>0\end{aligned}$$

例 2.4.8 已知 LTI 连续时间系统当输入信号为 $f(t)$ 时的零状态响应为 $y_f(t)=\int_{-\infty}^{t-2}e^{t-\tau}\cdot f(\tau-1)d\tau$，试求该系统的单位冲激响应 $h(t)$。

解 根据 LTI 连续时间系统单位冲激响应 $h(t)$ 的定义，若该 LTI 系统的输入信号 $f(t)=\delta(t)$ 时，系统的零状态响应为系统的单位冲激响应，即系统的单位冲激响应为

$$h(t)=\int_{-\infty}^{t-2}e^{t-\tau}\delta(\tau-1)d\tau$$

其中 $\delta(\tau-1)$ 是发生在 $\tau=1$ 时刻的冲激，波形图如图 2.4.7 所示。

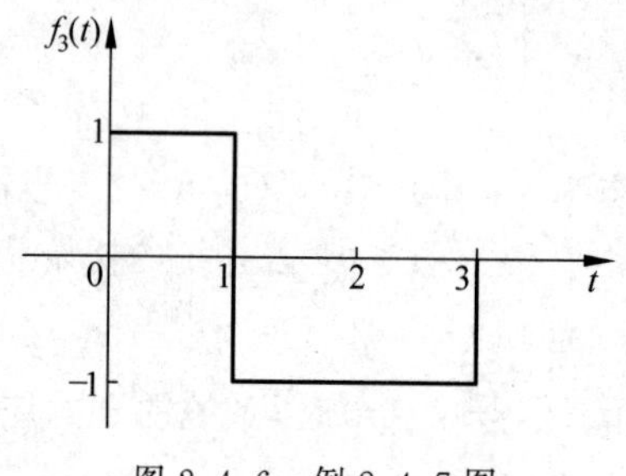

图 2.4.6 例 2.4.7 图

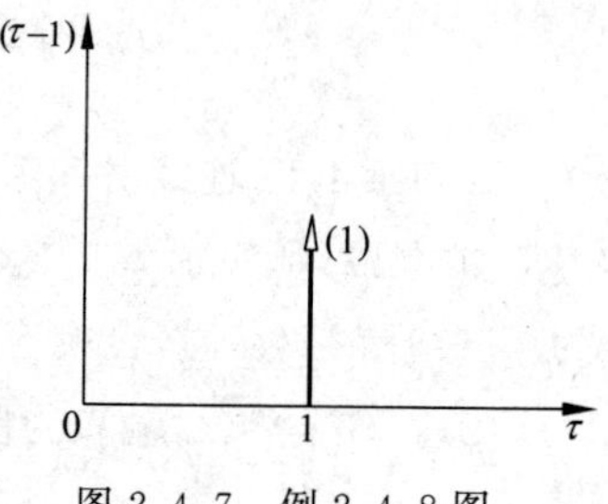

图 2.4.7 例 2.4.8 图

当 $t-2>1$，即 $t>3$ 时，信号 $\delta(\tau-1)$ 在积分限 $(-\infty, t-2)$ 内，有

$$h(t)=\int_{-\infty}^{t-2}e^{t-\tau}\delta(\tau-1)d\tau=e^{t-\tau}\big|_{\tau=1}=e^{t-1}$$

当 $t-2<1$，即 $t<3$ 时，信号 $\delta(\tau-1)$ 不在积分限内，积分为 0。

因此，该系统的单位冲激响应为

$$h(t)=e^{t-1}u(t-3)$$

2.5　本章思维导图

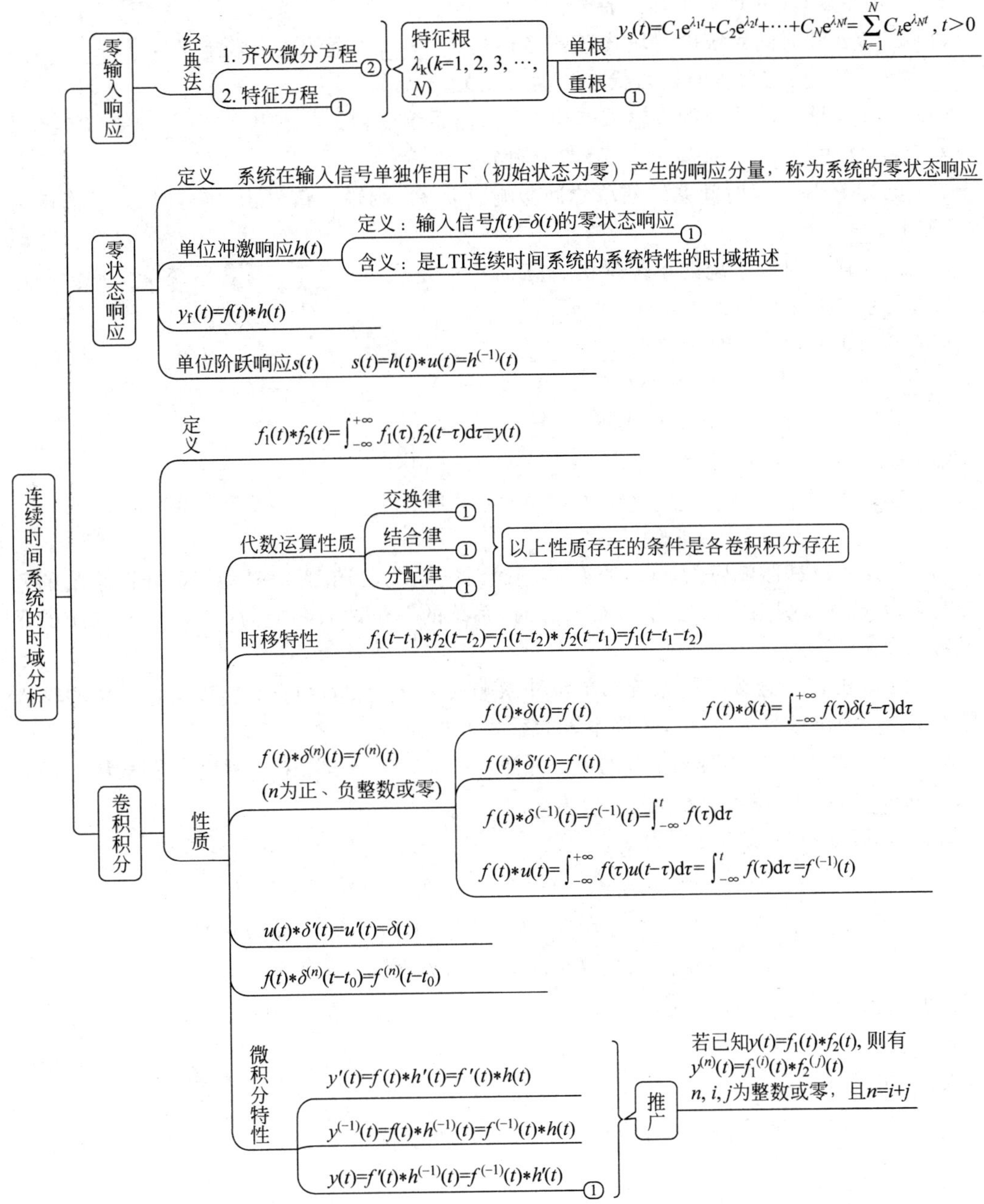
连续时间系统的时域分析
零输入响应
经典法
1. 齐次微分方程 ②
2. 特征方程 ①
特征根
$\lambda_k(k=1, 2, 3, \cdots, N)$
单根
$y_s(t)=C_1e^{\lambda_1 t}+C_2e^{\lambda_2 t}+\cdots+C_Ne^{\lambda_N t}=\sum_{k=1}^{N}C_ke^{\lambda_k t}$, $t>0$
重根 ①
零状态响应
定义　系统在输入信号单独作用下（初始状态为零）产生的响应分量，称为系统的零状态响应
单位冲激响应$h(t)$
定义：输入信号$f(t)=\delta(t)$的零状态响应 ①
含义：是LTI连续时间系统的系统特性的时域描述
$y_f(t)=f(t)*h(t)$
单位阶跃响应$s(t)$　$s(t)=h(t)*u(t)=h^{(-1)}(t)$
卷积积分
定义
$f_1(t)*f_2(t)=\int_{-\infty}^{+\infty}f_1(\tau)f_2(t-\tau)d\tau=y(t)$
性质
代数运算性质
交换律 ①
结合律 ①
分配律 ①
以上性质存在的条件是各卷积积分存在
时移特性　$f_1(t-t_1)*f_2(t-t_2)=f_1(t-t_2)*f_2(t-t_1)=f_1(t-t_1-t_2)$
$f(t)*\delta^{(n)}(t)=f^{(n)}(t)$
(n为正、负整数或零)
$f(t)*\delta(t)=f(t)$
$f(t)*\delta(t)=\int_{-\infty}^{+\infty}f(\tau)\delta(t-\tau)d\tau$
$f(t)*\delta'(t)=f'(t)$
$f(t)*\delta^{(-1)}(t)=f^{(-1)}(t)=\int_{-\infty}^{t}f(\tau)d\tau$
$f(t)*u(t)=\int_{-\infty}^{+\infty}f(\tau)u(t-\tau)d\tau=\int_{-\infty}^{t}f(\tau)d\tau=f^{(-1)}(t)$
$u(t)*\delta'(t)=u'(t)=\delta(t)$
$f(t)*\delta^{(n)}(t-t_0)=f^{(n)}(t-t_0)$
微积分特性
$y'(t)=f(t)*h'(t)=f'(t)*h(t)$
$y^{(-1)}(t)=f(t)*h^{(-1)}(t)=f^{(-1)}(t)*h(t)$
$y(t)=f'(t)*h^{(-1)}(t)=f^{(-1)}(t)*h'(t)$ ①
推广
若已知$y(t)=f_1(t)*f_2(t)$, 则有
$y^{(n)}(t)=f_1^{(i)}(t)*f_2^{(j)}(t)$
n, i, j为整数或零，且$n=i+j$

习题 A

2.1 填空题(将正确答案填入括号内)

(1) LTI 连续时间系统的时域描述的名称是________，记为 $h(t)$，定义为________，由________唯一确定，与系统的初始状态和输入无关。

(2) LTI 连续时间系统的零输入响应 $y_s(t)$ 由系统的初始状态和________唯一确定，零状态响应 $y_f(t)$ 由________和________唯一确定。

(3) 已知 LTI 连续时间系统的单位冲激响应 $h(t)$，则输入信号为 $f(t)$ 时，零状态响应 $y_f(t)$ 等于________。

(4) LTI 连续时间系统的单位阶跃响应 $s(t)$ 的定义为________，若系统单位冲激响应为 $h(t)$，则系统的单位阶跃响应 $s(t)=$________。

(5) $f_1(t)*f_2(t)$ 的定义为________；$f(t)*\delta(t)=$________；$f(t)*u(t)=$________；$f(t)*[\delta(t+1)-2\delta(t-1)+\delta(t-3)]=$________；$f(t-3)*\delta(t-1)=$________；$f(t)*[u(t)-u(t-2)]=$________；$f''(t)*\delta^{(N)}(t)=$________($N$ 为整数)。

(6) 若 $f_1(t)*f_2(t)=y(t)$，则 $f_1'(t-3)*4f_2^{(3)}(t-2)=$________。

(7) $\delta(t)*\delta(t)=$________；$u(t)*\delta(t-1)=$________；$u(t-t_1)*u(t-t_2)=$________。

(8) 已知单位冲激响应为 $h(t)$ 的 LTI 连续时间系统，当输入信号为 $f(t)$ 时，系统的零状态响应为 $y_f(t)$，则输入信号为 $2f(t-2)$ 时，系统的单位冲激响应为________；系统的零状态响应为________。

(9) 已知某 LTI 连续时间系统的单位冲激响应 $h(t)=2\delta(t)+\delta'(t)$，设该系统的输入信号为 $f(t)$，输出信号为 $y(t)$，则该系统的系统方程为________。

(10) 已知某 LTI 连续时间系统的单位冲激响应为 $h(t)=e^{-t}u(t)$，则输入信号为 $f(t)=\delta'(t)+3\delta(t-2)$ 时的零状态响应 $y_f(t)$ 为________。

2.2 LTI 系统的系统方程为

$$
\begin{aligned}
&y^{(N)}(t)+a_{N-1}y^{(N-1)}(t)+\cdots+a_1y'(t)+a_0y(t)\\
&=b_Mf^{(M)}(t)+b_{M-1}f^{(M-1)}(t)+\cdots+b_1f'(t)+b_0f(t),\\
&a_0,a_1,\cdots,a_{N-1},b_0,b_1,\cdots,b_M\ \text{均为常数}
\end{aligned}
$$

若系统的初始状态为 $y(0^-),y'(0^-),\cdots,y^{(N-1)}(0^-)$，输入信号为 $f(t)$。简要说明如何求解该方程。

2.3 单项选择题

(1) 某 LTI 系统输入信号为 $f(t)$ 时，系统的零状态响应为 $y_f(t)=\int_{-\infty}^{t}f(\tau)d\tau$，则系统的单位冲激响应为________。

A. $y_t(t)$　　B. $\delta(t)$　　C. $u(t)$　　D. $tu(t)$

(2) $y(t)=f(t+t_0)*\delta'(-t-t_0)=$________

A. $-f'(t)$　　B. $-f'(t+t_0)$

C. $f'(t+t_0)$　　D. $-f'(t+2t_0)$

(3) LTI 连续时间系统的单位冲激响应满足方程 $h'(t)+2h(t)=\delta'(t)-\delta(t)$，则该系

统的系统方程为________。

A. $y'(t)+2y(t)=f'(t)-f(t)$　　B. $y(t)=f'(t)-f(t)$

C. $y'(t)-2y(t)=f'(t)-f(t)$　　D. $y'(t)+2y(t)=f'(t)+f(t)$

2.4 试求解下列方程描述的 LTI 连续时间系统在给定的初始状态下的零输入响应 $y_s(t)$。

(1) $2y'(t)+3y(t)=f'(t)+2f(t)$，$y(0^-)=4$；

(2) $y''(t)+7y'(t)+12y(t)=f'(t)+5f(t)$，$y(0^-)=y'(0^-)=1$；

(3) $y''(t)+5y'(t)+4y(t)=f'(t)+2f(t)$，$y(0^-)=1$，$y'(0^-)=0$。

2.5 信号 $f_1(t)$、$f_2(t)$如题 2.5 图所示，试计算 $y(t)=f_1(t)*f_2(t)$，并画出 $y(t)$的波形图。

2.6 某 LTI 连续时间系统单位冲激响应 $h(t)$如题 2.6 图(a)所示，求输入为题 2.6 图(b)所示信号 $f(t)$时，系统的零状态响应 $y_f(t)$。

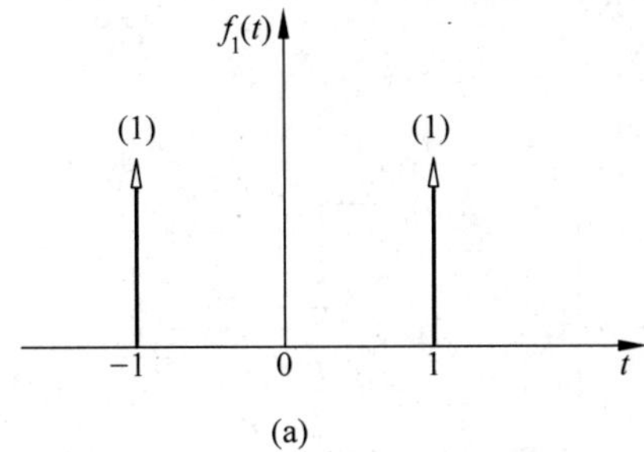

(a)

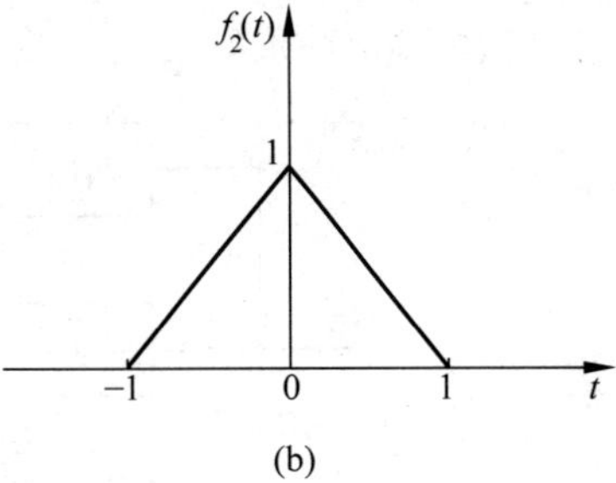

(b)

题 2.5 图

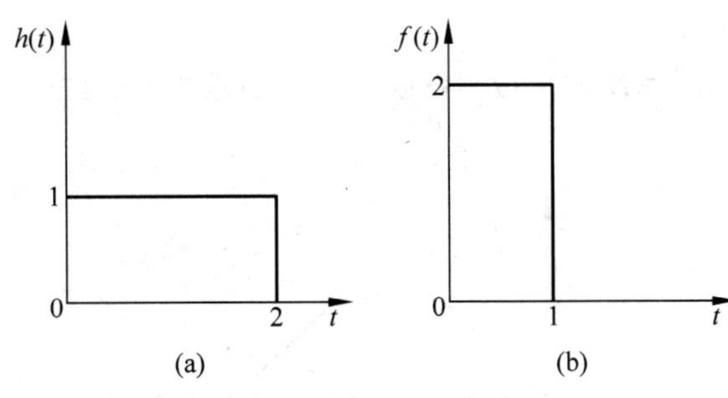

(a)　(b)

题 2.6 图

2.7 某 LTI 连续时间系统单位冲激响应 $h(t)$和输入信号 $f(t)$如题 2.7 图所示，求系统的零状态响应 $y_f(t)$。

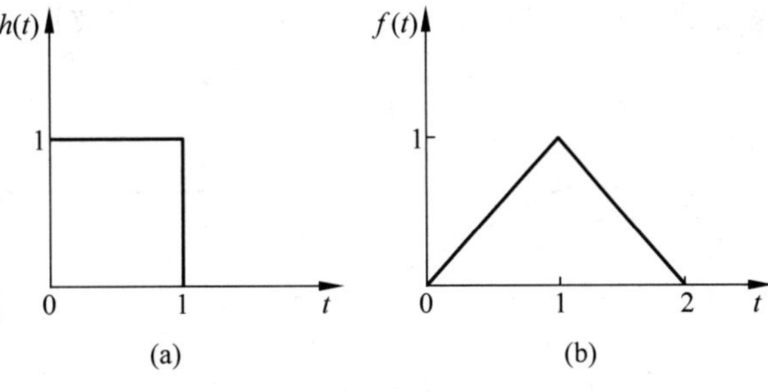

(a)　(b)

题 2.7 图

2.8 某 LTI 连续时间系统单位冲激响应 $h(t)$和输入信号 $f(t)$如题 2.8 图所示，求系统的零状态响应 $y_{\mathrm{f}}(t)$。

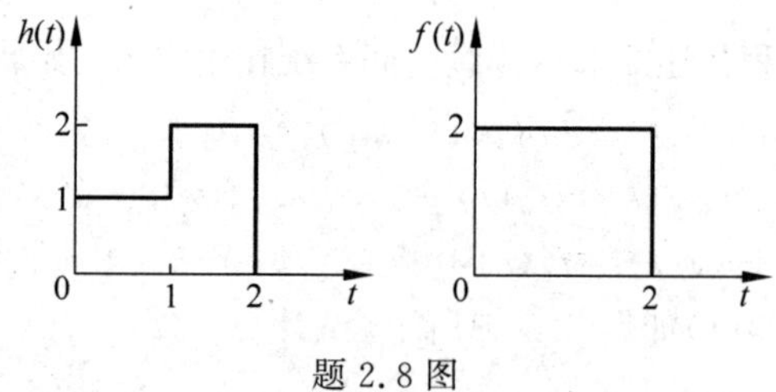

题 2.8 图

2.9 LTI 连续时间系统方框图如题 2.9 图所示，其中，各子系统的单位冲激响应分别为 $h_1(t)=\delta(t-1)$，$h_2(t)=u(t-1)$，$h_3(t)=\delta'(t)$，$h_4(t)=u(t)$，$h_5(t)=\delta(t-1)$。求该系统的单位冲激响应 $h(t)$。

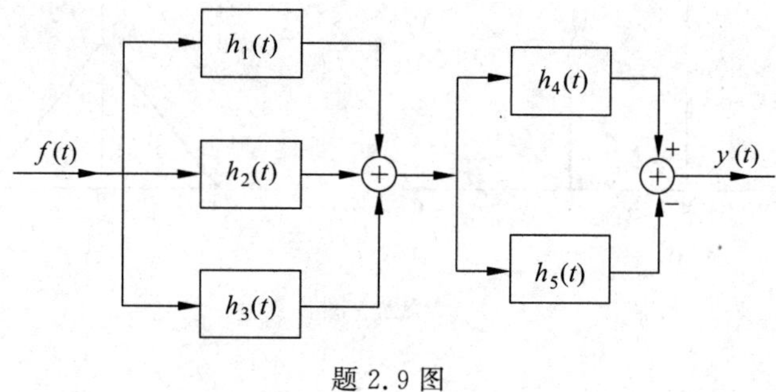

题 2.9 图

2.10 LTI 连续时间系统的单位阶跃响应 $s(t)$如题 2.10 图所示，求该系统的单位冲激响应 $h(t)$。

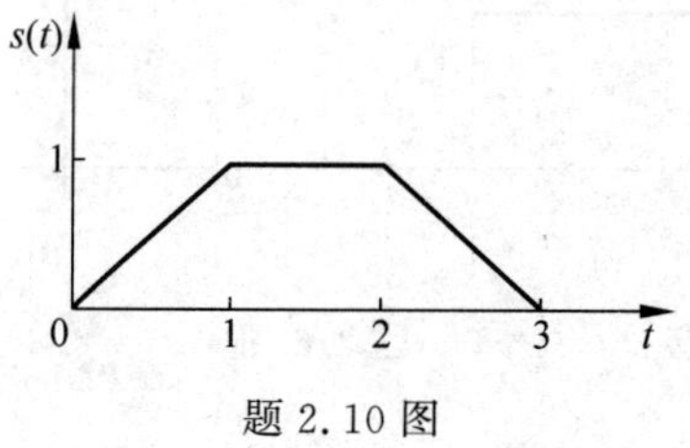

题 2.10 图

2.11 LTI 连续时间系统输入 $f_1(t)=tu(t)$时的零状态响应为 $y_1(t)$，求该系统的输入信号为 $f_2(t)$时，系统的零状态响应 $y_2(t)$。$y_1(t)$、$f_2(t)$的波形图如题 2.11 图所示。

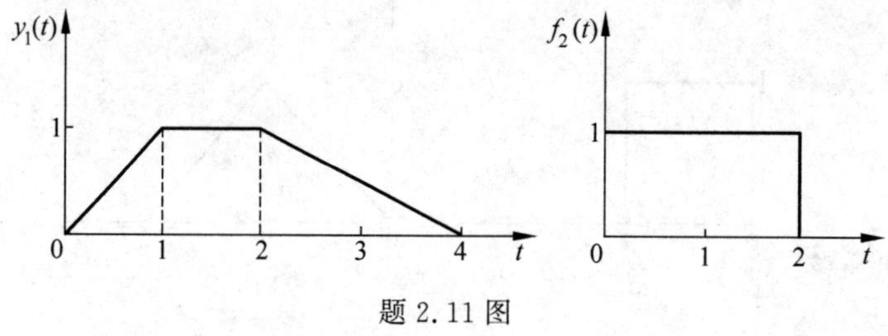

题 2.11 图

2.12　已知 LTI 连续时间系统输入 $f_1(t)=0.5\delta(t-3)$ 时的零状态响应为 $y_1(t)=0.5^t u(t-1)$，求该系统的单位冲激响应。

2.13　已知 $f_1(t)$ 和 $f_2(t)$ 波形如题 2.13 图所示，$f(t)=f_1(t)*f_2(t)$，试求 $f(-1)$。

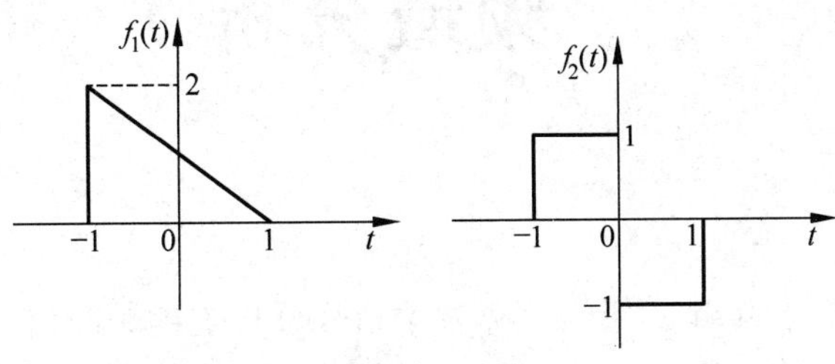

题 2.13 图

2.14　已知 $f(t)$ 波形如题 2.14 图所示，$y(t)=f(2t+2)*\delta(t-3)$，画出 $y(t)$ 的波形。

2.15　已知 $f(2t+1)$ 波形如题 2.15 图所示，画出 $f(t)$ 的波形。

2.16　已知 $f(t)$ 波形如题 2.16 图所示，画出 $f(t)*[\delta(t-1)+2\delta(t+3)]$ 的波形。

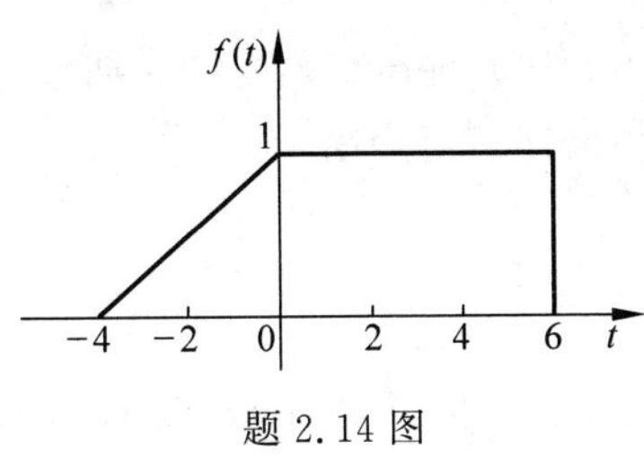

题 2.14 图

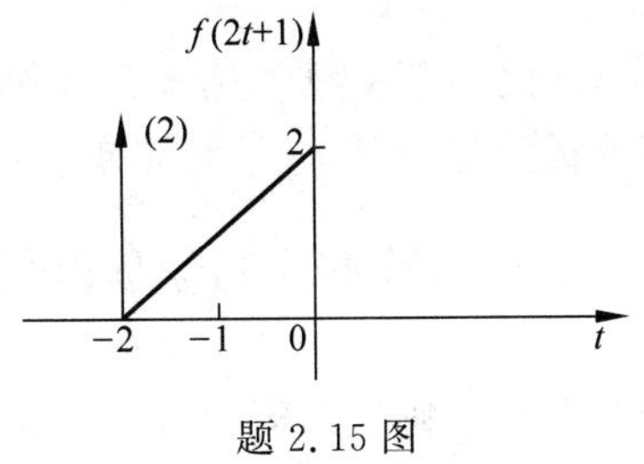

题 2.15 图

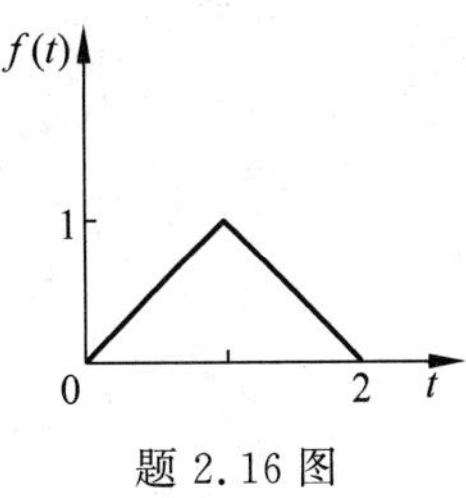

题 2.16 图

习题 B

2.17　信号 $f_1(t)$ 如题 2.17 图所示，$f_2(t)=e^{-(t+1)}u(t+1)$，试计算 $y(t)=f_1(t)*f_2(t)$。

2.18　连续时间信号 $f_1(t)$、$f_2(t)$ 分别如题 2.18 图(a)、(b)所示，计算 $y(t)=f_1(t)*f_2(t)$。

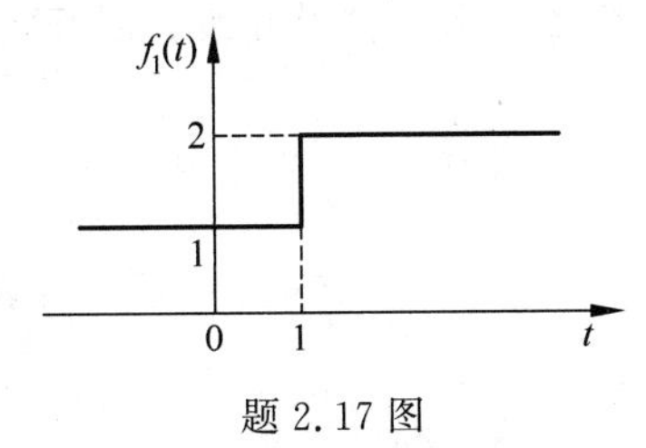

题 2.17 图

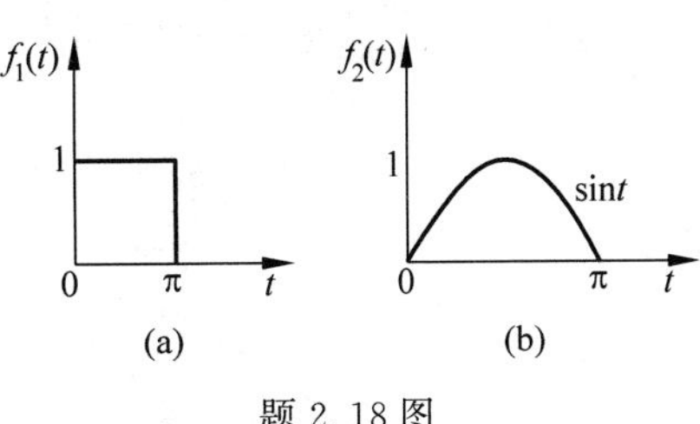

题 2.18 图

第3章 LTI 连续时间系统的频域分析

CHAPTER 3

本章用 $e^{jk\omega_0 t}$、$e^{j\omega t}$ 做基本信号分析连续时间信号，即进行傅里叶变换(Fourier Transform，FT)分析。用系统的频率响应 $H(\omega)$ 描述 LTI 连续时间系统。对应的 LTI 连续时间系统的系统分析方法称为 LTI 连续时间系统的频域分析法，又称为 FT 分析法。讨论的自变量为角频率 ω(本章常简称为频率)。

3.1 周期信号的频谱分析——傅里叶级数

本书在这一节中只强调傅里叶级数(Fourier Series，FS)对周期信号作频谱分析的基本概念，只对周期信号的频谱作初步介绍。

3.1.1 三角函数形式的傅里叶级数

对于满足狄利克雷条件(Dirichlet condition)的周期信号 $f_T(t)\left(\text{周期为 } T\text{，角频率为 } \omega_0=\frac{2\pi}{T}\right)$，可求出傅里叶系数

$$a_0=\frac{1}{T}\int_{t_0}^{t_0+T} f_T(t)\mathrm{d}t \tag{3.1.1}$$

$$b_k=\frac{2}{T}\int_{t_0}^{t_0+T} f_T(t)\cos(k\omega_0 t)\mathrm{d}t \tag{3.1.2}$$

$$c_k=\frac{2}{T}\int_{t_0}^{t_0+T} f_T(t)\sin(k\omega_0 t)\mathrm{d}t \tag{3.1.3}$$

式中，t_0 为任意实数，$k=1,2,3,\cdots$。

于是得到周期信号 $f_T(t)$的三角函数形式傅里叶级数展开式

$$f_T(t)=a_0+\sum_{k=1}^{+\infty}(b_k\cos k\omega_0 t+c_k\sin k\omega_0 t) \tag{3.1.4}$$

令 $A_0=a_0$，$A_k=\sqrt{b_k^2+c_k^2}$，$\varphi_k=\arctan\left(-\frac{c_k}{b_k}\right)$。式(3.1.4)又可表示为

$$f_T(t)=A_0+\sum_{k=1}^{+\infty}A_k\cos(k\omega_0 t+\varphi_k) \tag{3.1.5}$$

将式(3.1.4)、式(3.1.5)展开为

$$f_T(t)=a_0+(b_1\cos\omega_0 t+c_1\sin\omega_0 t)+(b_2\cos 2\omega_0 t+c_2\sin 2\omega_0 t)+(b_3\cos 3\omega_0 t+c_3\sin 3\omega_0 t)+\cdots$$

$$f_T(t)=A_0+A_1\cos(\omega_0 t+\varphi_1)+A_2\cos(2\omega_0 t+\varphi_2)+A_3\cos(3\omega_0 t+\varphi_3)+\cdots$$

可见,用三角函数形式傅里叶级数对周期信号 $f_T(t)$进行频谱分析,是将 $f_T(t)$分解成直流分量(a_0 或 A_0)、基波分量[$(b_1\cos\omega_0 t+c_1\sin\omega_0 t)$或 $A_1\cos(\omega_0 t+\varphi_1)$]和各次谐波分量[$(b_k\cos k\omega_0 t+c_k\sin k\omega_0 t)$或 $A_k\cos(k\omega_0 t+\varphi_k)$,$k\geqslant 2$]的离散和。

3.1.2　指数函数形式的傅里叶级数

三角函数形式的傅里叶级数物理意义虽然十分明确——对周期信号进行频谱分析,但运算常感不便,因而经常采用指数函数形式的傅里叶级数(FS)。

对于满足狄利克雷条件的周期信号 $f_T(t)$$\left(\text{周期为 }T,\text{角频率为 }\omega_0=\dfrac{2\pi}{T}\right)$,可求出傅里叶系数

$$a_k=\frac{1}{T}\int_{t_0}^{t_0+T}f_T(t)\mathrm{e}^{-\mathrm{j}k\omega_0 t}\mathrm{d}t=|a_k|\mathrm{e}^{\mathrm{j}\theta_k}\tag{3.1.6}$$

式中,$k=0,\pm1,\pm2,\cdots$;t_0 为任意实数。

于是得到周期信号 $f_T(t)$的指数函数形式 FS 展开式

$$f_T(t)=\sum_{k=-\infty}^{+\infty}a_k\mathrm{e}^{\mathrm{j}k\omega_0 t}\tag{3.1.7}$$

将式(3.1.7)展开为

$$\begin{aligned}f_T(t)&=\cdots+a_{-2}\mathrm{e}^{-\mathrm{j}2\omega_0 t}+a_{-1}\mathrm{e}^{-\mathrm{j}\omega_0 t}+a_0+a_1\mathrm{e}^{\mathrm{j}\omega_0 t}+a_2\mathrm{e}^{\mathrm{j}2\omega_0 t}+\cdots\\&=\sum_{k=-\infty}^{+\infty}|a_k|\mathrm{e}^{\mathrm{j}\theta_k}\mathrm{e}^{\mathrm{j}k\omega_0 t}=\sum_{k=-\infty}^{+\infty}|a_k|\mathrm{e}^{\mathrm{j}(k\omega_0 t+\theta_k)}\end{aligned}$$

可见,用指数函数形式 FS 对周期信号 $f_T(t)$进行频谱分析,是将 $f_T(t)$分解成直流分量(a_0)、基波分量($a_{-1}\mathrm{e}^{-\mathrm{j}\omega_0 t}+a_1\mathrm{e}^{\mathrm{j}\omega_0 t}$)和各次谐波分量($a_k\mathrm{e}^{\mathrm{j}k\omega_0 t}$,$|k|\geqslant 2$)的离散和。或将$f_T(t)$分解成形式为 $\mathrm{e}^{\mathrm{j}k\omega_0 t}$ 的无时限指数信号的离散和$\left[f_T(t)=\sum\limits_{k=-\infty}^{+\infty}a_k\mathrm{e}^{\mathrm{j}k\omega_0 t}\right]$,各 $\mathrm{e}^{\mathrm{j}k\omega_0 t}$ 分量的复振幅为 $a_k=|a_k|\mathrm{e}^{\mathrm{j}\theta_k}$,各 $\mathrm{e}^{\mathrm{j}k\omega_0 t}$ 分量的模为$|a_k|$,各 $\mathrm{e}^{\mathrm{j}k\omega_0 t}$ 分量的初相为θ_k $\left[f_T(t)=\sum\limits_{k=-\infty}^{+\infty}|a_k|\mathrm{e}^{(\mathrm{j}k\omega_0 t+\theta_k)}\right]$,通常可记为

$$f_T(t)\longleftrightarrow a_k\tag{3.1.8}$$

例 3.1.1　试给出图 3.1.1 所示信号 $f_T(t)$的 FS。

信号 $f_T(t)$的周期 $T=4$,角频率 $\omega_0=\dfrac{2\pi}{T}=\dfrac{\pi}{2}$。

解 1　在式(3.1.1)、式(3.1.2)和式(3.1.3)中令 $t_0=-\dfrac{T}{2}$,得

$$a_0=\frac{1}{T}\int_{-T/2}^{T/2}f_T(t)\mathrm{d}t=\frac{1}{T}\int_{-1}^{1}\mathrm{d}t=\frac{1}{2}$$

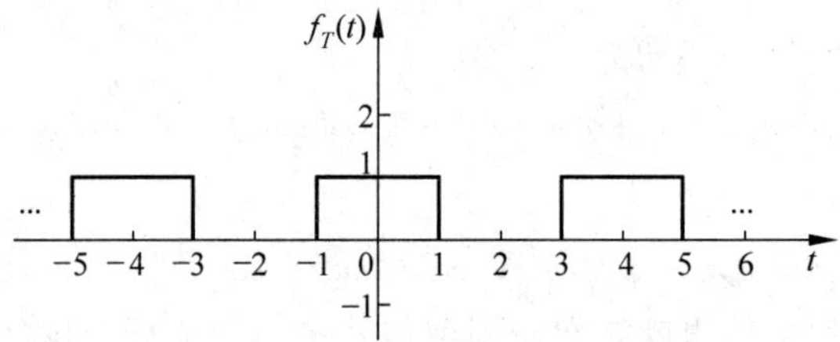

图 3.1.1　例 3.1.1 图

$$b_k=\frac{2}{T}\int_{-T/2}^{T/2}f_T(t)\cos k\omega_0 t\,\mathrm{d}t=\frac{2}{T}\int_{-1}^{1}\cos k\omega_0 t\,\mathrm{d}t=\frac{2}{T}\frac{\sin k\omega_0 t}{k\omega_0}\bigg|_{-1}^{1}$$

$$=\frac{2}{T}\frac{\sin\left(\frac{k\omega_0}{2}\right)-\sin\left(-\frac{k\omega_0}{2}\right)}{k\omega_0}=\frac{2}{T}\frac{2\sin\left(\frac{k\omega_0}{2}\right)}{k\omega_0}$$

$$=\frac{2}{T}\frac{\sin\left(\frac{k\omega_0}{2}\right)}{\frac{k\omega_0}{2}}=\frac{2}{T}\mathrm{Sa}\left(\frac{k\omega_0}{2}\right)=\mathrm{Sa}\left(\frac{k\pi}{2}\right)$$

$$c_k=\frac{2}{T}\int_{-T/2}^{T/2}f_T(t)\sin k\omega_0 t\,\mathrm{d}t=0$$

由式(3.1.4)得周期信号 $f_T(t)$的三角函数形式 FS 展开式为

$$f_T(t)=\frac{1}{T}+\sum_{k=1}^{+\infty}\frac{2}{T}\mathrm{Sa}\left(\frac{k\omega_0}{2}\right)\cos k\omega_0 t=\frac{1}{2}+\sum_{k=1}^{+\infty}\mathrm{Sa}\left(\frac{k\pi}{2}\right)\cos\frac{k\pi}{2}t$$

解 2　在式(3.1.6)中令 $t_0=-\frac{T}{2}$,得

$$a_k=\frac{1}{T}\int_{-T/2}^{T/2}f_T(t)\mathrm{e}^{-\mathrm{j}k\omega_0 t}\,\mathrm{d}t=\frac{1}{T}\int_{-1}^{1}\mathrm{e}^{-\mathrm{j}k\omega_0 t}\,\mathrm{d}t=\frac{\mathrm{e}^{-\mathrm{j}k\omega_0 t}}{T(-\mathrm{j}k\omega_0)}\bigg|_{-1}^{1}=\frac{\mathrm{e}^{-\mathrm{j}k\omega_0}-\mathrm{e}^{\mathrm{j}k\omega_0}}{-\mathrm{j}Tk\omega_0}$$

应用欧拉公式(1.1.5)得到

$$a_k=\frac{2}{T}\frac{\sin k\omega_0}{k\omega_0}=\frac{2}{T}\mathrm{Sa}(k\omega_0)=\frac{1}{2}\mathrm{Sa}\left(\frac{k\pi}{2}\right)$$

由式(3.1.7)得周期信号 $f_T(t)$的指数函数形式 FS 展开式为

$$f_T(t)=\sum_{k=-\infty}^{+\infty}a_k\mathrm{e}^{\mathrm{j}k\omega_0 t}=\sum_{k=-\infty}^{+\infty}\frac{1}{T}\mathrm{Sa}\left(\frac{k\omega_0}{2}\right)\mathrm{e}^{\mathrm{j}k\omega_0 t}=\sum_{k=-\infty}^{+\infty}\frac{1}{2}\mathrm{Sa}\left(\frac{k\pi}{2}\right)\mathrm{e}^{\mathrm{j}\frac{k\pi}{2}t}$$

得到 FS 变换对

$$f_T(t)\longleftrightarrow a_k=\frac{1}{2}\mathrm{Sa}\left(\frac{k\pi}{2}\right)$$

3.1.3　周期信号的频谱

1. 单边频谱

将周期为 T、角频率为 $\omega_0=\frac{2\pi}{T}$的周期信号 $f_T(t)$展开成式(3.1.5)所示的三角函数形

式 FS：

$$f_T(t)=A_0+\sum_{k=1}^{+\infty}A_k\cos(k\omega_0 t+\varphi_k)$$

定义　A_0、A_k 与角频率 $\omega(k\omega_0)$ 的关系曲线为周期信号 $f_T(t)$ 的振幅频谱，φ_k 与角频率 $\omega(k\omega_0)$ 的关系曲线为周期信号 $f_T(t)$ 的相位频谱。例如，图 3.1.2 所示即为某周期信号的单边振幅频谱图。

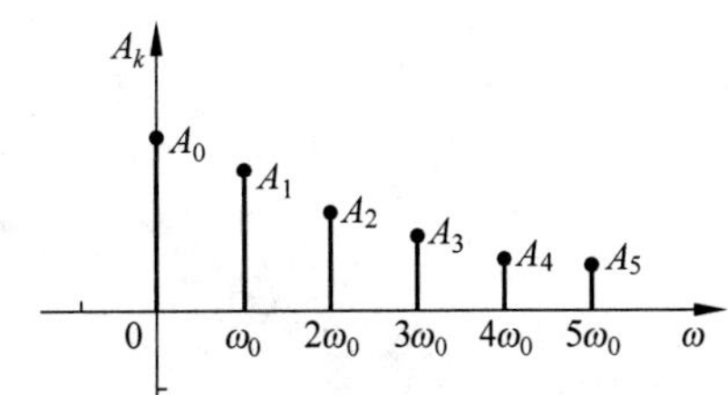

图 3.1.2　某周期信号的单边振幅频谱图

2. 双边频谱

将周期为 T、角频率为 $\omega_0=\frac{2\pi}{T}$ 的周期信号 $f_T(t)$ 展开成式(3.1.7)所示的指数函数形式 FS：

$$f_T(t)=\sum_{k=-\infty}^{+\infty}a_k e^{jk\omega_0 t}=\sum_{k=-\infty}^{+\infty}|a_k|e^{j(k\omega_0 t+\theta_k)}$$

定义　$|a_k|$ 与角频率 $\omega(k\omega_0)$ 的关系曲线为周期信号 $f_T(t)$ 的振幅频谱，θ_k 与角频率 $\omega(k\omega_0)$ 的关系曲线为周期信号 $f_T(t)$ 的相位频谱。

周期信号的频谱具有以下特点。

(1) 离散性：谱线是离散的，而不是连续的。

(2) 谐波性：谱线在频率轴上的位置是在谐波角频率 $\omega=k\omega_0$ 处$\left(\text{即基波角频率 }\omega_0=\frac{2\pi}{T}\text{的整数倍}\right)$。

(3) 收敛性：周期信号的振幅频谱的各谱线的高度(即各次谐波的振幅)尽管不一定随谐波次数的增高而单调地减少，中间可能有某些参差起伏，但它们的总趋势是随着谐波次数增高而逐渐减小。

3.1.4　周期信号的带宽

周期信号的有效频带宽度(简称带宽)是指信号功率最集中的正频率范围，它是信号频率特性中的重要指标。若信号丢失有效带宽以外的谐波成分，不会对信号产生明显影响。

信号的有效带宽有多种定义方式，周期矩形脉冲信号其有效带宽可以定义为 $0\sim\frac{2\pi}{\tau}$ 这段频率范围；对于任意周期信号，其有效带宽可以定义为占信号总功率 90% 的各谐波分量所占的频带宽度。

3.2　傅里叶变换(FT)

3.2.1　FT 的引入

设信号 $f_T(t)$ 是周期为 T、角频率为 $\omega_0=\frac{2\pi}{T}$ 的周期信号，如图 3.2.1(a) 所示。根据

式(3.1.6)计算周期信号 $f_T(t)$ 的指数函数形式 FS 系数，$t_0=-\frac{T}{2}$ 时，$a_k=\frac{1}{T}\int_{-T/2}^{T/2}f_T(t)\mathrm{e}^{-\mathrm{j}k\omega_0 t}\mathrm{d}t$，其展开式为 $f_T(t)=\sum_{k=-\infty}^{+\infty}a_k\mathrm{e}^{\mathrm{j}k\omega_0 t}$，将其改写为

$$\frac{a_k}{1/T}=\int_{-T/2}^{T/2}f_T(t)\mathrm{e}^{-\mathrm{j}k\omega_0 t}\mathrm{d}t \tag{3.2.1}$$

$$f_T(t)=\sum_{k=-\infty}^{+\infty}\left(\frac{a_k}{1/T}\right)\mathrm{e}^{\mathrm{j}k\omega_0 t}\frac{1}{T} \tag{3.2.2}$$

当周期信号 $f_T(t)$的周期 T 增大时，角频率 $\omega_0=\frac{2\pi}{T}$减小，频谱图的谱线变密。若周期 $T\to+\infty$，周期信号 $f_T(t)$只剩下一个周期 $f(t)$，如图 3.2.1(b)所示。此时，离散的角频率 $k\omega_0$ 变成连续的角频率 ω，对离散 k 求和转变成积分，$f=\frac{1}{T}$变成无穷小 $\mathrm{d}f$，于是当周期 $T\to+\infty$时，式(3.2.1)演变为

$$\lim_{T\to+\infty}\left(\frac{a_k}{1/T}\right)=\lim_{T\to+\infty}\int_{-T/2}^{T/2}f_T(t)\mathrm{e}^{-\mathrm{j}k\omega_0 t}\mathrm{d}t=\int_{-\infty}^{+\infty}f(t)\mathrm{e}^{-\mathrm{j}\omega t}\mathrm{d}t$$

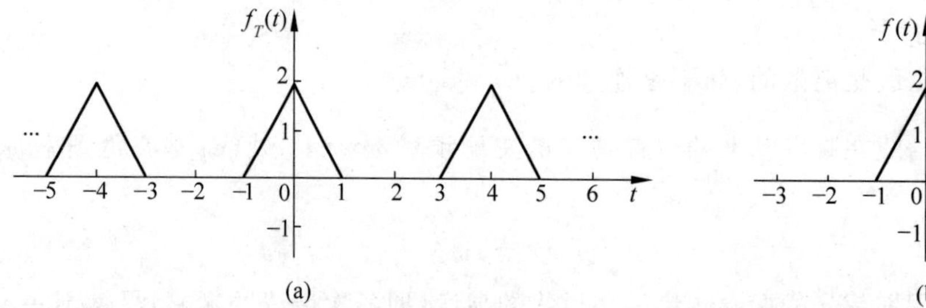

图 3.2.1　引入 FT 的例图

令

$$\int_{-\infty}^{+\infty}f(t)\mathrm{e}^{-\mathrm{j}\omega t}\mathrm{d}t=F(\omega) \tag{3.2.3}$$

而

$$\lim_{T\to+\infty}f_T(t)=f(t)=\lim_{T\to+\infty}\left(\sum_{k=-\infty}^{+\infty}\frac{a_k}{1/T}\mathrm{e}^{\mathrm{j}k\omega_0 t}\frac{1}{T}\right)=\int_{-\infty}^{+\infty}\lim_{T\to+\infty}\left(\frac{a_k}{1/T}\right)\mathrm{e}^{\mathrm{j}\omega t}\mathrm{d}f\ \left(\text{其中 }\mathrm{d}f=\frac{\mathrm{d}\omega}{2\pi}\right)$$

得到

$$f(t)=\frac{1}{2\pi}\int_{-\infty}^{+\infty}F(\omega)\mathrm{e}^{\mathrm{j}\omega t}\mathrm{d}\omega \tag{3.2.4}$$

式(3.2.3)及式(3.2.4)对连续时间信号 $f(t)$给出了一对变换式，称为傅里叶变换(FT)。

3.2.2　FT 的定义

已知时间函数 $f(t)$，定义傅里叶变换为

$$\mathcal{F}(f(t))=\int_{-\infty}^{+\infty}f(t)\mathrm{e}^{-\mathrm{j}\omega t}\mathrm{d}t=F(\omega)=|F(\omega)|\mathrm{e}^{\mathrm{j}\angle F(\omega)} \tag{3.2.5}$$

已知傅里叶变换 $F(\omega)$，做傅里叶变换的逆变换为

$$\mathcal{F}^{-1}(F(\omega))=\frac{1}{2\pi}\int_{-\infty}^{+\infty}F(\omega)e^{j\omega t}\,d\omega=f(t) \tag{3.2.6}$$

记为

$$f(t)\longleftrightarrow F(\omega) \tag{3.2.7}$$

将式(3.2.6)表示为

$$f(t)=\frac{1}{2\pi}\int_{-\infty}^{+\infty}F(\omega)e^{j\omega t}\,d\omega=\int_{-\infty}^{+\infty}|F(\omega)|e^{j\angle F(\omega)}\,df\,e^{j\omega t}=\int_{-\infty}^{+\infty}|F(\omega)|\,df\,e^{j[\omega t+\angle F(\omega)]} \tag{3.2.8}$$

式(3.2.8)表明，用 FT 对连续时间信号 $f(t)$ 进行频谱分析，是将 $f(t)$ 分解成形式为 $e^{j\omega t}$ 的无时限指数信号的连续和。各 $e^{j\omega t}$ 分量的复振幅是 $F(\omega)df$，为无穷小，相对复振幅(每赫兹)是 $F(\omega)=\int_{-\infty}^{+\infty}f(t)e^{-j\omega t}\,dt=|F(\omega)|e^{j\angle F(\omega)}$，称 $F(\omega)$ 为信号 $f(t)$ 的频谱密度函数，简称频谱。其幅频特性 $|F(\omega)|$ 表示 $f(t)$ 的各 $e^{j\omega t}$ 分量的模的相对大小(每赫兹)，相频特性 $\angle F(\omega)$ 表示 $f(t)$ 的各 $e^{j\omega t}$ 分量的初相。

FT 存在的条件为：信号 $f(t)$ 必须满足狄利克雷条件。

例 3.2.1　求单边指数信号 $f(t)=e^{-\alpha t}u(t)$(α 为常数)的 FT。

解　由傅里叶变换的定义式(3.2.5)可得

$$f(t)=e^{-\alpha t}u(t)\longleftrightarrow F(\omega)=\int_{-\infty}^{+\infty}f(t)e^{-j\omega t}\,dt=\int_{-\infty}^{+\infty}e^{-\alpha t}u(t)e^{-j\omega t}\,dt$$

已知

$$u(t)=\begin{cases}1, & t>0\\ 0, & t<0\end{cases}$$

则

$$F(\omega)=\int_{0}^{+\infty}e^{-\alpha t}e^{-j\omega t}\,dt=\int_{0}^{+\infty}e^{-(j\omega+\alpha)t}\,dt=\frac{-1}{j\omega+\alpha}e^{-(j\omega+\alpha)t}\Big|_{0}^{+\infty}$$

当 $\alpha\leqslant 0$ 时，$F(\omega)$ 不存在(无穷大)；当 $\alpha>0$ 时，$F(\omega)=\frac{1}{j\omega+\alpha}$，即

$$f(t)=e^{-\alpha t}u(t)\longleftrightarrow F(\omega)=\frac{1}{j\omega+\alpha},\quad \alpha>0 \tag{3.2.9}$$

将单边指数信号 $f(t)=e^{-\alpha t}u(t)$ 的 FT 表示为模和相位的形式：

$$F(\omega)=|F(\omega)|e^{j\angle F(\omega)}=\frac{1}{\sqrt{\alpha^2+\omega^2}}e^{-j\arctan\left(\frac{\omega}{\alpha}\right)}$$

得信号 $f(t)=e^{-\alpha t}u(t)(\alpha>0)$ 的幅度谱 $|F(\omega)|=\frac{1}{\sqrt{\alpha^2+\omega^2}}$、相位谱 $\angle F(\omega)=-\arctan\left(\frac{\omega}{\alpha}\right)$，分别如图 3.2.2(a)、(b)所示。由幅频特性曲线可见，单边指数信号的能量主要集中在低频部分，随着频率增大，信号高频分量幅度逐渐趋于零，即幅频特性具有收敛性。

例 3.2.2　求单位冲激信号 $\delta(t)$、门函数 $g_{\tau}(t)$ 的 FT。

解　由傅里叶变换的定义式(3.2.5)和单位冲激信号的抽样性式(1.1.17)，可得

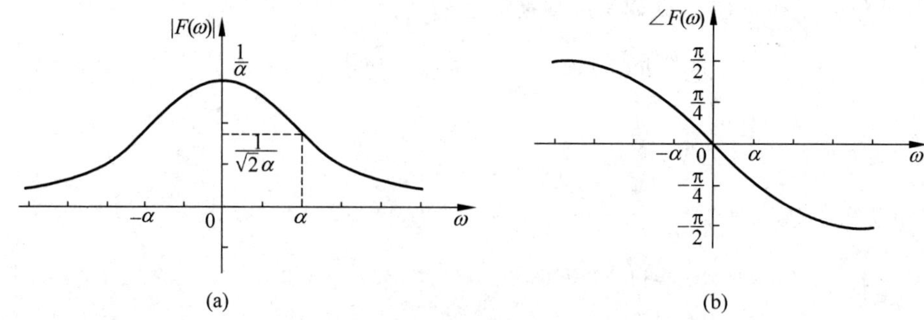

图 3.2.2　例 3.2.1 图

$$f(t)=\delta(t)\longleftrightarrow F(\omega)=\int_{-\infty}^{+\infty}f(t)\mathrm{e}^{-\mathrm{j}\omega t}\,\mathrm{d}t=\int_{-\infty}^{+\infty}\delta(t)\mathrm{e}^{-\mathrm{j}\omega t}\,\mathrm{d}t=\mathrm{e}^{-\mathrm{j}\omega t}\Big|_{t=0}=1$$

即

$$\delta(t)\longleftrightarrow 1$$

$$f(t)=g_\tau(t)\longleftrightarrow F(\omega)=\int_{-\infty}^{+\infty}g_\tau(t)\mathrm{e}^{-\mathrm{j}\omega t}\,\mathrm{d}t=\int_{-\frac{\tau}{2}}^{\frac{\tau}{2}}\mathrm{e}^{-\mathrm{j}\omega t}\,\mathrm{d}t \tag{3.2.10}$$

$$=\frac{\mathrm{e}^{-\mathrm{j}\frac{\omega\tau}{2}}-\mathrm{e}^{\mathrm{j}\frac{\omega\tau}{2}}}{-\mathrm{j}\omega}=\frac{2}{\omega}\sin\left(\frac{\omega\tau}{2}\right)=\tau\,\frac{\sin\left(\frac{\omega\tau}{2}\right)}{\frac{\omega\tau}{2}}=\tau\mathrm{Sa}\left(\frac{\omega\tau}{2}\right)$$

即

$$g_\tau(t)\longleftrightarrow\tau\mathrm{Sa}\left(\frac{\omega\tau}{2}\right) \tag{3.2.11}$$

例 3.2.3　求双边指数信号 $f(t)=\mathrm{e}^{-\alpha|t|}$($\alpha$ 为常数,$\alpha>0$)的 FT。

解　由于 $1=u(-t)+u(t)$,所以

$$f(t)=\mathrm{e}^{-\alpha|t|}=\mathrm{e}^{-\alpha|t|}\,[u(-t)+u(t)]=\mathrm{e}^{-\alpha|t|}\,u(-t)+\mathrm{e}^{-\alpha|t|}\,u(t)$$

已知

$$u(-t)=\begin{cases}0, & t>0\\ 1, & t<0\end{cases},\quad u(t)=\begin{cases}1, & t>0\\ 0, & t<0\end{cases}$$

则

$$\mathrm{e}^{-\alpha|t|}\,u(-t)=\mathrm{e}^{\alpha t}u(-t),\quad \mathrm{e}^{-\alpha|t|}\,u(t)=\mathrm{e}^{-\alpha t}u(t)$$

即 $f(t)=\mathrm{e}^{-\alpha|t|}=\mathrm{e}^{\alpha t}u(-t)+\mathrm{e}^{-\alpha t}u(t)$,当 $\alpha>0$ 时,双边指数信号波形图如图 3.2.3(a)所示。

由傅里叶变换的定义式(3.2.5)可得

$$F(\omega)=\int_{-\infty}^{+\infty}f(t)\mathrm{e}^{-\mathrm{j}\omega t}\,\mathrm{d}t=\int_{-\infty}^{0}\mathrm{e}^{\alpha t}\mathrm{e}^{-\mathrm{j}\omega t}\,\mathrm{d}t+\int_{0}^{+\infty}\mathrm{e}^{-\alpha t}\mathrm{e}^{-\mathrm{j}\omega t}\,\mathrm{d}t$$

$$=\int_{-\infty}^{0}\mathrm{e}^{(\alpha-\mathrm{j}\omega)t}\,\mathrm{d}t+\int_{0}^{+\infty}\mathrm{e}^{-(\alpha+\mathrm{j}\omega)t}\,\mathrm{d}t$$

由于 $\alpha>0$,得到

$$F(\omega)=\frac{1}{-\mathrm{j}\omega+\alpha}\mathrm{e}^{(\alpha-\mathrm{j}\omega)t}\Big|_{-\infty}^{0}+\frac{-1}{\mathrm{j}\omega+\alpha}\mathrm{e}^{-(\alpha+\mathrm{j}\omega)t}\Big|_{0}^{+\infty}=\frac{1}{-\mathrm{j}\omega+\alpha}+\frac{1}{\mathrm{j}\omega+\alpha}=\frac{2\alpha}{\omega^2+\alpha^2}$$

即

$$e^{-\alpha|t|} \longleftrightarrow \frac{2\alpha}{\omega^2+\alpha^2}, \quad \alpha>0 \tag{3.2.12}$$

由于 $F(\omega)$ 是实偶函数，可以直接画出信号的频谱图如图 3.2.3(b)所示。

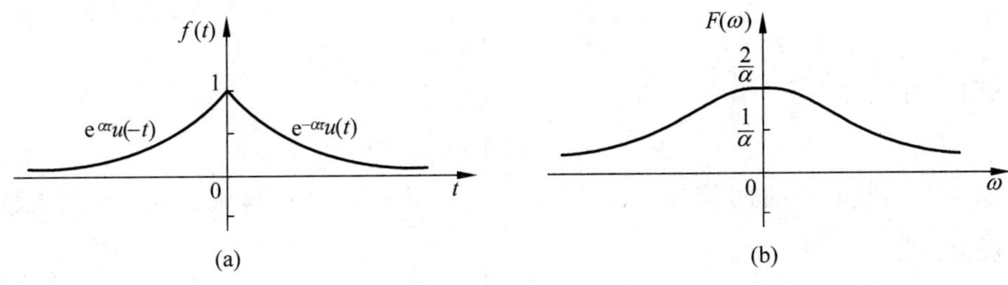

图 3.2.3 例 3.2.3 图

3.2.3 傅里叶变换的性质

本小节讨论连续时间信号 $f(t)$ 的时域运算与频域运算 $F(\omega)$ 的相互关系，学习 FT 的性质将极大地简化 FT 的计算。

1. 傅里叶变换的线性特性

若

$$f_1(t) \longleftrightarrow F_1(\omega), \quad f_2(t) \longleftrightarrow F_2(\omega)$$

则 FT 的线性特性为

$$f(t)=a_1f_1(t)+a_2f_2(t) \longleftrightarrow F(\omega)=a_1F_1(\omega)+a_2F_2(\omega) \tag{3.2.13}$$

其中，a_1、a_2 均为常数。

式(3.2.13)说明连续时间信号在时域进行线性组合，在频域内也进行相对应的线性组合；反之亦然。

证明 由傅里叶变换的定义式(3.2.5)可得

$$f(t)=a_1f_1(t)+a_2f_2(t) \longleftrightarrow F(\omega)=\int_{-\infty}^{+\infty}f(t)e^{-j\omega t}dt=\int_{-\infty}^{+\infty}[a_1f_1(t)+a_2f_2(t)]e^{-j\omega t}dt$$

$$=a_1\int_{-\infty}^{+\infty}f_1(t)e^{-j\omega t}dt+a_2\int_{-\infty}^{+\infty}f_2(t)e^{-j\omega t}dt$$

$$=a_1F_1(\omega)+a_2F_2(\omega)$$

证毕。

例 3.2.4 连续时间信号 $f(t)$ 如图 3.2.4 所示，试求 $f(t)$ 的 FT。

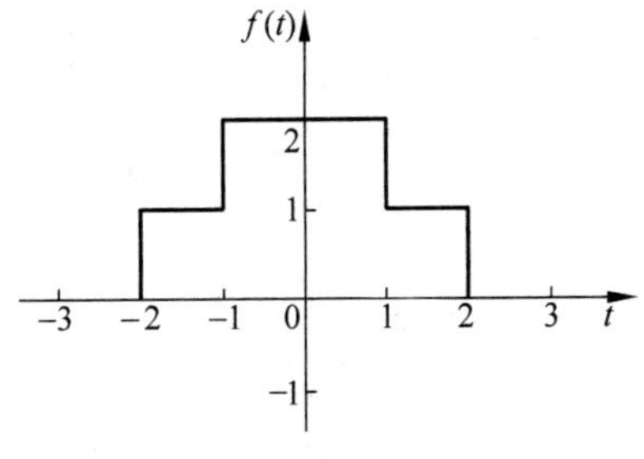

图 3.2.4 例 3.2.4 图

解

$$f(t)=g_4(t)+g_2(t)$$

由式(3.2.11)知

$$g_\tau(t) \longleftrightarrow \tau\text{Sa}\left(\frac{\omega\tau}{2}\right)$$

根据 FT 的线性特性式(3.2.13)，可得

$$f(t)=g_4(t)+g_2(t)\longleftrightarrow F(\omega)=4\mathrm{Sa}(2\omega)+2\mathrm{Sa}(\omega)$$

2. 傅里叶变换的时移特性

若

$$f(t)\longleftrightarrow F(\omega)$$

则 FT 的时移特性为

$$f(t-t_0)\longleftrightarrow F(\omega)\mathrm{e}^{-\mathrm{j}\omega t_0} \tag{3.2.14}$$

式(3.2.14)说明，若时间信号 $f(t)$ 时域产生移动 $t-t_0$，则频域 $F(\omega)$ 乘以指数因子 $\mathrm{e}^{-\mathrm{j}\omega t_0}$；反之亦然。

证明 根据 FT 的定义式(3.2.5)可得

$$f(t-t_0)\longleftrightarrow \int_{-\infty}^{+\infty} f(t-t_0)\mathrm{e}^{-\mathrm{j}\omega t}\mathrm{d}t$$

令 $t-t_0=\tau$，则有

$$\int_{-\infty}^{+\infty} f(t-t_0)\mathrm{e}^{-\mathrm{j}\omega t}\mathrm{d}t=\int_{-\infty}^{+\infty} f(\tau)\mathrm{e}^{-\mathrm{j}\omega(t_0+\tau)}\mathrm{d}\tau=\left[\int_{-\infty}^{+\infty} f(\tau)\mathrm{e}^{-\mathrm{j}\omega\tau}\mathrm{d}\tau\right]\mathrm{e}^{-\mathrm{j}\omega t_0}=F(\omega)\mathrm{e}^{-\mathrm{j}\omega t_0}$$

即

$$f(t-t_0)\longleftrightarrow F(\omega)\mathrm{e}^{-\mathrm{j}\omega t_0}$$

证毕。

例 3.2.5 试计算 $\delta(t\pm t_0)$的 FT。

解 已知式(3.2.10)$\delta(t)\longleftrightarrow 1$，由时移特性式(3.2.14)，得到

$$\delta(t\pm t_0)\longleftrightarrow \mathrm{e}^{\pm\mathrm{j}\omega t_0} \tag{3.2.15}$$

例 3.2.6 信号 $f(t)$如图 3.2.5 所示，试求 $f(t)$的 FT。

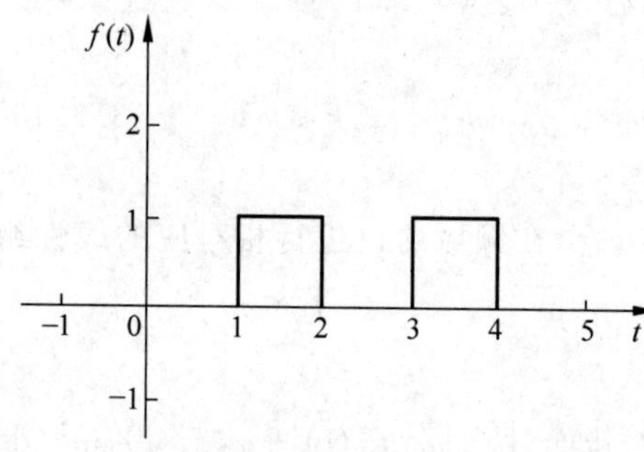

图 3.2.5 例 3.2.6 图

解 1 $f(t)=g_1\left(t-\dfrac{3}{2}\right)+g_1\left(t-\dfrac{7}{2}\right)$

由式(3.2.11)知

$$g_\tau(t)\longleftrightarrow \tau\mathrm{Sa}\left(\frac{\omega\tau}{2}\right)$$

根据 FT 的时移特性式(3.2.14)及线性特性式(3.2.13)得

$$f(t)=g_1\left(t-\frac{3}{2}\right)+g_1\left(t-\frac{7}{2}\right)\longleftrightarrow F(\omega)=\mathrm{Sa}\left(\frac{\omega}{2}\right)\mathrm{e}^{-\mathrm{j}\frac{3}{2}\omega}+\mathrm{Sa}\left(\frac{\omega}{2}\right)\mathrm{e}^{-\mathrm{j}\frac{7}{2}\omega}$$

解 2

$$f(t)=g_3\left(t-\frac{5}{2}\right)-g_1\left(t-\frac{5}{2}\right)$$

已知

$$g_\tau(t)\longleftrightarrow \tau\mathrm{Sa}\left(\frac{\omega\tau}{2}\right)$$

根据 FT 的时移特性式(3.2.14)及线性特性式(3.2.13)得

$$f(t)=g_3\left(t-\frac{5}{2}\right)-g_1\left(t-\frac{5}{2}\right)\longleftrightarrow F(\omega)=3\mathrm{Sa}\left(\frac{3}{2}\omega\right)\mathrm{e}^{-\mathrm{j}\frac{5}{2}\omega}-\mathrm{Sa}\left(\frac{\omega}{2}\right)\mathrm{e}^{-\mathrm{j}\frac{5}{2}\omega}$$

3. 傅里叶变换的频移特性

若

$$f(t)\longleftrightarrow F(\omega)$$

则 FT 的频移特性为

$$f(t)\mathrm{e}^{\mathrm{j}\omega_0 t}\longleftrightarrow F(\omega-\omega_0) \tag{3.2.16}$$

式(3.2.16)表明,连续时间信号 $f(t)$时域乘以指数因子 $\mathrm{e}^{\mathrm{j}\omega_0 t}$,则频域 $F(\omega)$产生移动 $\omega-\omega_0$;反之亦然。

推论 调制定理。

若

$$f(t)\longleftrightarrow F(\omega)$$

视频链接

则

$$f(t)\cos\omega_0 t\longleftrightarrow \frac{1}{2}F(\omega+\omega_0)+\frac{1}{2}F(\omega-\omega_0) \tag{3.2.17}$$

$$f(t)\sin\omega_0 t\longleftrightarrow \frac{\mathrm{j}}{2}F(\omega+\omega_0)-\frac{\mathrm{j}}{2}F(\omega-\omega_0) \tag{3.2.18}$$

式(3.2.17)表明连续时间信号 $f(t)$时域乘以 $\cos\omega_0 t$,频谱 $F(\omega)$左、右移动 ω_0,且幅度减半;式(3.2.18)表明连续时间信号 $f(t)$时域乘以 $\sin\omega_0 t$,频谱 $F(\omega)$左、右移动 ω_0,幅度减半,且左移产生$\frac{\pi}{2}$相移,右移产生$-\frac{\pi}{2}$相移(因为$\pm\mathrm{j}=\mathrm{e}^{\pm\mathrm{j}\frac{\pi}{2}}$)。

证明 根据傅里叶变换的定义式(3.2.5)得

$$f(t)\mathrm{e}^{\mathrm{j}\omega_0 t}\longleftrightarrow\int_{-\infty}^{+\infty}[f(t)\mathrm{e}^{\mathrm{j}\omega_0 t}]\mathrm{e}^{-\mathrm{j}\omega t}\,\mathrm{d}t=\int_{-\infty}^{+\infty}f(t)\mathrm{e}^{-\mathrm{j}(\omega-\omega_0)t}\,\mathrm{d}t$$

已知

$$f(t)\longleftrightarrow\int_{-\infty}^{+\infty}f(t)\mathrm{e}^{-\mathrm{j}\omega t}\,\mathrm{d}t=F(\omega)$$

则

$$f(t)\mathrm{e}^{\mathrm{j}\omega_0 t}\longleftrightarrow\int_{-\infty}^{+\infty}f(t)\mathrm{e}^{-\mathrm{j}(\omega-\omega_0)t}\,\mathrm{d}t=F(\omega-\omega_0)$$

根据欧拉公式(1.1.4)、式(1.1.5)和 FT 的频移特性式(3.2.16)可得

$$f(t)\cos\omega_0 t=\frac{1}{2}f(t)\mathrm{e}^{\mathrm{j}\omega_0 t}+\frac{1}{2}f(t)\mathrm{e}^{-\mathrm{j}\omega_0 t}\longleftrightarrow\frac{1}{2}F(\omega-\omega_0)+\frac{1}{2}F(\omega+\omega_0)$$

$$f(t)\sin\omega_0 t=\frac{1}{2\mathrm{j}}f(t)\mathrm{e}^{\mathrm{j}\omega_0 t}-\frac{1}{2\mathrm{j}}f(t)\mathrm{e}^{-\mathrm{j}\omega_0 t}\longleftrightarrow\frac{1}{2\mathrm{j}}F(\omega-\omega_0)-\frac{1}{2\mathrm{j}}F(\omega+\omega_0)$$

由于$\frac{1}{\mathrm{j}}=-\mathrm{j}$,所以

$$f(t)\sin\omega_0 t\longleftrightarrow-\frac{\mathrm{j}}{2}F(\omega-\omega_0)+\frac{\mathrm{j}}{2}F(\omega+\omega_0)=\frac{\mathrm{j}}{2}F(\omega+\omega_0)-\frac{\mathrm{j}}{2}F(\omega-\omega_0)$$

证毕。

例 3.2.7 试计算 $f_1(t)=\mathrm{e}^{-\alpha t}\cos\omega_0 t u(t)$，$f_2(t)=\mathrm{e}^{-\alpha t}\sin\omega_0 t u(t)(\alpha>0)$的 FT。

解 由式(3.2.9)知

$$f(t)=\mathrm{e}^{-\alpha t}u(t)\longleftrightarrow F(\omega)=\frac{1}{\mathrm{j}\omega+\alpha},\quad \alpha>0$$

根据幅度调制特性式(3.2.17)可得

$$\begin{aligned}f_1(t)=\mathrm{e}^{-\alpha t}\cos\omega_0 t u(t)\longleftrightarrow F_1(\omega)&=\frac{1}{2}F(\omega+\omega_0)+\frac{1}{2}F(\omega-\omega_0)\\&=\frac{1}{2}\left[\frac{1}{\mathrm{j}(\omega+\omega_0)+\alpha}+\frac{1}{\mathrm{j}(\omega-\omega_0)+\alpha}\right]\\&=\frac{\alpha+\mathrm{j}\omega}{(\alpha+\mathrm{j}\omega)^2+\omega_0^2},\quad \alpha>0\end{aligned}$$

由幅度调制特性式(3.2.18)可得

$$\begin{aligned}f_2(t)=\mathrm{e}^{-\alpha t}\sin\omega_0 t u(t)\longleftrightarrow F_2(\omega)&=\frac{\mathrm{j}}{2}F(\omega+\omega_0)-\frac{\mathrm{j}}{2}F(\omega-\omega_0)\\&=\frac{\mathrm{j}}{2}\left[\frac{1}{\mathrm{j}(\omega+\omega_0)+\alpha}-\frac{1}{\mathrm{j}(\omega-\omega_0)+\alpha}\right]\\&=\frac{\omega_0}{(\alpha+\mathrm{j}\omega)^2+\omega_0^2},\quad \alpha>0\end{aligned}$$

例 3.2.8 连续时间信号如图 3.2.6 所示，试求信号 $f(t)$的频谱。

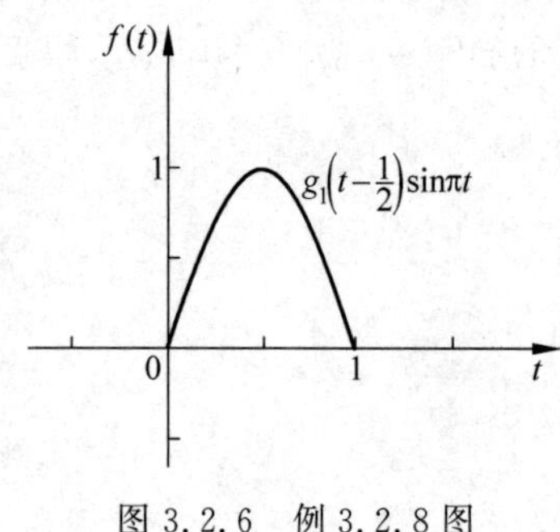

图 3.2.6 例 3.2.8 图

解 由于

$$f(t)=g_1\left(t-\frac{1}{2}\right)\sin\pi t$$

已知

$$g_\tau(t)\longleftrightarrow \tau\mathrm{Sa}\left(\frac{\omega\tau}{2}\right)$$

根据 FT 的时移特性式(3.2.14)可得

$$g_1\left(t-\frac{1}{2}\right)\longleftrightarrow \mathrm{Sa}\left(\frac{\omega}{2}\right)\mathrm{e}^{-\mathrm{j}\frac{\omega}{2}}$$

根据 FT 的调制特性式(3.2.18)可得

$$f(t)\longleftrightarrow F(\omega)=\frac{\mathrm{j}}{2}\mathrm{Sa}\left(\frac{\omega+\pi}{2}\right)\mathrm{e}^{-\mathrm{j}\frac{\omega+\pi}{2}}-\frac{\mathrm{j}}{2}\mathrm{Sa}\left(\frac{\omega-\pi}{2}\right)\mathrm{e}^{-\mathrm{j}\frac{\omega-\pi}{2}}$$

例 3.2.9 求信号 $f(t)=\mathrm{e}^{-\mathrm{j}3t}\delta(t-6)$的频谱。

解 1 根据冲激的取样特性式(1.1.16)可得

$$\begin{aligned}f(t)&=\mathrm{e}^{-\mathrm{j}3t}\delta(t-6)\\&=\mathrm{e}^{-\mathrm{j}3t}\big|_{t=6}\delta(t-6)\\&=\mathrm{e}^{-\mathrm{j}18}\delta(t-6)\end{aligned}$$

由式(3.2.10)知

$$\delta(t)\longleftrightarrow 1$$

根据 FT 的时移特性式(3.2.14)和线性特性式(3.2.13)可得

$$f(t)=e^{-j3t}\delta(t-6)\longleftrightarrow e^{-j18}e^{-j6\omega}$$

解 2 已知

$$\delta(t)\longleftrightarrow 1$$

根据 FT 的时移特性式(3.2.14)得

$$\delta(t-6)\longleftrightarrow e^{-j6\omega}$$

根据 FT 的频移特性式(3.2.16)得

$$f(t)=e^{-j3t}\delta(t-6)\longleftrightarrow F(\omega)=e^{-j6(\omega+3)}$$

4. 傅里叶变换的尺度变换特性

若

$$f(t)\longleftrightarrow F(\omega)$$

则 FT 的尺度变换特性为

$$f(at)\longleftrightarrow \frac{1}{|a|}F\left(\frac{\omega}{a}\right),\quad a\neq 0, a \text{ 为实常数} \tag{3.2.19}$$

推论

$$f(-t)\longleftrightarrow F(-\omega) \tag{3.2.20}$$

式(3.2.19)表明，连续时间信号 $f(t)$时域尺度变换(at)($a\neq 0$，a 为实常数)，频域进行相反的尺度变换$\left(\frac{\omega}{a}\right)$，且幅度乘以$\frac{1}{|a|}$；反之亦然。式(3.2.20)表明时域反转，频域亦反转；反之亦然。

证明 根据 FT 定义式(3.2.5)可得

$$f(at)\longleftrightarrow \int_{-\infty}^{+\infty} f(at)e^{-j\omega t}dt$$

当 $a>0$ 时，令 $at=\tau$，得

$$\int_{-\infty}^{+\infty} f(at)e^{-j\omega t}dt=\int_{-\infty}^{+\infty} f(\tau)e^{-j\omega\frac{\tau}{a}}d\left(\frac{\tau}{a}\right)=\frac{1}{a}\int_{-\infty}^{+\infty} f(\tau)e^{-j\frac{\omega}{a}\tau}d\tau$$

再令 $\tau=t$，则

$$f(at)\longleftrightarrow \frac{1}{a}\int_{-\infty}^{+\infty} f(t)e^{-j\frac{\omega}{a}t}dt$$

已知 $f(t)\longleftrightarrow \int_{-\infty}^{+\infty} f(t)e^{-j\omega t}dt=F(\omega)$，则

$$f(at)\longleftrightarrow \frac{1}{a}F\left(\frac{\omega}{a}\right)=\frac{1}{|a|}F\left(\frac{\omega}{a}\right)$$

其中，由于 $a>0$，因此 $a=|a|$。

当 $a<0$ 时，令 $at=\tau$，得

$$f(at)\longleftrightarrow \int_{+\infty}^{-\infty} f(\tau)e^{-j\omega\frac{\tau}{a}}\ \frac{1}{a}d\tau=-\frac{1}{a}\int_{-\infty}^{+\infty} f(\tau)e^{-j\omega\frac{\tau}{a}}d\tau$$

再令 $\tau=t$，则

$$f(at)\longleftrightarrow -\frac{1}{a}\int_{-\infty}^{+\infty} f(t)e^{-j\frac{\omega}{a}t}dt$$

已知 $f(t)\longleftrightarrow\int_{-\infty}^{+\infty}f(t)\mathrm{e}^{-\mathrm{j}\omega t}\,\mathrm{d}t=F(\omega)$,则

$$f(at)\longleftrightarrow-\frac{1}{a}F\left(\frac{\omega}{a}\right)=\frac{1}{|a|}F\left(\frac{\omega}{a}\right)$$

其中,由于 $a<0$,因此 $-a=|a|$。

因此有

$$f(at)\longleftrightarrow\frac{1}{|a|}F\left(\frac{\omega}{a}\right)$$

证毕。

在式(3.2.19)中,当 $a=-1$ 时,得 $f(-t)\longleftrightarrow F(-\omega)$。

例 3.2.10 求图 3.2.7(a)所示符号函数 sgn(t)的 FT。

解 设信号 $f(t)=\mathrm{e}^{-\alpha t}u(t)-\mathrm{e}^{\alpha t}u(-t)$,$\alpha>0$,$f(t)$的波形如图 3.2.7(b)所示。

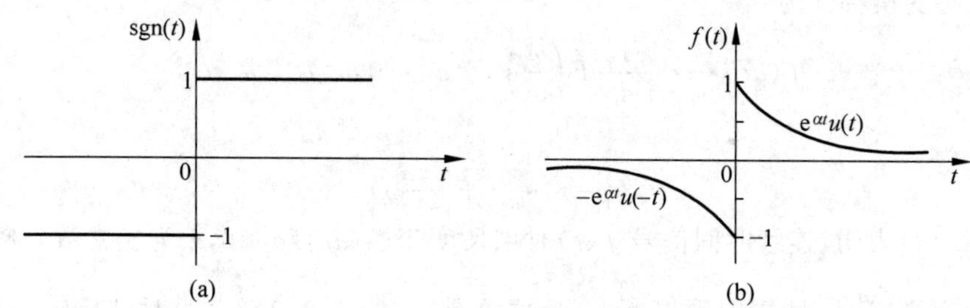

图 3.2.7 例 3.2.10 图

已知 $\mathrm{e}^{-\alpha t}u(t)\longleftrightarrow\dfrac{1}{\mathrm{j}\omega+\alpha}$,$\alpha>0$,由式(3.2.20)得

$$\mathrm{e}^{\alpha t}u(-t)\longleftrightarrow\frac{1}{-\mathrm{j}\omega+\alpha}=\frac{-1}{\mathrm{j}\omega-\alpha},\quad\alpha>0$$

利用线性特性式(3.2.13)得

$$f(t)=\mathrm{e}^{-\alpha t}u(t)-\mathrm{e}^{\alpha t}u(-t)\longleftrightarrow F(\omega)=\frac{1}{\mathrm{j}\omega+\alpha}+\frac{1}{\mathrm{j}\omega-\alpha}=\frac{2\mathrm{j}\omega}{(\mathrm{j}\omega)^2-\alpha^2},\quad\alpha>0$$

而 $\mathrm{sgn}(t)=\lim\limits_{\alpha\to0}f(t)$,则

$$\mathrm{sgn}(t)\longleftrightarrow\lim_{\substack{\alpha\to0\\\alpha>0}}\frac{2\mathrm{j}\omega}{(\mathrm{j}\omega)^2-\alpha^2}=\frac{2}{\mathrm{j}\omega}$$

即

$$\mathrm{sgn}(t)\longleftrightarrow\frac{2}{\mathrm{j}\omega}\tag{3.2.21}$$

例 3.2.11 已知 $f(t)\longleftrightarrow F(\omega)$,求信号 $y(t)=f(9-5t)$的 FT。

解 已知

$$f(t)\longleftrightarrow F(\omega)$$

根据 FT 的时移特性式(3.2.14)得

$$f(9+t)\longleftrightarrow F(\omega)\mathrm{e}^{\mathrm{j}9\omega}$$

由 FT 的尺度变换特性式(3.2.19)得

$$f(9-5t) \longleftrightarrow \frac{1}{5}F\left(-\frac{\omega}{5}\right)e^{-j\frac{9}{5}\omega}$$

例 3.2.12　连续时间信号 $f_1(t)$、$f_2(t)$ 的波形分别如图 3.2.8 所示，且 $f_1(t) \longleftrightarrow F_1(\omega)$，$f_2(t) \longleftrightarrow F_2(\omega)$，试用 $F_1(\omega)$ 表示 $F_2(\omega)$。

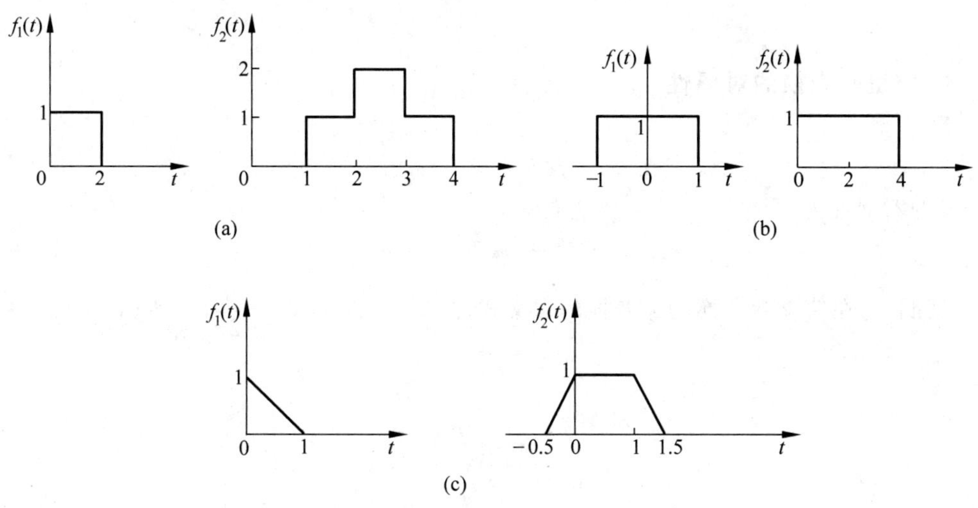

图 3.2.8　例 3.2.12 图

解　(a) 由图 3.2.8(a)可知

$$f_2(t)=f_1(t-1)+f_1(t-2)$$

根据式(3.2.14)和式(3.2.13)得

$$F_2(\omega)=F_1(\omega)(e^{-j\omega}+e^{-j2\omega})$$

(b) 由图 3.2.8(b)可知

$$f_2(t)=f_1\left(\frac{t}{2}-1\right)$$

已知 $f_1(t) \longleftrightarrow F_1(\omega)$，由式(3.2.14)得

$$f_1(t-1) \longleftrightarrow F_1(\omega)e^{-j\omega}$$

由 FT 尺度变换特性式(3.2.19)得

$$f_2(t)=f_1\left(\frac{t}{2}-1\right) \longleftrightarrow F_2(\omega)=2F_1(2\omega)e^{-j2\omega}$$

(c) 由图 3.2.8(c)可知

$$f_2(t)=f_1(-2t)+f_1(t)+f_1(1-t)+f_1(2t-2)$$

已知 $f_1(t) \longleftrightarrow F_1(\omega)$，根据 FT 的尺度变换特性得

$$f_1(-2t) \longleftrightarrow \frac{1}{2}F_1\left(-\frac{\omega}{2}\right)$$

而

$$f_1(1-t) \longleftrightarrow F_1(-\omega)e^{-j\omega}$$

$$f_1(t-2) \longleftrightarrow F_1(\omega)e^{-j2\omega}$$

$$f_1(2t-2)\longleftrightarrow\frac{1}{2}F_1\left(\frac{\omega}{2}\right)\mathrm{e}^{-\mathrm{j}\omega}$$

所以

$$f_2(t)\longleftrightarrow F_2(\omega)=\frac{1}{2}F_1\left(-\frac{\omega}{2}\right)+F_1(\omega)+F_1(-\omega)\mathrm{e}^{-\mathrm{j}\omega}+\frac{1}{2}F_1\left(\frac{\omega}{2}\right)\mathrm{e}^{-\mathrm{j}\omega}$$

5. 傅里叶变换的对偶性

若

$$f(t)\longleftrightarrow F(\omega)$$

则 FT 的对偶性为

$$F(t)\longleftrightarrow 2\pi f(-\omega) \tag{3.2.22}$$

证明 在傅里叶变换的逆变换的定义式(3.2.6),即 $f(t)=\frac{1}{2\pi}\int_{-\infty}^{+\infty}F(\omega)\mathrm{e}^{\mathrm{j}\omega t}\mathrm{d}\omega$ 中,令 $t=r$,得

$$f(r)=\frac{1}{2\pi}\int_{-\infty}^{+\infty}F(\omega)\mathrm{e}^{\mathrm{j}\omega r}\mathrm{d}\omega$$

又令 $\omega=t$,得

$$f(r)=\frac{1}{2\pi}\int_{-\infty}^{+\infty}F(t)\mathrm{e}^{\mathrm{j}tr}\mathrm{d}t$$

再令 $r=-\omega$,得

$$f(-\omega)=\frac{1}{2\pi}\int_{-\infty}^{+\infty}F(t)\mathrm{e}^{\mathrm{j}(-\omega)t}\mathrm{d}t$$

即

$$2\pi f(-\omega)=\int_{-\infty}^{+\infty}F(t)\mathrm{e}^{-\mathrm{j}\omega t}\mathrm{d}t$$

由 FT 的定义式(3.2.5)可知

$$F(t)\longleftrightarrow 2\pi f(-\omega)$$

证毕。

例 3.2.13 求信号 $\mathrm{Sa}(\omega_0 t)$的 FT。

解 直接用式(3.2.5)计算该信号的 FT 是十分困难的,以下用对偶性式(3.2.22)来求解。

已知

$$g_\tau(t)\longleftrightarrow \tau\mathrm{Sa}\left(\frac{\omega\tau}{2}\right)$$

根据 FT 的对偶性式(3.2.22)可得

$$\tau\mathrm{Sa}\left(\frac{t\tau}{2}\right)\longleftrightarrow 2\pi g_\tau(-\omega)=2\pi g_\tau(\omega)$$

令 $\frac{\tau}{2}=\omega_0$,得

$$2\omega_0\mathrm{Sa}(\omega_0 t)=\frac{2\omega_0\sin\omega_0 t}{\omega_0 t}\longleftrightarrow 2\pi g_{2\omega_0}(\omega)$$

利用 FT 的线性特性式(3.2.13)可得

$$\mathrm{Sa}(\omega_0 t)=\frac{\sin\omega_0 t}{\omega_0 t}\longleftrightarrow\frac{\pi}{\omega_0}g_{2\omega_0}(\omega)$$

简化该 FT 对可得到常用 FT 对

$$\frac{\sin\omega_0 t}{\pi t}\longleftrightarrow g_{2\omega_0}(\omega)\tag{3.2.23}$$

例 3.2.14　求下列信号的 FT：1、$\mathrm{e}^{\mathrm{j}\omega_0 t}$、$\cos\omega_0 t$、$\sin\omega_0 t$、$u(t)$。

解　已知

$$\delta(t)\longleftrightarrow 1$$

根据 FT 的对偶性式(3.2.22)得

$$1\longleftrightarrow 2\pi\delta(-\omega)$$

而由式(1.1.19)知

$$\delta(-\omega)=\delta(\omega)$$

则可得

$$1\longleftrightarrow 2\pi\delta(\omega)\tag{3.2.24}$$

根据频移特性式(3.2.16)得

$$\mathrm{e}^{\mathrm{j}\omega_0 t}=1\times\mathrm{e}^{\mathrm{j}\omega_0 t}\longleftrightarrow 2\pi\delta(\omega-\omega_0)\tag{3.2.25}$$

根据调制定理式(3.2.17)和式(3.2.18)得

$$\cos\omega_0 t=1\times\cos\omega_0 t\longleftrightarrow\pi\delta(\omega+\omega_0)+\pi\delta(\omega-\omega_0)\tag{3.2.26}$$

$$\sin\omega_0 t=1\times\sin\omega_0 t\longleftrightarrow\mathrm{j}\pi\delta(\omega+\omega_0)-\mathrm{j}\pi\delta(\omega-\omega_0)\tag{3.2.27}$$

因为

$$u(t)=\frac{1}{2}[1+\mathrm{sgn}(t)]$$

由式(3.2.24)知 $1\longleftrightarrow 2\pi\delta(\omega)$，由式(3.2.21)知 $\mathrm{sgn}(t)\longleftrightarrow\frac{2}{\mathrm{j}\omega}$，利用线性特性式(3.2.13)可得

$$u(t)=\frac{1}{2}[\mathrm{sgn}(t)+1]\longleftrightarrow\frac{1}{2}\left[\frac{2}{\mathrm{j}\omega}+2\pi\delta(\omega)\right]=\frac{1}{\mathrm{j}\omega}+\pi\delta(\omega)\tag{3.2.28}$$

6. 傅里叶变换的卷积特性

视频链接

若

$$f_1(t)\longleftrightarrow F_1(\omega),\quad f_2(t)\longleftrightarrow F_2(\omega)$$

则 FT 的时域卷积特性为

$$f_1(t)*f_2(t)\longleftrightarrow F_1(\omega)F_2(\omega)\tag{3.2.29}$$

FT 的频域卷积特性为

$$f_1(t)f_2(t)\longleftrightarrow\frac{1}{2\pi}F_1(\omega)*F_2(\omega)\tag{3.2.30}$$

式(3.2.29)表明时域相卷积对应频域相乘；反之亦然。式(3.2.30)表明时域相乘对应频域相卷积，且乘以$\frac{1}{2\pi}$；反之亦然。

证明 设 $y_1(t)=f_1(t)*f_2(t)$，由傅里叶变换的定义式(3.2.5)，有

$$y_1(t)=f_1(t)*f_2(t)\longleftrightarrow Y_1(\omega)=\int_{-\infty}^{+\infty}[f_1(t)*f_2(t)]\mathrm{e}^{-\mathrm{j}\omega t}\,\mathrm{d}t$$

应用卷积积分定义式(2.3.1)得

$$Y_1(\omega)=\int_{-\infty}^{+\infty}\left[\int_{-\infty}^{+\infty}f_1(\tau)f_2(t-\tau)\mathrm{d}\tau\right]\mathrm{e}^{-\mathrm{j}\omega t}\,\mathrm{d}t$$

交换积分顺序：

$$Y_1(\omega)=\int_{-\infty}^{+\infty}f_1(\tau)\left[\int_{-\infty}^{+\infty}f_2(t-\tau)\mathrm{e}^{-\mathrm{j}\omega t}\,\mathrm{d}t\right]\mathrm{d}\tau$$

已知 $f_2(t)\longleftrightarrow F_2(\omega)$，根据 FT 的时移特性式(3.2.14)，得

$$f_2(t-\tau)\longleftrightarrow F_2(\omega)\mathrm{e}^{-\mathrm{j}\omega\tau}=\int_{-\infty}^{+\infty}f_2(t-\tau)\mathrm{e}^{-\mathrm{j}\omega t}\,\mathrm{d}t$$

则

$$Y_1(\omega)=\int_{-\infty}^{+\infty}f_1(\tau)[F_2(\omega)\mathrm{e}^{-\mathrm{j}\omega\tau}]\mathrm{d}\tau=\left[\int_{-\infty}^{+\infty}f_1(\tau)\mathrm{e}^{-\mathrm{j}\omega\tau}\,\mathrm{d}\tau\right]F_2(\omega)=F_1(\omega)F_2(\omega)$$

即

$$f_1(t)*f_2(t)\longleftrightarrow F_1(\omega)F_2(\omega)$$

设

$$y_2(t)=f_1(t)f_2(t)\longleftrightarrow Y_2(\omega)=\int_{-\infty}^{+\infty}y_2(t)\mathrm{e}^{-\mathrm{j}\omega t}\,\mathrm{d}t=\int_{-\infty}^{+\infty}[f_1(t)f_2(t)]\mathrm{e}^{-\mathrm{j}\omega t}\,\mathrm{d}t$$

已知 $f_1(t)\longleftrightarrow F_1(\omega)$，则根据傅里叶变换的逆变换式(3.2.6)，且令积分变量 $\omega=\theta$，得

$$f_1(t)=\frac{1}{2\pi}\int_{-\infty}^{+\infty}F_1(\omega)\mathrm{e}^{\mathrm{j}\omega t}\,\mathrm{d}\omega=\frac{1}{2\pi}\int_{-\infty}^{+\infty}F_1(\theta)\mathrm{e}^{\mathrm{j}\theta t}\,\mathrm{d}\theta$$

于是

$$Y_2(\omega)=\int_{-\infty}^{+\infty}\left[\frac{1}{2\pi}\int_{-\infty}^{+\infty}F_1(\theta)\mathrm{e}^{\mathrm{j}\theta t}\,\mathrm{d}\theta\right]f_2(t)\mathrm{e}^{-\mathrm{j}\omega t}\,\mathrm{d}t$$

交换积分顺序，得

$$Y_2(\omega)=\frac{1}{2\pi}\int_{-\infty}^{+\infty}F_1(\theta)\left\{\int_{-\infty}^{+\infty}[f_2(t)\mathrm{e}^{\mathrm{j}\theta t}]\mathrm{e}^{-\mathrm{j}\omega t}\,\mathrm{d}t\right\}\mathrm{d}\theta$$

已知 $f_2(t)\longleftrightarrow F_2(\omega)$，根据 FT 的频移特性式(3.2.16)得

$$f_2(t)\mathrm{e}^{\mathrm{j}\theta t}\longleftrightarrow F_2(\omega-\theta)$$

于是

$$Y_2(\omega)=\frac{1}{2\pi}\int_{-\infty}^{+\infty}F_1(\theta)F_2(\omega-\theta)\mathrm{d}\theta=\frac{1}{2\pi}F_1(\omega)*F_2(\omega)$$

即

$$f_1(t)f_2(t)\longleftrightarrow\frac{1}{2\pi}F_1(\omega)*F_2(\omega)$$

证毕。

例 3.2.15 试证明$\frac{1}{\pi t}*\left(-\frac{1}{\pi t}\right)=\delta(t)$。

直接计算本题的卷积积分十分困难，所以选用 FT 证明。

证明 由式(3.2.21)知

$$\mathrm{sgn}(t) \longleftrightarrow \frac{2}{\mathrm{j}\omega}$$

根据 FT 的对偶性式(3.2.22)得

$$\frac{2}{\mathrm{j}t} \longleftrightarrow 2\pi \mathrm{sgn}(-\omega) = -2\pi \mathrm{sgn}(\omega)$$

即

$$\frac{1}{\pi t} \longleftrightarrow -\mathrm{j}\,\mathrm{sgn}(\omega) \tag{3.2.31}$$

根据 FT 的时域卷积特性式(3.2.29)可得

$$\frac{1}{\pi t} * \left(-\frac{1}{\pi t}\right) \longleftrightarrow [-\mathrm{j}\,\mathrm{sgn}(\omega)][\mathrm{j}\,\mathrm{sgn}(\omega)] = \mathrm{sgn}^2(\omega) = 1$$

而由式(3.2.10)知

$$\delta(t) \longleftrightarrow 1$$

故

$$\frac{1}{\pi t} * \left(-\frac{1}{\pi t}\right) = \delta(t)$$

证毕。

例 3.2.16　求信号 $f(t)=\left(\dfrac{\sin 3\pi t}{t}\right)^2$ 的频谱。

解　设 $x(t)=\dfrac{\sin 3\pi t}{t}$，由式(3.2.23)知

$$x(t) = \frac{\sin 3\pi t}{t} = \pi\frac{\sin 3\pi t}{\pi t} \longleftrightarrow X(\omega) = \pi g_{6\pi}(\omega)$$

根据 FT 的卷积特性式(3.2.29)知

$$f(t) = \left(\frac{\sin 3\pi t}{t}\right)^2 \overset{F}{\longleftrightarrow} F(\omega) = \frac{1}{2\pi}X(\omega) * X(\omega)$$

$$\begin{aligned} F(\omega) &= \frac{1}{2\pi}[\pi g_{6\pi}(\omega)] * [\pi g_{6\pi}(\omega)] \\ &= \frac{\pi}{2}[u(\omega+3\pi) - u(\omega-3\pi)] * [u(\omega+3\pi) - u(\omega-3\pi)] \\ &= \frac{\pi}{2}[(\omega+6\pi)u(\omega+6\pi) - 2\omega u(\omega) + (\omega-6\pi)u(\omega-6\pi)] \end{aligned}$$

例 3.2.17　已知信号 $f(t)$ 的频谱 $F(\omega)$ 如图 3.2.9(a)所示，求信号 $y(t)=f(t)\cos\omega_0 t$ 的频谱图 $Y(\omega)$，其中 $\omega_M \ll \omega_0$。

解 1　设 $g(t)=\cos_0 t$，由式(3.2.26)知

$$g(t) = \cos\omega_0 t \longleftrightarrow G(\omega) = \pi\delta(\omega+\omega_0) + \pi\delta(\omega-\omega_0)$$

$G(\omega)$ 如图 3.2.9(b)所示。

由 FT 的频域卷积特性式(3.2.30)可得

$$\begin{aligned} y(t) = f(t)\cos\omega_0 t \longleftrightarrow Y(\omega) &= \frac{1}{2\pi}F(\omega) * G(\omega) = \frac{1}{2\pi}F(\omega) * [\pi\delta(\omega+\omega_0) + \pi\delta(\omega-\omega_0)] \\ &= \frac{1}{2}F(\omega+\omega_0) + \frac{1}{2}F(\omega-\omega_0) \end{aligned}$$

$Y(\omega)$的频谱图如图 3.2.9(c)所示。

解 2 已知 $f(t) \longleftrightarrow F(\omega)$，因为 $y(t)=f(t)\cos\omega_0 t$，根据 FT 的调制定理式(3.2.17)可得

$$Y(\omega)=\frac{1}{2}F(\omega+\omega_0)+\frac{1}{2}F(\omega-\omega_0)$$

频谱 $Y(\omega)$仍如图 3.2.9(c)所示。

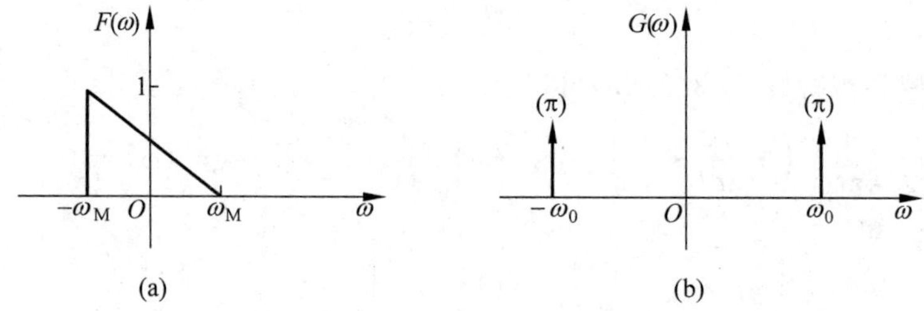

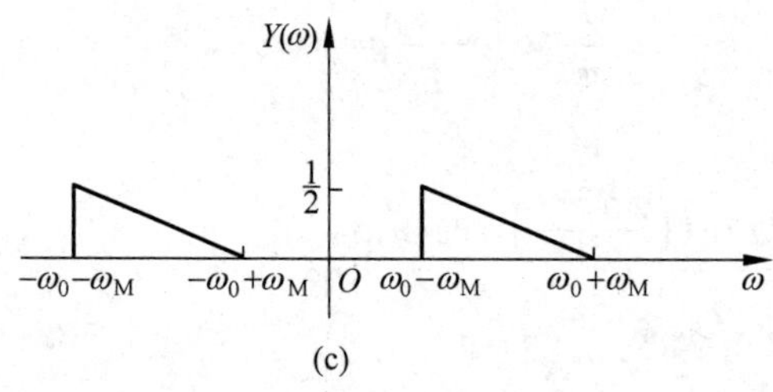

图 3.2.9　例 3.2.17 图

7. 傅里叶变换的时域微分、积分特性

若

$$f(t) \longleftrightarrow F(\omega)$$

则 FT 的时域微分特性为

$$f^{(N)}(t) \longleftrightarrow F_N(\omega)=(\mathrm{j}\omega)^N F(\omega), \quad N \text{ 为正整数} \tag{3.2.32}$$

FT 的时域积分特性为

$$f^{(-1)}(t) \longleftrightarrow \frac{F(\omega)}{\mathrm{j}\omega}+\pi F(0)\delta(\omega) \tag{3.2.33}$$

而

$$F(\omega)=\frac{F_N(\omega)}{(\mathrm{j}\omega)^N}+\pi[f(-\infty)+f(+\infty)]\delta(\omega), \quad N \text{ 为正整数} \tag{3.2.34}$$

证明 若 $f(t) \longleftrightarrow F(\omega)$，则傅里叶变换的逆变换的定义式(3.2.6)

$$f(t)=\frac{1}{2\pi}\int_{-\infty}^{+\infty}F(\omega)\mathrm{e}^{\mathrm{j}\omega t}\mathrm{d}\omega$$

对 t 求导，可得

$$f'(t)=\frac{1}{2\pi}\int_{-\infty}^{+\infty}F(\omega)(\mathrm{j}\omega\mathrm{e}^{\mathrm{j}\omega t})\mathrm{d}\omega=\frac{1}{2\pi}\int_{-\infty}^{+\infty}\mathrm{j}\omega F(\omega)\mathrm{e}^{\mathrm{j}\omega t}\mathrm{d}\omega$$

$$f''(t)=\frac{1}{2\pi}\int_{-\infty}^{+\infty}(\mathrm{j}\omega)^2F(\omega)\mathrm{e}^{\mathrm{j}\omega t}\mathrm{d}\omega$$

$$f^{(3)}(t)=\frac{1}{2\pi}\int_{-\infty}^{+\infty}(\mathrm{j}\omega)^3F(\omega)\mathrm{e}^{\mathrm{j}\omega t}\mathrm{d}\omega$$

$$\vdots$$

$$f^{(N)}(t)=\frac{1}{2\pi}\int_{-\infty}^{+\infty}(\mathrm{j}\omega)^NF(\omega)\mathrm{e}^{\mathrm{j}\omega t}\mathrm{d}\omega,\quad N\text{ 为正整数}$$

所以

$$f^{(N)}(t)\longleftrightarrow F_N(\omega)=(\mathrm{j}\omega)^NF(\omega)$$

而

$$\int_{-\infty}^{t}f(\tau)\mathrm{d}\tau=f^{(-1)}(t)=f(t)*\delta^{(-1)}(t)=f(t)*u(t)$$

已知

$$f(t)\longleftrightarrow F(\omega),\quad u(t)\longleftrightarrow\frac{1}{\mathrm{j}\omega}+\pi\delta(\omega)$$

利用 FT 的时域卷积特性式(3.2.29)，可得

$$f^{(-1)}(t)=f(t)*u(t)\longleftrightarrow F(\omega)\left[\frac{1}{\mathrm{j}\omega}+\pi\delta(\omega)\right]=F(\omega)\frac{1}{\mathrm{j}\omega}+\pi F(\omega)\delta(\omega)$$

由冲激函数的取样性式(1.1.16)可得

$$\pi F(\omega)\delta(\omega)=\pi F(0)\delta(\omega)$$

所以

$$f^{(-1)}(t)\longleftrightarrow\frac{F_1(\omega)}{\mathrm{j}\omega}+\pi F(0)\delta(\omega)$$

设

$$f'(t)\longleftrightarrow F_1(\omega)=\int_{-\infty}^{+\infty}f'(t)\mathrm{e}^{-\mathrm{j}\omega t}\mathrm{d}t$$

对 $f'(t)$ 积分得

$$[f'(t)]^{(-1)}=\int_{-\infty}^{t}f'(\tau)\mathrm{d}\tau=f(\tau)\mid_{-\infty}^{t}=f(t)-f(-\infty)$$

对上式做傅里叶变换，已知

$$f(t)\longleftrightarrow F(\omega),\quad 1\longleftrightarrow 2\pi\delta(\omega)$$

得

$$[f'(t)]^{(-1)}\longleftrightarrow F(\omega)-2\pi f(-\infty)\delta(\omega)\tag{3.2.35}$$

而根据 FT 的时域积分特性式(3.2.33)可得

$$[f'(t)]^{(-1)}\longleftrightarrow\frac{F_1(\omega)}{\mathrm{j}\omega}+\pi F_1(0)\delta(\omega)$$

由于

$$f'(t)\longleftrightarrow F_1(\omega)=\int_{-\infty}^{+\infty}f'(t)\mathrm{e}^{-\mathrm{j}\omega t}\mathrm{d}t$$

则

$$F_1(0)=\int_{-\infty}^{+\infty}f'(t)\mathrm{d}t=f(+\infty)-f(-\infty)$$

即

$$[f'(t)]^{(-1)} \longleftrightarrow \frac{F_1(\omega)}{\mathrm{j}\omega} + \pi[f(+\infty) - f(-\infty)]\delta(\omega) \tag{3.2.36}$$

由式(3.2.35)和式(3.2.36)得

$$F(\omega) - 2\pi f(-\infty)\delta(\omega) = \frac{F_1(\omega)}{\mathrm{j}\omega} + \pi[f(+\infty) - f(-\infty)]\delta(\omega)$$

所以

$$F(\omega) = \frac{F_1(\omega)}{\mathrm{j}\omega} + \pi[f(-\infty) + f(+\infty)]\delta(\omega)$$

以此类推，可得

$$F(\omega) = \frac{F_N(\omega)}{(\mathrm{j}\omega)^N} + \pi[f(-\infty) + f(+\infty)]\delta(\omega)$$

证毕。

式(3.2.34)提供了计算信号 $f(t)$ 的 FT $F(\omega)$ 的一种简便方法。若计算 $f(t)$ 的 FT $F(\omega)$ 比较困难时，可将 $f(t)$ 多次求导，使 $f^{(N)}(t)$(N 为正整数)成为冲激和冲激的导数，则 $f^{(N)}(t)$ 的 FT $F_N(\omega)$ 就较容易求出，利用式(3.2.34)即可得到 $F(\omega)$。

例 3.2.18 信号 $f(t)$ 如图 3.2.10(a)所示，求 FT。

解 1 作出 $f'(t)$ 图形如图 3.2.10(b)所示。有

$$f'(t) = g_3(t-2.5) \longleftrightarrow F_1(\omega) = 3\mathrm{Sa}\left(\frac{3\omega}{2}\right)\mathrm{e}^{-\mathrm{j}2.5\omega}$$

由图 3.2.10(a)知 $f(-\infty) = -1$，$f(+\infty) = 2$。

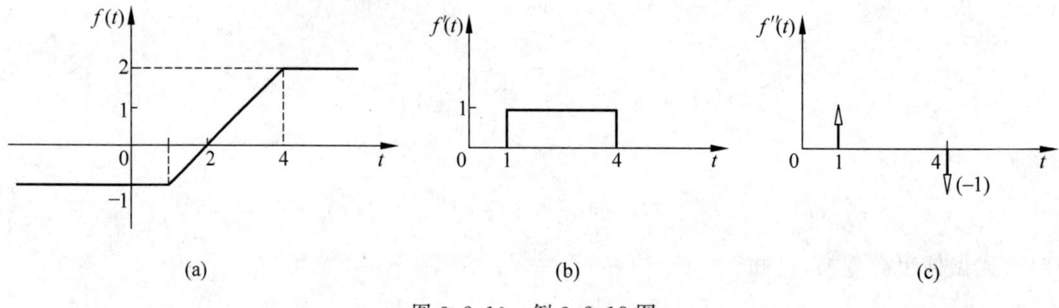

图 3.2.10 例 3.2.18 图

利用式(3.2.34)得到

$$F(\omega) = \frac{F_1(\omega)}{\mathrm{j}\omega} + \pi[f(-\infty) + f(+\infty)]\delta(\omega) = \frac{3\mathrm{Sa}\left(\frac{3\omega}{2}\right)\mathrm{e}^{-\mathrm{j}2.5\omega}}{\mathrm{j}\omega} + \pi[(-1) + 2]\delta(\omega)$$

$$= \frac{3}{\mathrm{j}\omega}\mathrm{Sa}\left(\frac{3\omega}{2}\right)\mathrm{e}^{-\mathrm{j}2.5\omega} + \pi\delta(\omega)$$

解 2 作出 $f''(t)$ 图形如图 3.2.10(c)所示。

$$f''(t) = \delta(t-1) - \delta(t-4) \longleftrightarrow F_2(\omega) = \mathrm{e}^{-\mathrm{j}\omega} - \mathrm{e}^{-\mathrm{j}4\omega}$$

利用式(3.2.34)得

$$F(\omega)=\frac{F_2(\omega)}{(\mathrm{j}\omega)^2}+\pi[f(-\infty)+f(+\infty)]\delta(\omega)=\frac{\mathrm{e}^{-\mathrm{j}\omega}-\mathrm{e}^{-\mathrm{j}4\omega}}{-\omega^2}+\pi[(-1)+2]\delta(\omega)$$

$$=\frac{1}{\omega^2}(\mathrm{e}^{-\mathrm{j}4\omega}-\mathrm{e}^{-\mathrm{j}\omega})+\pi\delta(\omega)$$

例 3.2.19　求图 3.2.11(a)所示信号 $f(t)$的 FT。

解 1　作出 $f'(t)$图形如图 3.2.11(b)所示。有

$$f'(t)=g_1(t-0.5)-g_1(t-2.5)\longleftrightarrow F_1(\omega)=\mathrm{Sa}\left(\frac{\omega}{2}\right)(\mathrm{e}^{-\mathrm{j}0.5\omega}-\mathrm{e}^{-\mathrm{j}2.5\omega})$$

因为 $f(-\infty)=0, f(+\infty)=0$,利用式(3.2.34)得

$$F(\omega)=\frac{F_1(\omega)}{\mathrm{j}\omega}+\pi[f(-\infty)+f(+\infty)]\delta(\omega)=\frac{1}{\mathrm{j}\omega}\mathrm{Sa}\left(\frac{\omega}{2}\right)(\mathrm{e}^{-\mathrm{j}0.5\omega}-\mathrm{e}^{-\mathrm{j}2.5\omega})$$

解 2　作出 $f''(t)$图形如图 3.2.11(c)所示。有

$$f''(t)=\delta(t)-\delta(t-1)-\delta(t-2)+\delta(t-3)\longleftrightarrow F_2(\omega)=1-\mathrm{e}^{-\mathrm{j}\omega}-\mathrm{e}^{-\mathrm{j}2\omega}+\mathrm{e}^{-\mathrm{j}3\omega}$$

因为 $f(-\infty)=f(+\infty)=0$,利用式(3.2.34)得

$$F(\omega)=\frac{F_2(\omega)}{(\mathrm{j}\omega)^2}+\pi[f(-\infty)+f(+\infty)]\delta(\omega)=-\frac{1}{\omega^2}(1-\mathrm{e}^{-\mathrm{j}\omega}-\mathrm{e}^{-\mathrm{j}2\omega}+\mathrm{e}^{-\mathrm{j}3\omega})$$

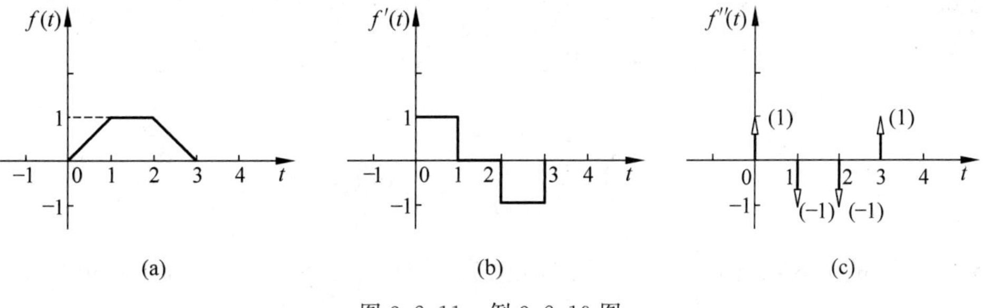

图 3.2.11　例 3.2.19 图

8. 周期信号的傅里叶变换

周期信号与单位阶跃信号 $u(t)$、直流信号一样不满足绝对可积条件,即 FT 不存在,但同样可以用冲激函数表示出来。

设周期信号 $f_T(t)=\sum\limits_{k=-\infty}^{+\infty}x(t-kT)$,周期为 T,角频率 $\omega_0=\frac{2\pi}{T}$,$x(t)$ 是周期信号 $f_T(t)$ 的任意一个周期,即

$$x(t)=\begin{cases}f_T(t), & t_0<t<t_0+T \\ 0, & \text{其他}\end{cases}\quad(t_0\ \text{为任意实数})$$

若

$$x(t)\overset{\mathrm{FT}}{\longleftrightarrow}X(\omega),\quad f_T(t)\overset{\mathrm{FS}}{\longleftrightarrow}a_k,\quad f_T(t)\overset{\mathrm{FT}}{\longleftrightarrow}F_T(\omega)$$

则

$$a_k = \frac{X(\omega)}{T}\bigg|_{\omega=k\omega_0} = \frac{X(k\omega_0)}{T} \tag{3.2.37}$$

$$F_T(\omega) = 2\pi\sum_{k=-\infty}^{+\infty} a_k\delta(\omega - k\omega_0) = 2\pi\sum_{k=-\infty}^{+\infty}\frac{X(k\omega_0)}{T}\delta(\omega - k\omega_0) \tag{3.2.38}$$

式(3.2.37)说明周期信号 $f_T(t)$的指数函数形式 FS 系数 a_k 等于任意一个周期 $x(t)$ 的 FT $X(\omega)$除以周期 T,ω 取 $\omega=k\omega_0$ 的结果。

式(3.2.38)说明周期信号 $f_T(t)$的频谱 $F_T(\omega)$是一系列的冲激,冲激出现的位置在谐波角频率 $k\omega_0$ 处,第 k 个冲激的强度等于相应的 FS 系数 a_k 的 2π 倍。

证明 根据式(3.1.6),周期信号 $f_T(t)$的指数函数形式 FS 系数

$$a_k = \frac{1}{T}\int_{t_0}^{t_0+T} f_T(t)\mathrm{e}^{-\mathrm{j}k\omega_0 t}\,\mathrm{d}t$$

选择 $t_0 = -\frac{T}{2}$,得

$$a_k = \frac{1}{T}\int_{-T/2}^{T/2} f_T(t)\mathrm{e}^{-\mathrm{j}k\omega_0 t}\,\mathrm{d}t = \frac{1}{T}\int_{-T/2}^{T/2} x(t)\mathrm{e}^{-\mathrm{j}k\omega_0 t}\,\mathrm{d}t = \frac{1}{T}\int_{-\infty}^{+\infty} x(t)\mathrm{e}^{-\mathrm{j}k\omega_0 t}\,\mathrm{d}t$$

其中,$\omega_0 = \frac{2\pi}{T}$。

已知

$$x(t) \longleftrightarrow X(\omega) = \int_{-\infty}^{+\infty} x(t)\mathrm{e}^{-\mathrm{j}\omega t}\,\mathrm{d}t$$

所以

$$a_k = \frac{X(\omega)}{T}\bigg|_{\omega=k\omega_0} = \frac{1}{T}X(k\omega_0)$$

对 $f_T(t)$ 的指数函数形式 FS 展开式(3.1.7) $f_T(t) = \sum_{k=-\infty}^{+\infty} a_k\mathrm{e}^{\mathrm{j}k\omega_0 t}$ 做 FT,由式(3.2.25)知 $\mathrm{e}^{\mathrm{j}\omega_0 t} \longleftrightarrow 2\pi\delta(\omega - \omega_0)$,根据 FT 的线性特性式(3.2.13)可得

$$F_T(\omega) = \sum_{k=-\infty}^{+\infty} 2\pi a_k\delta(\omega - k\omega_0) = \sum_{k=-\infty}^{+\infty} 2\pi\frac{X(k\omega_0)}{T}\delta(\omega - k\omega_0)$$

证毕。

例 3.2.20 作图 3.2.12(a)所示均匀冲激串 $\delta_T(t) = \sum_{k=-\infty}^{+\infty}\delta(t - kT)$ 的指数函数形式 FS 和 FT。

解 设 $x(t) = \delta(t) \overset{\mathrm{FT}}{\longleftrightarrow} X(\omega) = 1$,根据式(3.2.37)得到均匀冲激串的指数函数形式 FS 系数 a_k:

$$\delta_T(t) \overset{\mathrm{FS}}{\longleftrightarrow} a_k = \frac{X(\omega)}{T}\bigg|_{\omega=k\omega_0} = \frac{1}{T}\bigg|_{\omega=k\omega_0}$$

其 FS 系数 a_k 频谱图如图 3.2.12(b)所示。代入式(3.1.7)得均匀冲激串 $\delta_T(t)$的指数 FS 展开式为

$$\delta_T(t) = \sum_{k=-\infty}^{+\infty}\frac{1}{T}\mathrm{e}^{\mathrm{j}k\omega_0 t}$$

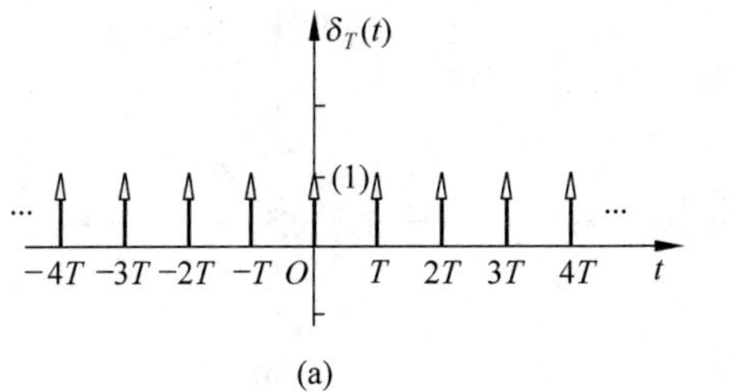

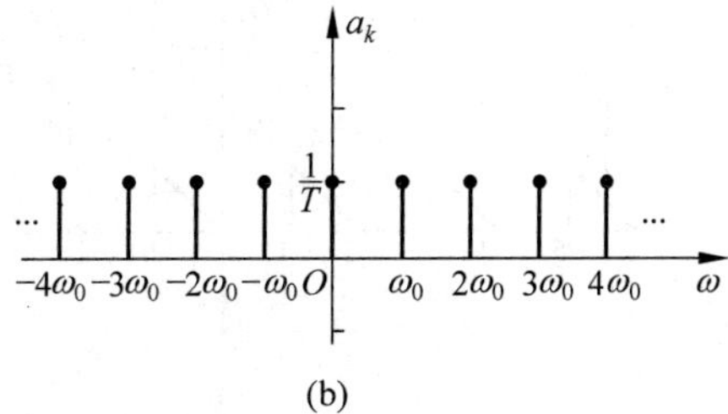

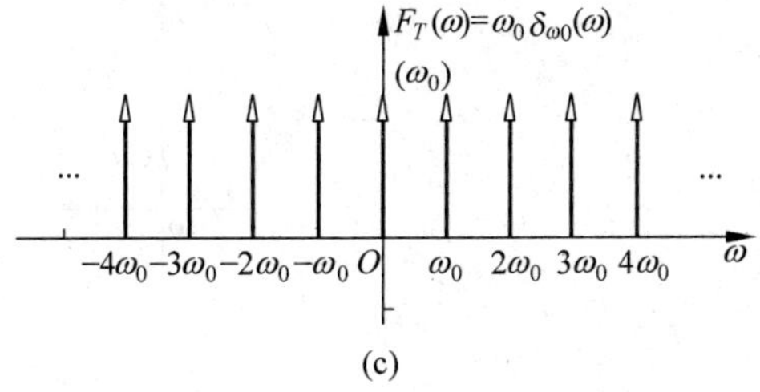

图 3.2.12　例 3.2.20 图

根据式(3.2.38)可得周期信号 $\delta_T(t)$的 FT $F_T(\omega)$：

$$\delta_T(t) \xleftrightarrow{\text{FT}} F_T(\omega) = 2\pi \sum_{k=-\infty}^{+\infty} a_k \delta(\omega - k\omega_0)$$

$$= \sum_{k=-\infty}^{+\infty} \frac{2\pi}{T}\delta(\omega - k\omega_0) = \omega_0 \sum_{k=-\infty}^{+\infty} \delta(\omega - k\omega_0) = \omega_0 \delta_{\omega_0}(\omega)$$

$F_T(\omega)$频谱图如图 3.2.12(c)所示。即

$$\delta_T(t) \longleftrightarrow \omega_0 \delta_{\omega_0}(\omega),\quad \omega_0 = \frac{2\pi}{T} \tag{3.2.39}$$

例 3.2.21　求图 3.2.13(a)所示信号 $f_T(t)$的指数函数形式 FS 系数 a_k 和 FT。

解　设图 3.2.13(a)所示信号

$$f_T(t) = \sum_{k=-\infty}^{+\infty} x(t - kT)$$

其中，周期 $T=2\text{s}$，角频率 $\omega_0 = \frac{2\pi}{T} = \pi(\text{rad/s})$，$x(t)$是 $f_T(t)$的一个周期，如图 3.2.13(b)所示。

作出 $x'(t)$、$x''(t)$图形分别如图 3.2.13(c)、(d)所示。有

$$x''(t) = \delta(t) - \delta(t-1) - \delta'(t-1) \longleftrightarrow X_2(\omega) = 1 - \mathrm{e}^{-\mathrm{j}\omega} - \mathrm{j}\omega \mathrm{e}^{-\mathrm{j}\omega}$$

根据式(3.2.34)得

$$x(t) \longleftrightarrow X(\omega) = \frac{X_2(\omega)}{(\mathrm{j}\omega)^2} + \pi[x(-\infty) + x(+\infty)]\delta(\omega) = \frac{1}{\omega^2}(\mathrm{e}^{-\mathrm{j}\omega} + \mathrm{j}\omega\mathrm{e}^{-\mathrm{j}\omega} - 1)$$

其中，$x(-\infty) = x(+\infty) = 0$。则

$$a_k = \left.\frac{X(\omega)}{T}\right|_{\omega=k\omega_0} = \frac{1}{T\omega^2}(\mathrm{e}^{-\mathrm{j}\omega} + \mathrm{j}\omega\mathrm{e}^{-\mathrm{j}\omega} - 1)\ |_{\omega=k\pi} = \frac{1}{Tk^2\pi^2}(\mathrm{e}^{-\mathrm{j}k\pi} + \mathrm{j}k\pi\mathrm{e}^{-\mathrm{j}k\pi} - 1)$$

而

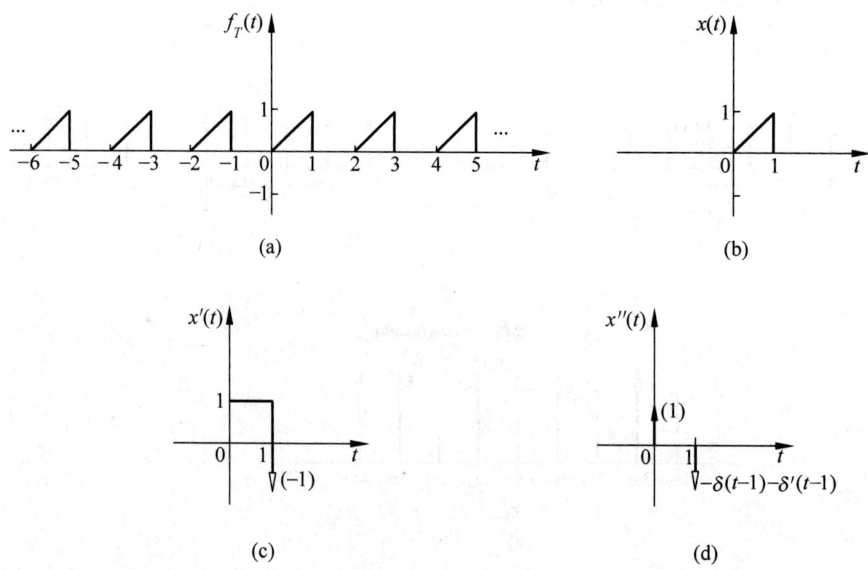

图 3.2.13 例 3.2.21 图

$$\mathrm{e}^{-\mathrm{j}k\pi}=(-1)^k$$

所以

$$a_k=\frac{1}{2k^2\pi^2}[(-1)^k+\mathrm{j}k\pi(-1)^k-1]$$

$$\begin{aligned}F_T(\omega)&=2\pi\sum_{k=-\infty}^{+\infty}a_k\delta(\omega-k\omega_0)\\&=2\pi\sum_{k=-\infty}^{+\infty}\frac{1}{2k^2\pi^2}[(-1)^k+\mathrm{j}k\pi(-1)^k-1]\delta(\omega-k\pi)\\&=\sum_{k=-\infty}^{+\infty}\frac{1}{k^2\pi}[(1+\mathrm{j}k\pi)(-1)^k-1]\delta(\omega-k\pi)\end{aligned}$$

例 3.2.22 求图 3.2.14(a)所示信号 $f_T(t)$的指数函数形式 FS 系数、FT。

解 设图 3.2.14(a)所示信号

$$f_T(t)=\sum_{k=-\infty}^{+\infty}x(t-kT)$$

其中，$T=4$，$\omega_0=\frac{2\pi}{T}=\frac{\pi}{2}$，$x(t)$是 $f_T(t)$的一个周期，如图 3.2.14(b)所示。

作出 $x'(t)$、$x''(t)$图形分别如图 3.2.14(c)、(d)所示。有

$x''(t)=\delta(t)-\delta(t-1)-\delta(t-2)+\delta(t-3)$，　$X_2(\omega)=1-\mathrm{e}^{-\mathrm{j}\omega}-\mathrm{e}^{-\mathrm{j}2\omega}+\mathrm{e}^{-\mathrm{j}3\omega}$

因为 $f(-\infty)=f(+\infty)=0$，则根据式(3.2.34)得

$$x(t)\longleftrightarrow X(\omega)=\frac{X_2(\omega)}{(\mathrm{j}\omega)^2}=\frac{1}{\omega^2}(\mathrm{e}^{-\mathrm{j}\omega}+\mathrm{e}^{-\mathrm{j}2\omega}-\mathrm{e}^{-\mathrm{j}3\omega}-1)$$

根据式(3.2.27)可得周期信号的指数函数形式 FS 系数为

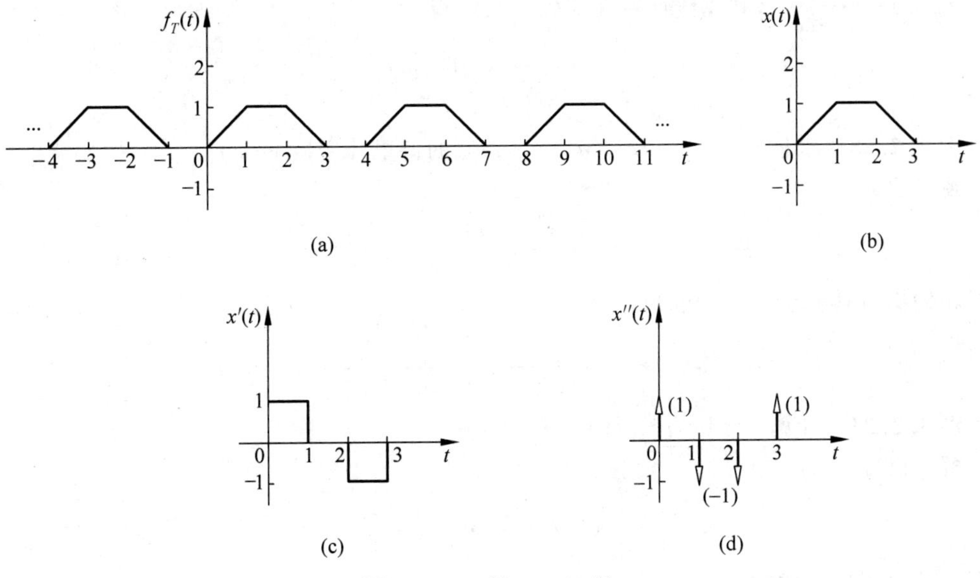

图 3.2.14　例 3.2.22 图

$$a_k=\frac{X(\omega)}{T}\bigg|_{\omega=k\omega_0}=\frac{1}{T(k\omega_0)^2}(\mathrm{e}^{-\mathrm{j}k\omega_0}+\mathrm{e}^{-\mathrm{j}2k\omega_0}-\mathrm{e}^{-\mathrm{j}3k\omega_0}-1)$$

$$=\frac{1}{k^2\pi^2}(\mathrm{e}^{-\mathrm{j}k\frac{\pi}{2}}+\mathrm{e}^{-\mathrm{j}k\pi}-\mathrm{e}^{-\mathrm{j}\frac{3}{2}k\pi}-1)$$

而

$$\mathrm{e}^{-\mathrm{j}k\pi}=(-1)^k,\quad \mathrm{e}^{-\mathrm{j}k\frac{\pi}{2}}=(-\mathrm{j})^k,\quad \mathrm{e}^{-\mathrm{j}k\frac{3\pi}{2}}=\mathrm{j}^k$$

则

$$a_k=\frac{1}{k^2\pi^2}[(-1)^k+(-\mathrm{j})^k-\mathrm{j}^k-1]$$

根据式(3.2.28)可得周期信号的 FT 为

$$F_T(\omega)=\sum_{k=-\infty}^{+\infty}2\pi a_k\delta(\omega-k\omega_0)=\sum_{k=-\infty}^{+\infty}\frac{2}{k^2\pi}[(-1)^k+(-\mathrm{j})^k-(\mathrm{j})^k-1]\delta\left(\omega-\frac{k\pi}{2}\right)$$

9. 傅里叶变换的频域微分特性

若

$$f(t)\longleftrightarrow F(\omega)$$

则

$$tf(t)\longleftrightarrow \mathrm{j}\,\frac{\mathrm{d}F(\omega)}{\mathrm{d}\omega}\tag{3.2.40}$$

证明　在傅里叶变换定义式(3.2.5)$F(\omega)=\int_{-\infty}^{+\infty}f(t)\mathrm{e}^{-\mathrm{j}\omega t}\mathrm{d}t$ 等式两边对 ω 求导得

$$\frac{\mathrm{d}F(\omega)}{\mathrm{d}\omega}=\int_{-\infty}^{+\infty}f(t)(-\mathrm{j}t\mathrm{e}^{-\mathrm{j}\omega t})\mathrm{d}t=\int_{-\infty}^{+\infty}[-\mathrm{j}tf(t)]\mathrm{e}^{-\mathrm{j}\omega t}\mathrm{d}t$$

即$-\mathrm{j}tf(t)\longleftrightarrow\dfrac{\mathrm{d}F(\omega)}{\mathrm{d}\omega}$,利用线性特性式(3.2.13)得

$$tf(t)\longleftrightarrow \mathrm{j}F'(\omega)$$

证毕。

例 3.2.23 求信号 $f(t)=t\mathrm{e}^{-\alpha t}u(t)(\alpha>0)$的傅里叶变换 $F(\omega)$。

解 已知

$$\mathrm{e}^{-\alpha t}u(t)\longleftrightarrow\frac{1}{\mathrm{j}\omega+\alpha},\quad \alpha>0$$

利用频域微分特性式(3.2.40)得

$$t\mathrm{e}^{-\alpha t}u(t)\longleftrightarrow \mathrm{j}\left(\frac{1}{\mathrm{j}\omega+\alpha}\right)'=\frac{1}{(\mathrm{j}\omega+\alpha)^2},\quad \alpha>0 \tag{3.2.41}$$

例 3.2.24 计算 $y(t)=\mathrm{e}^{-t}u(t)*\mathrm{e}^{-t}u(t)$。

解 已知

$$\mathrm{e}^{-t}u(t)\longleftrightarrow\frac{1}{\mathrm{j}\omega+1}$$

根据时域卷积特性式(3.2.29)可得

$$\mathrm{e}^{-t}u(t)*\mathrm{e}^{-t}u(t)\longleftrightarrow\frac{1}{(\mathrm{j}\omega+1)^2}$$

再根据式(3.2.41)可得

$$y(t)=t\mathrm{e}^{-t}u(t)\longleftrightarrow Y(\omega)=\frac{1}{(\mathrm{j}\omega+1)^2}$$

所以

$$y(t)=\mathrm{e}^{-t}u(t)*\mathrm{e}^{-t}u(t)=t\mathrm{e}^{-t}u(t)$$

3.2.4 有理真分式的部分分式展开

本小节专门介绍“信号与系统分析”课程常用的数学知识：有理真分式的部分分式展开。

设分式 $F(x)=\dfrac{N(x)}{D(x)}$为有理真分式,即分子 $N(x)$、分母 $D(x)$分别为 M 阶、N 阶的多项式,且 $M<N$。

计算分母多项式 $D(x)=0$ 的根,得到有理真分式 $F(x)$的极点 $p_j(j=1,2,\cdots,N)$。

(1) 当 p_j 均为 1 阶极点时,该有理真分式可以表示为

$$F(x)=\frac{k_1}{x-p_1}+\frac{k_2}{x-p_2}+\cdots+\frac{k_N}{x-p_N} \tag{3.2.42}$$

其中

$$k_j=(x-p_j)F(x)\mid_{x=p_j},\quad j=1,2,3,\cdots,N \tag{3.2.43}$$

(2) 当 $F(x)$出现重极点时,设 p_1 是 $F(x)$的 r 重极点(r 为正整数),其余极点 $p_j(j=r+1,r+2,\cdots,N)$均为一阶极点,则有理真分式 $F(x)$可以展开为

$$F(x)=\frac{A_{11}}{(x-p_1)^r}+\frac{A_{12}}{(x-p_1)^{r-1}}+\cdots+\frac{A_{1r}}{x-p_1}+\sum_{j=r+1}^{N}\frac{k_j}{x-p_j} \tag{3.2.44}$$

其中

$$A_{11}=(x-p_1)^r F(x)\big|_{x=p_1} \tag{3.2.45}$$

$$A_{12}=[(x-p_1)^r F(x)]'\big|_{x=p_1} \tag{3.2.46}$$

$$A_{13}=\frac{1}{2}[(x-p_1)^r F(x)]''\big|_{x=p_1} \tag{3.2.47}$$

$$\vdots$$

$$A_{1r}=\frac{1}{(r-1)!}[(x-p_1)^r F(x)]^{(r-1)}\big|_{x=p_1} \tag{3.2.48}$$

k_j 的求法与式(3.2.43)相同

$$k_j=(x-p_j)F(x)\big|_{x=p_j},\quad j=r+1,r+2,\cdots,N \tag{3.2.49}$$

例 3.2.25　将分式 $F(x)=\dfrac{1}{x^2+3x+2}$进行部分分式展开。

解　$F(x)$为有理真分式，计算分母多项式 $D(x)=x^2+3x+2=0$ 的根，得 $F(x)$的极点 $p_1=-1,p_2=-2$，按照式(3.2.42)将 $F(x)$展开为 $F(x)=\dfrac{k_1}{x+1}+\dfrac{k_2}{x+2}$，根据式(3.2.43)计算出展开式各项的系数

$$k_1=(x+1)F(x)\big|_{x=-1}=\left.\frac{1}{x+2}\right|_{x=-1}=1,\quad k_2=(x+2)F(x)\big|_{x=-2}=\left.\frac{1}{x+1}\right|_{x=-2}=-1$$

所以

$$F(x)=\frac{1}{x+1}-\frac{1}{x+2}$$

值得注意的是，在计算完成后，一定要通分验算计算结果是否正确。

例 3.2.26　试展开分式 $F(x)=\dfrac{x+3}{(x-1)^2(x+2)}$。

解　计算得$(x-1)^2(x+2)=0$ 的根 $p_{1,2}=1,p_3=-2$，即 $F(x)$是具有重根的有理真分式。根据式(3.2.44)可展开为

$$F(x)=\frac{A_{11}}{(x-1)^2}+\frac{A_{12}}{x-1}+\frac{k_3}{x+2}$$

根据式(3.2.45)、式(3.2.46)及式(3.2.47)计算出展开式各项的系数：

$$A_{11}=(x-1)^2F(x)\big|_{x=1}=\left.\frac{x+3}{x+2}\right|_{x=1}=\frac{4}{3}$$

$$A_{12}=\frac{\mathrm{d}}{\mathrm{d}x}[(x-1)^2F(x)]\big|_{x=1}=\left.\left(\frac{x+3}{x+2}\right)'\right|_{x=1}=\left.\frac{x+2-(x+3)}{(x+2)^2}\right|_{x=1}=-\frac{1}{9}$$

$$k_3=(x+2)F(x)\big|_{x=-2}=\left.\frac{x+3}{(x-1)^2}\right|_{x=-2}=\frac{1}{9}$$

所以，部分分式展开为

$$F(x)=\frac{\frac{4}{3}}{(x-1)^2}-\frac{\frac{1}{9}}{x-1}+\frac{\frac{1}{9}}{x+2}$$

(3) 当 $F(x)$为有理假分式时，应先长除，再对余下的有理真分式部分进行有理真分式部分分式展开。

例 3.2.27 试展开有理分式 $F(x)=\dfrac{x^3+3}{x^2+3x+2}$。

解 分式 $F(x)$是假分式，不能直接作有理真分式部分分式展开。先长除成

$$F(x)=x-3+\frac{7x+9}{x^2+3x+2}$$

设 $X(x)=\dfrac{7x+9}{x^2+3x+2}$，$X(x)$是有理真分式，可以进行部分分式展开。

计算 $D(x)=x^2+3x+2=0$，得 $X(x)$的极点 $p_1=-1, p_2=-2$，则

$$X(x)=\frac{k_1}{x+1}+\frac{k_2}{x+2}$$

其中

$$k_1=(x+1)X(x)\big|_{x=-1}=\left.\frac{7x+9}{x+2}\right|_{x=-1}=2$$

$$k_2=(x+2)X(x)\big|_{x=-2}=\left.\frac{7x+9}{x+1}\right|_{x=-2}=5$$

于是

$$X(x)=\frac{2}{x+1}+\frac{5}{x+2}$$

所以

$$F(x)=x-3+\frac{2}{x+1}+\frac{5}{x+2}$$

例 3.2.28 已知 $f(t)\longleftrightarrow F(\omega)=\dfrac{\mathrm{j}\omega+1}{(\mathrm{j}\omega)^2+5\mathrm{j}\omega+6}$，求连续时间信号 $f(t)$。

解 $F(\omega)$为有理真分式，计算分母多项式 $D(\omega)=(\mathrm{j}\omega)^2+5\mathrm{j}\omega+6=0$ 的根，得 $F(\omega)$的极点 $p_1=-2, p_2=-3$。按照式(3.2.42)将 $F(\omega)$展开为 $F(\omega)=\dfrac{k_1}{\mathrm{j}\omega+2}+\dfrac{k_2}{\mathrm{j}\omega+3}$，根据式(3.2.43)计算出展开式各项的系数：

$$k_1=(\mathrm{j}\omega+2)F(\omega)\big|_{\mathrm{j}\omega=-2}=\left.\frac{\mathrm{j}\omega+1}{\mathrm{j}\omega+3}\right|_{\mathrm{j}\omega=-2}=-1$$

$$k_2=(\mathrm{j}\omega+3)F(\omega)\big|_{\mathrm{j}\omega=-3}=\left.\frac{\mathrm{j}\omega+1}{\mathrm{j}\omega+2}\right|_{\mathrm{j}\omega=-3}=2$$

所以

$$F(\omega)=\frac{2}{\mathrm{j}\omega+3}-\frac{1}{\mathrm{j}\omega+2}$$

对展开式进行验算正确后，取傅里叶变换的逆变换得

$$f(t)=2\mathrm{e}^{-3t}u(t)-\mathrm{e}^{-2t}u(t)$$

例 3.2.29 计算 $y(t)=\mathrm{e}^{-t}u(t)*\mathrm{e}^{-3t}u(t)$。

解 根据式(3.2.9)得

$$e^{-t}u(t) \longleftrightarrow \frac{1}{j\omega+1},\quad e^{-3t}u(t) \longleftrightarrow \frac{1}{j\omega+3}$$

根据 FT 的时域卷积特性式(3.2.29)得

$$y(t)=e^{-t}u(t)*e^{-3t}u(t) \longleftrightarrow Y(\omega)=\frac{1}{j\omega+1}\frac{1}{j\omega+3}=\frac{1}{(j\omega+1)(j\omega+3)}$$

$Y(\omega)$有一阶极点 $p_1=-1, p_2=-3$，按照式(3.2.42)将 $Y(\omega)$展开为

$$Y(\omega)=\frac{k_1}{j\omega+1}+\frac{k_2}{j\omega+3}$$

根据式(3.2.43)计算出展开式各项的系数：

$$k_1=(j\omega+1)F(\omega)\big|_{j\omega=-1}=\frac{1}{j\omega+3}\bigg|_{j\omega=-1}=\frac{1}{2}$$

$$k_2=(j\omega+3)F(\omega)\big|_{j\omega=-3}=\frac{1}{j\omega+1}\bigg|_{j\omega=-3}=-\frac{1}{2}$$

则

$$Y(\omega)=\frac{1/2}{j\omega+1}-\frac{1/2}{j\omega+3}$$

作傅里叶变换的逆变换得

$$y(t)=e^{-t}u(t)*e^{-3t}u(t)=\frac{1}{2}e^{-t}u(t)-\frac{1}{2}e^{-3t}u(t)$$

例 3.2.30　计算 $y(t)=e^{-t}u(t-1)*e^{-2t}u(t)$。

解　令 $f_1(t)=e^{-t}u(t-1)$，先将 $f_1(t)$配成全时移：

$$f_1(t)=e^{-1}e^{-(t-1)}u(t-1)$$

已知

$$e^{-t}u(t) \longleftrightarrow \frac{1}{j\omega+1}$$

根据 FT 的时移特性式(3.2.14)得

$$e^{-(t-1)}u(t-1) \longleftrightarrow \frac{1}{j\omega+1}e^{-j\omega}$$

根据 FT 的线性特性式(3.2.13)得

$$F_1(\omega)=e^{-1}e^{-j\omega}\frac{1}{j\omega+1}$$

令

$$f_2(t)=e^{-2t}u(t) \longleftrightarrow F_2(\omega)=\frac{1}{j\omega+2}$$

根据 FT 的时域卷积特性式(3.2.29)得

$$y(t)=e^{-t}u(t-1)*e^{-2t}u(t) \longleftrightarrow Y(\omega)=F_1(\omega)F_2(\omega)=e^{-1}\frac{1}{j\omega+1}\frac{1}{j\omega+2}e^{-j\omega}$$

设 $X(\omega)=\dfrac{1}{j\omega+1}\dfrac{1}{j\omega+2}$，$X(\omega)$有极点 $p_1=-1, p_2=-2$。

将 $X(\omega)$展开为

$$X(\omega)=\frac{1}{\mathrm{j}\omega+1}-\frac{1}{\mathrm{j}\omega+2}$$

作傅里叶变换的逆变换得 $x(t)=\mathrm{e}^{-t}u(t)-\mathrm{e}^{-2t}u(t)$。而 $Y(\omega)=\mathrm{e}^{-1}X(\omega)\mathrm{e}^{-\mathrm{j}\omega}$，根据 FT 的线性特性式(3.2.13)和时移特性式(3.2.14)得

$$y(t)=\mathrm{e}^{-1}x(t-1)=\mathrm{e}^{-1}[\mathrm{e}^{-(t-1)}u(t-1)-\mathrm{e}^{-2(t-1)}u(t-1)]=(\mathrm{e}^{-t}-\mathrm{e}^{-2t+1})u(t-1)$$

3.3 LTI 连续时间系统的频域分析

3.3.1 LTI 连续时间系统的频率响应 $H(\omega)$

若 LTI 连续时间系统输入信号为 $f(t)$时，零状态响应为 $y_{\mathrm{f}}(t)$，定义系统的频率响应 $H(\omega)$为

$$H(\omega)=\frac{\mathcal{F}(y_{\mathrm{f}}(t))}{\mathcal{F}(f(t))}=\frac{Y_{\mathrm{f}}(\omega)}{F(\omega)}=|H(\omega)|\mathrm{e}^{\mathrm{j}\angle H(\omega)} \tag{3.3.1}$$

系统的频率响应 $H(\omega)=|H(\omega)|\mathrm{e}^{\mathrm{j}\angle H(\omega)}$是系统特性的频域描述，有明确的物理意义：其幅频特性$|H(\omega)|$表示系统对输入信号 $f(t)$的各 $\mathrm{e}^{\mathrm{j}\omega t}$ 分量的模的增益，相频特性$\angle H(\omega)$表示系统对输入信号 $f(t)$的各 $\mathrm{e}^{\mathrm{j}\omega t}$ 分量的移相。

通常用频率响应的幅频特性$|H(\omega)|$的性质判定系统的滤波特性，如图 3.3.1 所示。关于上述 LTI 连续时间系统的频率响应物理意义的证明在例 3.3.4 中进行。

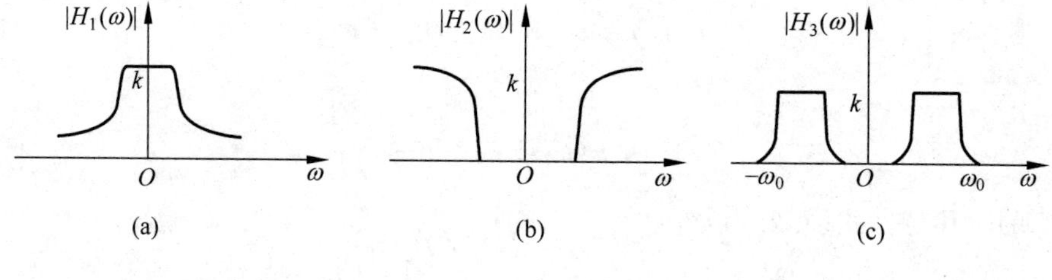

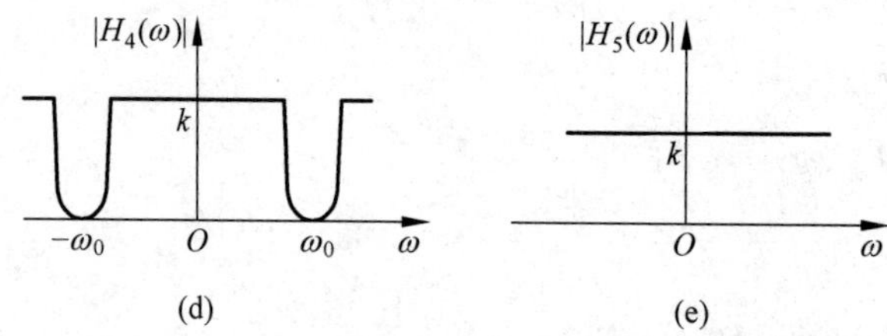

图 3.3.1 LTI 系统的滤波特性

(a) 低通滤波器；(b) 高通滤波器；(c) 带通滤波器；(d) 带阻滤波器；(e) 全通滤波器

例 3.3.1 LTI 连续时间系统输入 $f(t)=\mathrm{e}^{-t}u(t)$时，输出为 $y_{\mathrm{f}}(t)=(\mathrm{e}^{-t}-\mathrm{e}^{-2t})u(t)$，求系统的频率响应 $H(\omega)$。

解 已知

$$f(t)=\mathrm{e}^{-t}u(t)\longleftrightarrow F(\omega)=\frac{1}{\mathrm{j}\omega+1}$$

$$y_f(t)=(e^{-t}-e^{-2t})u(t)\longleftrightarrow Y_f(\omega)=\frac{1}{j\omega+1}-\frac{1}{j\omega+2}$$

根据 LTI 连续时间系统的频率响应的定义式(3.3.1)可得

$$H(\omega)=\frac{Y_f(\omega)}{F(\omega)}=\frac{\dfrac{1}{j\omega+1}-\dfrac{1}{j\omega+2}}{\dfrac{1}{j\omega+1}}=1-\frac{j\omega+1}{j\omega+2}=\frac{1}{j\omega+2}=\frac{1}{\sqrt{4+\omega^2}}e^{-j\arctan\left(\frac{\omega}{2}\right)}$$

若 LTI 连续时间系统的单位冲激响应为 $h(t)$，当输入信号为 $f(t)$时，根据式(2.2.2)可得系统的零状态响应 $y_f(t)=f(t)*h(t)$。对上式作傅里叶变换，设 $f(t)\longleftrightarrow F(\omega)$，$y_f(t)\longleftrightarrow Y_f(\omega)$，根据 FT 的时域卷积特性式(3.2.29)得

$$Y_f(\omega)=F(\omega)\,\mathcal{F}(h(t))$$

即

$$\mathcal{F}(h(t))=\frac{Y_f(\omega)}{F(\omega)}=H(\omega)$$

所以

$$h(t)\longleftrightarrow H(\omega) \tag{3.3.2}$$

式(3.3.2)说明系统的单位冲激响应 $h(t)$与频率响应 $H(\omega)$是一对 FT。

例 3.3.2 某 LTI 连续时间系统的系统方程为 $y''(t)+5y'(t)+6y(t)=f(t)$，求系统的单位冲激响应 $h(t)$、频率响应 $H(\omega)$。

解 对系统方程作傅里叶变换，利用 FT 的时域微分特性式(3.2.32)，可得

$$(j\omega)^2Y(\omega)+5j\omega Y(\omega)+6Y(\omega)=F(\omega)$$

于是

$$H(\omega)=\frac{Y(\omega)}{F(\omega)}=\frac{1}{(j\omega)^2+5j\omega+6}$$

将 $H(\omega)$作部分分式展开得

$$H(\omega)=\frac{1}{j\omega+2}-\frac{1}{j\omega+3}$$

作傅里叶变换的逆变换得

$$h(t)=e^{-2t}u(t)-e^{-3t}u(t)$$

上例说明，若 LTI 连续时间系统的系统方程为

$$y^{(N)}(t)+\cdots+a_1y'(t)+a_0y(t)=b_Mf^{(M)}(t)+\cdots+b_1f'(t)+b_0f(t)$$

则系统的频率响应可直接表示为

$$H(\omega)=\frac{b_M(j\omega)^M+\cdots+b_1j\omega+b_0}{(j\omega)^N+\cdots+a_1j\omega+a_0}$$

例如，如果 LTI 连续时间系统的系统方程为 $y''(t)+8y'(t)+12y(t)=f'(t)+f(t)$，可直接写出该系统的频率响应 $H(\omega)=\dfrac{j\omega+1}{(j\omega)^2+8j\omega+12}$。

3.3.2 LTI 连续时间系统的零状态响应

本小节讨论的是已知 LTI 连续时间系统的频率响应 $H(\omega)$，当输入信号为 $f(t)$时，求

系统的零状态响应 $y_f(t)$的问题。

设 LTI 连续时间系统的单位冲激响应为 $h(t)$，由式(2.2.2)可知，当输入信号为 $f(t)$时，系统的零状态响应为

$$y_f(t)=f(t)*h(t)$$

对上式作傅里叶变换，设

$$f(t)\longleftrightarrow F(\omega),\quad h(t)\longleftrightarrow H(\omega),\quad y_f(t)\longleftrightarrow Y_f(\omega)$$

由 FT 的时域卷积特性式(3.2.29)可得

$$Y_f(\omega)=F(\omega)H(\omega) \tag{3.3.3}$$

对式(3.3.3)作傅里叶变换的逆变换即可得到系统的零状态响应 $y_f(t)$。

式(3.3.3)表明：LTI 连续时间系统零状态响应 $y_f(t)$的频谱(FT)$Y_f(\omega)$等于输入信号 $f(t)$的频谱(FT)$F(\omega)$乘以系统的频率响应 $H(\omega)$。

例 3.3.3 已知一个 LTI 连续时间系统的系统方程为 $y''(t)+4y'(t)+3y(t)=f'(t)-2f(t)$，求：(1)系统的频率响应 $H(\omega)$；(2)系统的单位冲激响应 $h(t)$；(3)输入信号为 $f(t)=\mathrm{e}^{-2t}u(t)$时，系统的零状态响应 $y_f(t)$。

解 (1) 由系统方程直接可得系统的频率响应

$$H(\omega)=\frac{\mathrm{j}\omega-2}{(\mathrm{j}\omega)^2+4\mathrm{j}\omega+3}$$

(2) 作部分分式展开得

$$H(\omega)=\frac{-\frac{3}{2}}{\mathrm{j}\omega+1}+\frac{\frac{5}{2}}{\mathrm{j}\omega+3}$$

作傅里叶变换的逆变换得系统的单位冲激响应

$$h(t)=-\frac{3}{2}\mathrm{e}^{-t}u(t)+\frac{5}{2}\mathrm{e}^{-3t}u(t)$$

(3) 当输入信号 $f(t)=\mathrm{e}^{-2t}u(t)\longleftrightarrow F(\omega)=\frac{1}{\mathrm{j}\omega+2}$时，系统零状态响应 $y_f(t)$的傅里叶变换(频谱)为

$$Y_f(\omega)=F(\omega)H(\omega)=\frac{\mathrm{j}\omega-2}{(\mathrm{j}\omega+1)(\mathrm{j}\omega+2)(\mathrm{j}\omega+3)}=\frac{-\frac{3}{2}}{\mathrm{j}\omega+1}+\frac{4}{\mathrm{j}\omega+2}+\frac{-\frac{5}{2}}{\mathrm{j}\omega+3}$$

作傅里叶变换的逆变换得系统的零状态响应

$$y_f(t)=-\frac{3}{2}\mathrm{e}^{-t}u(t)+4\mathrm{e}^{-2t}u(t)-\frac{5}{2}\mathrm{e}^{-3t}u(t)$$

例 3.3.4 试论证 LTI 连续时间系统的频率响应 $H(\omega)$的物理意义。

证明 对输入信号 $f(t)$进行频谱分析得

$$f(t)\longleftrightarrow F(\omega)=|F(\omega)|\mathrm{e}^{\mathrm{j}\angle F(\omega)}$$

根据式(3.2.6)得

$$f(t)=\frac{1}{2\pi}\int_{-\infty}^{+\infty}F(\omega)\mathrm{e}^{\mathrm{j}\omega t}\mathrm{d}\omega=\frac{1}{2\pi}\int_{-\infty}^{+\infty}|F(\omega)|\mathrm{e}^{\mathrm{j}\angle F(\omega)}\mathrm{e}^{\mathrm{j}\omega t}\mathrm{d}\omega=\int_{-\infty}^{+\infty}|F(\omega)|\mathrm{d}f\mathrm{e}^{\mathrm{j}[\omega t+\angle F(\omega)]} \tag{3.3.4}$$

若系统的频率响应 $H(\omega)=|H(\omega)|e^{j\angle H(\omega)}$，应用 LTI 连续时间系统 FT 分析法式(3.3.3)得输出信号 $y_f(t)$的频谱

$$Y_f(\omega)=F(\omega)H(\omega)=|F(\omega)||H(\omega)|e^{j[\angle F(\omega)+\angle H(\omega)]}$$

作傅里叶变换的逆变换得

$$y_f(t)=\frac{1}{2\pi}\int_{-\infty}^{+\infty}Y_f(\omega)e^{j\omega t}d\omega=\frac{1}{2\pi}\int_{-\infty}^{+\infty}|F(\omega)||H(\omega)|e^{j[\angle F(\omega)+\angle H(\omega)]}e^{j\omega t}d\omega$$

即

$$y_f(t)=\int_{-\infty}^{+\infty}|F(\omega)||H(\omega)|df e^{j[\omega t+\angle F(\omega)+\angle H(\omega)]} \tag{3.3.5}$$

比较式(3.3.4)和式(3.3.5)可见，输入信号 $f(t)$各 $e^{j\omega t}$ 分量的模为$|F(\omega)|df$，通过 LTI 连续时间系统后，响应 $y_f(t)$的各 $e^{j\omega t}$ 分量的模为$|H(\omega)||F(\omega)|df$；而输入信号 $f(t)$各 $e^{j\omega t}$ 分量的初相为$\angle F(\omega)$，通过 LTI 连续时间系统后，响应 $y_f(t)$的各 $e^{j\omega t}$ 分量的初相为$[\angle H(\omega)+\angle F(\omega)]$。证毕。

3.3.3　周期信号通过 LTI 连续时间系统的响应

已知 LTI 连续时间系统的频率响应 $H(\omega)$，当输入周期信号 $f_T(t)$(周期为 T，角频率为 $\omega_0=\frac{2\pi}{T}$)时，若 $f_T(t)$按式(3.1.7)展开为指数函数形式 FS

$$f_T(t)=\sum_{k=-\infty}^{+\infty}a_k e^{jk\omega_0 t}$$

则输出信号

$$y_f(t)=\sum_{k=-\infty}^{+\infty}a_k|H(k\omega_0)|e^{j[k\omega_0 t+\angle H(k\omega_0)]} \tag{3.3.6}$$

观察上式可知，当 LTI 系统的输入信号为周期信号时，输出信号也为周期信号。

证明　由式(3.2.38)得

$$f_T(t)=\sum_{k=-\infty}^{+\infty}a_k e^{jk\omega_0 t}\longleftrightarrow F_T(\omega)=\sum_{k=-\infty}^{+\infty}2\pi a_k\delta(\omega-k\omega_0)$$

由 LTI 连续时间系统的频域分析法可得

$$y_f(t)\longleftrightarrow Y_f(\omega)=F_T(\omega)H(\omega)=\left[\sum_{k=-\infty}^{+\infty}2\pi a_k\delta(\omega-k\omega_0)\right]H(\omega)$$

由冲激信号的抽样性式(1.1.16)知

$$H(\omega)\delta(\omega-k\omega_0)=H(k\omega_0)\delta(\omega-k\omega_0)$$

所以

$$Y_f(\omega)=\sum_{k=-\infty}^{+\infty}2\pi a_k H(k\omega_0)\delta(\omega-k\omega_0)$$

作傅里叶变换的逆变换得

$$y_f(t)=\sum_{k=-\infty}^{+\infty}a_k H(k\omega_0)e^{jk\omega_0 t}=\sum_{k=-\infty}^{+\infty}a_k|H(k\omega_0)|e^{j[k\omega_0 t+\angle H(k\omega_0)]}$$

证毕。

若 $f_T(t)$按式(3.1.5)展开为三角函数形式 FS

$$f_T(t)=A_0+\sum_{k=1}^{+\infty}A_k\cos(k\omega_0 t+\varphi_k)$$

当 LTI 连续时间系统的频率响应为 $H(\omega)=|H(\omega)|e^{j\angle H(\omega)}$时，输出信号

$$y_f(t)=A_0H(0)+\sum_{k=1}^{+\infty}A_k\ |H(k\omega_0)|\ \cos[k\omega_0 t+\varphi_k+\angle H(k\omega_0)] \tag{3.3.7}$$

证明 （略）

例 3.3.5 求单位冲激响应为 $h(t)=e^{-2t}u(t)$的 LTI 连续时间系统，当输入信号为 $f(t)=\sin 4\pi t$ 时的输出信号。

解 1 求系统的频率响应 $H(\omega)$：

$$h(t)=e^{-2t}u(t)\longleftrightarrow H(\omega)=\frac{1}{j\omega+2}$$

因为输入信号 $f(t)=\sin 4\pi t$ 为角频率 $\omega_0=4\pi$ 的周期信号，所以可用式(3.3.7)进行求解。

计算得

$$H(\omega)\big|_{\omega=\omega_0}=\frac{1}{j\omega+2}\bigg|_{\omega=4\pi}=\frac{1}{j4\pi+2}=\frac{1}{2\sqrt{4\pi^2+1}}e^{-j\arctan 2\pi}$$

即

$$|H(\omega_0)|=\frac{1}{2\sqrt{4\pi^2+1}},\quad \angle H(\omega_0)=-\arctan 2\pi$$

所以

$$y(t)=|H(\omega_0)|\ \sin[4\pi t+\angle H(\omega_0)]=\frac{1}{2\sqrt{4\pi^2+1}}\sin(4\pi t-\arctan 2\pi)$$

解 2 求系统的频率响应：

$$h(t)=e^{-2t}u(t)\longleftrightarrow H(\omega)=\frac{1}{j\omega+2}$$

根据式(3.2.27) 可得输入信号的频谱 $F(\omega)$：

$$f(t)=\sin 4\pi t\longleftrightarrow F(\omega)=j\pi\delta(\omega+4\pi)-j\pi\delta(\omega-4\pi)$$

则输出信号的频谱为

$$\begin{aligned}Y(\omega)=F(\omega)H(\omega)&=\frac{1}{j\omega+2}[j\pi\delta(\omega+4\pi)-j\pi\delta(\omega-4\pi)]\\&=\frac{j\pi}{-j4\pi+2}\delta(\omega+4\pi)-\frac{j\pi}{j4\pi+2}\delta(\omega-4\pi)\end{aligned}$$

根据式(3.2.25)和式(3.2.13)知$\frac{e^{j\omega_0 t}}{2}\longleftrightarrow\pi\delta(\omega-\omega_0)$，对 $Y(\omega)$作逆变换得输出信号

$$y(t)=\frac{e^{j4\pi t}}{4j-8\pi}-\frac{e^{-j4\pi t}}{4j+8\pi}$$

例 3.3.6 求输入信号 $f_T(t)=4+3\cos\left(2t+\frac{\pi}{2}\right)+5\cos 4t$ 经过频率响应 $H(\omega)=$

$\frac{1}{\mathrm{j}\omega+2}$的 LTI 连续时间系统时的输出信号 $y(t)$。

解　$f_T(t)$是角频率 $\omega_0=2$ 的周期信号，本题目中已将输入信号展开成了三角函数形式 FS，因此可直接利用式(3.3.7)求解。

先计算得

$$H(0)=H(\omega)\mid_{\omega=0}=\left.\frac{1}{\mathrm{j}\omega+2}\right|_{\omega=0}=\frac{1}{2}$$

$$H(\omega_0)=H(\omega)\mid_{\omega=\omega_0}=\left.\frac{1}{\mathrm{j}\omega+2}\right|_{\omega=2}=\frac{1}{\mathrm{j}2+2}=\frac{1}{2\sqrt{2}}\mathrm{e}^{-\mathrm{j}\frac{\pi}{4}}$$

$$H(2\omega_0)=H(\omega)\mid_{\omega=2\omega_0}=\left.\frac{1}{\mathrm{j}\omega+2}\right|_{\omega=4}=\frac{1}{\mathrm{j}4+2}=\frac{1}{2\sqrt{5}}\mathrm{e}^{-\mathrm{j}\arctan 2}$$

故输出信号为

$$\begin{aligned}
y_{\mathrm{f}}(t)&=A_0H(0)+\sum_{k=1}^{+\infty}A_k\mid H(k\omega_0)\mid\cos[k\omega_0 t+\varphi_k+\angle H(k\omega_0)]\\
&=4H(0)+3\mid H(\omega_0)\mid\cos\left[2t+\frac{\pi}{2}+\angle H(\omega_0)\right]+5\mid H(2\omega_0)\mid\cos[4t+\angle H(2\omega_0)]\\
&=2+\frac{3}{2\sqrt{2}}\cos\left(2t+\frac{\pi}{4}\right)+\frac{\sqrt{5}}{2}\cos(4t-\arctan 2)
\end{aligned}$$

3.3.4　无失真传输系统

无失真传输系统是指输入信号 $f(t)$通过系统后的输出 $y(t)$仅在时间上有移动、幅度上进行了放大或缩小，即信号在传输过程中时域波形形状没有失真的系统。因此，可给出无失真传输系统的数学模型为

$$y(t)=kf(t-t_{\mathrm{d}})\tag{3.3.8}$$

式中，$f(t)$为输入信号；$y(t)$为输出信号；t_{d} 为实数，是时间延迟；k 为常数。当输入信号为 $\delta(t)$时，根据系统单位冲激响应的定义，由无失真系统的数学模型式(3.3.8)，可得无失真传输系统的单位冲激响应为

$$h(t)=k\delta(t-t_{\mathrm{d}})\tag{3.3.9}$$

$h(t)$波形图如图 3.3.2(a)所示。

对无失真传输系统的单位冲激响应 $h(t)$作 FT，可得系统的频率响应

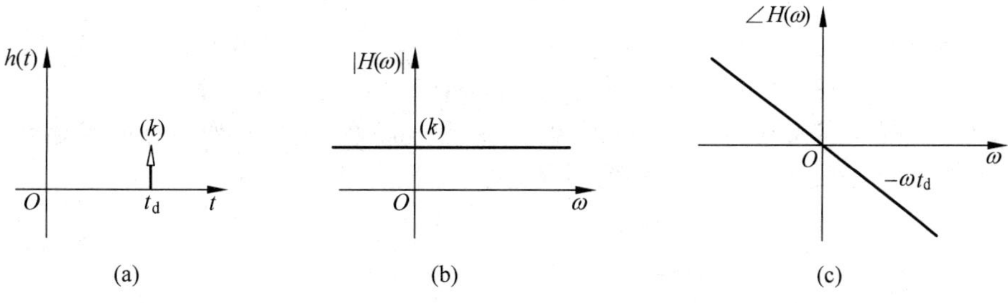

图 3.3.2　无失真传输系统

$$H(\omega)=k\mathrm{e}^{-\mathrm{j}\omega t_{\mathrm{d}}}=|H(\omega)|\mathrm{e}^{\mathrm{j}\angle H(\omega)} \tag{3.3.10}$$

其中

$$|H(\omega)|=k,\quad \angle H(\omega)=-\omega t_{\mathrm{d}} \tag{3.3.11}$$

其幅频特性$|H(\omega)|$、相频特性$\angle H(\omega)$分别如图 3.3.2(b)、(c)所示。

3.3.5 调制、解调的概念

调制就是用包含信息的信号 $f(t)$去控制另一个信号 $c(t)$的某一个参量(幅度、频率或相位),使该信号 $c(t)$承载包含信息的信号 $f(t)$的过程。信号 $f(t)$称为调制信号,又称原信号,被控制的信号 $c(t)$称为载波信号,调制输出的信号称为已调信号。调制的目的是有利于信号 $f(t)$的传输。用载波信号的不同参量来承载调制信号,就形成了不同的调制方式:幅度调制、频率调制、相位调制等。

从已调信号中恢复出原始信号 $f(t)$称为解调,解调是调制的逆过程。

有关调制、解调的内容,将在后续课程"通信原理"中进行详细的讨论。

例 3.3.7 图 3.3.3(a)所示为幅度调制的系统模型,载波信号 $c(t)$为复指数信号 $\mathrm{e}^{\mathrm{j}2t}=\mathrm{e}^{\mathrm{j}\omega_0 t}$,其中 $\omega_0=2$ 称为载波角频率。输入信号 $f(t)\longleftrightarrow F(\omega)$,频谱 $F(\omega)$如图 3.3.3(b)所示,试作出输出信号 $y(t)$的频谱图 $Y(\omega)$。

解 根据 FT 的频移特性式(3.2.16)得到

$$y(t)=f(t)\mathrm{e}^{\mathrm{j}\omega_0 t}=f(t)\mathrm{e}^{\mathrm{j}2t}\longleftrightarrow Y(\omega)=F(\omega-\omega_0)=F(\omega-2)$$

$Y(\omega)$图形如图 3.3.3(c)所示,可见信号 $f(t)$经复指数信号幅度调制后,频谱被搬移到载波频率 $\omega_0=2$ 处。

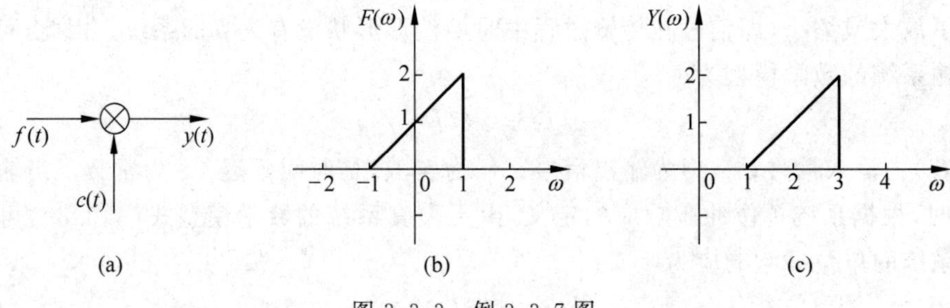

图 3.3.3 例 3.3.7 图

例 3.3.8 某 LTI 系统方框图如图 3.3.4(a)所示,输入信号 $f(t)=\sin\pi t$,$s(t)=\cos 2t$,求输出信号 $y(t)$,并作出 $y(t)$的频谱图。

解 1 根据式(3.2.27)得

$$f(t)=\sin\pi t\longleftrightarrow F(\omega)=\mathrm{j}\pi\delta(\omega+\pi)-\mathrm{j}\pi\delta(\omega-\pi)$$

$F(\omega)$示意图如图 3.3.4(b)所示(因为 $F(\omega)$是复函数,应分别作出振幅频谱和相位频谱,为简便起见,用图 3.3.4(b)的示意图求解)。

根据式(3.2.26)得

$$s(t)=\cos 2t\longleftrightarrow S(\omega)=\pi\delta(\omega+2)+\pi\delta(\omega-2)$$

$S(\omega)$如图 3.3.4(c)所示。

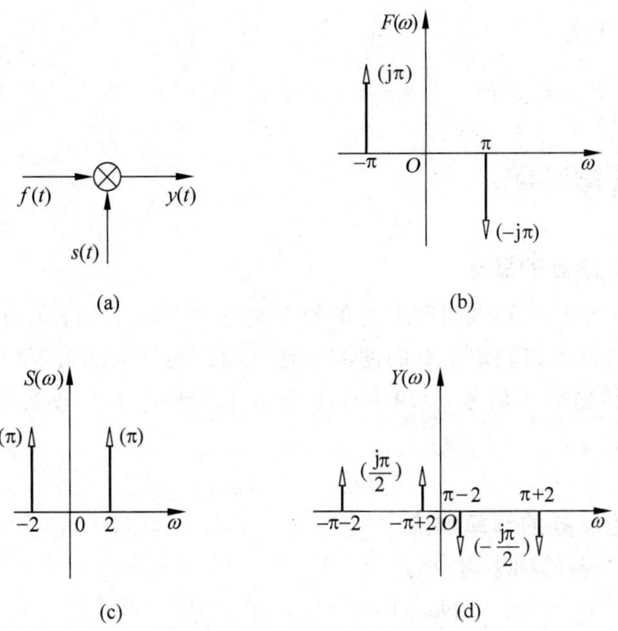

图 3.3.4　例 3.3.8 图

根据时域相乘频域相卷积的性质式(3.2.30)得

$$y(t)=\sin\pi t\times\cos 2t\longleftrightarrow Y(\omega)=\frac{1}{2\pi}[\mathrm{j}\pi\delta(\omega+\pi)-\mathrm{j}\pi\delta(\omega-\pi)]*[\pi\delta(\omega+2)+\pi\delta(\omega-2)]$$

$$=\mathrm{j}\,\frac{\pi}{2}[\delta(\omega+\pi+2)+\delta(\omega+\pi-2)-\delta(\omega-\pi+2)-\delta(\omega-\pi-2)]$$

$$=\mathrm{j}\,\frac{\pi}{2}\{[\delta(\omega+\pi+2)-\delta(\omega-\pi-2)]+[\delta(\omega+\pi-2)-\delta(\omega-\pi+2)]\}$$

$Y(\omega)$示意图如图 3.3.4(d)所示。

因为

$$\sin(\pi+2)t\longleftrightarrow \mathrm{j}\pi\delta(\omega+\pi+2)-\mathrm{j}\pi\delta[\omega-(\pi+2)]$$

$$\sin(\pi-2)t\longleftrightarrow \mathrm{j}\pi\delta(\omega+\pi-2)-\mathrm{j}\pi\delta[\omega-(\pi-2)]$$

所以

$$y(t)=\frac{1}{2}\sin(\pi+2)t+\frac{1}{2}\sin(\pi-2)t$$

解 2

$$f(t)=\sin\pi t\longleftrightarrow F(\omega)=\mathrm{j}\pi\delta(\omega+\pi)-\mathrm{j}\pi\delta(\omega-\pi)$$

$F(\omega)$示意图如图 3.3.4(b)所示。

根据调制定理式(3.2.17)可得

$$y(t)=f(t)s(t)=f(t)\cos 2t\longleftrightarrow Y(\omega)=\frac{1}{2}F(\omega+2)+\frac{1}{2}F(\omega-2)$$

$Y(\omega)$示意图如图 3.3.4(d)所示。

$$Y(\omega)=\mathrm{j}\,\frac{\pi}{2}\{\delta[\omega+(\pi+2)]+\delta[\omega+(\pi-2)]-\delta[\omega-(\pi-2)]-\delta[\omega-(\pi+2)]\}$$

$$=\frac{1}{2}\{\mathrm{j}\pi\delta[\omega+(\pi+2)]-\mathrm{j}\pi\delta[\omega-(\pi+2)]\}+\frac{1}{2}\{\mathrm{j}\pi\delta[\omega+(\pi-2)]-\mathrm{j}\pi\delta[\omega-(\pi-2)]\}$$

作傅里叶变换的逆变换得

$$y(t)=\frac{1}{2}\sin(\pi+2)t+\frac{1}{2}\sin(\pi-2)t$$

3.3.6 理想低通滤波器

1. 理想低通滤波器的概念

前面曾讨论过，若 LTI 连续时间系统的频率响应为 $H(\omega)=|H(\omega)|e^{j\angle H(\omega)}$，通常用其幅频特性 $|H(\omega)|$ 的性质来判定系统的滤波特性。而理想低通滤波器(LPF)存在一截止频率 ω_c，它无失真地传输输入信号 $f(t)$ 中 $|\omega|<|\omega_c|$ 的频率分量，不传输输入信号 $f(t)$ 中 $|\omega|>|\omega_c|$ 的频率分量。

2. 理想低通滤波器的频率响应

设理想低通滤波器的频率响应为

$$H(\omega)=|H(\omega)|e^{j\angle H(\omega)}$$

根据式(3.3.3)和理想低通滤波器的滤波概念可以得出：

幅频特性

$$|H(\omega)|=\begin{cases}k, & |\omega|<\omega_c\\ 0, & |\omega|>\omega_c\end{cases}$$

相频特性

$$\angle H(\omega)=-\omega t_0$$

其频谱图分别如图 3.3.5(a)、(b)所示。

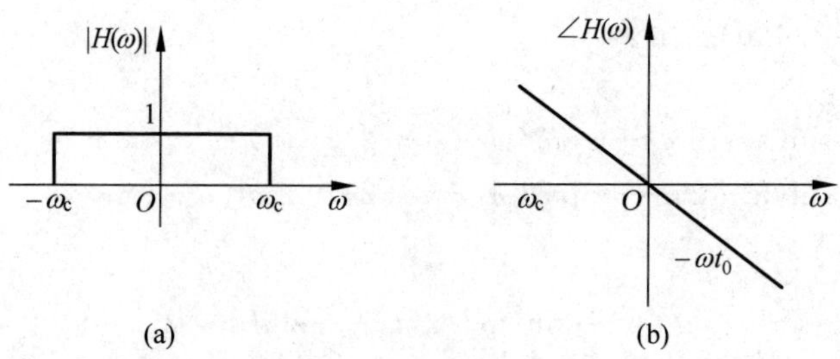

图 3.3.5 理想低通滤波器的频率响应

即理想低通滤波器的频率响应

$$\begin{aligned}H(\omega)&=|H(\omega)|e^{j\angle H(\omega)}\\&=kg_{2\omega_c}(\omega)e^{-j\omega t_0}\end{aligned}$$

3. 理想低通滤波器的单位冲激响应

对理想低通滤波器的频率响应作傅里叶变换的逆变换，可得理想低通滤波器的单位冲激响应

$$h(t)=k\frac{\sin\omega_c(t-t_0)}{\pi(t-t_0)}=\frac{k}{\pi\omega_c}\mathrm{Sa}[\omega_c(t-t_0)]$$

$h(t)$波形如图 3.3.6 所示。

可见，理想低通滤波器不是无失真传输系统。但是若输入信号 $f(t)$是带宽为 ω_m 的带限信号，且 $\omega_m<\omega_c$ 时，可以实现对 $f(t)$的无失真传输。理想低通滤波器不是因果系统，是物理不可实现的，但在今后的理论研究中却是十分重要的、简便的。

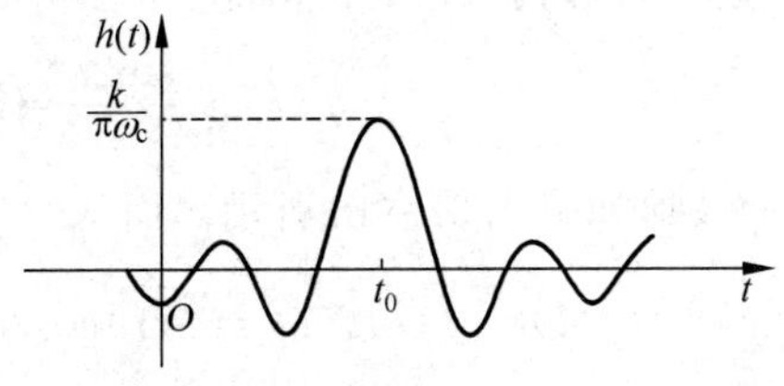

图 3.3.6　理想低通滤波器的单位冲激响应

例 3.3.9　图 3.3.7(a)所示系统，输入信号 $f(t)=\cos t$，$s(t)=\cos 2t$，子系统的频率响应 $H(\omega)=g_3(\omega)$，求输出信号 $y(t)$。

解

$$f(t)=\cos t\longleftrightarrow F(\omega)=\pi\delta(\omega+1)+\pi\delta(\omega-1)$$

$F(\omega)$波形如图 3.3.7(b)所示。

$$f_1(t)=f(t)s(t)=f(t)\cos 2t\longleftrightarrow F_1(\omega)=\frac{1}{2}F(\omega+2)+\frac{1}{2}F(\omega-2)$$

$F_1(\omega)$波形如图 3.3.7(c)所示。

$H(\omega)=g_3(\omega)$，如图 3.3.7(d)所示，根据 LTI 连续时间系统 FT 分析法式(3.3.3)可得

$$Y(\omega)=F_1(\omega)H(\omega)=\frac{\pi}{2}\delta(\omega+1)+\frac{\pi}{2}\delta(\omega-1)$$

作傅里叶变换的逆变换，得

$$y(t)=\frac{1}{2}\cos t$$

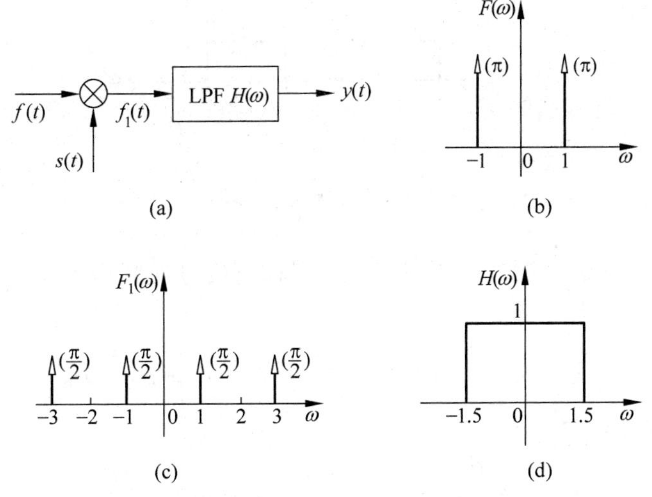

图 3.3.7　例 3.3.9 图

例 3.3.10 某 LTI 系统原理图如图 3.3.8(a)所示，输入信号 $f(t)=\dfrac{\sin 2t}{t}$，$s(t)=\cos 3t$，滤波器的频率响应 $H(\omega)=g_6(\omega)$，试求输出信号 $y(t)$。

解 计算输入信号的频谱：

$$f(t)=\frac{\sin 2t}{t}=\pi\frac{\sin 2t}{\pi t}\longleftrightarrow F(\omega)=\pi g_4(\omega)$$

$F(\omega)$波形如图 3.3.8(b)所示。而

$$f_1(t)=f(t)s(t)=f(t)\cos 3t\longleftrightarrow F_1(\omega)=\frac{1}{2}F(\omega+3)+\frac{1}{2}F(\omega-3)$$

频谱 $F_1(\omega)$波形如图 3.3.8(c)所示。

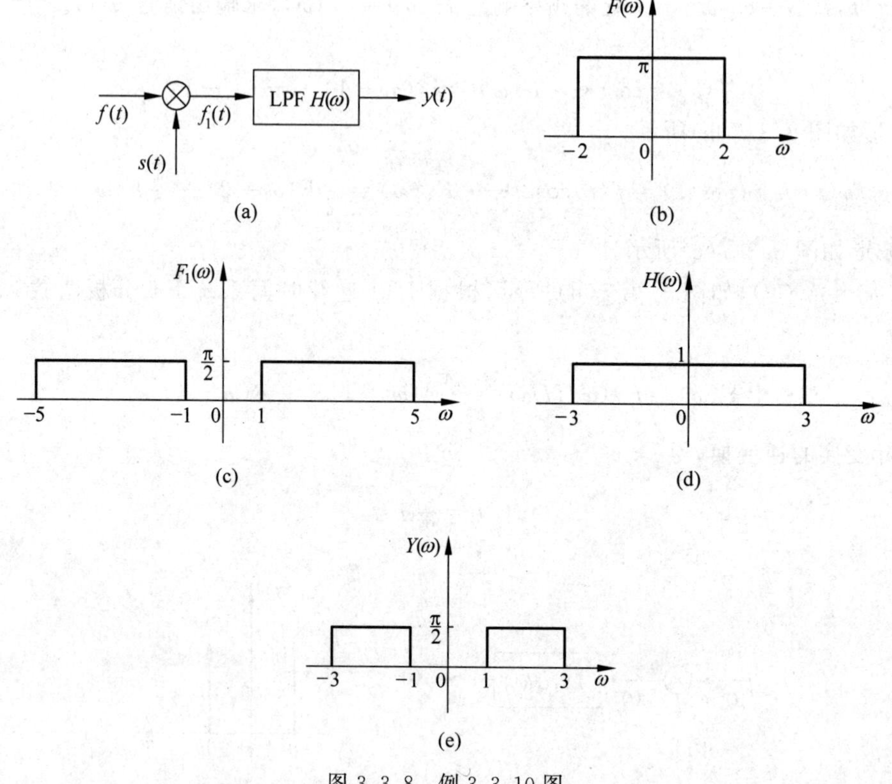

图 3.3.8 例 3.3.10 图

已知 $H(\omega)=g_6(\omega)$如图 3.3.8(d)所示，则输出信号的频谱 $Y(\omega)=F_1(\omega)H(\omega)$如图 3.3.8(e)所示。有

$$Y(\omega)=F_1(\omega)H(\omega)=\frac{\pi}{2}[g_6(\omega)-g_2(\omega)]$$

作傅里叶变换的逆变换得输出信号

$$y(t)=\frac{\pi}{2}\left(\frac{\sin 3t}{\pi t}-\frac{\sin t}{\pi t}\right)=\frac{1}{2t}(\sin 3t-\sin t)$$

3.4　时域采样

随着数字计算机技术的发展，将计算机用于信号处理在工程上已得到广泛应用，但计算机只能处理离散时间信号，而采样是将连续时间信号转化为离散时间信号的基本手段。

我们经常可以在电视或电影中看到这样的现象：车在向前开，但我们看到车轮却在向后倒转。而在生活中却观察不到这样的现象，这是为什么呢？学完采样定理我们就可以解释这个问题。

3.4.1　信号的采样

采样器一般由电子开关组成，开关每隔 T 秒短暂地闭合一次，将连续信号接通，实现一次采样。本小节主要研究理想的时域采样，即开关闭合的时间趋于 0，采样序列通常用冲激信号来表示，这些冲激信号准确地出现在采样瞬间，理想采样可看作是对冲激脉冲载波的调幅过程。

1. 理想时域采样的数学模型

将连续信号变成离散时间信号有各种采样方法，其中，最常用的是等间隔采样，即每隔一个固定时间 T 抽取一个信号值(样本值)，T 称为采样周期，$f_s=1/T$ 称为采样频率。图 3.4.1 所示为对连续时间信号 $f(t)$ 理想时域采样的数学模型，被采样信号 $f(t)$ 又称为原信号，冲激串 $\delta_T(t)$ 的周期 T 称为采样周期$\left(\omega_0=\frac{2\pi}{T}\text{称为采样角频率}\right)$，$f_s(t)$ 称为原信号 $f(t)$ 的理想时域采样信号。

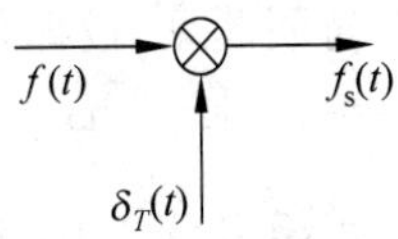

$f(t)$　$f_s(t)$　$\delta_T(t)$

图 3.4.1　理想时域采样的数学模型

2. 理想时域采样的时域关系

设原信号 $f(t)$ 的波形图如图 3.4.2(a)所示，冲激串 $\delta_T(t)$ 的波形图如图 3.4.2(b)所示，理想时域采样信号

$$f_s(t)=f(t)\delta_T(t)=\sum_{k=-\infty}^{+\infty}f(t)\delta(t-kT)=\sum_{k=-\infty}^{+\infty}f(kT)\delta(t-kT) \qquad (3.4.1)$$

$f_s(t)$ 的波形如图 3.4.2(c)所示。可见，理想时域采样信号 $f_s(t)$ 是一系列的冲激，冲激发生的时刻是均匀冲激串各冲激发生的时刻 kT，各冲激的强度等于原信号 $f(t)$ 在冲激发生时刻的函数值 $f(kT)$。

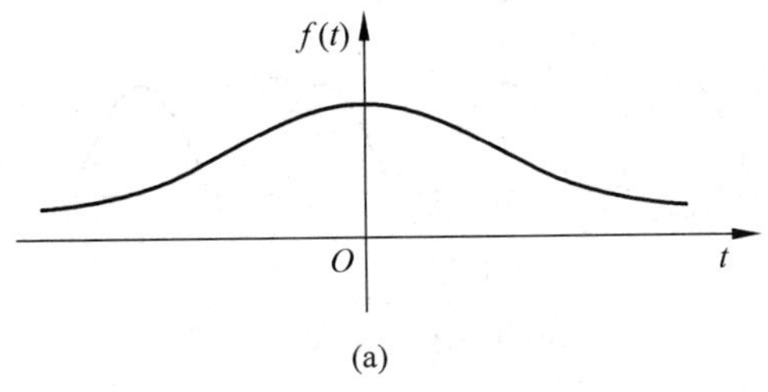

图 3.4.2　理想时域采样的时域关系图

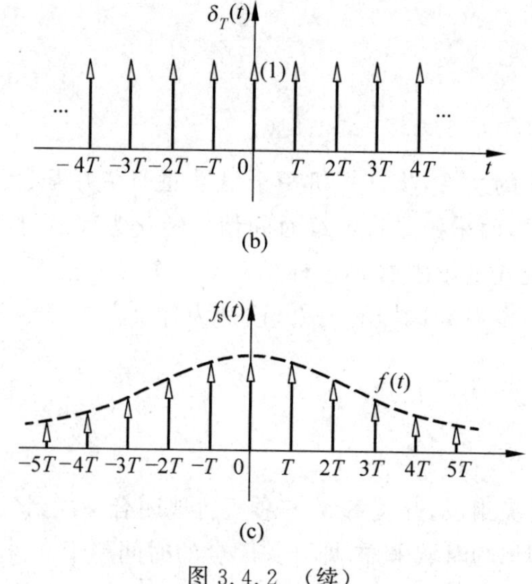

图 3.4.2 （续）

3.4.2 理想时域采样的频域关系

理想采样信号的频谱有何特点？它与原来连续信号的频谱有什么关系？

为简便起见，设原信号为带限信号。$f(t) \longleftrightarrow F(\omega)$，带宽为 ω_m（即 $f(t)$ 为带限信号，$F(\omega)=0$，当 $|\omega|>\omega_m$ 时），频谱 $F(\omega)$ 如图 3.4.3(a) 所示。

由式(3.2.39)知 $\delta_T(t) \longleftrightarrow \omega_0 \delta_{\omega_0}(\omega)\left(\omega_0=\dfrac{2\pi}{T}\right)$，冲激串信号 $\delta_T(t)$ 的频谱如图 3.4.3(b) 所示。

根据 FT 的频域卷积特性式(3.2.30)得

$$f_s(t) \longleftrightarrow F_s(\omega)=\frac{1}{2\pi}F(\omega) * \omega_0 \delta_{\omega_0}(\omega)=\frac{\omega_0}{2\pi}F(\omega) * \sum_{k=-\infty}^{+\infty}\delta(\omega-k\omega_0)$$
$$=\frac{1}{T}\sum_{k=-\infty}^{+\infty}F(\omega) * \delta(\omega-k\omega_0)=\sum_{k=-\infty}^{+\infty}\frac{1}{T}F(\omega-k\omega_0) \quad (3.4.2)$$

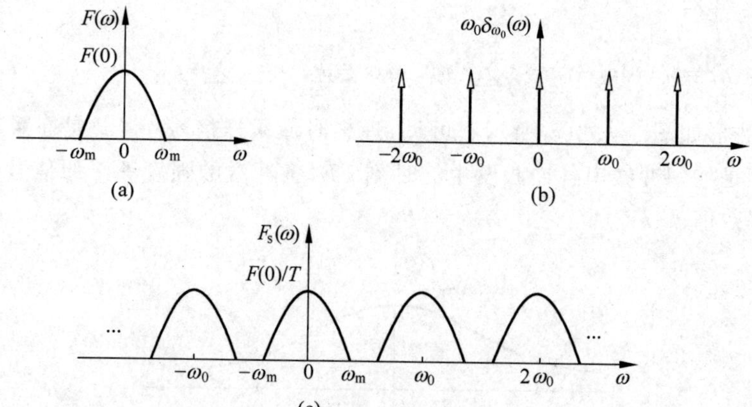

图 3.4.3 理想时域采样的频域关系图($\omega_0>2\omega_m$)

可见，理想采样信号的频谱 $F_s(\omega)$ 是原连续信号频谱 $F(\omega)$ 的周期延拓，重复周期为 ω_0（采样角频率）。频谱 $F_s(\omega)$ 如图 3.4.3(c)所示。

3.4.3　时域采样定理

由图 3.4.3 可知，采样的角频率 $\omega_0 > 2\omega_m$，如果 $\omega_0 < 2\omega_m$，则 $F(\omega)$ 进行周期延拓后就会发生频谱混叠，如图 3.4.4 所示。

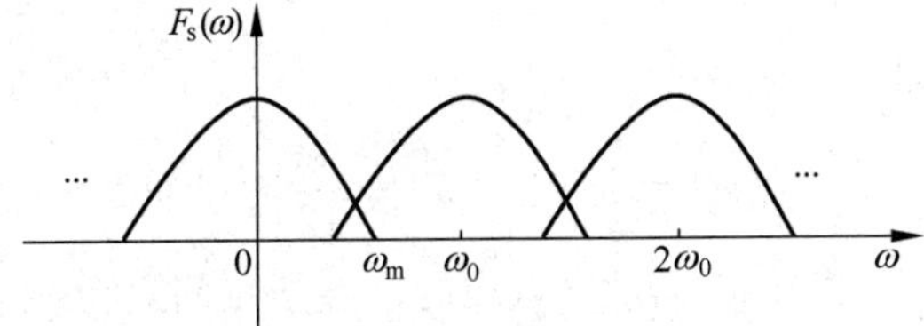

图 3.4.4　理想时域采样的频域关系图（$\omega_0 < 2\omega_m$）

那么怎样才能恢复原始信号呢？下面介绍采样过程所遵循的规律——时域采样定理。时域采样定理是 1928 年由美国工程师奈奎斯特(Nyquist)首先提出来的，因此称为奈奎斯特采样定理。

奈奎斯特时域采样定理：若带限信号 $f(t) \leftrightarrow F(\omega)$，带宽为 ω_m，定义 ω_s 为采样的角频率($\omega_s = \omega_0$)，$f_s = \frac{\omega_s}{2\pi}$ 为采样频率。要使一个频带有限的信号经过采样后能够不失真还原，采样频率必须大于等于信号最高频率的两倍，即

$$\omega_s \geqslant 2\omega_m \quad \text{或} \quad f_s \geqslant 2f_m \tag{3.4.3}$$

$\frac{\omega_s}{2}$ 称为折叠频率，能够恢复出原始信号的最低采样频率称为奈奎斯特角频率（等于信号最高角频率的 2 倍，即 $\omega_s = \frac{2\pi}{T_s} = 2\omega_m$）。能从理想时域采样信号 $f_s(t)$ 中恢复出原信号 $f(t)$ 所允取的最大时域取样间隔为奈奎斯特间隔，表示为 $T_s = \frac{\pi}{\omega_m}$。

注意，实际工作中，考虑到有噪声，为避免频谱混淆，采样频率总是选得比两倍信号最高频率更大些，如 $f_s \geqslant (3\sim5)f_m$。同时，为避免高于折叠频率的噪声信号进入采样器造成频谱混淆，采样器前常常加一个保护性的前置低通滤波器（抗混叠滤波），阻止高于 $\frac{f_s}{2}$ 的频率分量进入。

例 3.4.1　求下列信号的奈奎斯特间隔 T_s：

(1) $f_1(t) = \text{Sa}(50t)$；(2) $f_2(t) = 4\text{Sa}(50t) - 10\text{Sa}(120t)$

解　(1)

$$f_1(t) = \text{Sa}(50t) = \frac{\sin(50t)}{50t} = \frac{\pi}{50}\frac{\sin(50t)}{\pi t}$$

对 $f_1(t)$ 作傅里叶变换，根据式(3.2.23)可得

$$F_1(\omega) = \frac{\pi}{50} g_{100}(\omega)$$

可见信号 $f_1(t)$的带宽为 $\omega_{m1}=50\text{rad/s}$,所以

$$T_{s1}=\frac{\pi}{\omega_{m1}}=\frac{\pi}{50}\text{s}$$

(2) 同理可得

$$\text{Sa}(50t)\longleftrightarrow\frac{\pi}{50}g_{100}(\omega),\quad \text{带宽为 }50\text{rad/s}$$

$$\text{Sa}(120t)\longleftrightarrow\frac{\pi}{120}g_{240}(\omega),\quad \text{带宽为 }120\text{rad/s}$$

根据式(3.2.13)可得

$$F_2(\omega)=\frac{2\pi}{25}g_{100}(\omega)-\frac{\pi}{12}g_{240}(\omega)$$

所以 $f_2(t)$的带限为 $\omega_{m2}=120\text{rad/s}$,故 $f_2(t)$的奈奎斯特间隔为

$$T_{s2}=\frac{\pi}{\omega_{m2}}=\frac{\pi}{120}\text{s}$$

奈奎斯特时域采样定理说明,要从时域采样信号 $f_s(t)$中恢复出原信号 $f(t)$,必须满足两个条件:

(1) 原信号必须带限。$f(t)\longleftrightarrow F(\omega)$,带宽为 ω_m(即 $F(\omega)=0,|\omega|>\omega_m$)。

(2) 采样频率不能过低,必须满足 $\omega_s\geqslant2\omega_m$(或 $f_s\geqslant2f_m$)。即信号最高角频率不超过折叠频率 $\omega_m\leqslant\frac{\omega_s}{2}$。对采样频率的要求为,采样频率要足够大,采得的样值要足够多,才能恢复原信号。

若满足上述条件,则 $F_s(\omega)$不会发生频谱混叠。那么,究竟怎样从采样信号中恢复出原始信号呢?

3.4.4 理想时域采样的恢复

如果满足了奈奎斯特时域采样定理,那么如图 3.4.5 所示,通过一个理想低通滤波器(只让基带频谱通过),理想低通滤波器的截止频率 ω_c 满足:$\omega_m<\omega_c<\frac{\omega_s}{2}$,如图 3.4.6 所示。

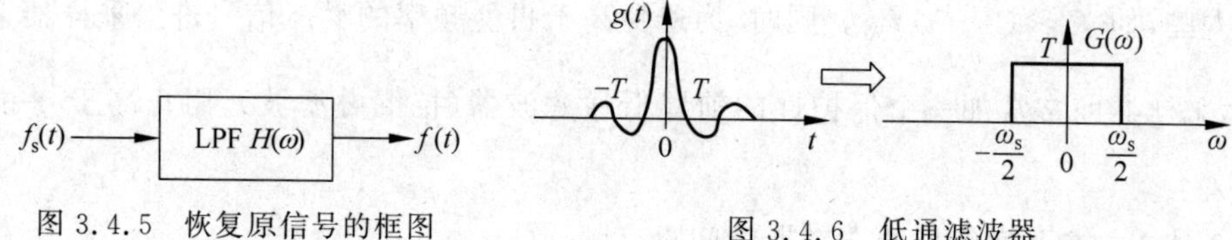

图 3.4.5 恢复原信号的框图　　　　图 3.4.6 低通滤波器

由此可得输出信号的频谱

$$Y(\omega)=F_s(\omega)G(\omega)=\frac{k}{T}F(\omega)$$

进行傅里叶逆变换得输出信号

$$y(t)=\frac{k}{T}f(t)$$

于是从理想时域采样信号 $f_s(t)$ 中可以恢复出原信号 $f(t)$。但是，假若原信号 $f(t)$ 不是带限信号，或者采样的角频率 ω_s 不是足够大，则从 $F_s(\omega)$ 中无法用理想低通滤波器滤出原信号的频谱 $F(\omega)$。

我们也可以从时域的角度去分析信号的恢复。设理想低通滤波器的频率响应为 $G(\omega)$，对其进行傅里叶逆变换，$\omega_s=2\pi/T$，可得

$$g(t)=\frac{1}{2\pi}\int_{-\infty}^{+\infty}G(\omega)\mathrm{e}^{\mathrm{j}\omega}\,\mathrm{d}\omega=\frac{\sin\left(\frac{\omega_s t}{2}\right)}{\frac{\omega_s t}{2}}=\frac{\sin\left(\frac{\pi t}{T}\right)}{\frac{\pi t}{T}} \tag{3.4.4}$$

理想低通滤波器的输出为

$$\begin{aligned}y(t)&=f_s(t)*g(t)\\&=\sum_{n=-\infty}^{+\infty}f(nT)\delta(t-nT)*g(t)\\&=\sum_{n=-\infty}^{+\infty}f(nT)g(t-nT)\end{aligned} \tag{3.4.5}$$

这就是内插公式，其中，$g(t-nT)$ 称为内插函数，其表达式如下。在采样点 nT 上，函数值为 1；其余采样点上，值为零。

$$g(t-nT)=\frac{\sin\frac{\pi}{T}(t-nT)}{\frac{\pi}{T}(t-nT)} \tag{3.4.6}$$

3.4.5　欠采样的应用

对于频带有限的周期信号 $f(t)$，设其频谱函数为 $F(\omega)$，周期为 T，适当选取采样周期 T_s，$T_s>T$，即 $f_s<\frac{1}{T}$，显然取样频率过小，为欠采样，频谱发生混叠，则经过滤波能从混叠的采样信号的频谱 $F_s(\omega)$ 中选得原信号的压缩频谱 $F\left(\frac{\omega}{a}\right)(0<a<1)$，从而得到与原信号波形相同但时域展宽的信号 $f(at)$。

例如：已知一周期信号 $f(t)$ 的周期为 T，我们令采样周期 $T_s=\frac{5}{4}T$，经采样后，可以得到时域展宽的信号 $f\left(\frac{t}{5}\right)$。也就是说，这里我们的采样不是想恢复原信号 $f(t)$，而是有目的地利用欠采样所导致的混叠由原信号 $f(t)$ 得到展宽了的信号 $f(at)$。

“欠采样”在生活中的现象：

回到本小节开始的问题，我们经常可以在电视或电影中看到这样的现象：车在向前开，但我们看到车轮却在向后倒转。而在生活中却观察不到这样的现象，这是为什么呢？

原因其实很简单，就是摄像机的拍摄速率（每秒 18～24 帧，也就是摄像机的采样频率）小于车轮转动速率的 2 倍，即不满足采样定理，也就意味着无法恢复原信号，所以恢复出来的（即我们从电视或电影中看到的）是一种错觉，不是实际的现象。

3.5 本章思维导图

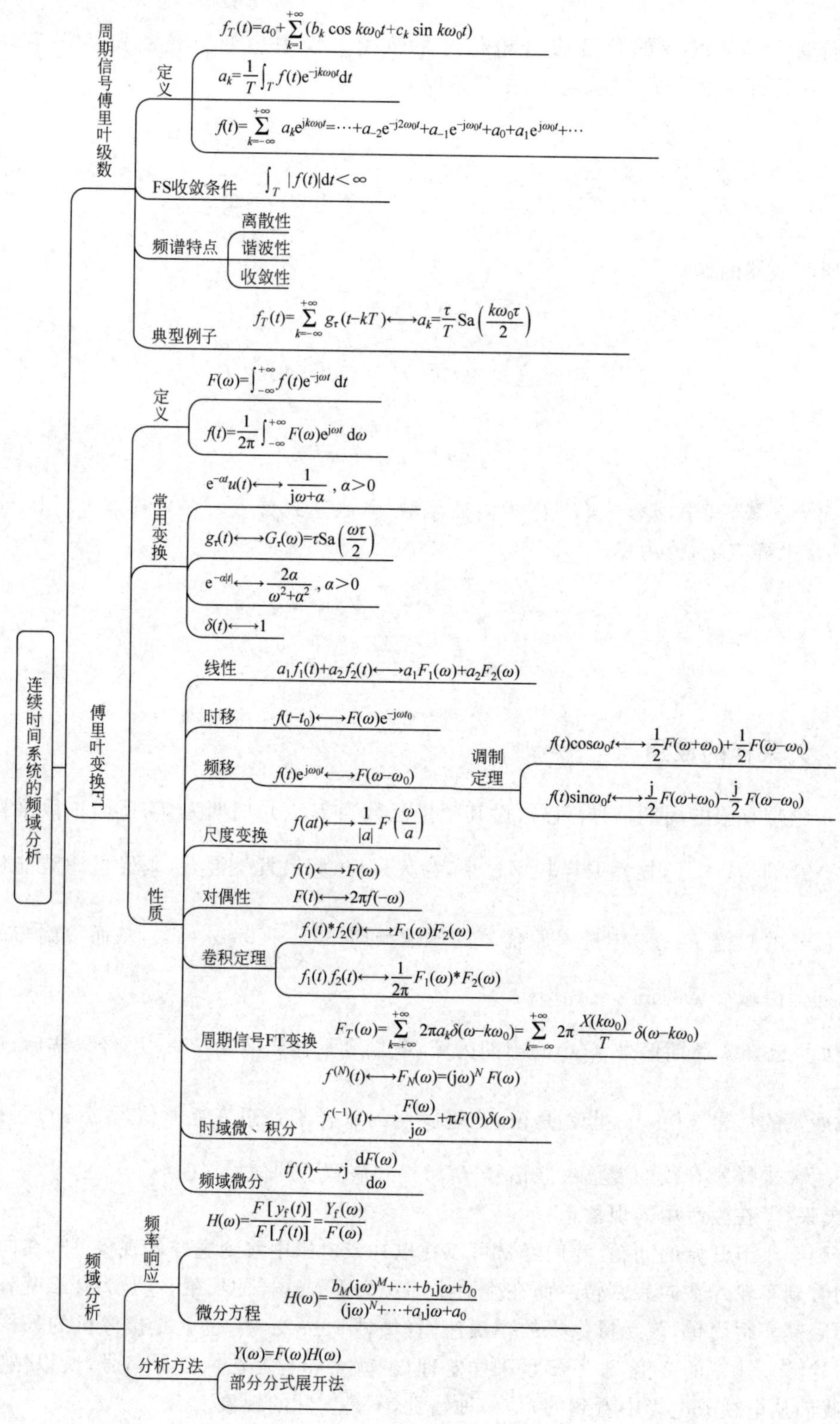
连续时间系统的频域分析
周期信号傅里叶级数
定义
$f_T(t)=a_0+\sum_{k=1}^{+\infty}(b_k\cos k\omega_0 t+c_k\sin k\omega_0 t)$
$a_k=\frac{1}{T}\int_T f(t)\mathrm{e}^{-\mathrm{j}k\omega_0 t}\mathrm{d}t$
$f(t)=\sum_{k=-\infty}^{+\infty}a_k\mathrm{e}^{\mathrm{j}k\omega_0 t}=\cdots+a_{-2}\mathrm{e}^{-\mathrm{j}2\omega_0 t}+a_{-1}\mathrm{e}^{-\mathrm{j}\omega_0 t}+a_0+a_1\mathrm{e}^{\mathrm{j}\omega_0 t}+\cdots$
FS收敛条件
$\int_T |f(t)|\mathrm{d}t<\infty$
频谱特点
离散性
谐波性
收敛性
典型例子
$f_T(t)=\sum_{k=-\infty}^{+\infty}g_\tau(t-kT)\longleftrightarrow a_k=\frac{\tau}{T}\mathrm{Sa}\left(\frac{k\omega_0\tau}{2}\right)$
傅里叶变换FT
定义
$F(\omega)=\int_{-\infty}^{+\infty}f(t)\mathrm{e}^{-\mathrm{j}\omega t}\,\mathrm{d}t$
$f(t)=\frac{1}{2\pi}\int_{-\infty}^{+\infty}F(\omega)\mathrm{e}^{\mathrm{j}\omega t}\,\mathrm{d}\omega$
常用变换
$\mathrm{e}^{-\alpha t}u(t)\longleftrightarrow\frac{1}{\mathrm{j}\omega+\alpha},\ \alpha>0$
$g_\tau(t)\longleftrightarrow G_\tau(\omega)=\tau\mathrm{Sa}\left(\frac{\omega\tau}{2}\right)$
$\mathrm{e}^{-\alpha|t|}\longleftrightarrow\frac{2\alpha}{\omega^2+\alpha^2},\ \alpha>0$
$\delta(t)\longleftrightarrow 1$
性质
线性
$a_1f_1(t)+a_2f_2(t)\longleftrightarrow a_1F_1(\omega)+a_2F_2(\omega)$
时移
$f(t-t_0)\longleftrightarrow F(\omega)\mathrm{e}^{-\mathrm{j}\omega t_0}$
频移
$f(t)\mathrm{e}^{\mathrm{j}\omega_0 t}\longleftrightarrow F(\omega-\omega_0)$
调制定理
$f(t)\cos\omega_0 t\longleftrightarrow\frac{1}{2}F(\omega+\omega_0)+\frac{1}{2}F(\omega-\omega_0)$
$f(t)\sin\omega_0 t\longleftrightarrow\frac{\mathrm{j}}{2}F(\omega+\omega_0)-\frac{\mathrm{j}}{2}F(\omega-\omega_0)$
尺度变换
$f(at)\longleftrightarrow\frac{1}{|a|}F\left(\frac{\omega}{a}\right)$
对偶性
$f(t)\longleftrightarrow F(\omega)$
$F(t)\longleftrightarrow 2\pi f(-\omega)$
卷积定理
$f_1(t)*f_2(t)\longleftrightarrow F_1(\omega)F_2(\omega)$
$f_1(t)f_2(t)\longleftrightarrow\frac{1}{2\pi}F_1(\omega)*F_2(\omega)$
周期信号FT变换
$F_T(\omega)=\sum_{k=+\infty}^{+\infty}2\pi a_k\delta(\omega-k\omega_0)=\sum_{k=-\infty}^{+\infty}2\pi\frac{X(k\omega_0)}{T}\delta(\omega-k\omega_0)$
时域微、积分
$f^{(N)}(t)\longleftrightarrow F_N(\omega)=(\mathrm{j}\omega)^N F(\omega)$
$f^{(-1)}(t)\longleftrightarrow\frac{F(\omega)}{\mathrm{j}\omega}+\pi F(0)\delta(\omega)$
频域微分
$tf(t)\longleftrightarrow\mathrm{j}\frac{\mathrm{d}F(\omega)}{\mathrm{d}\omega}$
频域分析
频率响应
$H(\omega)=\frac{F[y_f(t)]}{F[f(t)]}=\frac{Y_f(\omega)}{F(\omega)}$
微分方程
$H(\omega)=\frac{b_M(\mathrm{j}\omega)^M+\cdots+b_1\mathrm{j}\omega+b_0}{(\mathrm{j}\omega)^N+\cdots+a_1\mathrm{j}\omega+a_0}$
分析方法
$Y(\omega)=F(\omega)H(\omega)$
部分分式展开法

习题 A

3.1　填空题

(1) 若 $f(t) \leftrightarrow F(\omega)$，则：

$F(\omega)=$________；

________ $\leftrightarrow F(\omega-\omega_0)$；

________ $\leftrightarrow F(-\omega)$；

________ $\leftrightarrow F(\omega)\mathrm{e}^{-\mathrm{j}\omega}$；

$f^{(N)}(t) \leftrightarrow$ ________；

$tf(t) \leftrightarrow$ ________。

(2) $3 \leftrightarrow$ ________；

$2\cos 3t \leftrightarrow$ ________；

$\mathrm{sgn}(t+2)-u(t-3) \leftrightarrow$ ________；

$u(t+2)-u(t-3) \leftrightarrow$ ________；

________ $\leftrightarrow \dfrac{1}{(\mathrm{j}\omega+8)^2}$；

________ $\leftrightarrow \delta(\omega-\omega_0)$；

________ $\leftrightarrow \pi g_2(\omega)$；

$\delta(t)+2\delta(t-2) \leftrightarrow$ ________；

$\sin 4t \leftrightarrow$ ________；

$\mathrm{e}^{-5t}u(t) \leftrightarrow$ ________；

$t \leftrightarrow$ ________；

________ $\leftrightarrow 4\mathrm{Sa}(2\omega)$；

________ $\leftrightarrow g_{6\pi}(\omega)$。

(3) 某 LTI 连续时间系统的单位冲激响应 $h(t)=t\mathrm{e}^{-t}u(t)-\mathrm{e}^{-2t}u(t)$，则系统的频率响应 $H(\omega)=$________。

(4) 某 LTI 连续时间系统的频率响应 $H(\omega)=\dfrac{1}{\mathrm{j}\omega(\mathrm{j}\omega+3)}$，则系统的单位冲激响应 $h(t)=$________。

3.2　单项选择题

(1) LTI 连续时间系统的系统方程为 $y''(t)+5y'(t)+6y(t)=f'(t)$，则 $H(\omega)=$________。

A. $\dfrac{1}{(\mathrm{j}\omega)^2+5\mathrm{j}\omega+6}$　　B. $\dfrac{1}{(\mathrm{j}\omega)^3+5(\mathrm{j}\omega)^2+6\mathrm{j}\omega}$

C. $\dfrac{\mathrm{j}\omega}{(\mathrm{j}\omega)^2+5\mathrm{j}\omega+6}$　　D. $\dfrac{\mathrm{j}\omega}{(\mathrm{j}\omega)^3+5(\mathrm{j}\omega)^2+6\mathrm{j}\omega}$

(2) LTI 连续时间系统 $H(\omega)=\dfrac{1}{\mathrm{j}\omega+2}$，输入 $f(t)=$________时，有输出 $Y(\omega)=\dfrac{1}{(\mathrm{j}\omega+2)(\mathrm{j}\omega+3)}$。

A. $\mathrm{e}^{-3t}u(t)$　　B. $\mathrm{e}^{-2t}u(t)-\mathrm{e}^{-3t}u(t)$

C. $\mathrm{e}^{-2t}u(t)$　　D. $\mathrm{e}^{-2t}u(t)+\mathrm{e}^{-3t}u(t)$

3.3　简答题

(1) 试述 LTI 连续时间系统频率响应的定义。

(2) 已知某 LTI 连续时间系统的单位冲激响应为 $h(t)$，如何用频域法计算零状态响应 $y_{\mathrm{f}}(t)$？

3.4 计算下列信号的FT。

(1) $f_1(t)=e^{-2|t|}$；　　(2) $f_2(t)=e^{j2t}[u(t)-u(t-5)]$；

(3) $f_3(t)=e^{-5|t+3|}$；　　(4) $f_4(t)=[e^{-3t}u(t)]'$。

3.5 若实信号 $f(t)\longleftrightarrow F(\omega)$，则 $e^{j4t}f(t-2)$ 的傅里叶变换是多少？

3.6 试求下列函数的傅里叶变换的逆变换。

(1) $F_1(\omega)=\dfrac{1}{(j\omega+2)(j\omega+3)}$；　　(2) $F_2(\omega)=\dfrac{e^{-j2\omega}}{(j\omega+4)^2}$；

(3) $F_3(\omega)=\dfrac{j\omega}{(j\omega)^2+7j\omega+10}$；　　(4) $F_4(\omega)=\dfrac{e^{j\omega}+2-e^{-j2\omega}}{(j\omega+2)(j\omega+4)}$。

3.7 利用FT的对偶性，求下列信号的傅里叶变换或傅里叶变换的逆变换。

(1) $F_1(\omega)=2u(\omega)$；　　(2) $f_2(t)=\dfrac{1}{jt+2}$；

(3) $F_3(\omega)=\cos3\omega$；　　(4) $F_4(\omega)=\sin2\omega$；

(5) $F_5(\omega)=2\pi\delta(\omega+2)+4\pi\delta(\omega)+2\pi\delta(\omega-2)$；

(6) $f_6(t)=e^{-jt}\delta(t-2)$。

3.8 求下列信号的FT。

(1) $f_1(t)=\begin{cases}e^{-t}, & 0<t<1\\ 0, & 其他\end{cases}$；　　(2) $f_2(t)=e^{-2t}u(t+1)$；

(3) $f_3(t)=\begin{cases}1+\cos t, & |t|<\pi\\ 0, & |t|>\pi\end{cases}$。

3.9 若实信号 $f(t)\longleftrightarrow F(\omega)$，用 $F(\omega)$ 表示下列信号的FT。

(1) $f_1(t)=tf(t)$；　　(2) $f_2(t)=tf'(t)$；

(3) $f_3(t)=tf(t-t_0)$；　　(4) $f_4(t)=e^{-j3t}f(1-2t)$；

(5) $f_5(t)=f\left(\dfrac{1}{2}t-5\right)$；　　(6) $f_6(t)=f(3t-1)\cos\pi t$。

3.10 已知LTI连续时间系统的单位冲激响应为 $h(t)$，系统输入信号为 $f(t)$，求系统的零状态响应 $y_f(t)$。

(1) $h_1(t)=e^{-4t}u(t), f_1(t)=1$；　　(2) $h_2(t)=\dfrac{\sin\omega_c t}{\pi t}, f_2(t)=\dfrac{\sin2\omega_c(t-1)}{\pi(t-1)}$。

3.11 求下列LTI连续时间系统的频率响应 $H(\omega)$ 和系统的单位冲激响应 $h(t)$。

(1) $y''(t)+5y'(t)+6y(t)=f'(t)+f(t)$；

(2) $y(t)=2f''(t)+3f'(t)-f(t)$；

(3) $y'(t)+6y(t)=f''(t)+2f'(t)-3f(t)$。

3.12 已知下列因果LTI连续时间系统的单位冲激响应 $h(t)$，求频率响应 $H(\omega)$ 和微分方程(设系统的输入信号为 $f(t)$，输出信号为 $y(t)$)。

(1) $h(t)=e^{-3t}u(t)+e^{-t}u(t)$；　　(2) $h(t)=e^{-2|t|}$；

(3) $h(t)=3\delta'(t)-\delta(t)$；　　(4) $h(t)=e^{-2t}u(t)+2\delta(t)$。

3.13 某理想低通滤波器的频率特性 $H(\omega)=\begin{cases}1, & |\omega|<\omega_c\\ 0, & |\omega|>\omega_c\end{cases}$，输入信号为 $f(t)=\dfrac{\sin at}{\pi t}$。

(1)求当 $a<\omega_c$ 时，滤波器的输出信号 $y(t)$；(2)求当 $a>\omega_c$ 时，滤波器的输出信号 $y(t)$；(3)哪种情况下输出有失真？

3.14　题 3.14 图所示系统，输入信号 $f(t)=\dfrac{\sin t}{2\pi t}$，$s(t)=\cos 10^3 t$，系统的频率响应 $H(\omega)=g_{2\times 10^3}(\omega)$，求输出信号 $y(t)$。

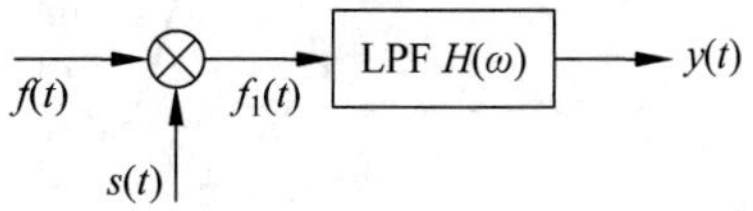

f(t)　$f_1(t)$　LPF $H(\omega)$　y(t)　s(t)

题 3.14 图

3.15　某 LTI 连续时间系统的频率响应 $f(t)\leftrightarrow \dfrac{1}{j\omega+2}$，试求：(1)系统的单位阶跃响应 $s(t)$；(2)输入 $f(t)=e^{-t}u(t)$时的零状态响应。

3.16　理想低通滤波器的频率响应为 $H(\omega)=g_{2\pi}(\omega)$，试证明当输入信号分别为下列信号时，输出信号都相同：(1)$\dfrac{\sin\pi t}{\pi t}$；(2)$\dfrac{\sin 4\pi t}{\pi t}$；(3)$\delta(t)$。

3.17　某 LTI 连续时间系统如题 3.17 图所示，其中 $h_1(t)=\delta'(t)$，$h_2(t)=u(t)$，$T=1$。

(1) 求频率响应；

(2) 若 $f(t)=\text{Sa}(2t)$，求零状态响应。

3.18　已知 $F(\omega)=\text{sgn}(\omega+1)-\text{sgn}(\omega-1)$，试求 $f(t)$。

3.19　若实信号 $f(t)$ 的波形如题 3.19 图所示，且频谱为 $F(\omega)$，试求 $F(0)$，$\int_{-\infty}^{+\infty}F(\omega)\mathrm{d}\omega$。

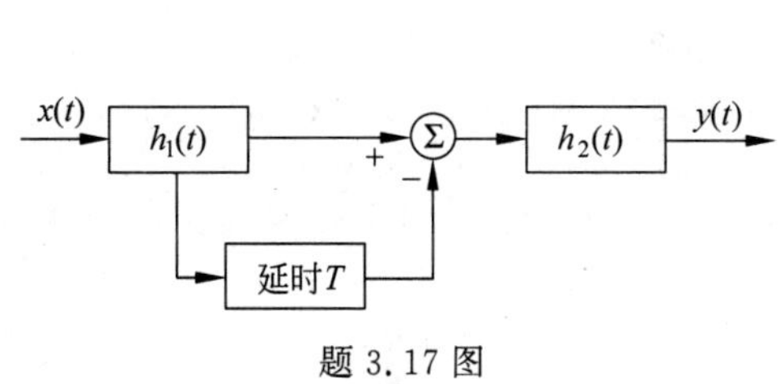

题 3.17 图

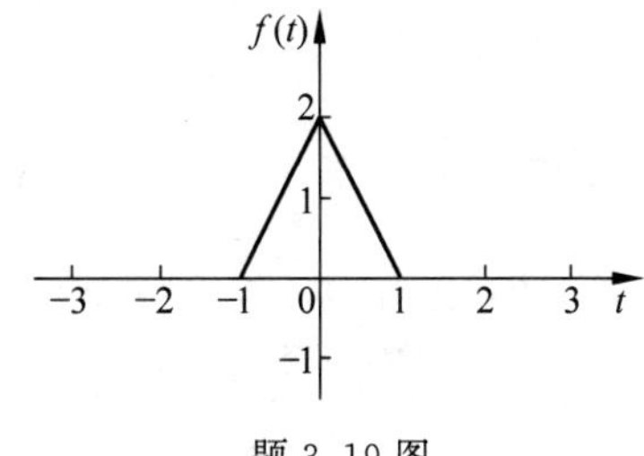

题 3.19 图

习题 B

3.20　求信号 $f(t)=\text{sgn}(t^2-1)$的 FT。

3.21　$f(t)\leftrightarrow F(\omega)$，求下列信号的 $f(t)$。

(1) $F(\omega)=[u(\omega)-u(\omega-2)]e^{-j\omega}$；

(2) $F(\omega)=2\cos 3\omega$。

3.22　若信号 $f(t)\leftrightarrow F(\omega)$，试求 $y(t)=f'(t)*\dfrac{1}{\pi t}$的频谱。

3.23　已知信号 $f(t)\leftrightarrow F(\omega)$，求下列信号的 FT。

(1) $tf(3t)$；(2)$(2-t)f(2-t)$。

3.24　信号 $f_1(t)$、$f_2(t)$分别如题 3.24 图(a)、(b)所示，试分别计算频谱，并说明

$f_1(t)$与$f_2(t)$,$F_1(\omega)$与$F_2(\omega)$之间的关系。

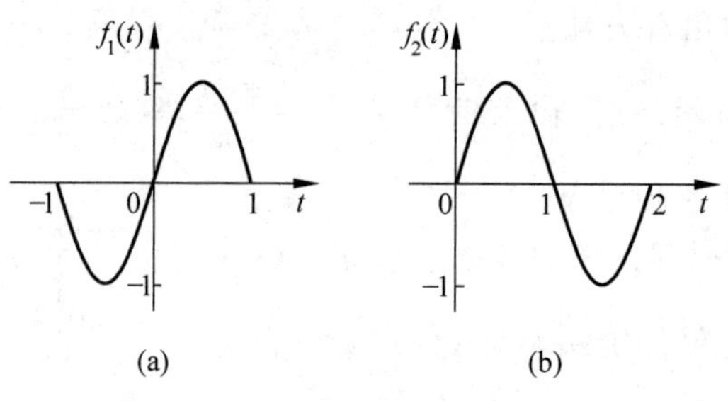

题 3.24 图

3.25 求题 3.25 图所示信号的 FT。

3.26 题 3.26 图所示系统 $f_1(t)=\dfrac{\sin 100\pi t}{\pi t}$,$f_2(t)=\dfrac{\sin 200\pi t}{\pi t}$,从 $f_s(t)$中恢复出 $f(t)$,取样周期 T 的最大值应为多少?若用此取样周期 T 时域取样,试设计一个从 $f_s(t)$中无失真恢复出 $f(t)$的方框图。

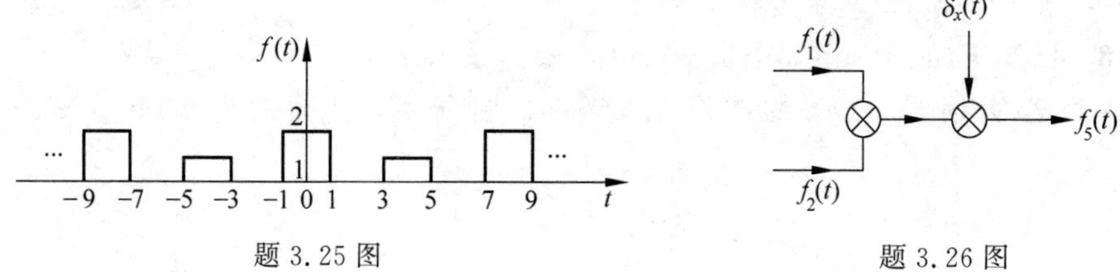

题 3.25 图　　题 3.26 图

3.27 题 3.27 图(a) 所示系统,子系统的单位冲激响应 $h_1(t)=e^{-t}u(t)$,$H_2(\omega)$ 如题 3.27 图(b) 所示,$s(t)=2\cos t$,输入信号 $f(t)=\sum\limits_{k=-\infty}^{+\infty} g_\pi(t-2k\pi)$,求输出信号 $y(t)$。

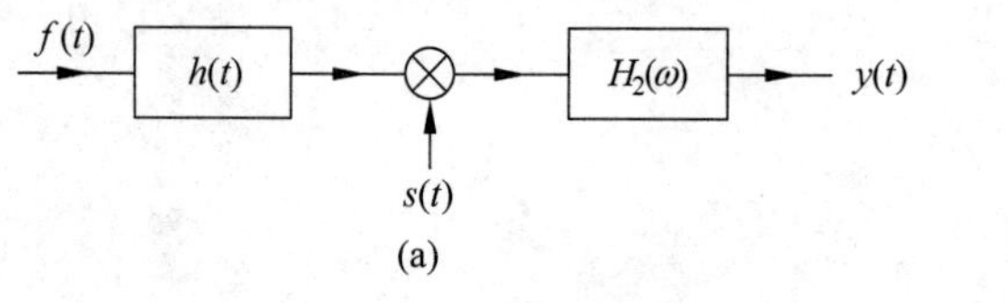

题 3.27 图

3.28 题 3.28 图所示电路,输入恒流源 $f(t)$,输出电压为 $y(t)$,为使该电路能实现无失真传输,试确定电阻 R_1、R_2 的值。

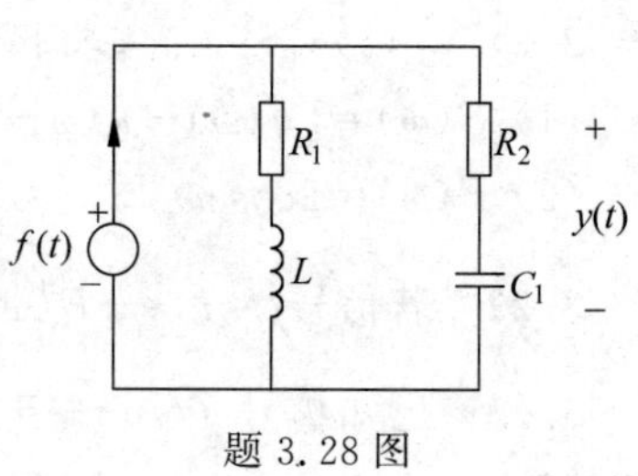

题 3.28 图

3.29 某 LTI 连续时间系统,当输入为 $f(t)$ 时,零状态响应 $y_f(t)=\dfrac{1}{a}\int_{-\infty}^{+\infty} s\left(\dfrac{x-t}{a}\right) f(x-2)\,dx$,其中连续时间信号 $s(t)\overset{F}{\longleftrightarrow} S(\omega)$,$a$ 为常数,试用 $S(\omega)$ 表示该系统

的频率响应 $H(\omega)=\dfrac{Y_{\mathrm{f}}(\omega)}{F(\omega)}$。

3.30　连续时间信号 $f(t)\overset{F}{\longleftrightarrow}F(\omega)$，$F(\omega)$ 如题 3.30 图所示，而 $y(t)=\left[\sum_{k=-\infty}^{+\infty}\dfrac{1}{2}f(t)\mathrm{e}^{\mathrm{j}k\pi t}g_{\pi}(t-2k\pi)\right]*\mathrm{Sa}\left(\dfrac{\pi t}{2}\right)$。试证明 $y(t)=f(t)$。

3.31　连续时间信号 $f(t)\overset{F}{\longleftrightarrow}F(\omega)=|F(\omega)|\mathrm{e}^{\mathrm{j}\angle F(\omega)}$，$f(t)$ 波形如题 3.31 图所示。求：(1)$F(0)$；(2)$\int_{-\infty}^{+\infty}F(\omega)\mathrm{d}\omega$；(3)$\int_{-\infty}^{+\infty}\omega F(\omega)\mathrm{d}\omega$；(4)$\angle F(\omega)$。

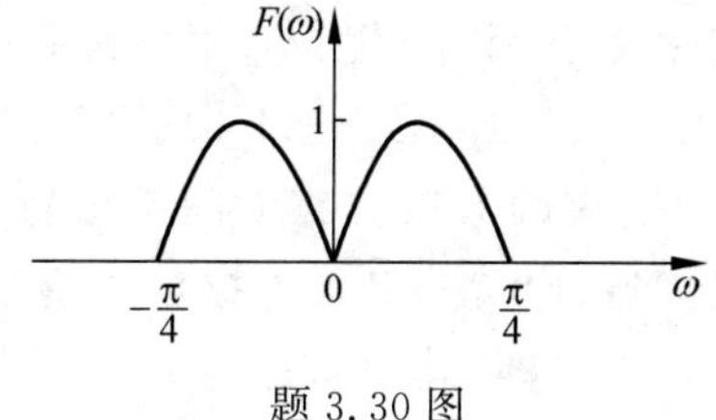

题 3.30 图

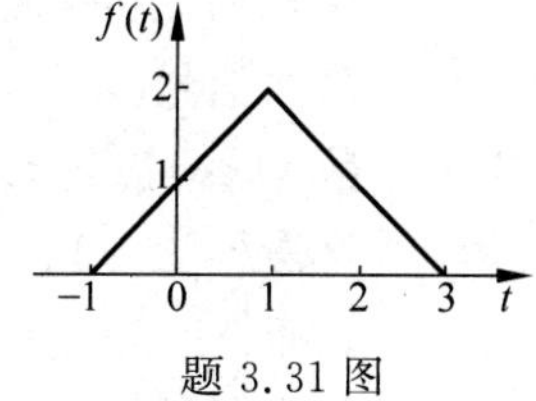

题 3.31 图

3.32　求信号 $f_1(t)=u\left(\dfrac{t}{2}-2\right)$，$f_2(t)=\mathrm{sgn}(t^2-9)$的 FT。

3.33　某理想高通滤波器的频率响应 $H(\omega)=\begin{cases}1, & |\omega|>100\\ 0, & \text{其他}\end{cases}$，输入信号 $f(t)$是周期为 $T=\dfrac{\pi}{6}$的周期信号，设 $f(t)$的傅里叶级数系数为 a_k，且输出信号 $y(t)=f(t)$，求使 $a_k=0$ 的 k 值。

3.34　设因果信号 $f(t)\longleftrightarrow F(\omega)$，且$\dfrac{1}{2\pi}\int_{-\infty}^{+\infty}\mathrm{Re}[F(\omega)]\mathrm{e}^{\mathrm{j}\omega t}\mathrm{d}\omega=|t|\mathrm{e}^{-|t|}$，求 $f(t)$。

3.35　实信号 $f(t)$、$y(t)$；$f(t)\longleftrightarrow F(\omega)$，$y(t)\longleftrightarrow Y(\omega)$。

试证明：$\dfrac{1}{\sqrt{a}}\int_{-\infty}^{+\infty}f(t)y\left(\dfrac{t-b}{a}\right)\mathrm{d}t=\dfrac{\sqrt{a}}{2\pi}\int_{-\infty}^{+\infty}F(\omega)Y^*(a\omega)\mathrm{e}^{\mathrm{j}b\omega}\mathrm{d}\omega$，其中 a、b 为常数，且 $a>0$。

第 4 章 LTI 连续时间系统的复频域分析

CHAPTER 4

傅里叶变换(FT)存在一定的局限性,它要求连续时间信号 $f(t)$应满足狄利克雷条件。为此,本章选用指数信号 e^{st} 作为基本信号来分析连续时间信号,即进行拉普拉斯变换(Laplace transform,LT)分析。用系统函数 $H(s)$描述 LTI 连续时间系统。对应的 LTI 连续时间系统的系统分析方法称为 LTI 连续时间系统的复频域分析法,又称为拉普拉斯变换(LT)分析法。讨论的自变量是复频率 $s=\sigma+j\omega$,其中 σ 是与 $f(t)$对应的满足一定条件的实常数。

视频链接

4.1 双边拉普拉斯变换

4.1.1 由傅里叶变换引入双边拉普拉斯变换

傅里叶变换(FT)要求信号 $f(t)$绝对可积,则图 4.1.1(a)所示信号 $f_1(t)=e^{3t}u(t)$的 FT 不存在。引入收敛因子 $e^{-\sigma t}$ 的概念(其中,σ 是复频率 $s=\sigma+j\omega$ 的实部,σ 是与信号 $f_1(t)$对应的满足一定条件的实常数),信号 $f_1(t)$乘以收敛因子 $e^{-\sigma t}$ 后,若 $\sigma>3$,则信号 $f_1(t)e^{-\sigma t}=e^{-(\sigma-3)t}u(t)$的波形如图 4.1.1(b)所示,信号 $f_1(t)e^{-\sigma t}$ 收敛,FT 存在。条件 $\sigma>3$ 可用复平面(S 平面)上的阴影表示,如图 4.1.1(c)所示,在该阴影中的所有复数 s 的实部均满足条件 $\sigma>3$。

而信号 $f_2(t)=e^{-t}u(t)$的波形图如图 4.1.1(d)所示。$f_2(t)$本身就是收敛的,乘以收敛因子 $e^{-\sigma t}$ 后,信号 $f_2(t)e^{-\sigma t}=e^{-(\sigma+1)t}u(t)$当满足条件 $\sigma>-1$ 时,仍继续保持收敛,如图 4.1.1(e)所示,其 FT 存在的条件为 $\sigma>-1$,可用图 4.1.1(f)所示的阴影表示,阴影内的所有复数 s 都满足该条件。

设连续时间信号

$$f(t)\longleftrightarrow F(\omega)=\int_{-\infty}^{+\infty}f(t)e^{-j\omega t}dt \tag{4.1.1}$$

选取收敛因子 $e^{-\sigma t}$,建立连续时间信号 $g(t)=f(t)e^{-\sigma t}$,利用式(3.2.5)计算信号 $g(t)$的 FT:

$$g(t)\longleftrightarrow G(\omega)=\int_{-\infty}^{+\infty}g(t)\mathrm{e}^{-\mathrm{j}\omega t}\,\mathrm{d}t=\int_{-\infty}^{+\infty}f(t)\mathrm{e}^{-\sigma t}\mathrm{e}^{-\mathrm{j}\omega t}\,\mathrm{d}t=\int_{-\infty}^{+\infty}f(t)\mathrm{e}^{-(\sigma+\mathrm{j}\omega)t}\,\mathrm{d}t$$

令 $s=\sigma+\mathrm{j}\omega$，则

$$g(t)\longleftrightarrow G(\omega)=\int_{-\infty}^{+\infty}f(t)\mathrm{e}^{-st}\,\mathrm{d}t \tag{4.1.2}$$

比较式(4.1.1)和式(4.1.2)得到

$$G(\omega)=\int_{-\infty}^{+\infty}f(t)\mathrm{e}^{-st}\,\mathrm{d}t=F(s) \tag{4.1.3}$$

即

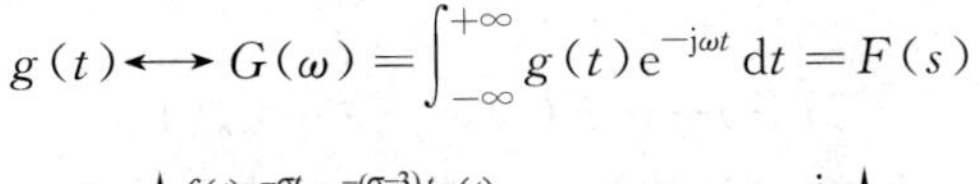

$$g(t)\longleftrightarrow G(\omega)=\int_{-\infty}^{+\infty}g(t)\mathrm{e}^{-\mathrm{j}\omega t}\,\mathrm{d}t=F(s)$$

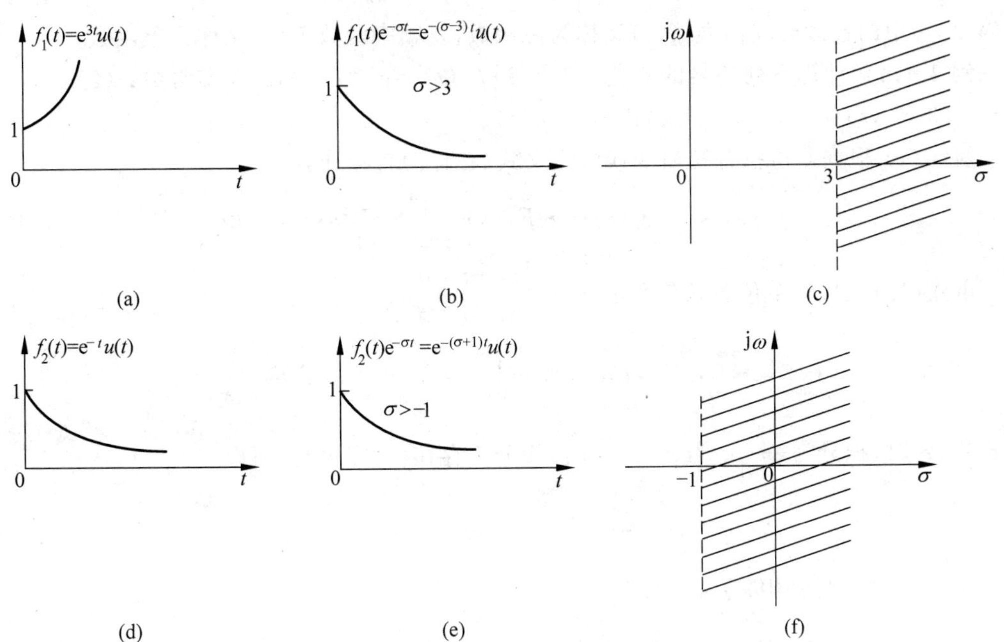

图 4.1.1　引入双边 LT 的波形图

利用式(3.2.6)进行 $G(\omega)$ 的傅里叶变换的逆变换得

$$g(t)=f(t)\mathrm{e}^{-\sigma t}=\frac{1}{2\pi}\int_{-\infty}^{+\infty}G(\omega)\mathrm{e}^{\mathrm{j}\omega t}\,\mathrm{d}\omega=\frac{1}{2\pi}\int_{-\infty}^{+\infty}F(s)\mathrm{e}^{\mathrm{j}\omega t}\,\mathrm{d}\omega$$

等式两端同乘以 $\mathrm{e}^{\sigma t}$，得

$$f(t)=\frac{1}{2\pi}\int_{-\infty}^{+\infty}F(s)\mathrm{e}^{\sigma t}\mathrm{e}^{\mathrm{j}\omega t}\,\mathrm{d}\omega=\frac{1}{2\pi}\int_{-\infty}^{+\infty}F(s)\mathrm{e}^{st}\,\mathrm{d}\omega$$

其中，复频率 $s=\sigma+\mathrm{j}\omega$，$\sigma$ 是与连续时间信号 $f(t)$ 对应的满足一定条件的实常数，则 $\mathrm{d}s=\mathrm{j}\mathrm{d}\omega$。所以

$$f(t)=\frac{1}{2\pi\mathrm{j}}\int_{\sigma-\mathrm{j}\infty}^{\sigma+\mathrm{j}\infty}F(s)\mathrm{e}^{st}\,\mathrm{d}s \tag{4.1.4}$$

式(4.1.3)与式(4.1.4)给出了一对新的变换式：双边拉普拉斯变换(双边 LT)。

综上所述，可初步建立双边 LT 中的 s 与 FT 定义中的 $\mathrm{j}\omega$ 有对应关系的概念，更进一步的讨论将在 4.1.4 节中进行。

4.1.2 双边拉普拉斯变换的定义

双边拉普拉斯变换的定义为

$$\mathcal{L}(f(t))=\int_{-\infty}^{+\infty} f(t)\mathrm{e}^{-st}\mathrm{d}t=F(s),\quad \sigma\in(\alpha,\beta) \tag{4.1.5}$$

双边拉普拉斯变换逆变换的定义为

$$\mathcal{L}^{-1}[F(s)]=\frac{1}{2\pi}\int_{\sigma-\mathrm{j}\infty}^{\sigma+\mathrm{j}\infty} F(s)\mathrm{e}^{st}\mathrm{d}s=f(t),\quad \sigma\in(\alpha,\beta) \tag{4.1.6}$$

记为

$$f(t)\longleftrightarrow F(s),\quad \sigma\in(\alpha,\beta) \tag{4.1.7}$$

式(4.1.7)中的连续时间信号 $f(t)$又称为原函数,复频率函数 $F(s)$又称为象函数。

例 4.1.1 计算下列信号的双边 LT:(1)$f_1(t)=\mathrm{e}^{-\alpha t}u(t)$,$\alpha$ 为实常数;(2)$f_2(t)=u(t)$;(3)$f_3(t)=-u(-t)$;(4)$f_4(t)=\delta(t)$。

解 (1) 根据双边拉普拉斯变换的定义式(4.1.5)直接计算:

$$f_1(t)=\mathrm{e}^{-\alpha t}u(t)\longleftrightarrow F_1(s)=\int_{-\infty}^{+\infty}\mathrm{e}^{-\alpha t}u(t)\mathrm{e}^{-st}\mathrm{d}t$$

由式(1.1.11)知单位阶跃信号 $u(t)=\begin{cases}1, & t>0\\ 0, & t<0\end{cases}$,则

$$F_1(s)=\int_{-\infty}^{+\infty}\mathrm{e}^{-\alpha t}u(t)\mathrm{e}^{-st}\mathrm{d}t=\int_{0}^{+\infty}\mathrm{e}^{-(s+\alpha)t}\mathrm{d}t=\left.\frac{\mathrm{e}^{-(s+\alpha)t}}{-(s+\alpha)}\right|_0^{+\infty}$$

当 $\sigma>-\alpha$ 时,积分为$\frac{1}{s+\alpha}$;当 $\sigma<-\alpha$ 时,积分不存在(无穷大)。所以

$$\mathrm{e}^{-\alpha t}u(t)\longleftrightarrow\frac{1}{s+\alpha},\quad \sigma\in(-\alpha,+\infty) \tag{4.1.8}$$

(2) 在式(4.1.8)中,令 $\alpha=0$,得

$$u(t)\longleftrightarrow\frac{1}{s},\quad \sigma\in(0,+\infty) \tag{4.1.9}$$

(3) 用双边 LT 的定义式(4.1.5)直接计算:

$$f_3(t)=-u(-t)\longleftrightarrow F_3(s)=\int_{-\infty}^{+\infty}[-u(-t)]\mathrm{e}^{-st}\mathrm{d}t$$

其中,$u(-t)=\begin{cases}0, & t>0\\ 1, & t<0\end{cases}$,则

$$F_3(s)=\int_{-\infty}^{0}-\mathrm{e}^{-st}\mathrm{d}t=\left.\frac{\mathrm{e}^{-st}}{s}\right|_{-\infty}^{0}$$

当 $\sigma<0$ 时,即 $\sigma\in(-\infty,0)$,积分为$\frac{1}{s}$;当 $\sigma>0$ 时,积分不存在(无穷大)。所以

$$-u(-t)\longleftrightarrow\frac{1}{s},\quad \sigma\in(-\infty,0) \tag{4.1.10}$$

(4) 用双边 LT 的定义式(4.1.5)直接计算:

$$f_4(t)=\delta(t)\longleftrightarrow F_4(s)=\int_{-\infty}^{+\infty}\delta(t)\mathrm{e}^{-st}\mathrm{d}t$$

根据冲激信号的抽样性式(1.1.17)得

$$f_4(t)=\delta(t)\longleftrightarrow F_4(s)=\int_{-\infty}^{+\infty}\delta(t)\mathrm{e}^{-st}\mathrm{d}t=\mathrm{e}^{-st}\Big|_{t=0}=1$$

该积分过程与 σ 的取值无关,σ 可以任意取值,即 s 可位于全复平面,记为 $\sigma\in(-\infty,+\infty)$。

所以

$$\delta(t)\longleftrightarrow 1,\quad \sigma\in(-\infty,+\infty) \tag{4.1.11}$$

通过例 4.1.1 的求解过程,可以领悟到:要使信号 $f(t)$ 的双边 LT $F(s)$ 存在(积分不无穷大),要求 $\mathrm{Re}(s)=\sigma$,必须满足一定的条件 $\sigma\in(\alpha,\beta)$,否则双边 LT 不存在(无穷大)。

例 4.1.2 已知连续时间信号 $f(t)$ 的拉普拉斯变换为 $F(s)=\dfrac{1}{s}$,求原函数 $f(t)$。

解 本题无解。

在例 4.1.1(2)、(3)中,信号 $f_2(t)=u(t)$ 和 $f_3(t)=-u(-t)$ 的双边 LT 均为 $\dfrac{1}{s}$,不同之处在于前者要求 σ 位于 $\sigma\in(0,+\infty)$ 中,而后者要求 σ 位于 $\sigma\in(-\infty,0)$ 中,即

$$\mathcal{L}^{-1}\left[\frac{1}{s}\right]=\begin{cases}u(t), & \sigma>0\\ -u(-t), & \sigma<0\end{cases}$$

可见,已知连续时间信号 $f(t)$ 的 LT $F(s)$,计算时间信号 $f(t)$ 时,还必须给出 σ 的范围。这说明只有标明 σ 的范围 $\sigma\in(\alpha,\beta)$ 后,LT 对 $f(t)\longleftrightarrow F(s)$ 才具有唯一性。

4.1.3 双边拉普拉斯变换的收敛域

使连续时间信号 $f(t)$ 的双边 LT 存在的复频率 s 的实部 $\sigma=\mathrm{Re}[s]$ 的范围,称为信号 $f(t)$ 的双边拉普拉斯变换的收敛域,记为 $\sigma\in(\alpha,\beta)$(α、β 为实常数),常用复平面(s 平面)上的阴影表示。使连续时间信号 $f(t)$ 的双边拉普拉斯变换 $F(s)$ 为无穷大的点称为 $F(s)$ 的极点,显然在收敛域中一定没有极点存在。

例 4.1.3 试计算信号 $f(t)=\mathrm{e}^{-3|t|}$ 的双边拉普拉斯变换。

解 设 $f(t)\longleftrightarrow F(s)$,$\sigma\in(\alpha,\beta)$,根据双边 LT 的定义式(4.1.5)直接计算:

$$\begin{aligned}f(t)=\mathrm{e}^{-3|t|}\longleftrightarrow F(s)&=\int_{-\infty}^{+\infty}f(t)\mathrm{e}^{-st}\mathrm{d}t=\int_{-\infty}^{+\infty}\mathrm{e}^{-3|t|}\,\mathrm{e}^{-st}\mathrm{d}t\\&=\int_{-\infty}^{0}\mathrm{e}^{-3|t|}\,\mathrm{e}^{-st}\mathrm{d}t+\int_{0}^{+\infty}\mathrm{e}^{-3|t|}\,\mathrm{e}^{-st}\mathrm{d}t\\&=\int_{-\infty}^{0}\mathrm{e}^{3t}\mathrm{e}^{-st}\mathrm{d}t+\int_{0}^{+\infty}\mathrm{e}^{-3t}\mathrm{e}^{-st}\mathrm{d}t\end{aligned}$$

其中

$$\int_{-\infty}^{0}\mathrm{e}^{3t}\mathrm{e}^{-st}\mathrm{d}t=\int_{-\infty}^{0}\mathrm{e}^{-(s-3)t}\mathrm{d}t=\frac{\mathrm{e}^{-(s-3)t}}{-(s-3)}\Bigg|_{-\infty}^{0}$$

则当 $\sigma<3$,即 $\sigma\in(-\infty,3)$ 时,$\displaystyle\int_{-\infty}^{0}\mathrm{e}^{3t}\mathrm{e}^{-st}\mathrm{d}t=\frac{-1}{s-3}$;若 $\sigma>3$,$\displaystyle\int_{-\infty}^{0}\mathrm{e}^{3t}\mathrm{e}^{-st}\mathrm{d}t\to+\infty$(不存在)。而

$$\int_{0}^{+\infty}\mathrm{e}^{-3t}\mathrm{e}^{-st}\mathrm{d}t=\int_{0}^{+\infty}\mathrm{e}^{-(s+3)t}\mathrm{d}t=\frac{\mathrm{e}^{-(s+3)t}}{-(s+3)}\Bigg|_{0}^{+\infty}$$

则当 $\sigma > -3$，即 $\sigma \in (-3, +\infty)$ 时，$\int_0^{+\infty} \mathrm{e}^{-3t}\mathrm{e}^{-st}\mathrm{d}t = \frac{1}{s+3}$；若 $\sigma < -3$，$\int_0^{+\infty} \mathrm{e}^{-3t}\mathrm{e}^{-st}\mathrm{d}t \to +\infty$（不存在）。即

$$\int_{-\infty}^{0} \mathrm{e}^{-3|t|}\ \mathrm{e}^{-st}\mathrm{d}t \longleftrightarrow \frac{-1}{s-3}, \quad \sigma \in (-\infty, 3)$$

$$\int_{0}^{+\infty} \mathrm{e}^{-3|t|}\ \mathrm{e}^{-st}\mathrm{d}t \longleftrightarrow \frac{1}{s+3}, \quad \sigma \in (-3, +\infty)$$

所以

$$f(t) = \mathrm{e}^{-3|t|} \longleftrightarrow F(s) = -\frac{1}{s-3} + \frac{1}{s+3} = \frac{-6}{s^2-9}, \quad \sigma \in (-3, 3)$$

(1) 连续时间信号 $f(t)$ 的双边 LT $F(s)$ 的收敛域是 S 平面上的一个带 $\sigma \in (\alpha, \beta)$，如图 4.1.2(a)所示。既有位于收敛域 $\sigma \in (\alpha, \beta)$ 左方的极点 $p_k\,(k=1,2,\cdots)$，称为区左极点；又有位于收敛域 $\sigma \in (\alpha, \beta)$ 右方的极点 $p'_k\,(k=1,2,\cdots)$，称为区右极点。区左极点 p_k 和区右极点 p'_k 是分别由信号 $f(t)$ 的因果分量和逆因果分量计算得出来的。收敛边界 $\alpha = \mathrm{Re}[p_k]_{\max}$，$\beta = \mathrm{Re}[p'_k]_{\min}$。

(2) 连续因果时间信号 $f(t) = f(t)u(t)$ 的双边 LT 的收敛域 $F(s)$ 是 S 平面上某一右半开平面 $\sigma \in (\alpha, +\infty)$，如图 4.1.2(b)所示，全部极点均为区左极点 $p_k\,(k=1,2,\cdots)$，收敛边界 $\alpha = \mathrm{Re}[p_k]_{\max}$。

(3) 连续逆因果时间信号 $f(t) = f(t)u(-t)$ 的双边 LT $F(s)$ 的收敛域是 S 平面上某一左半开平面 $\sigma \in (-\infty, \beta)$，如图 4.1.2(c)所示，全部极点均为区右极点 $p'_k\,(k=1,2,\cdots)$，收敛边界 $\beta = \mathrm{Re}[p'_k]_{\min}$。

(4) 连续时限信号 $f(t)$ 的双边 LT $F(s)$ 的收敛域为全 S 平面 $\sigma \in (-\infty, +\infty)$，如图 4.1.2(d)所示。

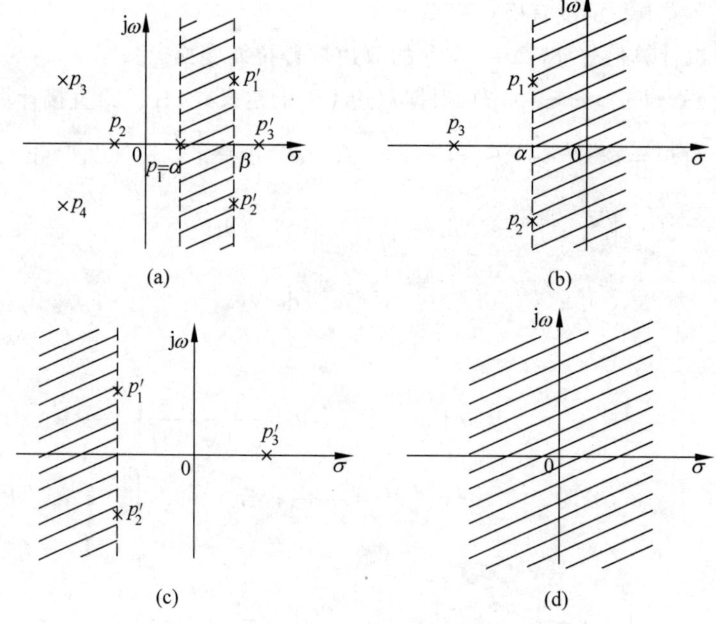

图 4.1.2 信号 $f(t)$ 的双边 LT 的收敛域

4.1.4　双边拉普拉斯变换与傅里叶变换的关系

视频链接

根据 4.1.1 节的讨论，可以得出结论：双边 LT 是 FT 的推广，FT 是双边 LT 在 $\sigma=0$ 时的特殊情形。即：

(1) 若 $f(t)\overset{\text{FT}}{\longleftrightarrow}F(\omega)$，则 $f(t)\overset{\text{LT}}{\longleftrightarrow}F(s)=F(\omega)|_{\text{j}\omega=s}$，且收敛域 $\sigma\in(\alpha,\beta)$ 包含 jω 轴(即 $\alpha<0<\beta$)。

(2) 若 $f(t)\overset{\text{LT}}{\longleftrightarrow}F(s),\sigma\in(\alpha,\beta)$，当收敛域包含 j$\omega$ 轴，即满足 $\alpha<0<\beta$ 时，$f(t)\overset{\text{FT}}{\longleftrightarrow}F(\omega)=F(s)|_{s=\text{j}\omega}$；否则(即收敛域不含 j$\omega$ 轴)，连续时间信号 $f(t)$ 的 FT 不存在(无穷大)。

例 4.1.4　(1) 若 $f_1(t)\overset{\text{FT}}{\longleftrightarrow}F_1(\omega)=\dfrac{\text{j}\omega+1}{(\text{j}\omega)^2+5\text{j}\omega+6}$，求信号 $f_1(t)$ 的双边 LT $F_1(s)$。

(2) 若 $f_2(t)\overset{\text{LT}}{\longleftrightarrow}F_2(s)=\dfrac{s}{s^2+3s+2},\sigma\in(-\infty,-2)$，求信号 $f_2(t)$ 的 FT。

(3) 若 $f_3(t)\overset{\text{LT}}{\longleftrightarrow}F_3(s)=\dfrac{s}{s^2+3s+2},\sigma\in(-1,+\infty)$，求信号 $f_3(t)$ 的 FT。

解　(1) $f_1(t)\overset{\text{LT}}{\longleftrightarrow}F_1(s)=F_1(\omega)|_{\text{j}\omega=s}=\left.\dfrac{\text{j}\omega+1}{(\text{j}\omega)^2+5\text{j}\omega+6}\right|_{\text{j}\omega=s}=\dfrac{s+1}{s^2+5s+6}$

而 $F_1(s)=\dfrac{s}{s^2+5s+6}$ 有极点 $p_1=-2,p_2=-3$，可能对应的收敛域为 $\sigma\in(-\infty,-3),\sigma\in(-3,-2)$ 和 $\sigma\in(-2,+\infty)$，其中仅收敛域 $\sigma\in(-2,+\infty)$ 包含 jω 轴。所以

$$f_1(t)\overset{\text{LT}}{\longleftrightarrow}F_1(s)=\frac{s+1}{s^2+5s+6},\quad \sigma\in(-2,+\infty)$$

(2) 由于 $F_2(s)$ 的收敛域 $\sigma\in(-\infty,-2)$ 不含 jω 轴，所以信号 $f_2(t)$ 的 FT 不存在(无穷大)。

(3) 由于 $F_3(s)$ 的收敛域 $\sigma\in(-1,+\infty)$ 包含 jω 轴，所以

$$f_3(t)\overset{\text{FT}}{\longleftrightarrow}F_3(\omega)=F_3(s)|_{s=\text{j}\omega}=\left.\frac{s}{s^2+3s+2}\right|_{s=\text{j}\omega}=\frac{\text{j}\omega}{(\text{j}\omega)^2+3\text{j}\omega+2}$$

4.1.5　双边拉普拉斯变换的性质

与讨论 FT 的性质一样，双边 LT 的性质是研究连续时间信号的时域运算与复频域运算的相互关系。通过学习双边 LT 的性质可以极大地简化 LT 的运算。

1. 双边 LT 的线性特性

若

$$f_1(t)\longleftrightarrow F_1(s),\quad \sigma\in(\alpha_1,\beta_1)$$
$$f_2(t)\longleftrightarrow F_2(s),\quad \sigma\in(\alpha_2,\beta_2)$$

则

$$f(t)=a_1f_1(t)+a_2f_2(t)\longleftrightarrow F(s)=a_1F_1(s)+a_2F_2(s)\tag{4.1.12}$$

通常 $\sigma\in(\alpha_1,\beta_1)\cap(\alpha_2,\beta_2)$，其中，$\alpha_1$、$\alpha_2$ 均为常数。

若 $\sigma\in(\alpha_1,\beta_1)\cap(\alpha_2,\beta_2)$ 为空集，即收敛域 $\sigma\in(\alpha_1,\beta_1)$ 和 $\sigma\in(\alpha_2,\beta_2)$ 无公共部分，则信号 $f(t)$ 的 LT 不存在。如果 $F(s)$ 中出现零点与极点相抵消的情况，则 $F(s)$ 的收敛域还可能扩大，例 4.1.5 即为此情形。

证明 （略）

双边 LT 的性质的证明方法与 FT 相似，从定义出发很容易进行求证，本小节只证明少数性质，其余大都标注为“**证明**（略）”。

2. 双边 LT 的时移特性

若

$$f(t)\longleftrightarrow F(s),\quad \sigma\in(\alpha,\beta)$$

则

$$f(t-t_0)\longleftrightarrow F(s)\mathrm{e}^{-st_0},\quad \sigma\in(\alpha,\beta),t_0\text{ 为实数} \tag{4.1.13}$$

证明 （略）

式(4.1.13)表明连续时间信号 $f(t)$ 时域产生移动 $t-t_0$，对应双边 LT$F(s)$ 复频域乘以指数因子 e^{-st_0}；反之亦然。

例 4.1.5 连续时间信号 $f(t)$ 如图 4.1.3 所示。试计算双边 LT。

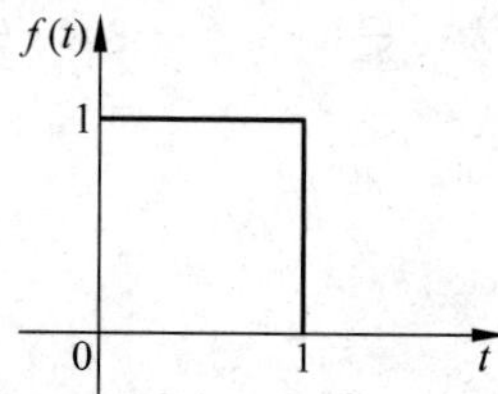

图 4.1.3 例 4.1.5 图

解 由式(4.1.9)知

$$u(t)\longleftrightarrow \frac{1}{s},\quad \sigma\in(0,+\infty)$$

根据双边 LT 的时移特性式(4.1.13)得

$$u(t-1)\longleftrightarrow \frac{1}{s}\mathrm{e}^{-s},\quad \sigma\in(0,+\infty)$$

根据双边 LT 的线性特性式(4.1.12)，可得

$$f(t)\longleftrightarrow F(s)=\frac{1}{s}(1-\mathrm{e}^{-s}),\quad \sigma\in(-\infty,+\infty)$$

由于信号 $f(t)$ 是时限信号，所以收敛域为全 s 平面。

3. 双边 LT 的复频移特性

若

$$f(t)\longleftrightarrow F(s),\quad \sigma\in(\alpha,\beta)$$

则

$$f(t)\mathrm{e}^{s_0t}\longleftrightarrow F(s-s_0),\quad \sigma\in(\mathrm{Re}(s_0)+\alpha,\mathrm{Re}(s_0)+\beta) \tag{4.1.14}$$

证明 根据双边 LT 的定义式(4.1.5)，计算信号 $f(t)\mathrm{e}^{s_0t}$ 的双边 LT：

$$f(t)\mathrm{e}^{s_0t}\longleftrightarrow \int_{-\infty}^{+\infty}[f(t)\mathrm{e}^{s_0t}]\mathrm{e}^{-st}\,\mathrm{d}t=\int_{-\infty}^{+\infty}f(t)\mathrm{e}^{-(s-s_0)t}\,\mathrm{d}t$$

已知，当 $\alpha<\mathrm{Re}(s)=\sigma<\beta$ 时，

$$f(t)\longleftrightarrow F(s)=\int_{-\infty}^{+\infty}f(t)\mathrm{e}^{-st}\,\mathrm{d}t$$

则当 $\alpha < \mathrm{Re}(s-s_0)=\sigma-\mathrm{Re}(s_0)<\beta$，即 $\mathrm{Re}(s_0)+\alpha<\sigma<\mathrm{Re}(s_0)+\beta$ 时，

$$\int_{-\infty}^{+\infty} f(t)\mathrm{e}^{-(s-s_0)t}\,\mathrm{d}t = F(s-s_0)$$

故

$$f(t)\mathrm{e}^{s_0 t} \longleftrightarrow F(s-s_0),\quad \sigma\in(\mathrm{Re}[s_0]+\alpha,\mathrm{Re}[s_0]+\beta)$$

证毕。

例 4.1.6　试计算信号 $\cos\beta t u(t)$、$\sin\beta t u(t)$、$\mathrm{e}^{-\alpha t}\cos\beta t u(t)$、$\mathrm{e}^{-\alpha t}\sin\beta t u(t)$的 LT。

解　应用欧拉公式(1.1.4)得

$$\cos\beta t u(t)=\frac{1}{2}(\mathrm{e}^{\mathrm{j}\beta t}+\mathrm{e}^{-\mathrm{j}\beta t})u(t)=\frac{1}{2}\mathrm{e}^{\mathrm{j}\beta t}u(t)+\frac{1}{2}\mathrm{e}^{-\mathrm{j}\beta t}u(t)$$

由(4.1.9)知

$$u(t)\longleftrightarrow\frac{1}{s},\quad \sigma\in(0,+\infty)$$

根据双边 LT 的复频移特性式(4.1.14)得

$$\mathrm{e}^{\mathrm{j}\beta t}u(t)\longleftrightarrow\frac{1}{s-\mathrm{j}\beta},\quad \sigma\in(0,+\infty)$$

$$\mathrm{e}^{-\mathrm{j}\beta t}u(t)\longleftrightarrow\frac{1}{s+\mathrm{j}\beta},\quad \sigma\in(0,+\infty)$$

根据双边 LT 的线性特性式(4.1.12)得

$$\cos\beta t u(t)\longleftrightarrow\frac{1}{2(s-\mathrm{j}\beta)}+\frac{1}{2(s+\mathrm{j}\beta)}=\frac{s}{s^2+\beta^2}$$

该象函数有极点 $p_1=\mathrm{j}\beta$，$p_2=-\mathrm{j}\beta$，因为信号 $\cos\beta t u(t)$是因果信号，极点均为区左极点，所以收敛域为复平面上的某一右半开平面 $\sigma\in(\alpha,+\infty)$，其收敛边界 $\alpha=\mathrm{Re}[p_k]_{\max}=0$，即

$$\cos\beta t u(t)\longleftrightarrow\frac{s}{s^2+\beta^2},\quad \sigma\in(0,+\infty)\tag{4.1.15}$$

同理可得

$$\sin\beta t u(t)=\frac{1}{2\mathrm{j}}\mathrm{e}^{\mathrm{j}\beta t}u(t)-\frac{1}{2\mathrm{j}}\mathrm{e}^{-\mathrm{j}\beta t}u(t)$$

$$\sin\beta t u(t)\longleftrightarrow\frac{1}{2\mathrm{j}(s-\mathrm{j}\beta)}-\frac{1}{2\mathrm{j}(s+\mathrm{j}\beta)}=\frac{\beta}{s^2+\beta^2},\quad \sigma\in(0,+\infty)$$

即

$$\sin\beta t u(t)\longleftrightarrow\frac{\beta}{s^2+\beta^2},\quad \sigma\in(0,+\infty)\tag{4.1.16}$$

式(4.1.15)、式(4.1.16)中时域乘以 $\mathrm{e}^{-\alpha t}$，再应用双边 LT 的复频移特性式(4.1.14)得

$$\mathrm{e}^{-\alpha t}\cos\beta t u(t)\longleftrightarrow\frac{s+\alpha}{(s+\alpha)^2+\beta^2}$$

该象函数有极点 $p_1=-\alpha+\mathrm{j}\beta$，$p_2=-\alpha-\mathrm{j}\beta$，因为信号 $\mathrm{e}^{-\alpha t}\cos\beta t u(t)$是因果信号，极点均为区左极点，所以收敛域为 $\sigma\in(-\alpha,+\infty)$。即

$$\mathrm{e}^{-\alpha t}\cos\beta t u(t)\longleftrightarrow\frac{s+\alpha}{(s+\alpha)^2+\beta^2},\quad \sigma\in(-\alpha,+\infty)\tag{4.1.17}$$

同理可得

$$e^{-\alpha t}\sin\beta t u(t)\longleftrightarrow\frac{\beta}{(s+\alpha)^2+\beta^2},\quad \sigma\in(-\alpha,+\infty)\tag{4.1.18}$$

4. 双边 LT 的尺度变换特性

若

$$f(t)\longleftrightarrow F(s),\quad \sigma\in(\alpha,\beta)$$

则

$$f(at)\longleftrightarrow\frac{1}{|a|}F\left(\frac{s}{a}\right),\quad \sigma\in\begin{cases}(a\alpha,a\beta), & a>0\\ (a\beta,a\alpha), & a<0\end{cases},a\text{ 为实常数},a\neq 0\tag{4.1.19}$$

推论 双边 LT 的反转特性。

在式(4.1.19)中，令 $a=-1$，得

$$f(-t)\longleftrightarrow F(-s),\quad \sigma\in(-\beta,-\alpha)\tag{4.1.20}$$

证明 （略）

式(4.1.19)表明原函数 $f(t)$ 时域尺度变换 at，象函数 $F(s)$ 进行相反的尺度变换 $\frac{s}{a}$ 且乘以 $\frac{1}{|a|}$；反之亦然。式(4.1.20)表明原函数 $f(t)$ 沿纵轴反转，象函数 $F(s)$ 也沿纵轴反转；反之亦然。

例 4.1.7 试计算连续时间信号 $f(t)=e^{-3|t|}$ 的双边 LT $F(s)$。（此题即为例 4.1.3，但解法不同，对比这两种解法可以体会到利用性质能使求解更为简便。）

解 由于

$$u(t)+u(-t)=1$$

则

$$f(t)=e^{-3|t|}=e^{-3|t|}[u(t)+u(-t)]=e^{-3|t|}u(t)+e^{-3|t|}u(-t)$$

其中，$u(t)=\begin{cases}1, & t>0\\ 0, & t<0\end{cases}$，$u(-t)=\begin{cases}0, & t>0\\ 1, & t<0\end{cases}$。则可将绝对值符号打开：

$$e^{-3|t|}u(t)=e^{-3t}u(t)$$

$$e^{-3|t|}u(-t)=e^{3t}u(-t)$$

于是

$$f(t)=e^{-3|t|}=e^{-3t}u(t)+e^{3t}u(-t)$$

由式(4.1.8)知

$$e^{-\alpha t}u(t)\longleftrightarrow\frac{1}{s+\alpha},\quad \sigma\in(-\alpha,+\infty)$$

则

$$e^{-3t}u(t)\longleftrightarrow\frac{1}{s+3},\quad \sigma\in(-3,+\infty)$$

应用双边 LT 的反转特性式(4.1.20)可以得到

$$e^{\alpha t}u(-t)\longleftrightarrow\frac{-1}{s-\alpha},\quad \sigma\in(-\infty,\alpha)$$

即

$$e^{3t}u(-t)\longleftrightarrow \frac{-1}{s-3},\quad \sigma\in(-\infty,3)$$

根据双边 LT 的线性特性式(4.1.12)求得

$$F(s)=\frac{1}{s+3}-\frac{1}{s-3}=\frac{-6}{s^2-9},\quad \sigma\in(-3,3)$$

例 4.1.8　已知连续时间信号 $f(t)\longleftrightarrow F(s),\sigma\in(\alpha,\beta)$，求信号 $y(t)=e^{-t}f(3-4t)$ 的双边 LT。

求解此题时，首先一定要清楚信号 $f(t)$ 在时域要经过哪些运算才能得到信号 $y(t)$，然后再利用相应的双边 LT 的性质计算出 LT。在此只给出两种计算方法。

解 1　已知

$$f(t)\longleftrightarrow F(s),\quad \sigma\in(\alpha,\beta)$$

根据双边 LT 的时移特性式(4.1.13)得

$$f_1(t)=f(t+3)\longleftrightarrow F_1(s)=F(s)e^{3s},\quad \sigma\in(\alpha,\beta)$$

根据双边 LT 的尺度变换特性式(4.1.19)得

$$f_2(t)=f_1(-4t)=f(3-4t)\longleftrightarrow F_2(s)=\frac{1}{|-4|}F_1\left(\frac{s}{-4}\right)=\frac{1}{4}F\left(-\frac{s}{4}\right)e^{-\frac{3}{4}s},$$

$$\sigma\in(-4\beta,-4\alpha)$$

根据双边 LT 的复频移特性式(4.1.14)得

$$\begin{aligned}y(t)=e^{-t}f(3-4t)=e^{-t}f_2(t)\longleftrightarrow Y(s)&=F_2(s+1)\\&=\frac{1}{4}F\left(-\frac{s+1}{4}\right)e^{-\frac{3}{4}(s+1)},\quad \sigma\in(-4\beta-1,-4\alpha-1)\end{aligned}$$

解 2　已知

$$f(t)\longleftrightarrow F(s),\quad \sigma\in(\alpha,\beta)$$

则

$$f(-4t)\longleftrightarrow \frac{1}{4}F\left(-\frac{s}{4}\right),\quad \sigma\in(-4\beta,-4\alpha)$$

$$f(3-4t)\longleftrightarrow \frac{1}{4}F\left(-\frac{s}{4}\right)e^{-\frac{3}{4}s},\quad \sigma\in(-4\beta,-4\alpha)$$

故

$$y(t)=e^{-t}f(3-4t)\longleftrightarrow Y(s)=\frac{1}{4}F\left(-\frac{s+1}{4}\right)e^{-\frac{3}{4}(s+1)},\quad \sigma\in(-4\beta-1,-4\alpha-1)$$

5. 双边 LT 的时域卷积特性

若

$$f_1(t)\longleftrightarrow F_1(s),\quad \sigma\in(\alpha_1,\beta_1)$$

$$f_2(t)\longleftrightarrow F_2(s),\quad \sigma\in(\alpha_2,\beta_2)$$

则

$$f_1(t)*f_2(t)\longleftrightarrow F_1(s)F_2(s),\quad \sigma\in(\alpha_1,\beta_1)\cap(\alpha_2,\beta_2) \tag{4.1.21}$$

证明　(略)

例 4.1.9 计算 $y(t)=\mathrm{e}^{-2t}u(t)*\mathrm{e}^{-4t}u(t)$。

解 根据式(4.1.9)做拉普拉斯变换：

$$\mathrm{e}^{-2t}u(t)\longleftrightarrow\frac{1}{s+2},\quad \sigma\in(-2,+\infty)$$

$$\mathrm{e}^{-4t}u(t)\longleftrightarrow\frac{1}{s+4},\quad \sigma\in(-4,+\infty)$$

根据双边 LT 的时域卷积特性式(4.1.21)，可得信号 $y(t)$的双边 LT

$$y(t)\longleftrightarrow Y(s)=\frac{1}{(s+2)(s+4)},\quad \sigma\in(-2,+\infty)$$

对 $Y(s)$做有理真分式部分分式展开得

$$Y(s)=\frac{1}{2(s+2)}-\frac{1}{2(s+4)},\quad \sigma\in(-2,+\infty)$$

对上式做拉普拉斯变换的逆变换得

$$y(t)=\mathrm{e}^{-2t}u(t)*\mathrm{e}^{-4t}u(t)=\frac{1}{2}\mathrm{e}^{-2t}u(t)-\frac{1}{2}\mathrm{e}^{-4t}u(t)$$

例 4.1.10 计算 $y(t)=\mathrm{e}^{-3(t-1)}u(t-2)*\mathrm{e}^{-4t}u(t-1)$。

解 首先在时域将信号配成全时移。设

$$f_1(t)=\mathrm{e}^{-3(t-1)}u(t-2)=\mathrm{e}^{-3}\mathrm{e}^{-3(t-2)}u(t-2)$$

由于

$$\mathrm{e}^{-3t}u(t)\longleftrightarrow\frac{1}{s+3},\quad \sigma\in(-3,+\infty)$$

根据时移特性式(4.1.13)得

$$\mathrm{e}^{-3(t-2)}u(t-2)\longleftrightarrow\frac{1}{s+3}\mathrm{e}^{-2s},\quad \sigma\in(-3,+\infty)$$

根据线性特性式(4.1.12)得

$$f_1(t)\longleftrightarrow F_1(s)=\mathrm{e}^{-3}\ \frac{\mathrm{e}^{-2s}}{s+3},\quad \sigma\in(-3,+\infty)$$

同理可得

$$f_2(t)=\mathrm{e}^{-4t}u(t-1)=\mathrm{e}^{-4}\mathrm{e}^{-4(t-1)}u(t-1)\longleftrightarrow F_2(s)=\mathrm{e}^{-4}\ \frac{\mathrm{e}^{-s}}{s+4},\quad \sigma\in(-4,+\infty)$$

根据双边 LT 的时域卷积特性式(4.1.21)得

$$Y(s)=F_1(s)F_2(s)=\left(\mathrm{e}^{-3}\ \frac{\mathrm{e}^{-2s}}{s+3}\right)\left(\mathrm{e}^{-4}\ \frac{\mathrm{e}^{-s}}{s+4}\right)=\mathrm{e}^{-7}\ \frac{1}{s^2+7s+12}\mathrm{e}^{-3s},\quad \sigma\in(-3,+\infty)$$

设

$$X(s)=\frac{1}{s^2+7s+12}=\frac{1}{s+3}-\frac{1}{s+4},\quad \sigma\in(-3,+\infty)$$

则

$$x(t)=(\mathrm{e}^{-3t}-\mathrm{e}^{-4t})u(t)$$

而

$$Y(s)=\mathrm{e}^{-7}X(s)\mathrm{e}^{-3s}$$

对上式做拉普拉斯变换的逆变换得

$$y(t)=\mathrm{e}^{-7}x(t-3)=\mathrm{e}^{-7}[\mathrm{e}^{-3(t-3)}-\mathrm{e}^{-4(t-3)}]u(t-3)=(\mathrm{e}^{-3t+2}-\mathrm{e}^{-4t+5})u(t-3)$$

6. 双边 LT 的时域微分特性

若

$$f(t)\longleftrightarrow F(s),\quad \sigma\in(\alpha,\beta)$$

则

$$f^{(N)}(t)\longleftrightarrow F_N(s)=s^N F(s),\quad 通常\ \sigma\in(\alpha,\beta),N\ 为正整数 \tag{4.1.22}$$

证明　若

$$f(t)\longleftrightarrow F(s),\quad \sigma\in(\alpha,\beta)$$

即

$$f(t)=\frac{1}{2\pi\mathrm{j}}\int_{\sigma-\mathrm{j}\infty}^{\sigma+\mathrm{j}\infty}F(s)\mathrm{e}^{st}\mathrm{d}s,\quad \sigma\in(\alpha,\beta)$$

上式对 t 求导得

$$f'(t)=\frac{1}{2\pi\mathrm{j}}\int_{\sigma-\mathrm{j}\omega}^{\sigma+\mathrm{j}\omega}F(s)\mathrm{e}^{st}s\mathrm{d}s,\quad \sigma\in(\alpha,\beta)$$

则

$$f'(t)\longleftrightarrow sF(s),\quad \sigma\in(\alpha,\beta)$$

以此类推可得

$$f^{(N)}(t)\longleftrightarrow F_N(s)=s^N F(s),\quad 通常\ \sigma\in(\alpha,\beta),N\ 为正整数$$

证毕。

式(4.1.22)提供了一种可以简化求双边 LT 的方法。若直接计算信号 $f(t)$的 LT $F(s)$比较困难,可以对信号 $f(t)$多次求导,直到 $f^{(N)}(t)$成为冲激、冲激的导数和阶跃信号,此时,计算信号 $f^{(N)}(t)$的双边 LT $F_N(s)$就比较容易了。式(4.1.22)中收敛域$\sigma\in(\alpha,\beta)$是 S 平面上的一个带,假如$\sigma\in(\alpha,\beta)$不包含 $\mathrm{j}\omega$ 轴,必定有 $s\neq 0$。而如果$\sigma\in(\alpha,\beta)$包含了 $\mathrm{j}\omega$ 轴,则其中除 $s=0$ 一个点外,剩下的无穷多个点均不为 0。因此,可以用 $f^{(N)}(t)$的 LT $F_N(s)$直接计算出信号 $f(t)$的双边 LT $F(s)$。即

$$F(s)=\frac{F_N(s)}{s^N},\quad \sigma\in(\alpha,\beta)\cap(0,+\infty) \tag{4.1.23}$$

例 4.1.11　信号 $f(t)$的波形图如图 4.1.4(a)所示,已知 $f(t)\longleftrightarrow F(s),\sigma\in(-\infty,+\infty)$,而信号 $y(t)\longleftrightarrow Y(s)=sF(s)\mathrm{e}^{-s},\sigma\in(-\infty,+\infty)$,试作出信号 $y(t)$的波形图。

解　已知

$$f(t)\longleftrightarrow F(s),\quad \sigma\in(-\infty,+\infty)$$

则

$$f(t-1)\longleftrightarrow F(s)\mathrm{e}^{-s},\quad \sigma\in(-\infty,+\infty)$$

$$f'(t-1)\longleftrightarrow sF(s)\mathrm{e}^{-s}=Y(s),\quad \sigma\in(-\infty,+\infty)$$

所以

$$y(t)=f'(t-1)$$

作出信号 $f(t)$的一阶导数 $f'(t)$的波形图如图 4.1.4(b)所示。将信号 $f'(t)$右移 1,得

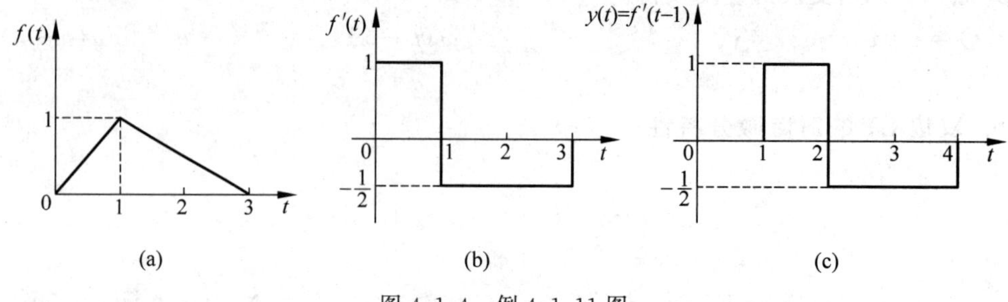

(a) (b) (c)

图 4.1.4 例 4.1.11 图

信号 $y(t)=f'(t-1)$的波形图如图 4.1.4(c)所示。

例 4.1.12 计算图 4.1.5(a)所示信号 $f(t)$的双边 LT。

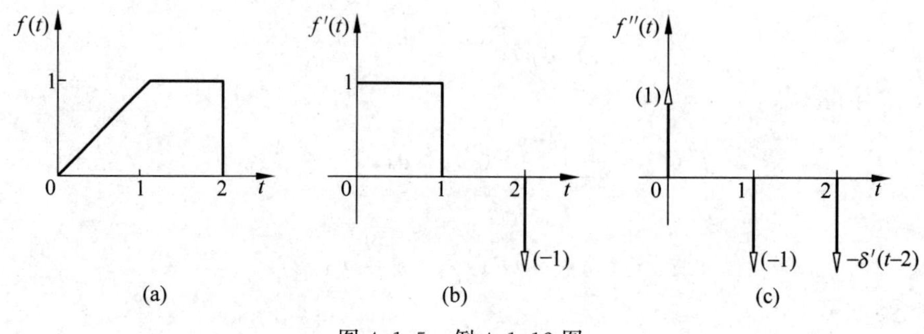

(a) (b) (c)

图 4.1.5 例 4.1.12 图

解 1 作出信号 $f(t)$的一阶导数 $f'(t)$的波形图如图 4.1.5(b)所示，有

$$f'(t)=u(t)-u(t-1)-\delta(t-2)$$

已知

$$u(t)\longleftrightarrow\frac{1}{s},\quad \sigma\in(0,+\infty)$$

则

$$u(t-1)\longleftrightarrow\frac{1}{s}\mathrm{e}^{-s},\quad \sigma\in(0,+\infty)$$

已知

$$\delta(t)\longleftrightarrow 1,\quad \sigma\in(-\infty,+\infty)$$

则

$$\delta(t-2)\longleftrightarrow \mathrm{e}^{-2s},\quad \sigma\in(-\infty,+\infty)$$

于是

$$f'(t)\longleftrightarrow F_1(s)=\frac{1}{s}-\frac{1}{s}\mathrm{e}^{-s}-\mathrm{e}^{-2s},\quad \sigma\in(-\infty,+\infty)$$

根据式(4.1.23)可得

$$f(t)\longleftrightarrow F(s)=\frac{F_1(s)}{s}=\frac{1}{s^2}(1-\mathrm{e}^{-s})-\frac{1}{s}\mathrm{e}^{-2s},\quad \sigma\in(-\infty,+\infty)$$

由于 $f(t)$、$f'(t)$均为时限信号，所以收敛域为全复平面 $\sigma\in(-\infty,+\infty)$。

解 2　作出信号 $f(t)$ 的一阶导数 $f'(t)$ 和二阶导数 $f''(t)$ 的波形图，分别如图 4.1.5(b)、(c)所示，有

$$f''(t)=\delta(t)-\delta(t-1)-\delta'(t-2)$$

已知

$$\delta(t)\longleftrightarrow 1,\quad \sigma\in(-\infty,+\infty)$$

根据时域微分特性式(4.1.22)得

$$\delta'(t)\longleftrightarrow s,\quad \sigma\in(-\infty,+\infty)$$

再根据时移特性式(4.1.13)得

$$\delta'(t-2)\longleftrightarrow s\mathrm{e}^{-2s},\quad \sigma\in(-\infty,+\infty)$$

则

$$f''(t)\longleftrightarrow F_2(s)=1-\mathrm{e}^{-s}-s\mathrm{e}^{-2s},\quad \sigma\in(-\infty,+\infty)$$

根据式(4.1.23)可得

$$f(t)\longleftrightarrow F(s)=\frac{F_2(s)}{s^2}=\frac{1}{s^2}(1-\mathrm{e}^{-s})-\frac{1}{s}\mathrm{e}^{-2s},\quad \sigma\in(-\infty,+\infty)$$

由于信号 $f''(t)$、$f(t)$ 是时限信号，则拉普拉斯变换的收敛域应为全 S 平面 $\sigma\in(-\infty,+\infty)$。

例 4.1.13　求图 4.1.6(a)所示信号 $f(t)$ 的 LT。

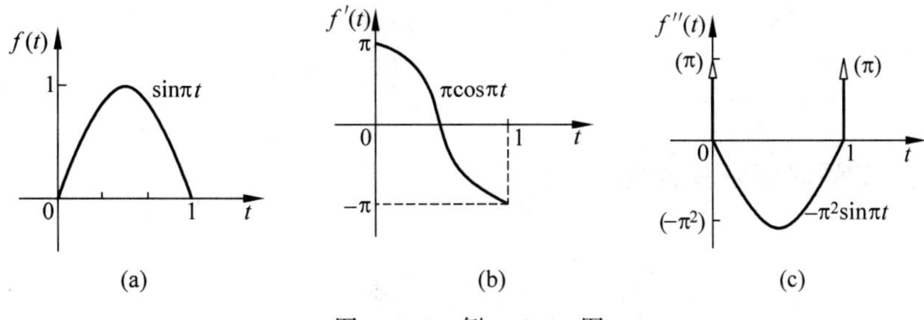

图 4.1.6　例 4.1.13 图

解 1　作出信号 $f(t)$ 的一阶、二阶导数 $f'(t)$、$f''(t)$ 的波形图分别如图 4.1.6(b)、(c)所示。

图 4.1.6(a)所示信号的表达式为

$$f(t)=\sin\pi t[u(t)-u(t-1)]$$

图 4.1.6(c)所示信号的表达式为

$$\begin{aligned}f''(t)&=\pi\delta(t)+\pi\delta(t-1)-\pi^2\sin\pi t[u(t)-u(t-1)]\\&=\pi[\delta(t)+\delta(t-1)]-\pi^2 f(t)\end{aligned}$$

做上式的 LT，设 $f(t)\longleftrightarrow F(s)$，$\sigma\in(-\infty,+\infty)$（因为信号 $f(t)$ 是时限信号，所以收敛域为全复平面），根据双边 LT 的时域微分特性式(4.1.22)得

$$f''(t)\longleftrightarrow s^2F(s),\quad \sigma\in(-\infty,+\infty)$$

而

$$\delta(t)\longleftrightarrow 1,\quad \sigma\in(-\infty,+\infty),\quad \delta(t-1)\longleftrightarrow \mathrm{e}^{-s},\quad \sigma\in(-\infty,+\infty)$$

可得出

$$s^2F(s)=\pi(1+\mathrm{e}^{-s})-\pi^2F(s)$$

即

$$(s^2+\pi^2)F(s)=\pi(1+\mathrm{e}^{-s})$$

所以

$$F(s)=\frac{\pi(1+\mathrm{e}^{-s})}{s^2+\pi^2},\quad \sigma\in(-\infty,+\infty)$$

解 2 利用三角函数诱导公式 $-\sin\alpha=\sin(\alpha-\pi)$ 将信号 $f(t)$ 表示为

$$\begin{aligned}f(t)&=\sin\pi t[u(t)-u(t-1)]=\sin\pi tu(t)-\sin\pi tu(t-1)\\&=\sin\pi tu(t)+\sin\pi(t-1)u(t-1)\end{aligned}$$

由式(4.1.16)知

$$\sin\beta tu(t)\longleftrightarrow\frac{\beta}{s^2+\beta^2},\quad \sigma\in(0,+\infty)$$

则

$$\sin\beta(t-1)u(t-1)\longleftrightarrow\frac{\beta}{s^2+\beta^2}\mathrm{e}^{-s},\quad \sigma\in(0,+\infty)$$

得到

$$\begin{aligned}F(s)&=\frac{\pi}{s^2+\pi^2}+\frac{\pi}{s^2+\pi^2}\mathrm{e}^{-s}\\&=\frac{\pi}{s^2+\pi^2}(1+\mathrm{e}^{-s}),\quad \sigma\in(-\infty,+\infty)\end{aligned}$$

7. 双边 LT 的时域积分特性

若

$$f(t)\longleftrightarrow F(s),\quad \sigma\in(\alpha,\beta)$$

则

$$f^{(-N)}(t)\longleftrightarrow\frac{1}{s^N}F(s),N\text{ 为正整数},\quad \sigma\in(\alpha,\beta)\cap(0,+\infty)\tag{4.1.24}$$

证明 当 $N=1$ 时,

$$f^{(-1)}(t)=f(t)*\delta^{(-1)}(t)=f(t)*u(t)$$

已知

$$f(t)\longleftrightarrow F(s),\quad \sigma\in(\alpha,\beta);\quad u(t)\longleftrightarrow\frac{1}{s},\quad \sigma\in(0,+\infty)$$

根据双边 LT 的时域卷积特性式(4.1.21)可得

$$f^{(-1)}(t)\longleftrightarrow\frac{1}{s}F(s),\quad \sigma\in(\alpha,\beta)\cap(0,+\infty)$$

以此类推。证毕。

4.1.6 拉普拉斯逆变换(ILT)

已知信号 $f(t)$ 的象函数 $F(s)$,$\sigma\in(\alpha,\beta)$,求原函数 $f(t)$,称为做拉普拉斯逆变换(inverse Laplace transform,ILT)。根据做双边拉普拉斯变换的逆变换的定义需要用复变函数(留数法）计算式(4.1.6)$f(t)=\frac{1}{2\pi \mathrm{j}}\int_{\sigma-\mathrm{j}\infty}^{\sigma+\mathrm{j}\infty}F(s)\mathrm{e}^{st}\mathrm{d}s,\sigma\in(\alpha,\beta)$。然而，直接计算该积分十分烦琐，在工程中使用不多，本书做拉普拉斯变换的逆变换(ILT)是先将象函数展开成一些简单项之和，然后利用已知 LT 对和 LT 的性质求出 $f(t)$。

例 4.1.14　已知连续时间信号 $f(t)$的双边 LT $F(s)=\frac{s+2}{s^2+5s+4}$，试分别计算象函数 $F(s)$可能存在的全部原函数 $f(t)$。

解　象函数 $F(s)$有极点 $p_1=-1,p_2=-4$，存在 3 种可能的收敛域 $\sigma\in(-1,+\infty)$，$\sigma\in(-4,-1)$，$\sigma\in(-\infty,-4)$。

做有理真分式部分分式展开：

$$F(s)=\frac{1}{3(s+1)}+\frac{2}{3(s+4)}$$

(1) 当收敛域为 $\sigma\in(-1,+\infty)$时，极点 $p_1=-1,p_2=-4$ 均为区左极点，对应的时间信号应为因果信号。

已知

$$\mathrm{e}^{-\alpha t}u(t)\longleftrightarrow\frac{1}{s+\alpha},\quad \sigma\in(-\alpha,+\infty)$$

做拉普拉斯变换 $F(s)=\frac{1}{3(s+1)}+\frac{2}{3(s+4)}$的逆变换，得

$$f(t)=\frac{1}{3}\mathrm{e}^{-t}u(t)+\frac{2}{3}\mathrm{e}^{-4t}u(t)$$

(2) 当收敛域为 $\sigma\in(-4,-1)$时，极点 $p_2=-4$ 为区左极点，对应的时间信号为因果信号；极点 $p_1=-1$ 为区右极点，对应的时间信号为逆因果信号。

已知

$$\mathrm{e}^{-\alpha t}u(t)\longleftrightarrow\frac{1}{s+\alpha},\quad \sigma\in(-\alpha,+\infty)$$

应用双边 LT 的尺度变换特性式(4.1.20)得

$$\mathrm{e}^{\alpha t}u(-t)\longleftrightarrow\frac{-1}{s-\alpha},\quad \sigma\in(-\infty,\alpha)$$

则

$$\mathrm{e}^{-4t}u(t)\longleftrightarrow\frac{1}{s+4},\quad \sigma\in(-4,+\infty);\quad \mathrm{e}^{-t}u(-t)\longleftrightarrow\frac{-1}{s+1},\quad \sigma\in(-\infty,-1)$$

所以

$$f(t)=-\frac{1}{3}\mathrm{e}^{-t}u(-t)+\frac{2}{3}\mathrm{e}^{-4t}u(t)$$

(3) 当收敛域为 $\sigma\in(-\infty,-4)$时，由于 $p_1=-1,p_2=-4$ 均为区右极点，所以对应的时间信号均为逆因果信号。

已知

$$\mathrm{e}^{\alpha t}u(-t)\longleftrightarrow\frac{-1}{s-\alpha},\quad \sigma\in(-\infty,\alpha)$$

可得

$$f(t)=-\frac{1}{3}\mathrm{e}^{-t}u(-t)-\frac{2}{3}\mathrm{e}^{-4t}u(-t)$$

例 4.1.15 已知 $f(t)\longleftrightarrow F(s)=\dfrac{s+6}{s^2+6s+8},\sigma\in(-2,+\infty)$,求原函数 $f(t)$。

解 对 $F(s)$做有理真分式部分分式展开:

$$F(s)=\frac{2}{s+2}-\frac{1}{s+4},\quad \sigma\in(-2,+\infty)$$

由于极点 $p_1=-2,p_2=-4$ 均为区左极点,所以 $f(t)$是因果信号。

已知

$$\mathrm{e}^{-\alpha t}u(t)\longleftrightarrow\frac{1}{s+\alpha},\quad \sigma\in(-\alpha,+\infty)$$

做拉普拉斯变换的逆变换得

$$f(t)=2\mathrm{e}^{-2t}u(t)-\mathrm{e}^{-4t}u(t)$$

例 4.1.16 信号 $f(t)$的双边 LT 为 $F(s)=\dfrac{s^3+3}{s^2+3s+2},\sigma\in(-1,+\infty)$,求原函数 $f(t)$。

解 由于 $F(s)$是假分式,先长除,再将有理真分式部分做部分分式展开得

$$F(s)=s-3+\frac{7s+9}{s^2+3s+2}=s-3+\frac{2}{s+1}+\frac{5}{s+2},\quad \sigma\in(-1,+\infty)$$

已知

$$\delta(t)\longleftrightarrow 1,\quad \sigma\in(-\infty,+\infty)$$

根据双边 LT 的时域微分特性式(4.1.22)得

$$\delta'(t)\longleftrightarrow s,\quad \sigma\in(-\infty,+\infty)$$

对 $F(s)$做拉普拉斯变换的逆变换得

$$f(t)=\delta'(t)-3\delta(t)+2\mathrm{e}^{-t}u(t)+5\mathrm{e}^{-2t}u(t)$$

例 4.1.17 已知 $f(t)\longleftrightarrow F(s)=\dfrac{2\mathrm{e}^{-s}+6-4\mathrm{e}^{-3s}}{s^2+7s+12},\sigma\in(-3,+\infty)$,试计算时间信号 $f(t)$。

解 信号 $f(t)$的双边 LT $F(s)$不再是有理分式,所以不能直接做有理真分式部分分式展开。

设

$$x(t)\longleftrightarrow X(s)=\frac{1}{s^2+7s+12},\quad \sigma\in(-3,+\infty)$$

$X(s)$做部分分式展开得

$$X(s)=\frac{1}{s+3}-\frac{1}{s+4},\quad \sigma\in(-3,+\infty)$$

做拉普拉斯变换的逆变换得

$$x(t)=(\mathrm{e}^{-3t}-\mathrm{e}^{-4t})u(t)$$

而

$$F(s)=2X(s)\mathrm{e}^{-s}+6X(s)-4X(s)\mathrm{e}^{-3s}$$

根据双边 LT 的线性特性式(4.1.12)和时移特性式(4.1.13),做拉普拉斯变换的逆变换得

$$\begin{aligned}f(t)&=2x(t-1)+6x(t)-4x(t-3)\\&=2[\mathrm{e}^{-3(t-1)}-\mathrm{e}^{-4(t-1)}]u(t-1)+6(\mathrm{e}^{-3t}-\mathrm{e}^{-4t})u(t)-4[\mathrm{e}^{-3(t-3)}-\mathrm{e}^{-4(t-3)}]u(t-3)\end{aligned}$$

例 4.1.18　已知 $f(t)\longleftrightarrow F(s)=\dfrac{s}{(s+1)(s^2+2s+2)}$，$\sigma\in(-1,+\infty)$，试求原函数。

解　$F(s)$有极点 $p_1=-1$，$p_2=-1+\mathrm{j}$，$p_3=-1-\mathrm{j}$，由于信号 $\cos\beta tu(t)$、$\sin\beta tu(t)$、$\mathrm{e}^{-\alpha t}\cos\beta tu(t)$、$\mathrm{e}^{-\alpha t}\sin\beta tu(t)$的 LT 的极点均为一对共轭极点，因此，展开象函数 $F(s)$时，若存在一对共轭复根，可将 $F(s)$展开式中一对共轭复根对应的两项通分，于是本题的象函数 $F(s)$可以表示为

$$F(s)=\frac{k_1}{s+1}+\frac{As+B}{s^2+2s+2}$$

根据式(3.2.43)进行计算：

$$k_1=(s+1)F(s)\mid_{s=-1}=\left.\frac{s}{s^2+2s+2}\right|_{s=-1}=-1$$

得

$$F(s)=\frac{-1}{s+1}+\frac{As+B}{s^2+2s+2}$$

通分得

$$F(s)=\frac{s}{(s+1)(s^2+2s+1)}=\frac{-s^2-2s-2+As^2+As+Bs+B}{(s+1)(s^2+2s+2)}$$

比较分子 $s=-s^2-2s-2+As^2+As+Bs+B=(A-1)s^2+(A+B-2)s+(B-2)$，$s^2$ 项的系数为 $0=A-1$，得 $A=1$；s 项的系数为 $1=A+B-2$，得 $B=2$；用 s^0 项的系数进行验算得 $0=B-2$，计算正确。

所以

$$F(s)=\frac{-1}{s+1}+\frac{s+2}{s^2+2s+2}=\frac{-1}{s+1}+\frac{s+1}{(s+1)^2+1}+\frac{1}{(s+1)^2+1},\quad \sigma\in(-1,+\infty)$$

应用常用 LT 对：

式(4.1.8)

$$\mathrm{e}^{-\alpha t}u(t)\longleftrightarrow\frac{1}{s+\alpha},\quad \sigma\in(-\alpha,+\infty)$$

式(4.1.17)

$$\mathrm{e}^{-\alpha t}\cos\beta tu(t)\longleftrightarrow\frac{s+\alpha}{(s+\alpha)^2+\beta^2},\quad \sigma\in(-\alpha,+\infty)$$

式(4.1.18)

$$\mathrm{e}^{-\alpha t}\sin\beta tu(t)\longleftrightarrow\frac{\beta}{(s+\alpha)^2+\beta^2},\quad \sigma\in(-\alpha,+\infty)$$

得到

$$f(t)=-\mathrm{e}^{-t}u(t)+\mathrm{e}^{-t}\cos tu(t)+\mathrm{e}^{-t}\sin tu(t)$$

综上所述，可以得出结论：做拉普拉斯变换的逆变换时，当 $F(s)$是有理真分式时，将 $F(s)$部分分式展开成一些简单项，然后用已知 LT 对和双边 LT 的线性特性求得原函数，如例 4.1.14 及例 4.1.15；当 $F(s)$是有理假分式时，先长除再求解，如例 4.1.16；若 $F(s)$的分子有指数因子，先计算去掉指数因子后的剩余部分的拉普拉斯变换的逆变换，再利用时移

特性求得原函数，如例 4.1.17；当 $F(s)$有一对共轭复根时，可以将展开式中对应一对共轭复根的两项通分，再用比较系数法求系数，展开象函数，再做拉普拉斯变换的逆变换，如例 4.1.18。

4.2 单边拉普拉斯变换

4.2.1 单边拉普拉斯变换的定义

一切物理可实现信号和系统都是因果的，因此计算双边 LT 时实际的积分下限为 0。考虑到信号 $f(t)$在 $t=0$ 时刻可能出现冲激或冲激的导数，将积分下限取为 $t=0^-$。

单边拉普拉斯变换(单边 LT)定义为

$$\mathcal{L}[f(t)]=\int_{0^-}^{+\infty} f(t)\mathrm{e}^{-st}\,\mathrm{d}t=F(s),\quad \sigma\in(\alpha,+\infty) \tag{4.2.1}$$

单边拉普拉斯变换的逆变换定义为

$$\mathcal{L}^{-1}[F(s)]=\frac{1}{2\pi}\int_{\sigma-\mathrm{j}\infty}^{\sigma+\mathrm{j}\infty} F(s)\mathrm{e}^{st}\,\mathrm{d}s=f(t),\quad \sigma\in(\alpha,+\infty) \tag{4.2.2}$$

记为

$$f(t)\longleftrightarrow F(s),\quad \sigma\in(\alpha,+\infty) \tag{4.2.3}$$

由单边拉普拉斯变换的定义式(4.2.1)知，如果 $t<0$ 时，时间信号 $f(t)$不等于 0，由于计算单边 LT 的定义式的积分下限是 $t=0^-$，意味着只对信号 $f(t)$在 $t=0^-$ 处截断后的信号即 $f(t)u(t-0^-)$进行积分。若信号 $f(t)$在 $t=0$ 时无冲激和冲激的导数，则计算单边拉普拉斯变换时的被积函数为 $f(t)u(t)$，为简便，常将单边拉普拉斯变换对记为

$$f(t)u(t)\longleftrightarrow F(s),\quad \sigma\in(\alpha,+\infty) \tag{4.2.4}$$

正是因为单边拉普拉斯变换是对信号 $f(t)u(t-0^-)$计算积分，所以一切因果信号的双边和单边拉普拉斯变换全同。

由单边拉普拉斯变换的定义式(4.2.1)可知，单边拉普拉斯变换的收敛域与因果信号的拉普拉斯变换的收敛域相同：其收敛域是 s 平面上某一右半开平面 $\sigma\in(\alpha,+\infty)$，全部极点 $p_k(k=1,2,\cdots,N)$均为区左极点，收敛边界 $\alpha=\mathrm{Re}[p_k]_{\max}$。

4.2.2 单边拉普拉斯变换的性质

单边拉普拉斯变换除具有双边拉普拉斯变换的全部性质外，还具有如下特性。

1. 单边拉普拉斯变换的复频域微分(时域乘 t)特性

若

$$f(t)\longleftrightarrow F(s),\quad \sigma\in(\alpha,+\infty)$$

则

$$tf(t)\longleftrightarrow -F'(s),\quad \sigma\in(\alpha,+\infty) \tag{4.2.5}$$

证明 (略)

例 4.2.1 计算下列信号的 LT：(1)$t\mathrm{e}^{-\alpha t}u(t)$；(2)$t^N u(t)$($N$ 为正整数)。

解　(1) 已知

$$e^{-\alpha t}u(t) \longleftrightarrow \frac{1}{s+\alpha},\quad \sigma \in (-\alpha, +\infty)$$

根据单边拉普拉斯变换的复频域微分特性式(4.2.5)得

$$te^{-\alpha t}u(t) \longleftrightarrow -\left(\frac{1}{s+\alpha}\right)' = \frac{1}{(s+\alpha)^2},\quad \sigma \in (-\alpha, +\infty)$$

即

$$te^{-\alpha t}u(t) \longleftrightarrow \frac{1}{(s+\alpha)^2},\quad \sigma \in (-\alpha, +\infty) \tag{4.2.6}$$

(2) 已知

$$u(t) \longleftrightarrow \frac{1}{s},\quad \sigma \in (0, +\infty)$$

应用单边 LT 复频域微分特性式(4.2.5)得

$$tu(t) \longleftrightarrow -\left(\frac{1}{s}\right)' = \frac{1}{s^2},\quad \sigma \in (0, +\infty)$$

$$t^2u(t) \longleftrightarrow -\left(\frac{1}{s^2}\right)' = \frac{2}{s^3},\quad \sigma \in (0, +\infty)$$

$$t^3u(t) \longleftrightarrow -\left(\frac{2}{s^3}\right)' = \frac{3!}{s^4},\quad \sigma \in (0, +\infty)$$

$$t^4u(t) \longleftrightarrow -\left(\frac{3!}{s^4}\right)' = \frac{4!}{s^5},\quad \sigma \in (0, +\infty)$$

以此类推得

$$t^N u(t) \longleftrightarrow \frac{N!}{s^{N+1}},\quad \sigma \in (0, +\infty), N \text{ 为正整数} \tag{4.2.7}$$

例 4.2.2　计算　$y(t)=t^3u(t) * tu(t)$。

解　根据式(4.2.7)

$$t^N u(t) \longleftrightarrow \frac{N!}{s^{N+1}},\quad \sigma \in (0, +\infty)$$

可得

$$t^3u(t) \longleftrightarrow \frac{3!}{s^4},\quad \sigma \in (0, +\infty)$$

$$tu(t) \longleftrightarrow \frac{1}{s^2},\quad \sigma \in (0, +\infty)$$

根据 LT 的时域卷积特性式(4.1.21)得

$$y(t)=t^3u(t) * tu(t) \longleftrightarrow Y(s)=\left(\frac{3!}{s^4}\right)\left(\frac{1}{s^2}\right)=\frac{3!}{s^6}=\frac{3!}{s^{5+1}},\quad \sigma \in (0, +\infty)$$

而由式(4.2.7)知

$$t^5u(t) \longleftrightarrow \frac{5!}{s^{5+1}},\quad \sigma \in (0, +\infty)$$

应用式(4.1.12)可得

$$\frac{1}{5!}t^5u(t) \longleftrightarrow \frac{1}{s^{5+1}}, \quad \sigma \in (0,+\infty)$$

所以

$$y(t)=\frac{3!}{5!}t^5u(t)=\frac{3\times 2}{5\times 4\times 3\times 2}t^5u(t)=\frac{1}{20}t^5u(t)$$

例 4.2.3 计算 $y(t)=\mathrm{e}^{-2t}u(t)*\mathrm{e}^{-2t}u(t)$。

解 已知

$$\mathrm{e}^{-2t}u(t) \longleftrightarrow \frac{1}{s+2}, \quad \sigma \in (-2,+\infty)$$

则

$$y(t)=\mathrm{e}^{-2t}u(t)*\mathrm{e}^{-2t}u(t) \longleftrightarrow Y(s)=\frac{1}{(s+2)^2}, \quad \sigma \in (-2,+\infty)$$

根据式(4.2.6)

$$t\mathrm{e}^{-\alpha t}u(t) \longleftrightarrow \frac{1}{(s+\alpha)^2}, \quad \sigma \in (-\alpha,+\infty)$$

得

$$t\mathrm{e}^{-2t}u(t) \longleftrightarrow \frac{1}{(s+2)^2}, \quad \sigma \in (-2,+\infty)$$

所以

$$y(t)=\mathrm{e}^{-2t}u(t)*\mathrm{e}^{-2t}u(t)=t\mathrm{e}^{-2t}u(t)$$

2. 单边拉普拉斯变换的时域微分特性

若信号 $f(t)$的单边 LT 为 $F(s)$,$\sigma\in(\alpha,+\infty)$,意味着

$$f(t)u(t) \longleftrightarrow F(s), \quad \sigma \in (\alpha,+\infty)$$

由于单边 LT 具有双边 LT 的全部性质,根据双边 LT 的时域微分特性式(4.1.22)可得

$$[f(t)u(t)]^{(N)} \longleftrightarrow s^N F(s), \quad \sigma \in (\alpha,+\infty), N \text{ 为正整数} \tag{4.2.8}$$

而信号 $f(t)$的一阶导数 $f'(t)$的单边 LT 为

$$f'(t)u(t) \longleftrightarrow sF(s)-f(0^-), \quad \sigma \in (\alpha,+\infty) \tag{4.2.9}$$

信号 $f(t)$的二阶导数 $f''(t)$的单边 LT 为

$$f''(t)u(t) \longleftrightarrow s^2F(s)-sf(0^-)-f'(0^-), \quad \sigma \in (\alpha,+\infty) \tag{4.2.10}$$

以此类推。

证明 计算信号 $f'(t)$取单边拉普拉斯变换。根据式(4.2.1)计算得

$$\int_{0^-}^{+\infty} f'(t)u(t)\mathrm{e}^{-st}\,\mathrm{d}t=\int_{0^-}^{+\infty} f'(t)\mathrm{e}^{-st}\,\mathrm{d}t=\int_{0^-}^{+\infty} \mathrm{e}^{-st}\,\mathrm{d}f(t)=\mathrm{e}^{-st}f(t)\Big|_{0^-}^{+\infty}-\int_{0^-}^{+\infty} f(t)\mathrm{d}\mathrm{e}^{-st}$$

当 s 位于收敛域 $\sigma\in(\alpha,+\infty)$中时,

$$\mathrm{e}^{-st}f(t)\Big|_{0^-}^{+\infty}=-f(0^-)$$

而

$$\int_{0^-}^{+\infty} f(t)\mathrm{d}\mathrm{e}^{-st}=-s\int_{0^-}^{+\infty} f(t)\mathrm{e}^{-st}\,\mathrm{d}t=-sF(s)$$

所以

$$f'(t)u(t) \longleftrightarrow sF(s) - f(0^-),\quad \sigma \in (\alpha, \beta)$$

同理可证得式(4.2.10)。证毕。

为了帮助读者理解双、单边 LT 的时域微分特性，紧接着安排了例 4.2.4。

例 4.2.4　信号 $f(t)=\mathrm{e}^{t}u(-t)+2\mathrm{e}^{-t}u(t)$，波形图如图 4.2.1(a)所示。试计算：(1)信号 $f(t)$的双边 LT；(2)信号 $f(t)$的单边 LT；(3)$[f(t)u(t)]'$的 LT(因果信号的双、单边 LT 全同)；(4)信号 $f'(t)$的单边 LT。

解　(1) 已知

$$\mathrm{e}^{-\alpha t}u(t) \longleftrightarrow \frac{1}{s+\alpha},\quad \sigma \in (-\alpha, +\infty)$$

$$\mathrm{e}^{\alpha t}u(-t) \longleftrightarrow \frac{-1}{s-\alpha},\quad \sigma \in (-\infty, \alpha)$$

则

$$f(t)=\mathrm{e}^{t}u(-t)+2\mathrm{e}^{-t}u(t) \longleftrightarrow F_{\text{双}}(s)=\frac{-1}{s-1}+\frac{2}{s+1}=\frac{s-3}{s^2-1},\quad \sigma \in (-1,1)$$

(2) 作出信号 $f(t)u(t)$的波形图如图 4.2.1(b)所示，求信号 $f(t)$的单边拉普拉斯变换 $F(s)$：

$$f(t)u(t)=2\mathrm{e}^{-t}u(t) \longleftrightarrow F(s)=\frac{2}{s+1},\quad \sigma \in (-1, +\infty)$$

(3) 作出信号$[f(t)u(t)]'$的波形图如图 4.2.1(c)所示，计算$[f(t)u(t)]'$的拉普拉斯变换：

$$[f(t)u(t)]'=2\delta(t)-2\mathrm{e}^{-t}u(t) \longleftrightarrow 2-\frac{2}{s+1}=\frac{2s}{s+1},\quad \sigma \in (-1, +\infty)$$

而直接用双边 LT 的时域微分特性式(4.1.22)计算同样得到

$$[f(t)u(t)]' \longleftrightarrow sF(s)=\frac{2s}{s+1},\quad \sigma \in (-1, +\infty)$$

(4) 作出信号 $f'(t)$的波形图如图 4.2.1(d)所示。在计算 $f'(t)$的单边拉普拉斯变换时，由于 $f'(t)$在 $t=0$ 时刻有冲激 $\delta(t)$，因此，是对信号 $f'(t)u(t-0^-)=\delta(t)-2\mathrm{e}^{-t}u(t)$ 求 LT，得

$$f'(t)u(t-0^-)=\delta(t)-2\mathrm{e}^{-t}u(t) \longleftrightarrow 1-\frac{2}{s+1}=\frac{s-1}{s+1},\quad \sigma \in (-1, +\infty)$$

而直接用单边 LT 的时域微分特性式(4.2.9)计算得

$$f'(t)u(t) \longleftrightarrow sF(s)-f(0^-)=\frac{2s}{s+1}-1=\frac{s-1}{s+1},\quad \sigma \in (-1, +\infty)$$

不仅结果相同，而且将 $t=0$ 时刻 $f'(t)$存在冲激的问题包含进去了。

3. 始值定理和终值定理

定义连续时间信号 $f(t)$的始值为

$$f(0^+)=\lim_{t\to 0^+} f(t) \tag{4.2.11}$$

定义连续时间信号 $f(t)$的终值为

$$f(+\infty)=\lim_{t\to +\infty} f(t) \tag{4.2.12}$$

若已知信号 $f(t)$ 的单边拉普拉斯变换 $F(s)$，$\sigma\in(\alpha,+\infty)$，求信号 $f(t)$ 的始值 $f(0^+)$ 和终值 $f(+\infty)$ 时，必须先做拉普拉斯变换的逆变换，求得时间信号 $f(t)$ 后，才能计算出始值 $f(0^+)$ 和终值 $f(+\infty)$。而应用该性质，当 $F(s)$ 满足一定条件时，可以直接由 $F(s)$ 计算出时间信号 $f(t)$ 的始值和终值。本书不证明该性质，只举例说明如何应用。

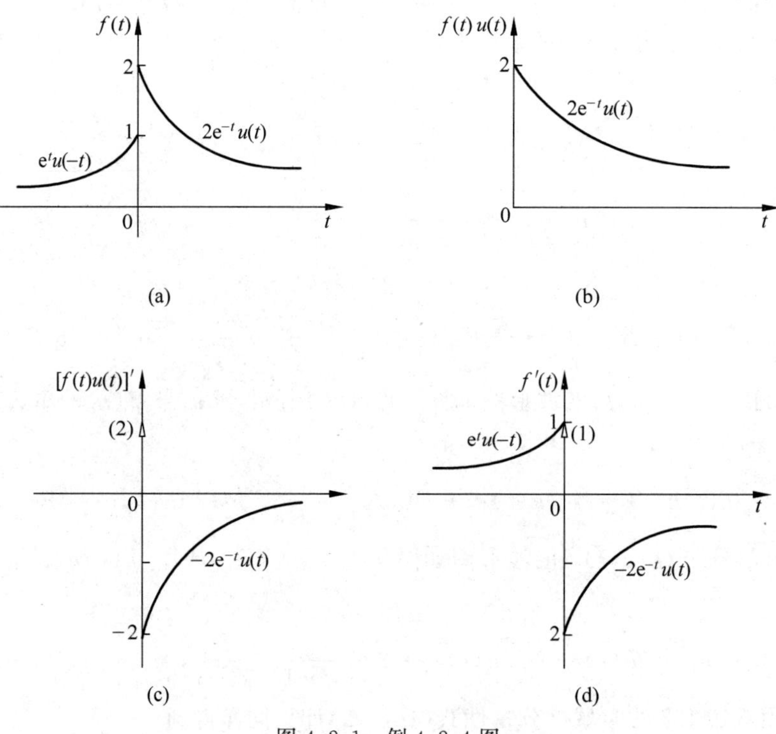

图 4.2.1 例 4.2.4 图

始值定理 若

$$f(t)\longleftrightarrow F(s),\quad \sigma\in(\alpha,+\infty)$$

当 $F(s)$ 为真分式时，信号 $f(t)$ 的始值为

$$f(0^+)=\lim_{s\to+\infty} sF(s) \tag{4.2.13}$$

终值定理 若

$$f(t)\longleftrightarrow F(s),\quad \sigma\in(\alpha,+\infty)$$

当 $sF(s)$ 的收敛域包含 $\mathrm{j}\omega$ 轴时，信号 $f(t)$ 的终值为

$$f(+\infty)=\lim_{s\to 0} sF(s) \tag{4.2.14}$$

否则(即 $sF(s)$ 的收敛域不含 $\mathrm{j}\omega$ 轴)，信号 $f(t)$ 的终值 $f(+\infty)$ 不存在。

例 4.2.5 (1) $f(t)\longleftrightarrow F(s)=\dfrac{s+6}{s^2+6s+8}$，$\sigma\in(-2,+\infty)$，试计算信号 $f(t)$ 的始值 $f(0^+)$ 和终值 $f(+\infty)$。

(2) $f(t)\longleftrightarrow F(s)=\dfrac{s^3+1}{s^2+3s+2}$，$\sigma\in(-1,+\infty)$，试计算信号 $f(t)$ 的始值 $f(0^+)$。

(3) $f(t)\longleftrightarrow F(s)=\dfrac{s+2}{s^2-3s-4}$，$\sigma\in(4,+\infty)$，试计算信号 $f(t)$ 的终值 $f(+\infty)$。

解 (1) 因为 $F(s)=\dfrac{s+6}{s^2+6s+8}$ 是真分式，所以信号 $f(t)$ 的始值 $f(0^+)$ 为

$$f(0^+)=\lim_{s\to+\infty} sF(s)=\lim_{s\to+\infty}\frac{s(s+6)}{s^2+6s+8}=1$$

因为 $sF(s)$ 的收敛域 $\sigma\in(-2,+\infty)$ 含 $\mathrm{j}\omega$ 轴，所以信号 $f(t)$ 的终值 $f(+\infty)$ 为

$$f(+\infty)=\lim_{s\to 0} sF(s)=\lim_{s\to 0}\frac{s(s+6)}{s^2+6s+8}=0$$

(2) 因为 $F(s)=\dfrac{s^3+1}{s^2+3s+2}$ 是假分式，所以不能直接用始值定理式(4.2.13)计算信号 $f(t)$ 的始值 $f(0^+)$。

做长除：

$$F(s)=s-3+\frac{7s+9}{s^2+3s+2}$$

令 $x(t)\longleftrightarrow X(s)$，其中 $X(s)=\dfrac{7s+9}{s^2+3s+2}$。由于 $X(s)$ 是真分式，由始值定理式(4.2.13)得

$$x(0^+)=\lim_{s\to+\infty} sX(s)=\lim_{s\to+\infty}\frac{s(7s+9)}{s^2+3s+2}=7$$

对 $F(s)$ 做拉普拉斯变换的逆变换得

$$f(t)=\delta'(t)-3\delta(t)+x(t)$$

令 $t=0^+$，得

$$f(0^+)=\delta'(0^+)-3\delta(0^+)+x(0^+)$$

因为 $\delta'(0^+)=0,\delta(0^+)=0$，所以 $f(0^+)=\delta'(0^+)-3\delta(0^+)+x(0^+)=x(0^+)=7$。

如果不考虑该定理的条件——象函数 $F(s)$ 是真分式，而直接进行计算，就会得出 $f(0^+)$ 不存在的错误结论。

(3) 因为 $sF(s)=\dfrac{s(s+2)}{s^2-3s-4}$ 的收敛域 $\sigma\in(4,+\infty)$ 不包含 $\mathrm{j}\omega$ 轴，所以信号 $f(t)$ 的终值 $f(+\infty)$ 不存在。

如果不弄清楚条件直接计算，就会得出 $f(+\infty)=0$ 的错误结果。

4. 周期信号的单边拉普拉斯变换

设 $f_T(t)$ 是周期为 T 的周期信号，称 $f_T(t)u(t)=f(t)=\sum\limits_{k=0}^{+\infty}x(t-kT)$ 为单边周期信号，其中

$$x(t)=\begin{cases}f(t), & 0<t<T\\ 0, & 其他\end{cases}$$

若

$$x(t)\longleftrightarrow X(s),\quad \sigma\in(-\infty,+\infty)$$

则

$$f(t) \longleftrightarrow F(s)=\frac{X(s)}{1-\mathrm{e}^{-sT}}, \quad \sigma \in (0,+\infty) \tag{4.2.15}$$

证明 对 $f_T(t)$ 取单边拉普拉斯变换，根据单边拉普拉斯变换的定义式(4.2.1)可知，这就是计算信号 $f_T(t)u(t)$ 的单边拉普拉斯变换。

令 $f(t)=f_T(t)u(t)$，将 $f(t)$ 表示为 $f(t)=\sum_{k=0}^{+\infty}x(t-kT)$，其中 $x(t)=\begin{cases}f(t), & 0<t<T \\ 0, & \text{其他}\end{cases}$。

对 $f(t)$ 做单边拉普拉斯变换。设 $x(t)\longleftrightarrow X(s)$，$\sigma\in(-\infty,+\infty)$，根据拉普拉斯变换的线性特性式(4.1.12)和时移特性式(4.1.13)得

$$F(s)=\sum_{k=0}^{+\infty}X(s)\mathrm{e}^{-sTk}=X(s)\sum_{k=0}^{+\infty}\mathrm{e}^{-sTk}$$

其中，$\sum_{k=0}^{+\infty}\mathrm{e}^{-sTk}$ 是公比为 e^{-sT} 的等比级数。当 $|\mathrm{e}^{-sT}|<1$，即 $\sigma>0$ 时，或 $\sigma\in(0,+\infty)$ 时，$\sum_{k=0}^{+\infty}\mathrm{e}^{-sTk}=\frac{1}{1-\mathrm{e}^{-sT}}$；当 $\sigma\leqslant 0$ 时，求和不存在。故

$$F(s)=\frac{X(s)}{1-\mathrm{e}^{-sT}}, \quad \sigma\in(0,+\infty)$$

证毕。

例 4.2.6 求图 4.2.2 所示信号 $f(t)$ 的单边拉普拉斯变换。

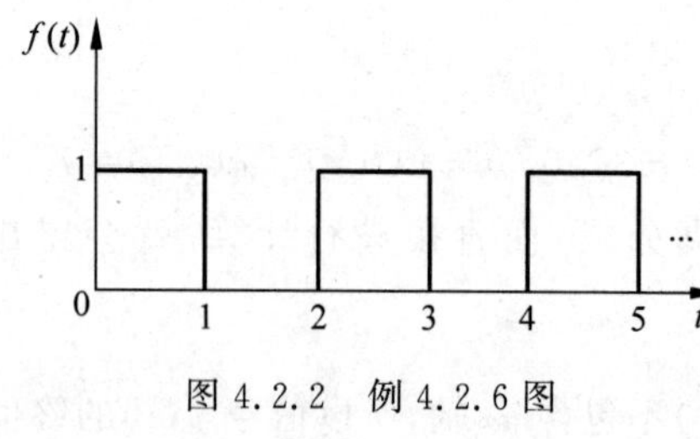

图 4.2.2 例 4.2.6 图

解 将图 4.2.2 所示信号表示为

$$f(t)=\sum_{k=0}^{+\infty}x(t-kT)$$

其中 $T=2$，$x(t)=u(t)-u(t-1)$。计算

$$x(t)\longleftrightarrow X(s)=\frac{1}{s}(1-\mathrm{e}^{-s}), \quad \sigma\in(-\infty,+\infty)$$

根据式(4.2.15)可得

$$f(t)\longleftrightarrow F(s)=\frac{X(s)}{1-\mathrm{e}^{-sT}}=\frac{1-\mathrm{e}^{-s}}{s(1-\mathrm{e}^{-2s})}=\frac{1}{s(1+\mathrm{e}^{-s})}, \quad \sigma\in(0,+\infty)$$

例 4.2.7 求图 4.2.3(a)所示信号 $f(t)$ 的 LT。

解 将图 4.2.3(a)所示信号表示为

$$f(t)=\sum_{k=0}^{+\infty}x(t-kT)$$

其中 $T=4$，$x(t)$ 如图 4.2.3(b)所示。

作出 $x'(t)$、$x''(t)$ 的波形图分别如图 4.2.3(c)、(d)所示。则有

$$x''(t)=\delta(t)-\delta(t-1)-\delta(t-2)+\delta(t-3)$$

对 $x''(t)$ 做单边拉普拉斯变换得

$$x''(t)\longleftrightarrow X_2(s)=1-\mathrm{e}^{-s}-\mathrm{e}^{-2s}+\mathrm{e}^{-3s}=(1-\mathrm{e}^{-s})(1-\mathrm{e}^{-2s}), \quad \sigma\in(-\infty,+\infty)$$

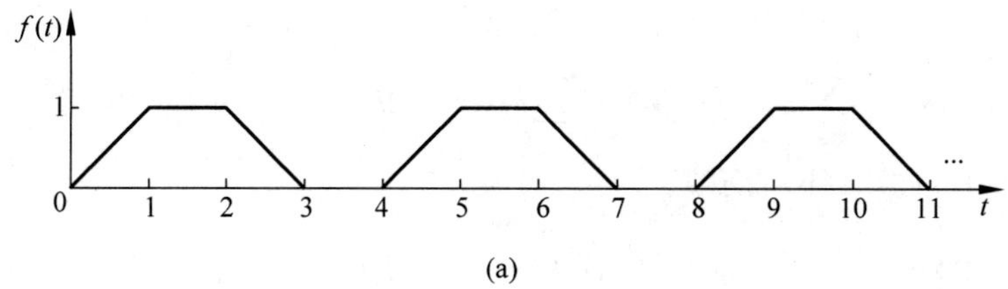

(a)

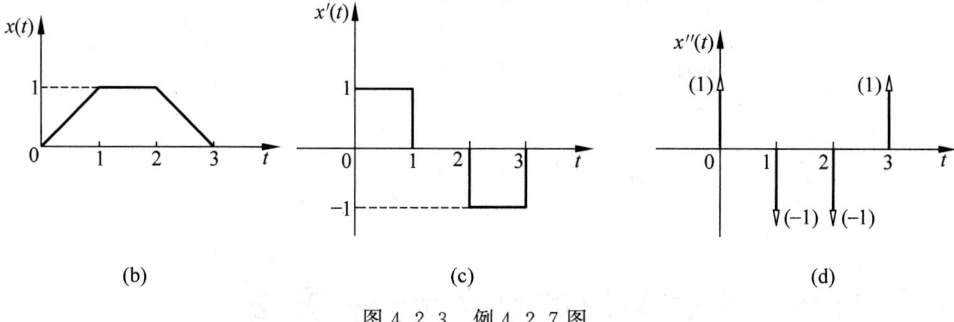

(b) (c) (d)

图 4.2.3 例 4.2.7 图

利用式(4.1.23)得

$$X(s)=\frac{X_2(s)}{s^2}=\frac{(1-e^{-s})(1-e^{-2s})}{s^2},\quad \sigma\in(-\infty,+\infty)$$

根据计算周期信号的单边拉普拉斯变换的式(4.2.15)可得

$$F(s)=\frac{X(s)}{1-e^{-sT}}=\frac{(1-e^{-s})(1-e^{-2s})}{s^2(1-e^{-4s})}$$

$$=\frac{(1-e^{-s})(1-e^{-2s})}{s^2(1-e^{-2s})(1+e^{-2s})}=\frac{1-e^{-s}}{s^2(1+e^{-2s})},\quad \sigma\in(0,+\infty)$$

例 4.2.8 已知 $f(t)\longleftrightarrow F(s)=\dfrac{1}{1+e^{-s}}$,$\sigma\in(0,+\infty)$,求原函数 $f(t)$,并作出 $f(t)$的波形图。

解 象函数 $F(s)=\dfrac{1}{1+e^{-s}}$,$\sigma\in(0,+\infty)$,分母中有 e,可以考虑周期信号的单边拉普拉斯变换。

分子、分母同乘以 $1-e^{-s}$ 得

$$F(s)=\frac{1-e^{-s}}{1-e^{-2s}},\quad \sigma\in(0,+\infty)$$

将上式与式(4.2.15)比较,可见原函数是 $T=2$ 的单边周期信号。

令

$$x(t)\longleftrightarrow X(s)=1-e^{-s},\quad \sigma\in(-\infty,+\infty)$$

做拉普拉斯变换的逆变换得

$$x(t)=\delta(t)-\delta(t-1)$$

$x(t)$的波形图如图 4.2.4(a)所示。

所以

$$f(t)=\sum_{k=0}^{+\infty}x(t-kT)=\sum_{k=0}^{+\infty}[\delta(t-2k)-\delta(t-1-2k)]$$

$f(t)$的波形图如图 4.2.4(b)所示。

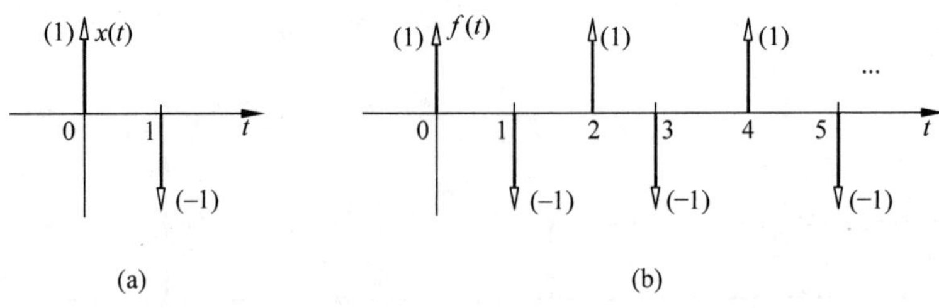

图 4.2.4　例 4.2.8 图

4.3　LTI 连续时间系统的复频域分析方法

4.3.1　LTI 连续时间系统的系统函数 $H(s)$

若 LTI 连续时间系统输入连续时间信号 $f(t)$时，零状态响应为 $y_f(t)$。

设

$$f(t)\longleftrightarrow F(s),\quad \sigma\in(\alpha_f,\beta_f)$$

$$y_f(t)\longleftrightarrow Y_f(s),\quad \sigma\in(\alpha_y,\beta_y)$$

定义 LTI 连续时间系统的系统函数为

$$H(s)=\frac{Y_f(s)}{F(s)},\quad \sigma\in(\alpha_h,\beta_h)\tag{4.3.1}$$

系统函数 $H(s)$是系统特性的复频(S)域描述，由系统唯一确定。系统函数又称为系统的特征函数，在分析 LTI 连续时间系统时，系统函数 $H(s)$具有十分重要的意义。

若 LTI 连续时间系统的单位冲激响应为 $h(t)$，由式(2.2.2)知，当输入信号为 $f(t)$时，零状态响应 $y_f(t)$为

$$y_f(t)=f(t)*h(t)$$

对上式做拉普拉斯变换，设

$$f(t)\longleftrightarrow F(s),\quad \sigma\in(\alpha_f,\beta_f)$$

$$y_f(t)\longleftrightarrow Y_f(s),\quad \sigma\in(\alpha_y,\beta_y)$$

利用 LT 的时域卷积特性式(4.1.21)得到

$$Y_f(s)=F(s)\,\mathcal{L}[h(t)]$$

则

$$\mathcal{L}[h(t)]=\frac{Y_f(s)}{F(s)}$$

而根据式(4.3.1)知

$$\frac{Y_{\mathrm{f}}(s)}{F(s)}=H(s)$$

所以，LTI 连续时间系统的单位冲激响应 $h(t)$ 与系统函数 $H(s)$ 是一对拉普拉斯变换，即

$$h(t)\longleftrightarrow H(s),\quad \sigma\in(\alpha_{\mathrm{h}},\beta_{\mathrm{h}}) \tag{4.3.2}$$

例 4.3.1　某 LTI 连续时间系统输入信号 $f(t)=u(t)$ 时，零状态响应为 $y_{\mathrm{f}}(t)=\frac{1}{2}(1-\mathrm{e}^{-2t})u(t)$。求系统函数 $H(s)$。

解　计算输入信号的 LT：

$$f(t)=u(t)\longleftrightarrow F(s)=\frac{1}{s},\quad \sigma\in(0,+\infty)$$

计算零状态响应的 LT：

$$y_{\mathrm{f}}(t)=\frac{1}{2}u(t)-\frac{1}{2}\mathrm{e}^{-2t}u(t)\longleftrightarrow Y_{\mathrm{f}}(s)=\frac{\frac{1}{2}}{s}-\frac{\frac{1}{2}}{s+2}=\frac{1}{s(s+2)},\quad \sigma\in(0,+\infty)$$

根据 LTI 连续时间系统系统函数 $H(s)$ 的定义式(4.3.1)得系统函数

$$H(s)=\frac{Y_{\mathrm{f}}(s)}{F(s)}=\frac{1}{s+2},\quad \sigma\in(-2,+\infty)$$

通常在不考虑系统的初始状态的情况下，零状态响应 $y_{\mathrm{f}}(t)$ 的右下标可以不再标出而直接表示为 $y(t)$。

例 4.3.2　求下列系统方程对应的 LTI 连续时间系统的单位冲激响应 $h(t)$：

(1) $y'(t)+2y(t)=f(t)$；(2) $y''(t)+5y'(t)+4y(t)=f'(t)+2f(t)$。

解　(1) 对系统方程 $y'(t)+2y(t)=f(t)$ 做拉普拉斯变换，设

$$f(t)\longleftrightarrow F(s),\quad y(t)\longleftrightarrow Y(s)$$

得

$$sY(s)+2Y(s)=F(s)$$

则系统函数

$$H(s)=\frac{Y(s)}{F(s)}=\frac{1}{s+2},\quad \sigma\in(-2,+\infty)$$

由于系统方程对应一个电路系统，而一切物理可实现系统均为因果系统，对应的系统函数的收敛域为复平面上某一右半开平面，全部极点均为区左极点，所以收敛域为 $\sigma\in(-2,+\infty)$。后文对此不再进行说明。

做拉普拉斯变换的逆变换，得系统的单位冲激响应

$$h(t)=\mathrm{e}^{-2t}u(t)$$

(2) 对系统方程 $y''(t)+5y'(t)+4y(t)=f'(t)+2f(t)$ 求拉普拉斯变换，设

$$f(t)\longleftrightarrow F(s),\quad y(t)\longleftrightarrow Y(s)$$

得

$$s^2Y(s)+5sY(s)+4Y(s)=sF(s)+2F(s)$$

则系统函数

$$H(s)=\frac{Y(s)}{F(s)}=\frac{s+2}{s^2+5s+4},\quad \sigma\in(-1,+\infty)$$

系统方程是根据电路列出的，一切物理可实现系统均为因果系统，因此收敛域为复平面上某一右半开平面。

做有理真分式部分分式展开得

$$H(s)=\frac{\frac{1}{3}}{s+1}+\frac{\frac{2}{3}}{s+4},\quad \sigma\in(-1,+\infty)$$

对上式做拉普拉斯变换的逆变换，得系统的单位冲激响应为

$$h(t)=\left(\frac{1}{3}\mathrm{e}^{-t}+\frac{2}{3}\mathrm{e}^{-4t}\right)u(t)$$

通过求解例 4.3.2 可见，若因果 LTI 连续时间系统的输入信号为 $f(t)$，输出信号为 $y(t)$，系统方程如式(1.2.5)所示为

$$\begin{gathered}y^{(N)}(t)+a_{N-1}y^{(N-1)}(t)+\cdots+a_1y'(t)+a_0y(t)\\=b_Mf^{(M)}(t)+b_{M-1}f^{(M-1)}(t)+\cdots+b_1f'(t)+b_0f(t),\\a_0,a_1,\cdots,a_{N-1},b_0,b_1,\cdots,b_M\ \text{均为常数}\end{gathered}$$

则可直接由系统方程写出系统函数为

$$H(s)=\frac{b_Ms^M+b_{M-1}s^{M-1}+\cdots+b_1s+b_0}{s^N+a_{N-1}s^{N-1}+\cdots+a_1s+a_0},\quad \sigma\in(\alpha,+\infty)\tag{4.3.3}$$

设系统函数 $H(s)$有极点 $p_k,k=1,2,\cdots,N$，则收敛边界 $\alpha=\mathrm{Re}[p_k]_{\max}$。

例如，已知因果 LTI 连续时间系统的系统方程 $y''(t)+8y'(t)+15y(t)=f'(t)+f(t)$ 时，可直接写出系统函数

$$H(s)=\frac{s+1}{s^2+8s+15},\quad \sigma\in(-3,+\infty)$$

4.3.2 LTI 连续时间系统对输入信号 $f(t)=\mathrm{e}^{s_0t}$ 的响应

设 LTI 连续时间系统的系统函数为 $H(s),\sigma\in(\alpha_\mathrm{h},\beta_\mathrm{h})$，当输入信号为无时限指数信号 $f(t)=\mathrm{e}^{s_0t}$ 时，若输入信号的复频率 s_0 位于系统函数 $H(s)$的收敛域 $\sigma\in(\alpha_\mathrm{h},\beta_\mathrm{h})$中，则输出信号为

$$y(t)=H(s_0)\mathrm{e}^{s_0t}\tag{4.3.4}$$

否则[即 s_0 不位于系统函数 $H(s)$的收敛域中]输出信号不存在。

证明 （略）

例 4.3.3 某 LTI 连续时间系统的系统函数 $H(s)=\dfrac{s+2}{s^2+4s+3},\sigma\in(-1,+\infty)$，分别计算该系统对下列输入信号的响应：(1) $f_1(t)=3\mathrm{e}^{-2t}$；(2) $f_2(t)=\mathrm{e}^t$；(3) $f_3(t)=4$。

解 (1) 因为输入信号 $f_1(t)=3\mathrm{e}^{-2t}$ 的复频率 $s_0=-2$，不在系统函数 $H(s)$的收敛域 $\sigma\in(-1,+\infty)$中，所以输出信号不存在(无穷大)。

(2) 由于输入信号 $f_2(t)=\mathrm{e}^t$ 的复频率 $s_0=1$ 在系统函数 $H(s)$的收敛域 $\sigma\in(-1,+\infty)$中，所以输出信号

$$y_2(t)=H(s_0)\big|_{s_0=1}\mathrm{e}^t=\frac{3}{8}\mathrm{e}^t$$

(3) 由于输入信号 $f(t)=4=4e^{0t}$ 的复频率 $s_0=0$ 位于系统函数 $H(s)$ 的收敛域 $\sigma\in(-1,+\infty)$ 中，所以输出信号

$$y_3(t)=H(s_0)\mid_{s_{0=0}}=4e^{0t}=\frac{2}{3}\times 4=\frac{8}{3}$$

4.3.3　LTI 连续时间系统零状态响应 $y_f(t)$ 的复频域分析

本小节讨论已知 LTI 连续时间系统的系统函数 $H(s),\sigma\in(\alpha_h,\beta_h)$，当输入信号为 $f(t)$ 时，计算系统的零状态响应 $y_f(t)$ 的问题。

由式(2.2.2)知 LTI 连续时间系统的零状态响应 $y_f(t)$ 等于系统的输入信号 $f(t)$ 与系统单位冲激响应 $h(t)$ 的卷积积分：

$$y_f(t)=f(t)*h(t)$$

对上式做拉普拉斯变换，设

$$y_f(t)\longleftrightarrow Y_f(s),\quad \sigma\in(\alpha_y,\beta_y)$$
$$f(t)\longleftrightarrow F(s),\quad \sigma\in(\alpha_f,\beta_f)$$
$$h(t)\longleftrightarrow H(s),\quad \sigma\in(\alpha_h,\beta_h)$$

根据 LT 的时域卷积特性式(4.1.21)得

$$Y_f(s)=F(s)H(s),\sigma\in(\alpha_y,\beta_y),\text{其中},\sigma\in(\alpha_y,\beta_y)=\sigma\in(\alpha_f,\beta_f)\cap(\alpha_h,\beta_h)$$

由于一切物理可实现信号和系统都是因果的，其拉普拉斯变换的收敛域应为复平面上某一右半开平面 $\sigma\in(\alpha_f,+\infty)$，$\sigma\in(\alpha_h,+\infty)$，因此，收敛域的公共部分 $\sigma\in(\alpha_f,+\infty)\cap(\alpha_h,+\infty)=\sigma\in(\alpha_y,+\infty)$ 一定存在，所以，今后在讨论因果信号通过因果系统的问题时就不再提及收敛域了，可直接计算得系统的零状态响应 $y_f(t)=\mathcal{L}^{-1}[Y_f(s)]=\mathcal{L}^{-1}[F(s)H(s)]$。

上述讨论给出了 LTI 连续时间系统的复频(S)域分析的基本公式：零状态响应的象函数 $Y_f(s)$ 等于输入信号的象函数 $F(s)$ 与系统函数 $H(s)$ 之积，即

$$Y_f(s)=F(s)H(s)\tag{4.3.5}$$

例 4.3.4　LTI 连续时间系统的系统方程为 $y''(t)+4y'(t)+3y(t)=f'(t)$，求输入信号 $f(t)=e^{-2t}u(t)$ 时的零状态响应 $y_f(t)$。

解　由系统方程可得系统函数

$$H(s)=\frac{Y(s)}{F(s)}=\frac{s}{s^2+4s+3}$$

计算输入信号的拉普拉斯变换：

$$f(t)=e^{-2t}u(t)\longleftrightarrow F(s)=\frac{1}{s+2}$$

根据式(4.3.5)得到系统零状态响应 $y_f(t)$ 的象函数为

$$Y_f(s)=F(s)H(s)=\frac{s}{(s^2+4s+3)(s+2)}=\frac{\frac{-1}{2}}{s+1}+\frac{2}{s+2}+\frac{\frac{-3}{2}}{s+3}$$

对上式做拉普拉斯变换的逆变换，得系统的零状态响应为

$$y_f(t)=\left(-\frac{1}{2}e^{-t}+2e^{-2t}-\frac{3}{2}e^{-3t}\right)u(t)$$

例 4.3.5 某 LTI 连续时间系统的单位阶跃响应为 $s(t)=(1-\mathrm{e}^{-2t})u(t)$，(1)求系统的单位冲激响应 $h(t)$；(2)设系统的输入信号为 $f(t)$，输出信号为 $y(t)$，试写出系统方程；(3)当零状态响应为 $y_{\mathrm{f}}(t)=(1-\mathrm{e}^{-2t}+t\mathrm{e}^{-2t})u(t)$时求系统的输入信号 $f(t)$。

解 (1) 由 LTI 连续时间系统单位阶跃响应 $s(t)$的定义知，当输入信号为单位阶跃信号 $f_1(t)=u(t)$时，系统的零状态响应称为系统的单位阶跃响应 $s(t)$。

计算得

$$f_1(t)=u(t)\longleftrightarrow F_1(s)=\frac{1}{s}$$

$$s(t)=(1-\mathrm{e}^{-2t})u(t)\longleftrightarrow S(s)=\frac{1}{s}-\frac{1}{s+2}=\frac{2}{s(s+2)}$$

根据式(4.3.5)得

$$S(s)=F_1(s)H(s)$$

于是，系统函数为

$$H(s)=\frac{S(s)}{F_1(s)}=\frac{2}{s+2}$$

对上式做拉普拉斯变换的逆变换，得系统的单位冲激响应为

$$h(t)=2\mathrm{e}^{-2t}u(t)$$

(2) 由于系统函数 $H(s)=\dfrac{2}{s+2}=\dfrac{Y(s)}{F(s)}$，即

$$sY(s)+2Y(s)=2F(s)$$

对上式做拉普拉斯逆变换，得出系统方程

$$y'(t)+2y(t)=2f(t)$$

(3) 当系统的零状态响应为 $y_{\mathrm{f}}(t)=(1-\mathrm{e}^{-2t}+t\mathrm{e}^{-2t})u(t)$时，做拉普拉斯变换得

$$Y_{\mathrm{f}}(s)=\frac{1}{s}-\frac{1}{s+2}+\frac{1}{(s+2)^2}=\frac{3s+4}{s(s+2)^2}$$

则根据式(4.3.5)得输入信号 $f(t)$的 LT 为

$$F(s)=\frac{Y_{\mathrm{f}}(s)}{H(s)}=\frac{3s+4}{s(s+2)^2}\,\frac{s+2}{2}=\frac{3s+4}{2s(s+2)}=\frac{1}{s}+\frac{\frac{1}{2}}{s+2}$$

对上式做拉普拉斯变换的逆变换，得输入信号

$$f(t)=\left(1+\frac{1}{2}\mathrm{e}^{-2t}\right)u(t)$$

例 4.3.6 LTI 连续时间系统的系统方程为 $y''(t)+6y'(t)+8y(t)=f(t)$，求系统的单位阶跃响应 $s(t)$。

解 由系统方程可得系统函数

$$H(s)=\frac{1}{s^2+6s+8}$$

当输入信号 $f(t)=u(t)\longleftrightarrow F(s)=\dfrac{1}{s}$时，根据式(4.3.5)得单位阶跃响应 $s(t)$的象函数

$$S(s)=F(s)H(s)=\frac{1}{s(s^2+6s+8)}=\frac{\frac{1}{8}}{s}-\frac{\frac{1}{4}}{s+2}+\frac{\frac{1}{8}}{s+4}$$

对上式做拉普拉斯变换的逆变换,得系统的单位阶跃响应

$$s(t)=\left(\frac{1}{8}-\frac{1}{4}e^{-2t}+\frac{1}{8}e^{-4t}\right)u(t)$$

例 4.3.7　某因果 LTI 连续时间系统,当输入信号为 $f_1(t)=\delta(t)$时,全响应为 $y_1(t)=2e^{-3t}(t>0)$；当输入信号 $f_2(t)=u(t)$时,全响应为 $y_2(t)=e^{-t}(t>0)$,两种输入情况下系统的初始状态相同。求：(1)系统的单位冲激响应 $h(t)$；(2)系统的初始状态不变,输入信号为 $f_3(t)=e^{-t}u(t)$时的全响应 $y_3(t)$。

解　(1) 由于两种输入情况下系统的初始状态相同,因此,两种输入情况下对应的零输入响应也相同,设零输入响应为 $y_s(t)$。根据 LTI 连续时间系统零状态响应的求法式(2.2.2)知

$$f_1(t)=\delta(t)\rightarrow y_{f1}(t)=\delta(t)*h(t)=h(t)$$

$$f_2(t)=u(t)=\delta^{(-1)}(t)\rightarrow y_{f2}(t)=\delta^{(-1)}(t)*h(t)=h^{(-1)}(t)$$

已知

$$y_1(t)=y_s(t)+y_{f1}(t)=y_s(t)+h(t)=2e^{-3t},\quad t>0$$

$$y_2(t)=y_s(t)+y_{f2}(t)=y_s(t)+h^{(-1)}(t)=e^{-t},\quad t>0$$

联立求解得

$$h^{(-1)}(t)-h(t)=(e^{-t}-2e^{-3t})u(t) \tag{4.3.6}$$

由于 $h(t)$是 LTI 系统输入为 $\delta(t)$时的零状态响应,所以 $t<0$ 时为零；同理,$t<0$ 时,$h^{(-1)}(t)$也为零。

由于 $h(t)\longleftrightarrow H(s)$,根据 LT 的时域积分特性式(4.1.24)得

$$h^{(-1)}(t)\longleftrightarrow\frac{1}{s}H(s)$$

对式(4.3.6)做拉普拉斯变换得

$$\frac{1}{s}H(s)-H(s)=\frac{1}{s+1}-\frac{2}{s+3}$$

于是系统函数

$$H(s)=\frac{s}{(s+1)(s+3)}=\frac{3}{2(s+3)}-\frac{1}{2(s+1)}$$

做拉普拉斯变换的逆变换,得系统的单位冲激响应

$$h(t)=\left(\frac{3}{2}e^{-3t}-\frac{1}{2}e^{-t}\right)u(t)$$

(2) 系统的零输入响应

$$y_s(t)=y_1(t)-y_{f1}(t)=y_1(t)-h(t)=\frac{1}{2}(e^{-3t}+e^{-t}),\quad t>0$$

当系统的输入信号为 $f_3(t)=e^{-t}u(t)\longleftrightarrow F_3(s)=\frac{1}{s+1}$时,根据 LTI 连续时间系统的复频(S)域分析法式(4.3.5)得此时零状态响应 $y_{f3}(t)$的 LT 为

$$Y_{f3}(s)=F_3(s)H(s)=\frac{s}{(s+1)^2(s+3)}=\frac{A_{11}}{(s+1)^2}+\frac{A_{12}}{s+1}+\frac{k_3}{s+3}$$

其中

$$A_{11}=(s+1)^2Y_{f3}(s)\mid_{s=-1}=\left.\frac{s}{s+3}\right|_{s=-1}=-\frac{1}{2}$$

$$A_{12}=[(s+1)^2Y_{f3}(s)]'\mid_{s=-1}=\left.\left(\frac{s}{s+3}\right)'\right|_{s=-1}=\left.\frac{3}{(s+3)^2}\right|_{s=-1}=\frac{3}{4}$$

$$k_3=(s+3)Y_{f3}(s)\mid_{s=-3}=\left.\frac{s}{(s+1)^2}\right|_{s=-3}=-\frac{3}{4}$$

即

$$Y_{f3}(s)=-\frac{1}{2(s+1)^2}+\frac{3}{4(s+1)}-\frac{3}{4(s+3)}$$

做拉普拉斯变换的逆变换得

$$y_{f3}(t)=-\frac{1}{2}t\mathrm{e}^{-t}u(t)+\frac{3}{4}\mathrm{e}^{-t}u(t)-\frac{3}{4}\mathrm{e}^{-3t}u(t)$$

故全响应

$$y_3(t)=y_s(t)+y_{f3}(t)=\frac{1}{2}(\mathrm{e}^{-3t}+\mathrm{e}^{-t})+\left(-\frac{1}{2}t\mathrm{e}^{-t}+\frac{3}{4}\mathrm{e}^{-t}-\frac{3}{4}\mathrm{e}^{-3t}\right)u(t),\quad t>0$$

$$=\frac{5}{4}\mathrm{e}^{-t}-\frac{1}{2}t\mathrm{e}^{-t}-\frac{1}{4}\mathrm{e}^{-3t},\quad t>0$$

例 4.3.8 某 LTI 连续时间系统，当初始状态 $y_1(0^-)=1$，输入信号为 $f_1(t)=u(t)$ 时，全响应为 $y_1(t)=2\mathrm{e}^{-2t},t>0$；当初始状态 $y_2(0^-)=2$，输入信号为 $f_2(t)=\delta(t)$ 时，全响应为 $y_2(t)=\delta(t)$。求该系统的系统方程，设输入信号为 $f(t)$，输出信号为 $y(t)$。

解 设 $y_1(0^-)=1\rightarrow y_{s1}(t)=y_s(t)$，根据连续时间 LTI 零输入响应 $y_s(t)$ 的线性特性，可得

$$y_2(0^-)=2=2y_1(0^-)\rightarrow y_{s2}(t)=2y_{s1}(t)=2y_s(t)$$

而

$$y_{f1}(t)=f_1(t)*h(t)=u(t)*h(t)=h^{(-1)}(t)$$

$$y_{f2}(t)=f_2(t)*h(t)=\delta(t)*h(t)=h(t)$$

即

$$y_1(t)=y_{s1}(t)+y_{f1}(t)=y_s(t)+h^{(-1)}(t)=2\mathrm{e}^{-2t},\quad t>0$$

$$y_2(t)=y_{s2}(t)+y_{f2}(t)=2y_s(t)+h(t)=\delta(t),\quad t>0$$

联立求解得

$$2h^{(-1)}(t)-h(t)=4\mathrm{e}^{-2t}u(t)-\delta(t)$$

对上式做拉普拉斯变换：

$$h(t)\longleftrightarrow H(s),\quad h^{(-1)}(t)\longleftrightarrow\frac{1}{s}H(s)$$

则得出方程

$$\frac{2}{s}H(s)-H(s)=\frac{4}{s+2}-1=\frac{2-s}{s+2}$$

解该方程得系统函数

$$H(s)=\frac{s}{s+2}$$

故系统方程为

$$y'(t)+2y(t)=f'(t)$$

例 4.3.9　某 LTI 连续时间系统的系统方程为 $y'(t)+4y(t)=f(t)$，求输入信号为 $f(t)=\sin 2tu(t)$时，系统的零状态响应 $y_f(t)$。

解　输入信号

$$f(t)=\sin 2tu(t)\longleftrightarrow F(s)=\frac{2}{s^2+2^2}$$

系统函数

$$H(s)=\frac{1}{s+4}$$

则输出信号的 LT 为

$$Y_f(s)=F(s)H(s)=\frac{2}{(s^2+2^2)(s+4)}$$

$Y_f(s)$除有一阶极点 $p_1=-4$ 外，还有一对共轭的复极点 $p_2=\mathrm{j}2,p_3=-\mathrm{j}2$，展开为

$$Y_f(s)=\frac{k_1}{s+4}+\frac{As+B}{s^2+2^2}$$

其中

$$k_1=\left.\frac{2}{s^2+4}\right|_{s=-4}=\frac{1}{10}$$

则

$$Y_f(s)=\frac{\frac{1}{10}}{s+4}+\frac{As+B}{s^2+4}$$

通分比较分子的系数：

$$2=As^2+Bs+4As+4B+\frac{1}{10}s^2+\frac{2}{5}$$

比较等式两端 s^2 项系数：

$$0=A+\frac{1}{10},\quad 得\ A=-\frac{1}{10}$$

比较等式两端 s^0 项系数：

$$2=4B+\frac{2}{5},\quad 得\ B=\frac{2}{5}$$

用 s 项系数进行验算得

$$0=B+4A$$

于是

$$Y_f(s)=\frac{\frac{1}{10}}{s+4}+\frac{-\frac{1}{10}s+\frac{2}{5}}{s^2+2^2}=\frac{1}{10(s+4)}-\frac{s}{10(s^2+2^2)}+\frac{2}{5(s^2+2^2)}$$

对上式做拉普拉斯变换的逆变换，得系统的零状态响应

$$y_f(t)=\frac{1}{10}e^{-4t}u(t)-\frac{1}{10}\cos 2tu(t)+\frac{1}{5}\sin 2tu(t)$$

4.3.4 单边拉普拉斯变换(单边 LT)解微分方程

对系统方程做单边拉普拉斯变换，自动引入初始状态，化微分方程为代数方程。解该代数方程得输出信号的 LT$Y(s)$。做拉普拉斯变换的逆变换，即可得输出信号 $y(t)$。

例 4.3.10 已知 LTI 连续时间系统的系统方程为 $y''(t)+3y'(t)+2y(t)=f'(t)$，系统的初始状态 $y(0^-)=1, y'(0^-)=3$，求系统的输入信号 $f(t)=e^{-3t}u(t)$时的全响应 $y(t)$。

解 对系统方程做单边拉普拉斯变换，设

$$f(t)\longleftrightarrow F(s),\ y(t)\longleftrightarrow Y(s)$$

根据单边拉普拉斯变换的时域微分特性式(4.2.9)及式(4.2.10)得

$$[s^2Y(s)-sy(0^-)-y'(0^-)]+3[sY(s)-y(0^-)]+2Y(s)=sF(s)-f(0^-) \tag{4.3.7}$$

自动引入了初始状态，化微分方程为代数方程(4.3.7)。因为输入信号 $f(t)=e^{-3t}u(t)$，所以 $f(0^-)=0$。

解 由该代数方程式(4.3.7)得输出信号的拉普拉斯变换为

$$Y(s)=\frac{sy(0^-)+y'(0^-)+3y(0^-)+sF(s)}{s^2+3s+2} \tag{4.3.8}$$

其中 $y(0^-)=1, y'(0^-)=3, f(t)=e^{-3t}u(t)\longleftrightarrow F(s)=\frac{1}{s+3}$。则有

$$Y(s)=\frac{s^2+10s+18}{(s^2+3s+2)(s+3)}=\frac{\frac{9}{2}}{s+1}+\frac{-2}{s+2}+\frac{-\frac{3}{2}}{s+3}$$

对上式做拉普拉斯变换的逆变换，得到系统的输出信号

$$y(t)=\frac{9}{2}e^{-t}-2e^{-2t}-\frac{3}{2}e^{-3t},\quad t>0$$

因为式(4.3.8)中的输出信号的拉普拉斯变换 $Y(s)$是系统的初始状态和输入信号共同作用于系统的结果，所以输出信号只能是 $t>0$ 的结果，而 $t<0$ 的输出无法得出。

也可以分别计算出系统的零输入响应 $y_s(t)$和零状态响应 $y_f(t)$。

将式(4.3.7)表示为

$$Y(s)=\frac{sy(0)+y'(0^-)+3y(0^-)}{s^2+3s+2}+\frac{sF(s)}{s^2+3s+2}=Y_s(s)+Y_f(s)$$

其中，第一项与系统的输入无关，是系统零输入响应 $y_s(t)$的 LT$Y_s(s)$；第二项与系统的初始状态无关，是系统零状态响应 $y_f(t)$的 LT$Y_f(s)$。则

$$Y_s(s)=\frac{sy(0^-)+y'(0^-)+3y(0^-)}{s^2+3s+2}=\frac{s+6}{s^2+3s+2}=\frac{5}{s+1}+\frac{-4}{s+2}$$

做拉普拉斯变换的逆变换，得系统的零输入响应

$$y_s(t)=5e^{-t}-4e^{-2t},\quad t>0$$

而

$$Y_f(s)=\frac{sF(s)}{s^2+3s+2}=\frac{s}{(s^2+3s+2)(s+3)}=\frac{-\frac{1}{2}}{s+1}+\frac{2}{s+2}+\frac{-\frac{3}{2}}{s+3}$$

做拉普拉斯变换的逆变换，得系统的零状态响应为

$$y_f(t)=\left(-\frac{1}{2}e^{-t}+2e^{-2t}-\frac{3}{2}e^{-3t}\right)u(t)$$

故系统的全响应

$$\begin{aligned}y(t)&=y_s(t)+y_f(t)\\&=5e^{-t}-4e^{-2t}+\left(-\frac{1}{2}e^{-t}+2e^{-2t}-\frac{3}{2}e^{-3t}\right)u(t)\\&=\frac{9}{2}e^{-t}-2e^{-2t}-\frac{3}{2}e^{-3t},\quad t>0\end{aligned}$$

例 4.3.11　已知 LTI 连续时间系统的系统函数 $H(s)=\dfrac{s^2}{s^2+5s+6}$，当输入信号 $f(t)=(1-e^{-t})u(t)$时，全响应 $y(t)=-\dfrac{1}{2}e^{-t}+6e^{-2t}-\dfrac{9}{2}e^{-3t}$，$t>0$。求系统的初始状态 $y(0^-)$、$y'(0^-)$。

解 1　输入信号

$$f(t)=(1-e^{-t})u(t)\longleftrightarrow F(s)=\frac{1}{s}-\frac{1}{s+1}=\frac{1}{s(s+1)}$$

则

$$Y_f(s)=F(s)H(s)=\frac{s}{(s+1)(s+2)(s+3)}=-\frac{1}{2(s+1)}+\frac{2}{s+2}-\frac{3}{2(s+3)}$$

得系统的零状态响应

$$y_f(t)=-\frac{1}{2}e^{-t}u(t)+2e^{-2t}u(t)-\frac{3}{2}e^{-3t}u(t)$$

系统的零输入响应

$$y_s(t)=y(t)-y_f(t)=4e^{-2t}-3e^{-3t},\quad t>0$$

求一阶导数得

$$y_s'(t)=-8e^{-2t}+9e^{-3t},\quad t>0$$

所以，系统的初始状态为

$$y(0^-)=y_s(0^-)=1,\quad y'(0^-)=y_s'(0^-)=1$$

解 2　由系统函数 $H(s)=\dfrac{s^2}{s^2+5s+6}$直接写出系统方程

$$y''(t)+5y'(t)+6y(t)=f''(t)$$

对系统方程做单边拉普拉斯变换得

$$[s^2Y(s)-sy(0^-)-y'(0^-)]+5[sY(s)-y(0^-)]+6Y(s)=s^2F(s)$$

解得全响应的 LT 为

$$Y(s)=\frac{sy(0^-)+y'(0^-)+5y(0^-)}{s^2+5s+6}+\frac{s^2F(s)}{s^2+5s+6}=Y_s(s)+Y_f(s)$$

其中,零输入响应的LT为

$$Y_s(s)=\frac{sy(0^-)+y'(0^-)+5y(0^-)}{s^2+5s+6} \tag{4.3.9}$$

零状态响应的LT为

$$Y_f(s)=\frac{s^2F(s)}{s^2+5s+6}$$

而输入信号

$$f(t)=(1-e^{-t})u(t)\longleftrightarrow F(s)=\frac{1}{s(s+1)}$$

则

$$\begin{aligned}Y_f(s)&=F(s)H(s)=\frac{1}{s(s+1)}\frac{s^2}{s^2+5s+6}\\&=\frac{s}{(s+1)(s+2)(s+3)}=-\frac{1}{2(s+1)}+\frac{2}{s+2}-\frac{3}{2(s+3)}\end{aligned}$$

已知系统全响应为

$$y(t)=-\frac{1}{2}e^{-t}+6e^{-2t}-\frac{9}{2}e^{-3t},\quad t>0$$

做拉普拉斯变换得

$$Y(s)=-\frac{1}{2(s+1)}+\frac{6}{s+2}-\frac{9}{2(s+3)}$$

则

$$Y_s(s)=Y(s)-Y_f(s)=\frac{4}{s+2}-\frac{3}{s+3}=\frac{s+6}{s^2+5s+6} \tag{4.3.10}$$

由式(4.3.9)、式(4.3.10)得

$$sy(0^-)+[y'(0^-)+5y(0^-)]=s+6$$

比较系数得

$$y(0^-)=1,\quad y'(0^-)+5y(0^-)=6$$

即

$$y'(0^-)=1$$

故系统的初始状态为

$$y(0^-)=1,\quad y'(0^-)=1$$

例 4.3.12 已知因果LTI连续时间系统的系统函数 $H(s)=\dfrac{s+6}{s^2+5s+6}$,系统的初始状态 $y(0^-)=y'(0^-)=1$,求系统的零输入响应 $y_s(t)$。

解 由系统函数可得系统方程

$$y''(t)+5y'(t)+6y(t)=f'(t)+6f(t)$$

根据LTI连续时间系统 $y_s(t)$ 的定义知 $y_s(t)$ 满足方程

$$y''_s(t)+5y'_s(t)+6y_s(t)=0$$

对上式做单边拉普拉斯变换得

$$[s^2Y_s(s)-sy_s(0^-)-y'_s(0^-)]+5[sY_s(s)-y_s(0^-)]+6Y_s(s)=0$$

解之得零输入响应的 LT

$$Y_s(s)=\frac{sy_s(0^-)+y'_s(0^-)+5y_s(0^-)}{s^2+5s+6}=\frac{sy(0^-)+y'(0^-)+5y(0^-)}{s^2+5s+6}$$

$$=\frac{s+6}{s^2+5s+6}=\frac{4}{s+2}-\frac{3}{s+3}$$

做拉普拉斯变换的逆变换得系统的零输入响应

$$y_s(t)=4e^{-2t}-3e^{-3t},\quad t>0$$

4.3.5　电路的复频域分析

1. 电路的复频域模型

在电路分析课程中学习过电路元件(电阻 R、电感 L 和电容 C)的 V-A 特性。

图 4.3.1(a)所示电阻元件 R 的 V-A 特性为

$$u_R(t)=Ri_R(t)$$

做单边 LT 得

$$U_R(s)=RI_R(s) \tag{4.3.11}$$

可根据式(4.3.11)作出图 4.3.1(b)所示电阻元件 R 的复频域模型。

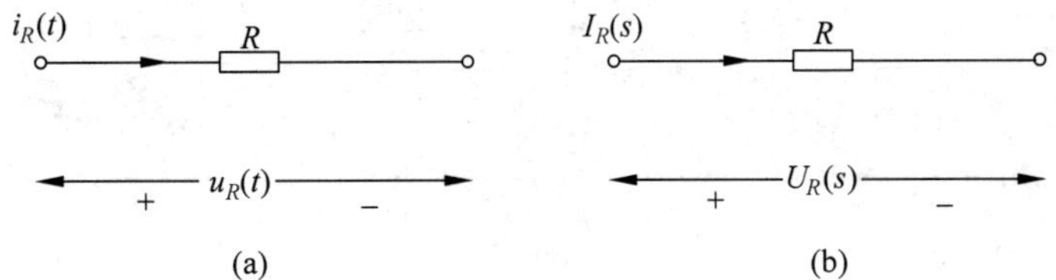

图 4.3.1　电阻 R 的复频域模型

图 4.3.2(a)所示电感元件 L 的 V-A 特性为

$$u_L(t)=L\frac{\mathrm{d}i_L(t)}{\mathrm{d}t}$$

做单边 LT，设 $u_L(t)\longleftrightarrow U_L(s)$，$i_L(t)\longleftrightarrow I_L(s)$，应用单边 LT 的时域微分特性式(4.2.9)得

$$U_L(s)=L[sI_L(s)-i_L(0^-)]=sLI_L(s)-Li_L(0^-) \tag{4.3.12}$$

可根据式(4.3.12)作出电感元件 L 的串联形式的复频域模型，如图 4.3.2(b)所示。移项、整理式(4.3.12)得

$$I_L(s)=\frac{U_L(s)}{sL}+\frac{i_L(0^-)}{s} \tag{4.3.13}$$

可根据式(4.3.13)作出电感元件 L 的并联形式的复频域模型，如图 4.3.2(c)所示。

图 4.3.3(a)所示电容元件 C 的 V-A 特性为

$$i_C(t)=C\frac{\mathrm{d}u_C(t)}{\mathrm{d}t}$$

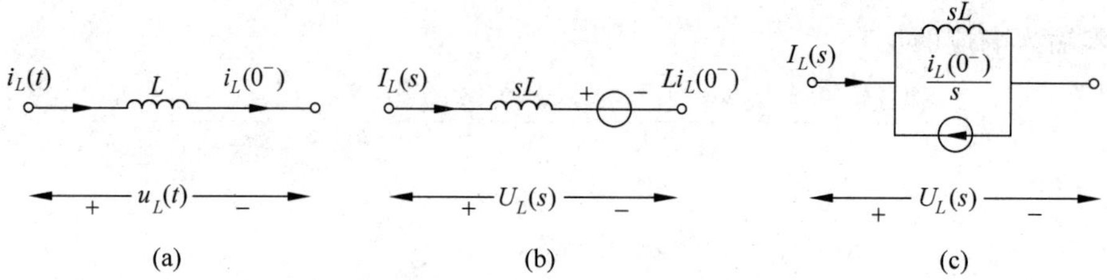

图 4.3.2 电感 L 的复频域模型

做单边 LT,设 $i_C(t) \longleftrightarrow I_C(s)$,$u_C(t) \longleftrightarrow U_C(s)$,应用式(4.2.9)得

$$I_C(s) = C[sU_C(s) - u_C(0^-)] = \frac{U_C(s)}{1/sC} - Cu_C(0^-) \tag{4.3.14}$$

可根据式(4.3.14)作出电容元件 C 的并联形式的复频域模型,如图 4.3.3(c)所示。移项、整理式(4.3.14)得

$$U_C(s) = \frac{1}{sC} I_C(s) + \frac{1}{s} u_C(0^-) \tag{4.3.15}$$

可根据式(4.3.15)作出电容元件 C 的串联形式的复频域模型,如图 4.3.3(b)所示。

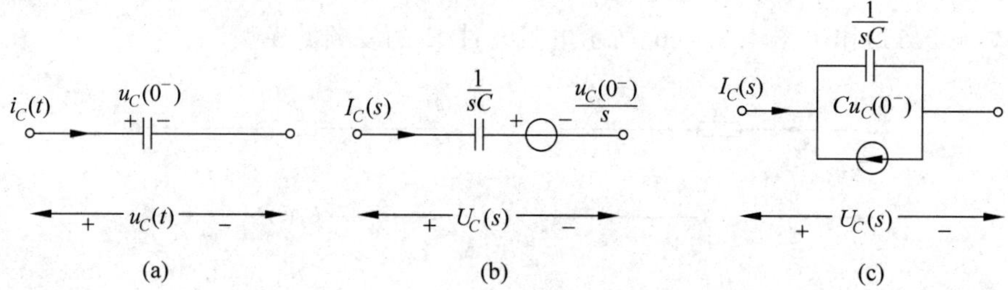

图 4.3.3 电容 C 的复频域模型

将电路中全部电路元件都表示为复频域模型,所有变量均用象函数表示,就得出了电路的复频域模型。

2. 电路的复频域分析

作电路的复频域模型。时域形式的基尔霍夫定律 $\sum_k i_k(t) = 0$,$\sum_k u_k(t) = 0$ 的复频域形式为 $\sum_k I_k(s) = 0$,$\sum_k U_k(s) = 0$。列出复频域形式的电路方程,解该方程可得输出信号的 LT,做拉普拉斯变换的逆变换,就可得到输出信号。

例 4.3.13 图 4.3.4(a)所示电路,$R_1 = R_2 = 2\Omega$,$C = 1\text{F}$,$f(t) = 6u(t)\text{V}$,电容 C 的初始电压为 $u_C(0^-) = 1\text{V}$,求电容 C 两端的电压 $y(t)$。

解 1 电容 C 的复频域模型选用图 4.3.3(b)所示的串联形式模拟图,作出电路的复频域模型,如图 4.3.4(b)所示。

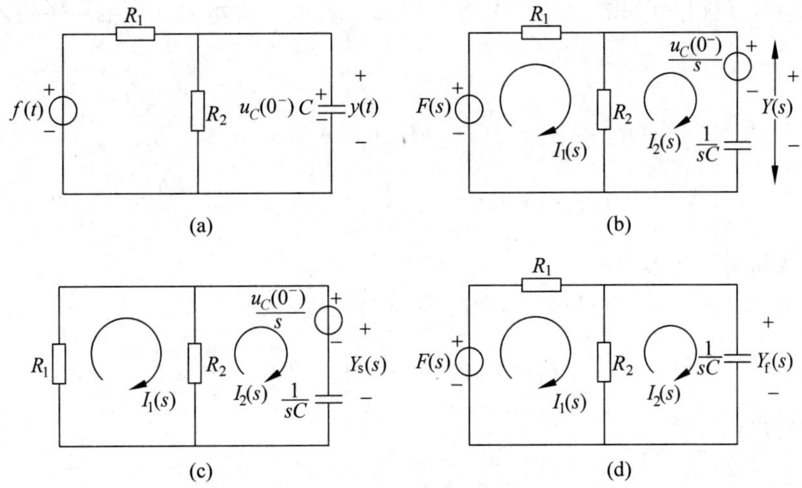

图 4.3.4　例 4.3.13 图

设回路电流 $I_1(s)$、$I_2(s)$如图 4.3.4 中所示。列回路方程：

$$\begin{cases}(R_1+R_2)I_1(s)-R_2I_2(s)=F(s)\\ -R_2I_1(s)+\left(R_2+\dfrac{1}{sC}\right)I_2(s)=-\dfrac{u_C(0^-)}{s}\end{cases}$$

其中，$F(s)=\dfrac{6}{s}$，$R_1=R_2=2$，$C=1$，$u_C(0^-)=1$，得

$$\begin{cases}4I_1(s)-2I_2(s)=\dfrac{6}{s}\\ -2I_1(s)+\left(2+\dfrac{1}{s}\right)I_2(s)=-\dfrac{1}{s}\end{cases}$$

用克拉默法则解方程，系数行列式

$$D=\begin{vmatrix}4 & -2\\ -2 & \dfrac{2s+1}{s}\end{vmatrix}=\frac{4(s+1)}{s},\quad D_2=\begin{vmatrix}4 & \dfrac{6}{s}\\ -2 & -\dfrac{1}{s}\end{vmatrix}=\frac{8}{s}$$

得

$$I_2(s)=\frac{D_2}{D}=\frac{2}{s+1}$$

而

$$Y(s)=\frac{1}{sC}I_2(s)+\frac{1}{s}u_C(0^-)=\frac{1}{s}\,\frac{2}{s+1}+\frac{1}{s}=\frac{s+3}{s(s+1)}=\frac{3}{s}-\frac{2}{s+1}$$

做拉普拉斯变换的逆变换得

$$y(t)=3-2e^{-t}(\mathrm{V}),\quad t>0$$

由于求解过程中同时考虑了系统的输入信号和初始状态，因此全响应只是 $t>0$ 的结果。

解 2　可以分别计算电路的零输入响应 $y_s(t)$和零状态响应 $y_f(t)$。

令输入信号 $f(t)=0$，则 $F(s)=0$，可作出图 4.3.4(c)所示的计算电路零输入响应的复频域模型。

列方程：

$$\begin{cases}(R_1+R_2)I_1(s)-R_2I_2(s)=0\\-R_2I_1(s)+\left(R_2+\dfrac{1}{sC}\right)I_2(s)=-\dfrac{u(0^-)}{s}\end{cases}$$

代入元件参数和初始状态得

$$\begin{cases}4I_1(s)-2I_2(s)=0\\-2I_1(s)+\left(2+\dfrac{1}{s}\right)I_2(s)=-\dfrac{1}{s}\end{cases}$$

计算系数行列式：

$$D=\begin{vmatrix}4 & -2\\-2 & \dfrac{2s+1}{s}\end{vmatrix}=\frac{4(s+1)}{s},\quad D_2=\begin{vmatrix}4 & 0\\-2 & -\dfrac{1}{s}\end{vmatrix}=-\frac{4}{s}$$

于是 $I_2(s)=\dfrac{D_2}{D}=\dfrac{-1}{s+1}$，则

$$Y_s(s)=\frac{1}{sC}I_2(s)+\frac{1}{s}u_C(0^-)=\frac{1}{s}\left(-\frac{1}{s+1}\right)+\frac{1}{s}=\frac{1}{s+1}$$

做拉普拉斯变换的逆变换，得系统的零输入响应

$$y_s(t)=e^{-t}(\mathrm{V}),\quad t>0$$

令电容 C 的初始状态 $u_C(0^-)=0$，作出图 4.3.4(d)所示计算电路的零状态响应的复频域模型。

列方程：

$$\begin{cases}(R_1+R_2)I_1(s)-R_2I_2(s)=F(s)\\-R_2I_1(s)+\left(R_2+\dfrac{1}{sC}\right)I_2(s)=0\end{cases}$$

其中输入信号的象函数 $F(s)=\dfrac{6}{s}$，代入元件参数得方程组

$$\begin{cases}4I_1(s)-2I_2(s)=\dfrac{6}{s}\\-2I_1(s)+\left(2+\dfrac{1}{s}\right)I_2(s)=0\end{cases}$$

计算系数行列式：

$$D=\begin{vmatrix}4 & -2\\-2 & \dfrac{2s+1}{s}\end{vmatrix}=\frac{4(s+1)}{s},\quad D_2=\begin{vmatrix}4 & \dfrac{6}{s}\\-2 & 0\end{vmatrix}=\frac{12}{s}$$

于是

$$I_2(s)=\frac{D_2}{D}=\frac{3}{s+1}$$

则

$$Y_{\rm f}(s)=\frac{1}{sC}I_2(s)=\frac{1}{s}\,\frac{3}{s+1}=\frac{3}{s}-\frac{3}{s+1}$$

做拉普拉斯变换的逆变换，得电路的零状态响应

$$y_{\rm f}(t)=3u(t)-3{\rm e}^{-t}u(t)$$

故输出信号

$$\begin{aligned}y(t)&=y_{\rm s}(t)+y_{\rm f}(t)\\&={\rm e}^{-t}+(3-3{\rm e}^{-t})u(t)\\&=3-2{\rm e}^{-t}({\rm V}),\quad t>0\end{aligned}$$

例 4.3.14　图 4.3.5(a)所示电路中，$R_1=R_2=1\Omega$，$C=0.5\text{F}$，$L=2\text{H}$，输入信号 $f(t)=2\text{V}$。$t<0$ 时电路已处于稳态，$t=0$ 时，开关 S 闭合。求 $t>0$ 后电容器 C 两端的电压 $y(t)$。

解　由于 $t<0$ 时电路已处于稳态，所以 $t<0$ 时电感 L 短路、电容 C 开路，可作出 $t=0^-$ 时刻(此时开关 S 尚未闭合)的电路图，如图 4.3.5(b)所示。求得电路的初始状态 $i_L(0^-)=0\text{A}$，$u_C(0^-)=2\text{V}$。

作出 $t>0$ 时的电路图，如图 4.3.5(c)所示，可见，此时系统的输入信号为 0，系统是在初始状态 $i_L(0^-)=0\text{A}$，$u_C(0^-)=2\text{V}$ 作用下工作的。

作出该电路的复频域模型如图 4.3.5(d)所示。

列出复频域形式的系统方程：

$$\left(\frac{1}{R_2}+sC\right)Y(s)=Cu_C(0^-)$$

将元件参数 $R_2=1\Omega$，$C=0.5\text{F}$ 及初始状态 $u_C(0^-)=2\text{V}$ 代入，得

$$\left(1+\frac{s}{2}\right)Y(s)=1$$

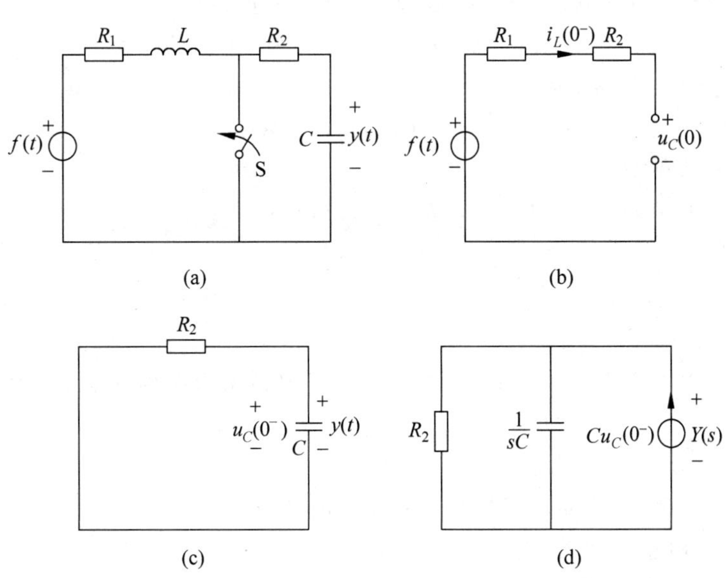

图 4.3.5　例 4.3.14 图

则

$$Y(s)=\frac{2}{s+2}$$

做拉普拉斯变换的逆变换，得输出信号

$$y(t)=y_s(t)=2e^{-2t}(V),\quad t>0$$

4.4 LTI 连续时间系统的模拟

这里讨论的模拟概念是指数学意义上的模拟，在工程上是很有实用价值的。已知某电路系统(称为被模拟系统)的数学模型——系统方程或系统函数为 $H(s)$，用规定的模拟器件建立与被模拟系统的系统函数 $H(s)$ 相同的一个模拟系统。研究模拟系统，从而可以确定被模拟系统的最佳参数、最佳工作状态、最优控制参数等，这正是系统模拟的实用意义和理论价值。本书只对系统模拟作简单的介绍。

4.4.1 子系统的简单连接

通常一个 LTI 连续时间系统由多个子系统连接而成，可以用方框图表示各子系统，然后按系统功能要求和信号传输方向连接各子系统。设各子系统的单位冲激响应、频率响应和系统函数分别为 $h_k(t)$、$H_k(\omega)$ 和 $H_k(s)$，$k=1,2,\cdots,N$。下面介绍 3 种常用的子系统的连接方式。

1. 子系统的级联

图 4.4.1(a)所示为 N 个子系统级联的方框图。

很容易证明子系统级联的等效系统的单位冲激响应 $h(t)$ 为

$$h(t)=h_1(t)*h_2(t)*\cdots*h_N(t) \tag{4.4.1}$$

等效系统的频率响应 $H(\omega)$ 为

$$H(\omega)=H_1(\omega)H_2(\omega)\cdots H_N(\omega) \tag{4.4.2}$$

等效系统的系统函数 $H(s)$ 为

$$H(s)=H_1(s)H_2(s)\cdots H_N(s) \tag{4.4.3}$$

证明 (略)

2. 并联

N 个子系统并联如图 4.4.1(b)所示，子系统并联的等效系统的单位冲激响应 $h(t)$ 为

$$h(t)=h_1(t)+h_2(t)+\cdots+h_N(t) \tag{4.4.4}$$

等效系统的频率响应 $H(\omega)$ 为

$$H(\omega)=H_1(\omega)+H_2(\omega)+\cdots+H_N(\omega) \tag{4.4.5}$$

等效系统的系统函数 $H(s)$ 为

$$H(s)=H_1(s)+H_2(s)+\cdots+H_N(s) \tag{4.4.6}$$

证明 (略)

3. 反馈连接

图 4.4.1(c)所示为一个一阶反馈系统，设信号 $E(s)$ 如图 4.4.1(c)所示，可列出方程

$$E(s)=F(s)-Y(s)G(s)$$

$$Y(s)=E(s)H_1(s)$$

联立求解得出等效系统的系统函数

$$H(s)=\frac{Y(s)}{F(s)}=\frac{H_1(s)}{1+G(s)H_1(s)}$$

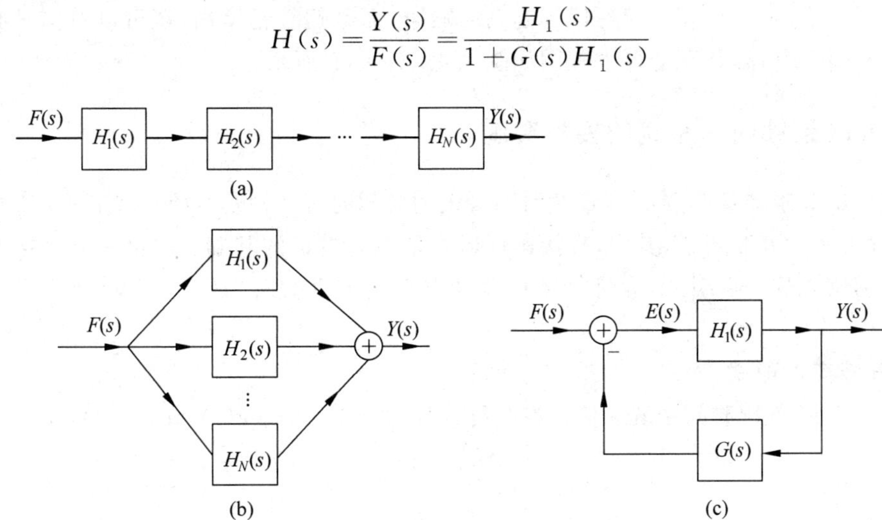

图 4.4.1　子系统简单连接的方框图

4.4.2 LTI 连续时间系统模拟所用基本器件

1. 加法器

图 4.4.2(a)、(b)所示分别为加法器的时域、复频域方框图。输入信号相加时可以不标注加号，相减时一定要标出减号。

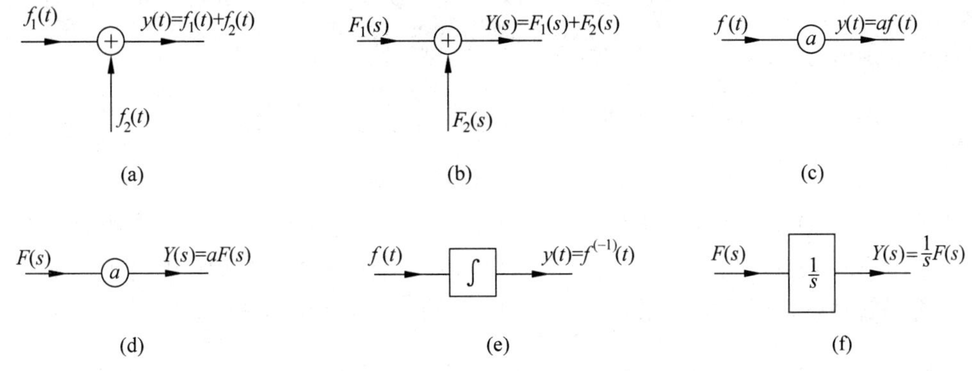

图 4.4.2　系统模拟所用基本器件方框图

2. 数乘器

图 4.4.2(c)、(d)所示为数乘器方框图，其中 a 为常数。

3. 积分器

进行系统模拟时，理论上也可以用微分器，但是由于微分器的频率响应 $H(\omega)=\mathrm{j}\omega$，不能抑制高频噪声，而积分器不仅可以抑制高频噪声，而且运算精度高，还可以对信号起平滑作用，所以选用积分器。积分器方框图如图 4.4.2(e)、(f)所示。

4.4.3 LTI 连续时间系统的模拟实现

用规定的基本器件实现 LTI 连续时间系统的模拟时有 3 种基本的实现形式：直接实现形式、级联形式和并联形式，其中，直接实现形式是系统模拟的基础。严格来讲直接实现形式应在学习梅森规则后引入，为简便起见，本书从例题着手引入。

视频链接

1. 直接实现形式

以一阶 LTI 连续时间系统为例。设系统方程为 $y'(t)+a_0y(t)=b_1f'(t)+b_0f(t)$，则系统函数 $H(s)=\dfrac{b_1s+b_0}{s+a_0}$，将 $H(s)$表示为 $H(s)=\dfrac{s}{s+a_0}\dfrac{b_1s+b_0}{s}=H_1(s)H_2(s)$。由式(4.4.3)可见，该系统可以由子系统 $H_1(s)$、$H_2(s)$级联而成，其中

$$H_1(s)=\frac{s}{s+a_0}=\frac{1}{1+a_0s^{-1}}$$

$$H_2(s)=\frac{b_1s+b_0}{s}=b_1+b_0s^{-1}$$

设子系统 $H_1(s)$的输入信号为 $F(s)$，输出信号为 $X(s)$，则 $H_1(s)=\dfrac{X(s)}{F(s)}=\dfrac{1}{1+a_0s^{-1}}$，得 $F(s)=X(s)+a_0s^{-1}X(s)$，即 $X(s)=F(s)-a_0s^{-1}X(s)$，可作出模拟图如图 4.4.3(a)所示。

设子系统 $H_2(s)$的输入信号为 $X(s)$，输出信号为 $Y(s)$，即 $H_2(s)=\dfrac{Y(s)}{X(s)}=b_1+b_0s^{-1}$，则 $Y(s)=b_1X(s)+b_0s^{-1}X(s)$，可作出模拟图如图 4.4.3(b)所示。

将图 4.4.3(a)、(b)级联起来得到模拟图如图 4.4.3(c)所示。其中，两个积分器有相同的输入信号 $X(s)$、输出信号 $s^{-1}X(s)$，可以合并为一个积分器，得到模拟图如图 4.4.3(d)所示。再经整理就得到了图 4.4.3(e)所示的系统直接实现形式的模拟图。

观察图 4.4.3(e)所示模拟图，对系统函数 $H(s)=\dfrac{b_1s+b_0}{s+a_0}$的 LTI 连续时间系统作出直接实现形式模拟图时，可先用积分器将系统函数表示为 $H(s)=\dfrac{b_1+b_0s^{-1}}{1+a_0s^{-1}}=$

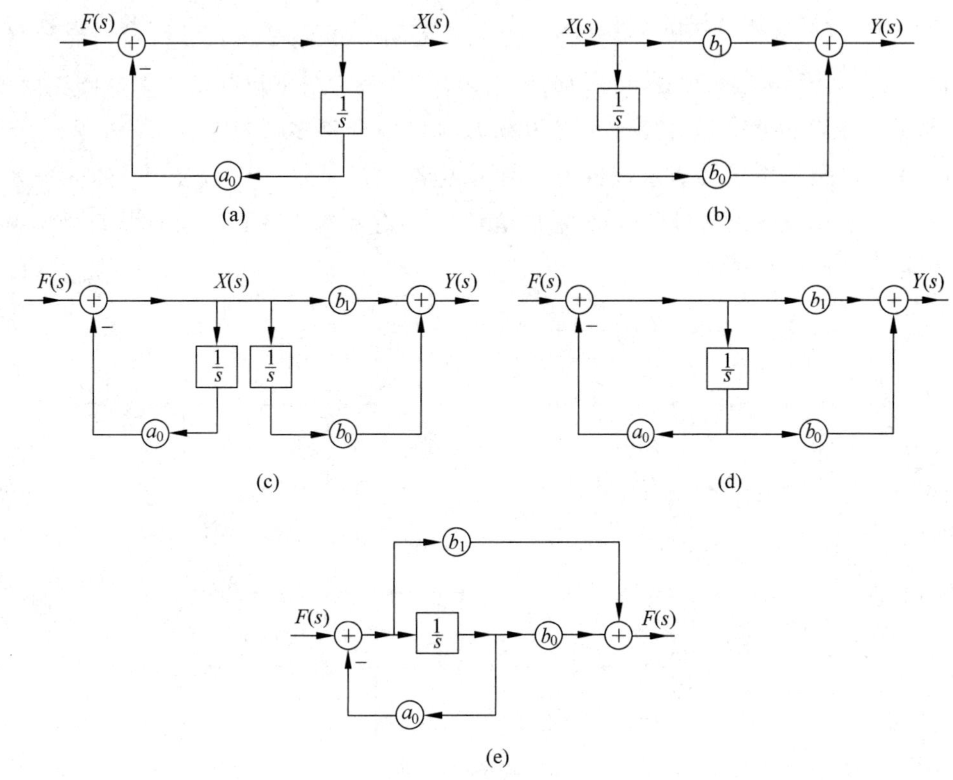

图 4.4.3　直接实现形式模拟图

$\dfrac{b_1+b_0s^{-1}}{1-(-a_0s^{-1})}$，可见，模拟该系统需要一个积分器，分母多项式 $1-(-a_0s^{-1})$ 表示模拟系统有一条系统函数为 $-a_0s^{-1}$ 的环路，分子多项式 $b_1+b_0s^{-1}$ 表示模拟系统从输入信号 $F(s)$ 到输出信号 $Y(s)$ 有两条系统函数分别为 b_1、b_0s^{-1} 的通路。以此类推，就可作出系统函数为 $H(s)$ 的系统的直接实现形式模拟图。

例 4.4.1　作下列 LTI 连续时间系统的直接实现形式模拟图：

(1) $H_1(s)=\dfrac{s+1}{2s+5}$；(2) $H_2(s)=\dfrac{4}{s+3}$；(3) $H_3(s)=\dfrac{2s+3}{s^2+7s+10}$。

解　(1) 用积分器表示系统函数 $H_1(s)=\dfrac{s+1}{2s+5}=\dfrac{1+s^{-1}}{2+5s^{-1}}=\dfrac{\frac{1}{2}+\frac{1}{2}s^{-1}}{1-\left(-\frac{5}{2}s^{-1}\right)}$，用直接实现形式模拟该系统需要一个积分器，有一条环路 $-\dfrac{5}{2}s^{-1}$，从输入信号 $F(s)$ 到输出信号 $Y(s)$ 有两条正向通路 $\dfrac{1}{2}$、$\dfrac{1}{2}s^{-1}$，直接实现形式模拟图如图 4.4.4(a)所示。

(2) $H_2(s)=\dfrac{4}{s+3}=\dfrac{4s^{-1}}{1-(-3s^{-1})}$，该系统有一条环路 $-3s^{-1}$，从输入信号 $F(s)$ 到输出信号 $Y(s)$ 有一条通路 $4s^{-1}$，直接实现形式模拟图如图 4.4.4(b)所示。

(3) 用积分器表示系统函数 $H_3(s)=\frac{2s+3}{s^2+7s+10}=\frac{2s^{-1}+3s^{-2}}{1+7s^{-1}+10s^{-2}}$，系统函数 $H_3(s)$ 中出现了 s^{-2}，s^{-2} 不是实现系统模拟的基本器件，只有用两个积分器 s^{-1} 级联来实现，因此，模拟该系统要用两个积分器。系统函数 $H_3(s)$ 的分母多项式 $1+7s^{-1}+10s^{-2}=1-(-7s^{-1})-(-10s^{-1}s^{-1})$ 表示该系统有两条环路 $-7s^{-1}$、$-10s^{-2}$，$H_3(s)$ 的分子多项式 $2s^{-1}+3s^{-2}$ 表示从输入信号 $F(s)$ 到输出信号 $Y(s)$ 有两条通路 $2s^{-1}$、$2s^{-2}$，直接实现形式模拟图如图 4.4.4(c)所示。

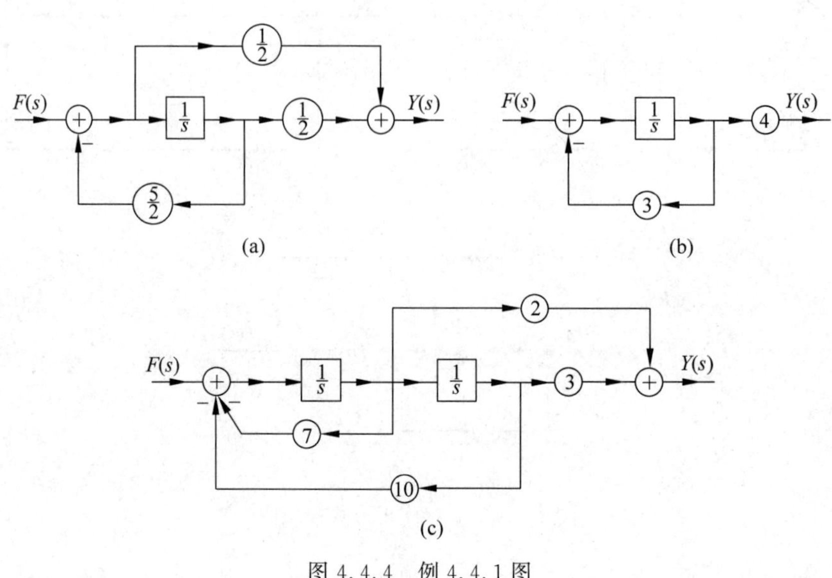

图 4.4.4 例 4.4.1 图

2. 级联形式模拟

将 LTI 系统的系统函数进行因式分解得 $H(s)=H_1(s)H_2(s)\cdots H_N(s)$，作出每一子系统的直接实现形式模拟图，再将这些子系统的模拟图级联起来，就得到级联形式的系统模拟图。

例 4.4.2 某 LTI 连续时间系统的系统函数为 $H(s)=\frac{3s+4}{s^2+5s+6}$，试作出该系统的级联形式的模拟图。

解 将系统函数进行因式分解得 $H(s)=\frac{3s+4}{s^2+5s+6}=\frac{3s+4}{s+2}\frac{1}{s+3}$，用积分器表示为

$$H(s)=\frac{3+4s^{-1}}{1+2s^{-1}}\frac{s^{-1}}{1+3s^{-1}}=H_1(s)H_2(s)$$

其中，$H_1(s)=\frac{3+4s^{-1}}{1+2s^{-1}}=\frac{3+4s^{-1}}{1-(-2s^{-1})}$ 的直接实现形式模拟图如图 4.4.5(a)所示，$H_2(s)=\frac{s^{-1}}{1+3s^{-1}}=\frac{s^{-1}}{1-(-3s^{-1})}$ 的直接实现形式模拟图如图 4.4.5(b)所示。

将这两个模拟图级联起来，得到系统级联形式模拟图，如图 4.4.5(c)所示。

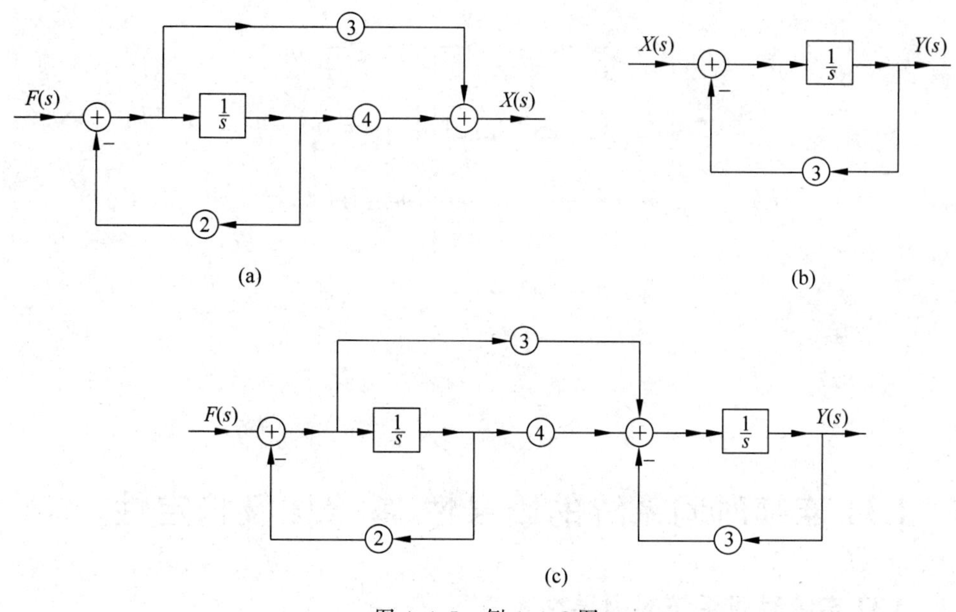

图 4.4.5　例 4.4.2 图

3. 并联形式模拟

将系统函数 $H(s)$进行部分分式展开，作出各子系统的直接实现形式模拟图，再将各子系统的直接实现形式模拟图并联，即为该系统的并联形式系统模拟图。

例 4.4.3　试作出系统函数为 $H(s)=\dfrac{s+3}{s^2+3s+2}$的 LTI 连续时间系统的并联形式模拟图。

解　部分分式展开系统函数得

$$H(s)=\frac{s+3}{s^2+3s+2}=\frac{2}{s+1}-\frac{1}{s+2}$$

用积分器表示系统函数：

$$H(s)=\frac{2s^{-1}}{1+s^{-1}}+\frac{-s^{-1}}{1+2s^{-1}}=H_1(s)+H_2(s)$$

分别作出子系统 $H_1(s)=\dfrac{2s^{-1}}{1+s^{-1}}=\dfrac{2s^{-1}}{1-(-s^{-1})}$，$H_2(s)=\dfrac{-s^{-1}}{1+2s^{-1}}=\dfrac{-s^{-1}}{1-(-2s^{-1})}$的直接实现形式模拟图，如图 4.4.6(a)、(b)所示，将这两个模拟图并联起来，得到图 4.4.6(c)所示的该系统的并联形式模拟图。

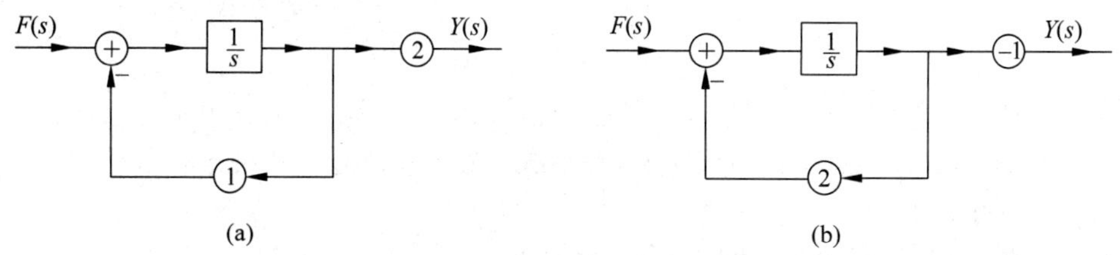

图 4.4.6　例 4.4.3 图

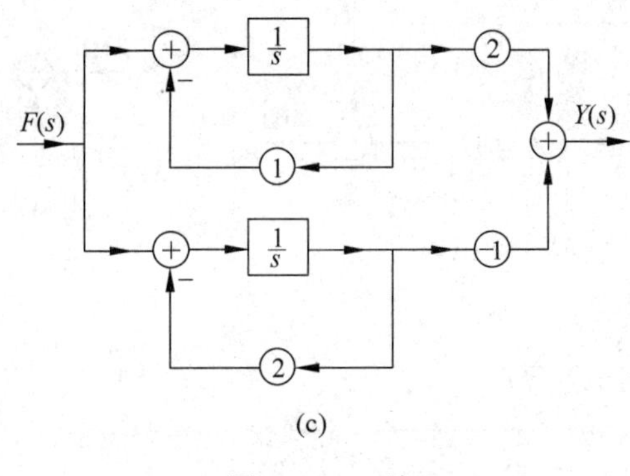

(c)

图 4.4.6 （续）

4.5 LTI 连续时间系统的因果性、零极图及稳定性

4.5.1 LTI 连续时间系统的因果性

在第 1 章中已初步介绍了系统因果性的概念，通俗来讲就是有原因才有结果，即系统在某一时刻 $t=t_1$ 的输出信号与 $t>t_1$ 的输入信号无关。LTI 连续时间系统的单位冲激响应 $h(t)$ 的定义为：输入为单位冲激信号时的零状态响应。而已知当 $t<0$ 时，$\delta(t)\equiv 0$，所以若系统是因果的，当 $t<0$ 时，$h(t)\equiv 0$，即因果 LTI 连续时间系统的单位冲激响应是因果信号 $h(t)=h(t)u(t)$，频率响应 $H(\omega)$ 和系统函数 $H(s)$ 为真分式。

4.5.2 LTI 连续时间系统的零极图

设 LTI 连续时间系统的系统函数如式(4.3.3)所示，为

$$H(s)=\frac{b_M s^M+b_{M-1}s^{M-1}+\cdots+b_1 s+b_0}{s^N+a_{N-1}s^{N-1}+\cdots+a_1 s+a_0}=\frac{N(s)}{D(s)} \tag{4.5.1}$$

定义系统函数 $H(s)$ 的零点 ξ_i 为 $\lim\limits_{s\to\xi_i}H(s)=0$，即 $H(s)$ 分子多项式 $N(s)=0$ 的根；系统函数 $H(s)$ 的极点 p_k 为 $\lim\limits_{s\to p_k}H(s)\to+\infty$，即 $H(s)$ 分母多项式 $D(s)=0$ 的根。

求出系统函数 $H(s)$ 的零点 ξ_i、极点 p_k（$i=1,2,\cdots,M$；$k=1,2,\cdots,N$），分别用符号“○”及“×”表示，绘于复平面上，若有重根在其旁边标明重数，就得到了 LTI 连续时间系统的零极图。

例 4.5.1 LTI 连续时间系统的系统函数 $H(s)=\dfrac{4s^2(s-1)}{(s+3)^3(s^2+2s+2)}$，试作系统的零极图。

解 计算 $N(s)=4s^2(s-1)=0$ 的根，得系统函数 $H(s)$ 的 3 个零点 $\xi_{1,2}=0,\xi_3=1$；计算 $D(s)=(s+3)^3(s^2+2s+2)=0$ 的根，得系统函数 $H(s)$ 的 5 个极点 $p_{1,2,3}=-3,p_4=-1+\mathrm{j},p_5=-1-\mathrm{j}$。

建立复平面，作出系统的零极图如图 4.5.1 所示。

若已知 LTI 连续时间系统系统函数 $H(s)$ 的零极图，则可求得系统函数 $H(s)$ 的零点 ξ_i、极点 p_k（$i=1,2,\cdots,M$；$k=1,2,\cdots,N$），于是可得出系统函数

$$H(s)=\frac{b_M(s-\xi_1)(s-\xi_2)\cdots(s-\xi_M)}{(s-p_1)(s-p_2)\cdots(s-p_N)} \quad (4.5.2)$$

其中，b_M 为待定常数。

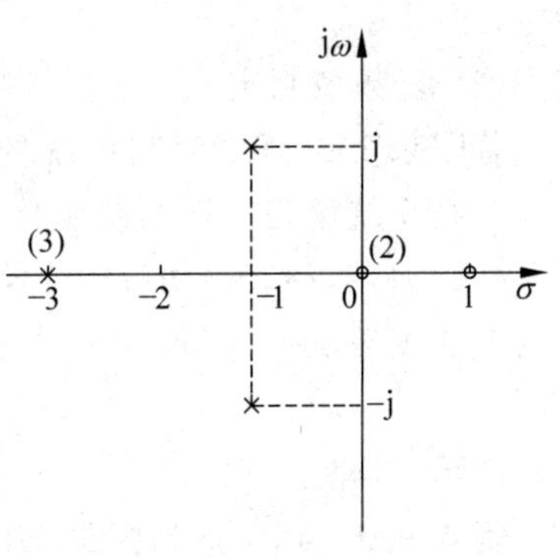

图 4.5.1　例 4.5.1 图

对式(4.5.2)做拉普拉斯变换的逆变换，则可得系统的单位冲激响应 $h(t)$（含一个待定常数）。为简便起见，设系统函数 $H(s)$ 的极点 p_k 均为一阶极点，系统函数为有理真分式，则系统函数可以部分分式展开为 $H(s)=\sum_{k=1}^{N}\frac{k_k}{s-p_k}$，做拉普拉斯变换的逆变换得系统的单位冲激响应 $h(t)=\sum_{k=1}^{N}k_k\mathrm{e}^{p_kt}u(t)$，可见，系统单位冲激响应 $h(t)$ 中各项随时间变化的规律（模式）$\mathrm{e}^{p_kt}u(t)$ 由系统函数的极点 $p_k(k=1,2,\cdots,N)$ 确定，因此系统函数 $H(s)$ 的极点确定了系统单位冲激响应 $h(t)$ 各项的模式。

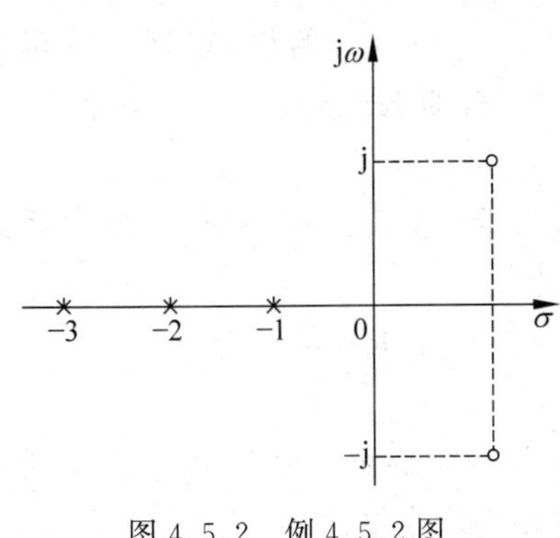

图 4.5.2　例 4.5.2 图

还可以用系统的零极图讨论系统的频率响应，本书未列入该内容。

例 4.5.2　已知因果 LTI 连续时间系统的零极图，如图 4.5.2 所示，试定性写出系统单位冲激响应 $h(t)$ 的表达式。

解　图 4.5.2 说明系统函数 $H(s)$ 有一阶极点 $p_1=-1,p_2=-2,p_3=-3$。所以，系统的单位冲激响应的形式为 $h(t)=k_1\mathrm{e}^{-t}u(t)+k_2\mathrm{e}^{-2t}u(t)+k_3\mathrm{e}^{-3t}u(t)$，其中 k_1、k_2、k_3 为待定常数。

4.5.3　因果 LTI 连续时间系统的稳定性判定

根据稳定性的概念可将系统分类为稳定系统和不稳定系统。系统稳定是指若输入信号有界（即幅度不是无限增长的），则系统的输出也是有界的。

设 LTI 连续时间系统的单位冲激响应为 $h(t)$，系统函数为 $H(s)$，$\sigma\in(\alpha_\mathrm{h},\beta_\mathrm{h})$。可以分别从时域和频域来判定系统的稳定性。

(1) 时域判定。当系统的单位冲激响应满足 $\int_{-\infty}^{+\infty}|h(t)|\mathrm{d}t<+\infty$ 时，系统稳定。

(2) 复频域判定。当系统函数 $H(s)$ 的收敛域 $\sigma\in(\alpha_\mathrm{h},\beta_\mathrm{h})$ 包含 jω 轴时，系统稳定。

证明　（略）

本书要求掌握因果 LTI 连续时间系统稳定性的判定：

(1) 时域判定

若因果 LTI 连续时间系统的单位冲激响应 $h(t)$ 满足 $\int_{0^-}^{+\infty}|h(t)|\mathrm{d}t<+\infty$，则系统

稳定。

(2) 复频域判定

若因果 LTI 连续时间系统的系统函数 $H(s)$ 的收敛域 $\sigma\in(\alpha_h,+\infty)$ 包含 $j\omega$ 轴，即 $\alpha_h<0$，则系统稳定。而系统函数 $H(s)$ 的收敛域包含 $j\omega$ 轴，说明系统函数 $H(s)$ 的全部极点 $p_k(k=1,2,\cdots,N)$ 均位于左半复平面，因此因果 LTI 连续时间系统系统稳定的充要条件为系统函数 $H(s)$ 的全部极点 p_k 满足

$$\mathrm{Re}[p_k]_{\max}<0 \tag{4.5.3}$$

证明 (略)

例 4.5.3 判定下列因果 LTI 连续时间系统的稳定性：

(1) $H_1(s)=\dfrac{s+1}{(s+2)(s^2+6s+10)}$；(2) $H_2(s)=\dfrac{s}{s^2-5s-6}$；

(3) $H_3(s)=\dfrac{s}{s^2+9s+14}$；(4) $H_4(s)=\dfrac{s+1}{s^3+7s^2+10s}$。

解 (1) 求系统函数 $H_1(s)$ 的分母多项式 $D_1(s)=(s+2)(s^2+6s+10)=0$ 的根，得系统函数 $H_1(s)$ 的极点 $p_1=-2,p_2=-3-\mathrm{j},p_3=-3+\mathrm{j}$。因为全部极点都在左半复平面，即 $\mathrm{Re}(p_k)_{\max}=-2<0$，所以，系统函数为 $H_1(s)$ 的系统是稳定系统。

(2) 求系统函数 $H_2(s)$ 的分母多项式 $D_2(s)=s^2-5s-6=0$ 的根，得到系统函数 $H_2(s)$ 的极点 $p_1=-1,p_2=6$，因为 $p_2=6$ 位于右半复平面，即 $\mathrm{Re}(p_k)_{\max}=6$ 不小于零，所以系统函数为 $H_2(s)$ 的系统是不稳定系统。

(3) 系统函数 $H_3(s)$ 有极点 $p_1=-2,p_2=-7$，因为 $\mathrm{Re}(p_k)_{\max}=-2<0$，所以系统稳定。

(4) 系统函数 $H_4(s)$ 有极点 $p_1=-5,p_2=-2,p_3=0$，由于 $\mathrm{Re}(p_k)_{\max}=p_3=0$ 不小于零，所以，该系统不稳定。

例 4.5.4 图 4.5.3(a)所示电路，输入信号为电压源 $f(t)$，输出信号为电容器 C 两端的电压 $y(t)$。如何选取电路元件参数 R、L、C，可使得电路不产生振荡？

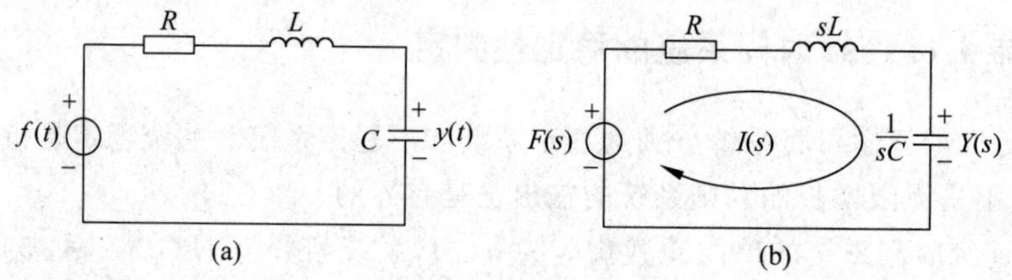

图 4.5.3 例 4.5.4 图

解 使电路不产生振荡，即要求电路应是稳定系统。

作系统的 S 域模型如图 4.5.3(b)所示。列 KVL 方程得

$$RI(s)+sLI(s)+\frac{1}{sC}I(s)=F(s)$$

$$(LCs^2+RCs+1)I(s)=sCF(s)$$

$$I(s)=\frac{sC}{LCs^2+RCs+1}F(s)$$

输出的拉普拉斯变换为

$$Y(s)=\frac{1}{sC}I(s)=\frac{1}{LCs^2+RCs+1}F(s)$$

因此，得出系统函数

$$H(s)=\frac{Y(s)}{F(s)}=\frac{1}{LCs^2+RCs+1}$$

$H(s)$有极点

$$p_{1,2}=\frac{-RC\pm\sqrt{R^2C^2-4LC}}{2LC}$$

当 $R^2C^2-4LC<0$ 时，$\sqrt{R^2C^2-4LC}$ 为纯虚数，而 $-RC<0$，$2LC>0$，此时，系统函数的两个极点均位于左半复平面，系统稳定，因此不会产生振荡。

例 4.5.5　已知某 LTI 连续时间系统的零极图如图 4.5.4 所示。(1) 若系统是因果系统，系统的单位冲激响应 $h(t)$ 的初值 $h(0^+)=2$，求 $h(t)$；(2) 若系统是稳定系统，且 $\int_{-\infty}^{+\infty}h(t)\mathrm{d}t=1$，求 $h(t)$。

解　由图 4.5.4 知系统有：零点，$\xi_1=-4$，极点，$p_1=-2$，$p_2=2$。则系统函数

$$H(s)=\frac{k(s+4)}{(s+2)(s-2)},\quad \sigma\in(\alpha,\beta)$$

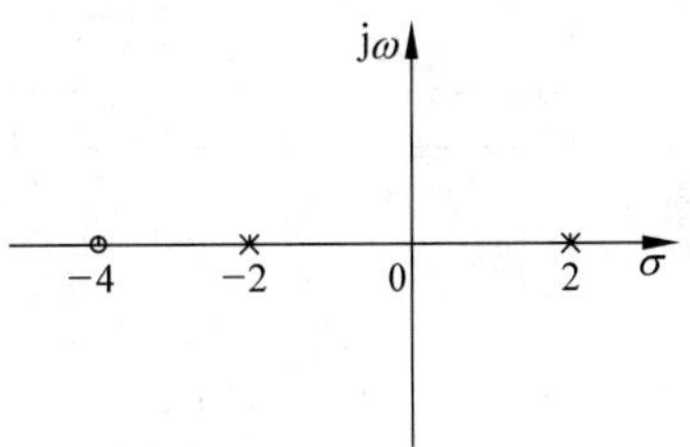

图 4.5.4　例 4.5.5 图

(1) 若系统为因果系统，则系统函数对应的收敛域应为 $\sigma>2$。又由于系统函数是真分式，根据始值定理式(4.2.13)可得到单位冲激响应的初值

$$h(0^+)=\lim_{s\to+\infty}sH(s)=\lim_{s\to+\infty}\frac{sk(s+4)}{s^2-4}=k=2$$

因此系统函数为

$$H(s)=\frac{2(s+4)}{(s+2)(s-2)}=\frac{3}{s-2}-\frac{1}{s+2},\quad \sigma>2$$

做拉普拉斯变换的逆变换，得系统的单位冲激响应

$$h(t)=(3\mathrm{e}^{2t}-\mathrm{e}^{-2t})u(t)$$

(2) 若系统稳定，则系统函数的收敛域应包含 jω 轴，即 $\sigma\in(-2,2)$。而系统的单位冲激响应与系统函数是一对 LT，即 $h(t)\leftrightarrow H(s)$，$\sigma\in(-2,2)$，因此

$$\int_{-\infty}^{+\infty}h(t)\mathrm{d}t=H(0)=-k=1$$

得到系统函数

$$H(s)=\frac{-(s+4)}{(s+2)(s-2)}=\frac{-\frac{3}{2}}{s-2}-\frac{\frac{1}{2}}{s+2},\quad \sigma\in(-2,2)$$

做拉普拉斯变换的逆变换，得系统的单位冲激响应

$$h(t)=\frac{3}{2}\mathrm{e}^{2t}u(-t)-\frac{1}{2}\mathrm{e}^{-2t}u(t)$$

4.6 本章思维导图

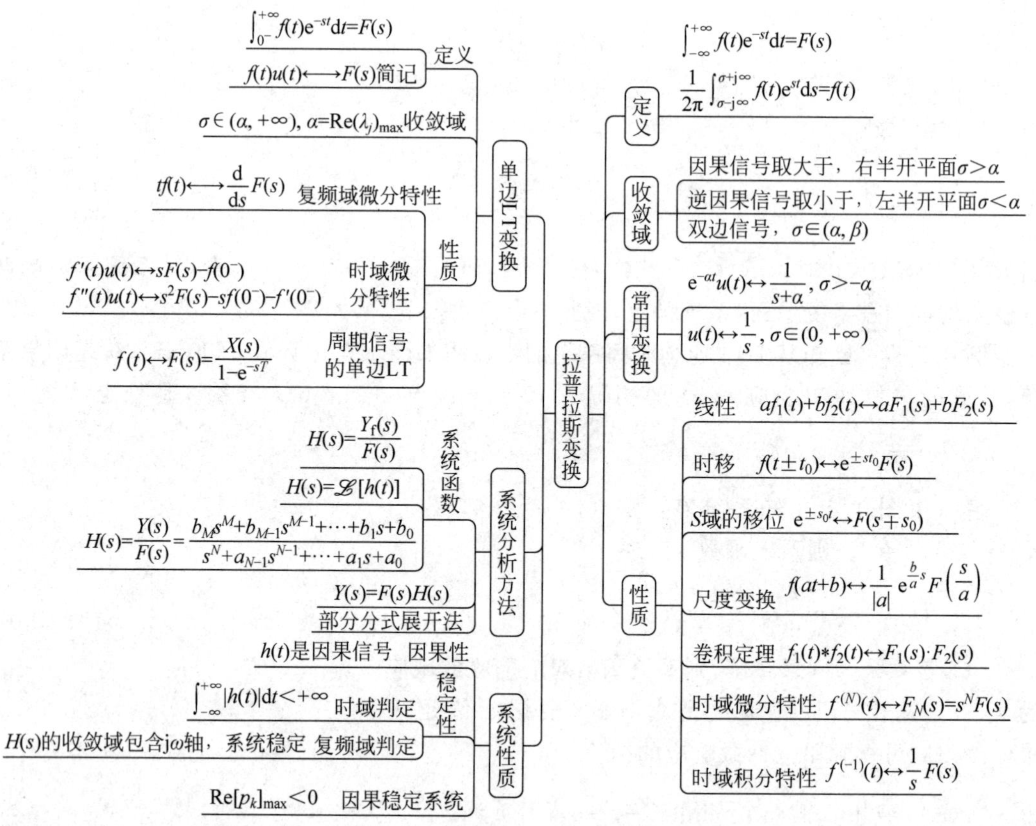

习题 A

4.1 填空题

(1) 连续时间信号 $f(t)$的双边拉普拉斯变换(双边 LT)的定义为________。

连续时间信号 $f(t)$的单边拉普拉斯变换(单边 LT)的定义为________。

(2) 若 $f(t)\longleftrightarrow F(s)$,则 $f(t-3)\longleftrightarrow$________；________$\longleftrightarrow F'(s)$；________$\longleftrightarrow F(s-3)$；________$\longleftrightarrow F(-s)$；________$\longleftrightarrow s^2F(s)$。

(3) 若连续时间信号 $f(t)$的单边拉普拉斯变换为 $F(s)$,则 $f'(t)$的单边拉普拉斯变换为________,$f''(t)$的单边拉普拉斯变换为________。

(4) LTI 连续时间系统的时域描述称为________,记为 $h(t)$,定义为________。

(5) LTI 连续时间系统的频域描述称为________,记为 $H(\omega)$,定义为________。

(6) LTI 连续时间系统的复频域描述称为________,记为 $H(s)$,定义为________。

(7) LTI 连续时间系统的单位冲激响应 $h(t)$ 与系统的频率响应 $H(\omega)$ 的关系为________。

LTI 连续时间系统的单位冲激响应 $h(t)$ 与系统函数 $H(s)$ 之间的关系为________。

(8) 若 LTI 连续时间系统的单位冲激响应为 $h(t)=tu(t)$，则系统函数 $H(s)$ 为________。

(9) LTI 连续时间系统的系统函数为 $H(s)=2s-4+\dfrac{3}{s+9},\sigma\in(-9,+\infty)$，则系统的单位冲激响应 $h(t)$ 为________。

(10) 若 LTI 因果连续时间系统的系统函数为 $H(s)=\dfrac{1}{s}+\dfrac{s}{s^2+2s+2}$，则系统的单位冲激响应 $h(t)$ 为________。

4.2 简答题

(1) 若已知 LTI 连续时间系统的系统函数 $H(s)$ 和输入信号 $f(t)$，用 LT 法如何求解系统的零状态响应 $y_f(t)$？

(2) 试述 LTI 连续时间系统系统函数 $H(s)$ 零点、极点的定义。已知系统函数 $H(s)$，怎样绘制系统的零极图？

(3) 已知因果 LTI 连续时间系统的系统函数 $H(s)$，如何判定系统的稳定性？

4.3 单项选择题

(1) 某 LTI 系统单位冲激响应为 $h(t)=5te^{-t}\cos 3tu(t)$，则该系统是________阶系统。

A. 1　　B. 2　　C. 3　　D. 4

(2) 连续时间信号 $t\delta'(t)$ 的 LT 为________。

A. 1　　B. -1　　C. $+\infty$　　D. 0

(3) 某 LTI 系统的单位冲激响应 $h(t)=te^{-t}u(t)+e^{-2t}\sin 6tu(t)$，则系统函数 $H(s)$ 有极点________。

A. $\lambda_1=-1,\lambda_2=-1$

B. $\lambda_1=-1,\lambda_2=-1,\lambda_3=-2+j6$

C. $\lambda_1=-1,\lambda_2=-1,\lambda_3=-2-j6$

D. $\lambda_1=-1,\lambda_2=-1,\lambda_3=-2+j6,\lambda_4=-2-j6$

(4) 单位冲激响应为 $h_1(t)=e^{-3t}u(t)$ 的两个子系统级联组成的系统的系统函数 $H(s)$ 为________。

A. $\dfrac{1}{(s+3)^2}$　　B. $\dfrac{2}{s+3}$　　C. $1-\dfrac{1}{s+3}$　　D. $\dfrac{1}{s+3}$

4.4 试计算下列信号的 LT。

(1) $f_1(t)=e^{-3t}u(t)$；

(2) $f_2(t)=e^{-3(t-1)}u(t-1)$；

(3) $f_3(t)=e^{-3t}u(t-1)$；

(4) $f_4(t)=e^{-3(t-1)}u(t-2)$；

(5) $f_5(t)=e^{-3t}[u(t)-u(t-2)]$；

(6) $f_6(t)=e^{-3t}[u(t-1)-u(t-3)]$。

4.5 试计算下列信号的 LT。

(1) $f_1(t)=t^2u(t)$；

(2) $f_2(t)=(t-1)u(t-1)$；

(3) $f_3(t)=tu(t-1)$。

4.6 求下列信号的 LT。

(1) $f_1(t)=u(2t-1)$；　(2) $f_2(t)=t\delta'(t)$；

(3) $f_3(t)=u(t)*u(t)*u(t)$；　(4) $f_4(t)=[\mathrm{e}^{-4t}u(t)]'$。

4.7 已知 $f(t)\longleftrightarrow F(s)=\dfrac{1}{s+1}$，求下列信号的 LT。

(1) $f_1(t)=tf(t)$；　(2) $f_2(t)=tf'(t)$；

(3) $f_3(t)=[tf(t)]'$；　(4) $f_4(t)=f(3t-6)$。

4.8 求题 4.8 图所示信号的 LT。

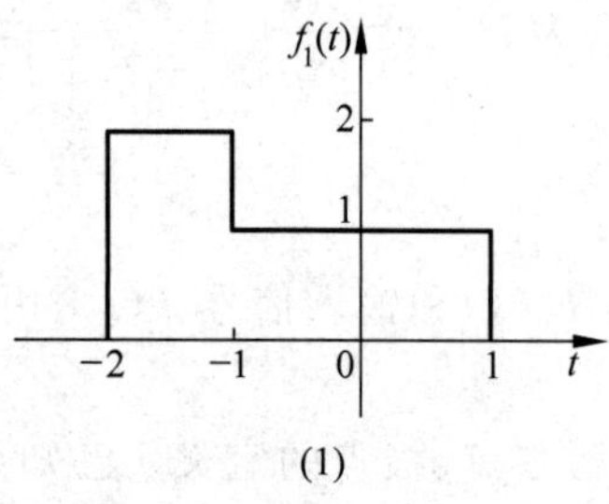

(1)

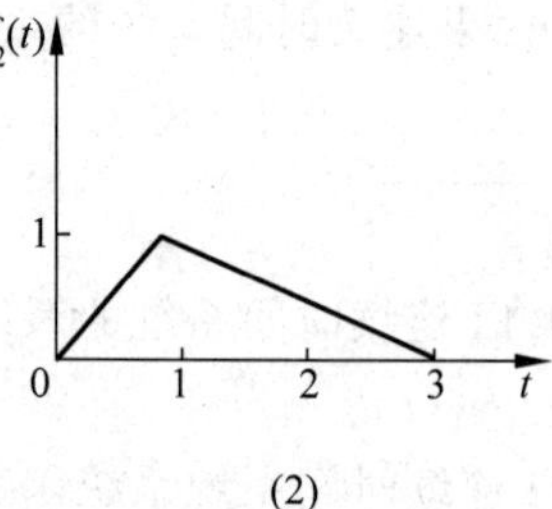

(2)

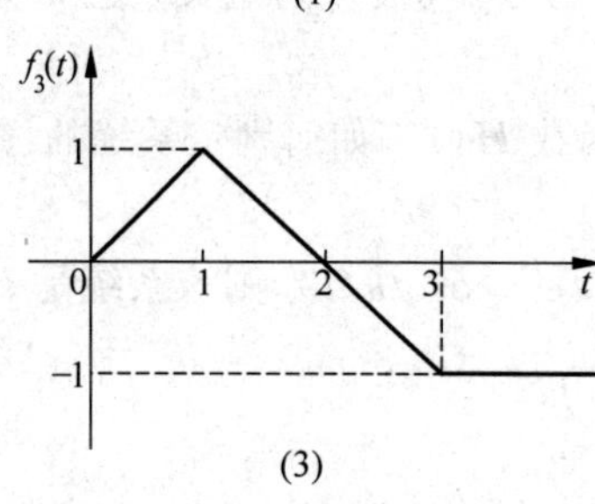

(3)

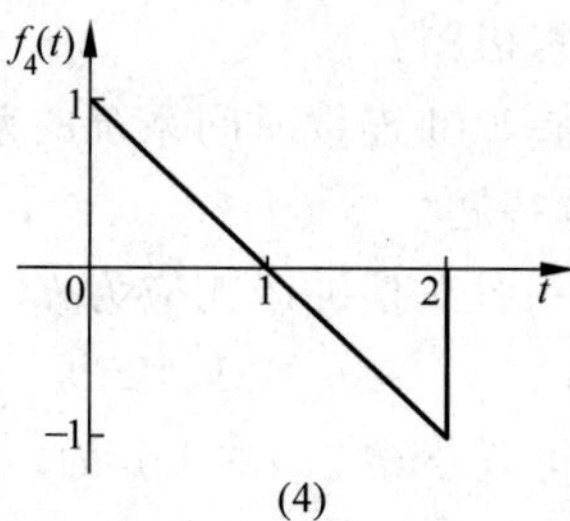

(4)

题 4.8 图

4.9 求下列象函数对应的原函数。(此处均讨论单边 LT，收敛域为某一右半开平面，不再专门标注。)

(1) $F_1(s)=\dfrac{s}{s^2+4s+3}$；　(2) $F_2(s)=\dfrac{s+2}{s^2-3s-4}$；

(3) $F_3(s)=\dfrac{(1-\mathrm{e}^{-s})^2}{s^2}$；　(4) $F_4(s)=\dfrac{3s+1}{s^2}$；

(5) $F_5(s)=\dfrac{s^2}{s^2+5s+6}$；　(6) $F_6(s)=\dfrac{2+8\mathrm{e}^{-s}}{s^2+10s+9}$；

(7) $F_4(s)=\dfrac{1}{s(s^2+2)}$；　(8) $F_4(s)=\dfrac{s^2+3s+2}{s^2+2}$；

(9) $F_4(s)=\dfrac{1}{s(1+\mathrm{e}^{-s})}$。

4.10 已知 $f(t)\longleftrightarrow F(s)$，求 $\int_{-\infty}^{t} f(\tau-1)\mathrm{d}\tau$ 的拉普拉斯变换。

4.11 计算卷积积分。

(1) $f_1(t)=\mathrm{e}^{-3t}u(t)*\mathrm{e}^{-t}u(t)$；　(2) $f_1(t)=\mathrm{e}^{t}u(t)*\mathrm{e}^{-4t}u(t)$；

(3) $f_1(t)=\mathrm{e}^{-t}u(t)*\mathrm{e}^{-t}u(t)$。

4.12　求下列方程描述的 LTI 连续时间系统的系统函数 $H(s)$、单位冲激响应 $h(t)$和频率响应 $H(\omega)$。

(1) $3y'(t)+2y(t)=f(t)$；　　(2) $y''(t)-8y'(t)+15y(t)=f'(t)+2f(t)$；

(3) $y''(t)+8y'(t)+12y(t)=f'(t)+f(t)$。

4.13　求题 4.13 图所示系统的单位冲激响应 $h(t)$。

4.14　某 LTI 连续时间系统方框图如题 4.14 图所示，(1)求该系统的系统方程；(2)求系统函数 $H(s)$；(3)求系统的频率响应 $H(\omega)$；(4)求系统的单位冲激响应 $h(t)$；(5)求系统的输入信号为 $f(t)=u(t)$时的输出信号 $y(t)$；(6)判定系统的稳定性。

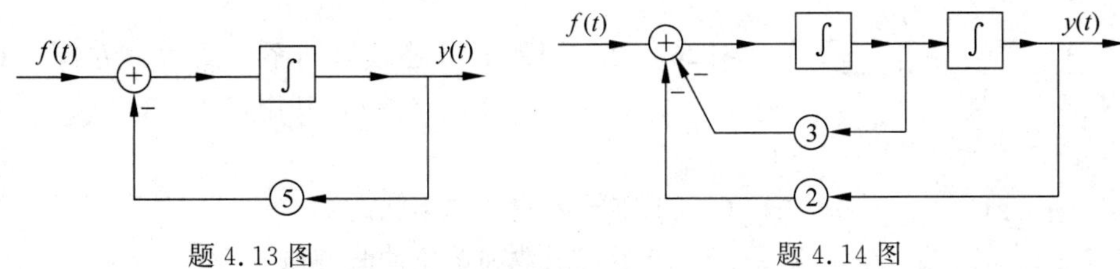

题 4.13 图　　　　题 4.14 图

4.15　某 LTI 连续时间系统输入信号为 $f(t)=\mathrm{e}^{-t}u(t)$时，零状态响应 $y_{\mathrm{f}}(t)=\left(\frac{1}{2}\mathrm{e}^{-t}-\mathrm{e}^{-2t}+\mathrm{e}^{-3t}\right)u(t)$。试求：(1)系统的单位冲激响应 $h(t)$；(2)系统的单位阶跃响应 $s(t)$。

4.16　某 LTI 连续时间系统的单位阶跃响应 $s(t)=(1-\mathrm{e}^{-2t})u(t)$，已知输入信号为 $f(t)$时，$y_{\mathrm{f}}(t)=(1-\mathrm{e}^{-t}+t\mathrm{e}^{-2t})u(t)$，求 $f(t)$。

4.17　因果 LTI 连续时间系统的系统函数 $H(s)=\dfrac{2s}{s^2+7s+12}$，求输入信号为 $f(t)=\mathrm{e}^{-t}u(t)$时的零状态响应 $y_{\mathrm{f}}(t)$。

4.18　LTI 连续时间系统的系统方程为 $y''(t)+6y'(t)+8y(t)=2f'(t)+f(t)$，求该系统的单位冲激响应 $h(t)$及系统的单位阶跃响应 $s(t)$。

4.19　已知某 LTI 连续时间系统的单位阶跃响应 $s(t)=\mathrm{e}^{-t}u(t)$。(1)求系统的单位冲激响应 $h(t)$；(2)设系统的输入信号为 $f(t)$，输出信号为 $y(t)$，试写出系统方程；(3)求系统的输入信号为 $f(t)=\mathrm{e}^{-3t}u(t)$时，系统的零状态响应 $y_{\mathrm{f}}(t)$。

4.20　试用单边 LT 的时域微分特性解下列方程。

(1) $y''(t)+4y'(t)+3y(t)=2f'(t)+f(t)$，$y(0^-)=1$，$y'(0^-)=2$，$f(t)=\mathrm{e}^{-2t}u(t)$；

(2) $y''(t)+7y'(t)+10y(t)=f'(t)+f(t)$，$y(0^-)=y'(0^-)=1$，$f(t)=u(t)$。

4.21　LTI 连续时间系统的系统方程为 $y''(t)+4y'(t)+3y(t)=f''(t)$，初始状态 $y(0^-)=y'(0^-)=1$，求使全响应 $y(t)=0$ 时的输入信号 $f(t)$。

4.22　题 4.22 图(a)所示系统，输入信号为 $f_1(t)=u(t)$时，输出信号 $y_{\mathrm{f1}}(t)=u(t)-u(t-2)$，求题 4.22 图(b)所示系统，输入 $f_2(t)=u(t)-u(t-2)$时的零状态响应 $y_{\mathrm{f2}}(t)$。

4.23　分别作下列因果 LTI 连续时间系统的零极图，并判定系统的稳定性。

(1) $H(s)=\dfrac{s+2}{s^2+4s+3}$；　(2) $H(s)=\dfrac{s}{s^2-3s-4}$；　(3) $H(s)=\dfrac{s+1}{s^3+2s^2+2s}$。

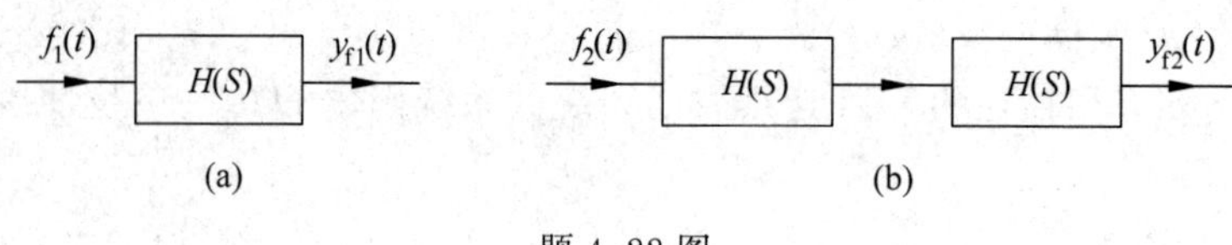

题 4.22 图

4.24 某 LTI 连续时间系统的零极图如题 4.24 图所示，且已知 $H(0)=-2$，试写出该系统的系统函数 $H(s)$。

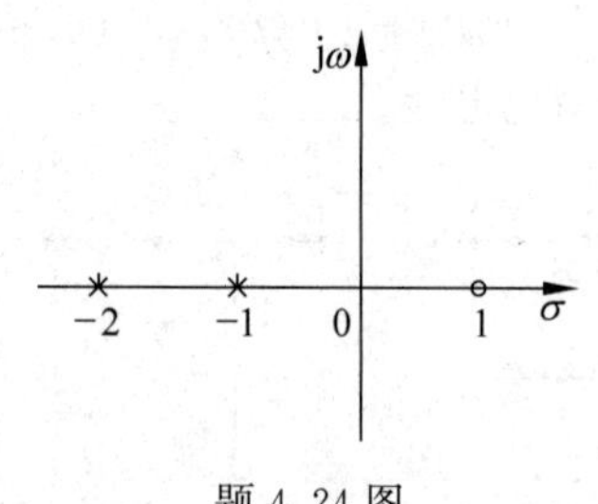

题 4.24 图

4.25 已知 $g(t)=x(t)+\alpha x(-t)$，其中 $x(t)=\beta e^{-t}u(t)$，试确定 α、β，使得 $G(s)=\dfrac{s}{s^2-1}$，$-1<\mathrm{Re}(s)<1$。

4.26 已知因果 LTI 连续时间系统的微分方程 $y''(t)+3y'(t)+2y(t)=5f'(t)+4f(t)$，其中输入 $f(t)=e^{-3t}u(t)$，$y(0^-)=2$，$y'(0^-)=1$。

(1) 求零输入响应和零状态响应。

(2) 求系统函数和单位冲激响应。

(3) 判断系统是否稳定。

(4) 画出该系统的直接框图。

(5) $f(t)=e^{-3t}u(t-2)$，重求前三问。

4.27 已知周期信号 $f(t)$ 波形如题 4.27 图所示，求单边拉普拉斯变换。

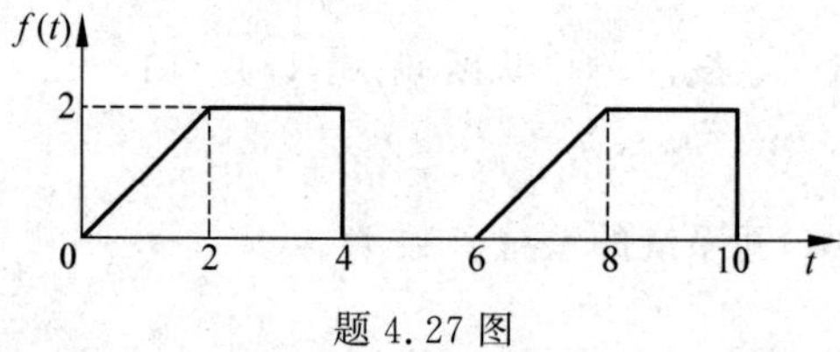

题 4.27 图

4.28 已知 $f(t)=e^{-t}u(t)$ 时，$y_f(t)=e^{-t}u(t)-e^{-2t}u(t)$，求该系统的系统函数。

4.29 已知因果信号 $f(t)$ 的拉普拉斯变换为 $\dfrac{1}{s+2}$，求 $f(t)*\delta(t-1)$。

4.30 已知 $f(t)=e^{-2t}u(t)$，$h(t)=e^{-3t}u(t)$，求 $y(t)=f(t-2)*h(-t+3)$。

习题 B

4.31 $f(t)\leftrightarrow F(s)$，$\sigma\in(\alpha,+\infty)$，求 $f(t)$。

(1) $F(s)=\dfrac{2s+4}{s(s^2+4)}$；　　(2) $F(s)=\dfrac{s^2-4}{(s^2+4)^2}$；

(3) $F(s)=\dfrac{\pi(1-e^{-2s})}{s^2+\pi^2}$。

4.32 $f(t)\leftrightarrow F(s)$，$\sigma\in(\alpha,+\infty)$，求 $f(0^+)$，$f(+\infty)$。

(1) $F(s)=\dfrac{s-1}{s+1}$；　　(2) $F(s)=\dfrac{As^2+Bs+C}{s[(s-1)^2+1]}$；

(3) $F(s)=\dfrac{1-\mathrm{e}^{-s}}{(s+1)^2+1}$。

4.33　求题 4.33 图所示信号的 LT。

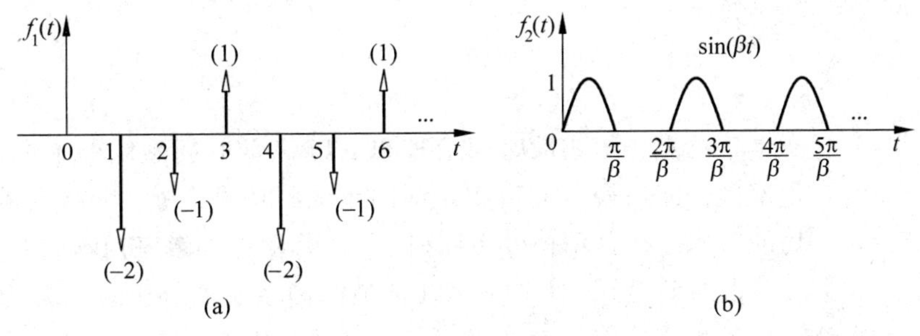

题 4.33 图

4.34　某 LTI 连续时间系统在输入信号 $f_1(t)=2\mathrm{e}^{-3t}u(t-1)$作用下的零状态响应为 $y_{f1}(t)$，在输入信号 $f_2(t)=f_1'(t)$作用下的零状态响应为 $y_{f2}(t)=-3y_{f1}(t)+\mathrm{e}^{-2t}u(t)$。求该系统的单位冲激响应 $h(t)$。

4.35　某 LTI 单输入 $f(t)$，双输出 $y_1(t)$、$y_2(t)$的连续时间系统的系统方程为

$$\begin{cases}y_1'(t)+y_1(t)-2y_2(t)=4f(t)\\ y_2'(t)-y_1(t)+2y_2(t)=-f(t)\end{cases}$$

(1) 系统的初始状态 $y_1(0^-)=1$，$y_2(0^-)=2$，$f(t)=0$ 时，求 $y_{s1}(t)$、$y_{s2}(t)$；

(2) 系统的初始状态 $y_1(0^-)=y_2(0^-)=0$，$f(t)=\mathrm{e}^{-t}u(t)$时，求 $y_{f1}(t)$、$y_{f2}(t)$。

4.36　某 LTI 连续时间系统，在以下各情况下初始状态相同。已知当输入信号 $f_1(t)=\delta(t)$时，全响应 $y_1(t)=\delta(t)+\mathrm{e}^{-t}t>0$；当输入信号 $f_2(t)=u(t)$时，全响应 $y_2(t)=3\mathrm{e}^{-t}u(t)$。若输入信号 $f_3(t)=t[u(t)-u(t-1)]$，求全响应 $y_3(t)$。

4.37　题 4.37 图所示电路中，输入信号为 $f(t)$，输出信号为 $y(t)$，$L=10\mathrm{H}$，$C=\dfrac{1}{10}\mathrm{F}$，$R=10\Omega$。(1)求系统函数 $H(s)=\dfrac{Y(s)}{F(s)}$；(2)求单位冲激响应 $h(t)$；(3)作零极点图；(4)求系统的单位阶跃响应。

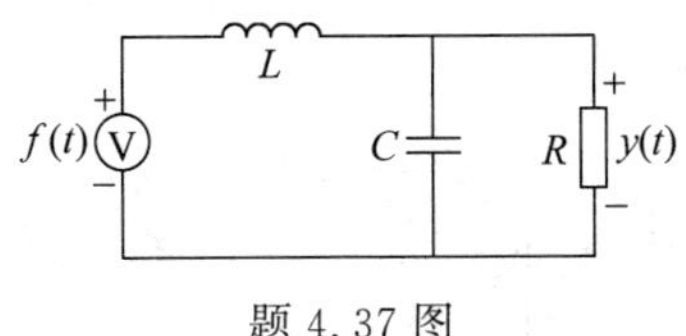

题 4.37 图

第 5 章 LTI 离散时间系统的时域分析

CHAPTER 5

本章首先介绍离散时间信号和 LTI 离散时间系统的基本概念，然后讨论离散时间信号与 LTI 离散时间系统的时域分析。分析离散时间信号选用的基本信号是单位冲激序列 $\delta[n]$，用单位冲激序列响应 $h[n]$ 来描述 LTI 离散时间系统，对应的 LTI 离散时间系统的分析方法称为时域分析法。用卷积和计算 LTI 离散时间系统的零状态响应。讨论的自变量是宗数 n。与第 2 章的讨论相似，本章也是重在对基本概念、原理的理解，具体计算方法在下一章的 z 变换法中进行介绍。

5.1 离散时间信号

5.1.1 离散时间信号的概念

离散时间信号是指只在离散的时间点上有定义，其余时间无定义的信号。离散时间信号可以由连续时间信号取样而得，也可以由实际系统产生。在第 3 章中讨论过对图 5.1.1(a)所示连续时间信号 $f(t)$，以 T 为取样间隔进行时域取样，时域取样信号 $f_s(t)$ 如图 5.1.1(b)所示，其中取

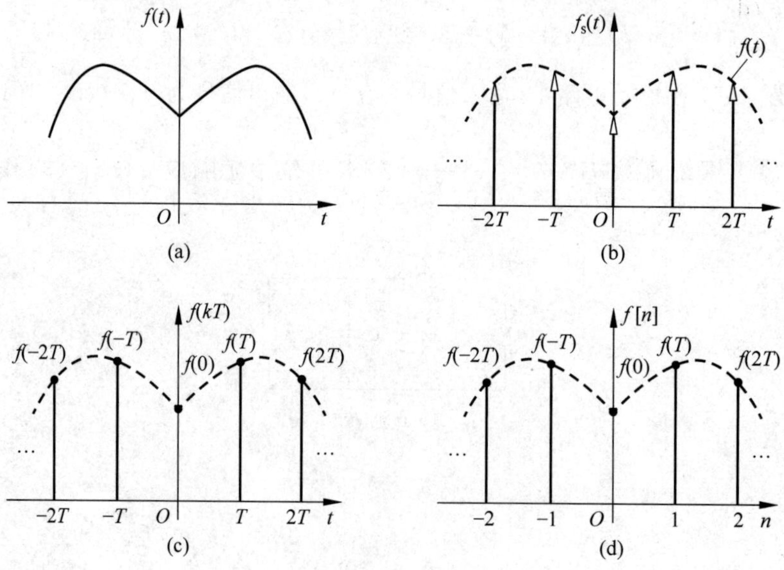

图 5.1.1 建立离散时间信号概念的例图

样信号 $f_s(t)$各冲激信号强度 $f(kT)=f(t)|_{t=kT}$ 如图 5.1.1(c)所示。建立离散时间信号 $f[n]$如图 5.1.1(d)所示，自变量为宗数 n(n 为正、负整数或 0)，是无量纲的。$f[n]$与 $f(kT)$纵坐标相同，将宗数 n 乘以取样周期 T，nT 的量纲即为时间的量纲，$f[n]$即成为 $f(kT)$。因此，离散时间信号仅仅在 n 为整数时才有定义，其余时间无定义。

5.1.2　离散时间信号的描述

1. 序列描述

在数学上可以将离散时间信号表示成自变量为宗数 n 的序列，因此也常被称为离散时间序列。例如，离散时间信号 $f[n]=\left(\frac{1}{2}\right)^n$。

2. 波形图描述

可以用波形图来描述离散时间信号，图 5.1.2 即为某一离散时间信号 $f[n]$的波形图。

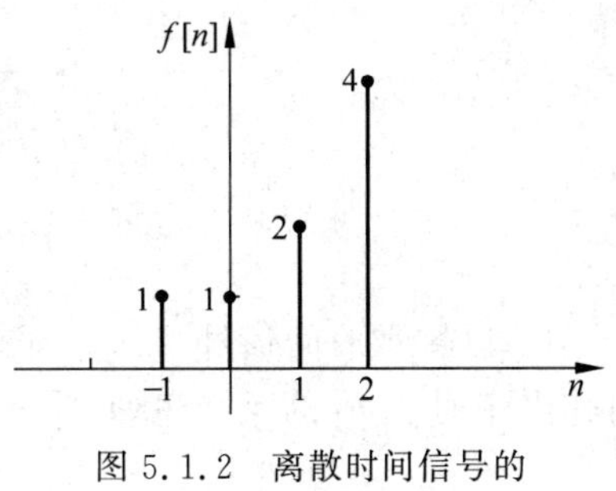

图 5.1.2　离散时间信号的波形图例图

3. 列表描述

当离散时间信号的样本点数不太多时(也称为短序列)，通常可用下列方式描述。例如图 5.1.2 所示离散时间序列可以表示为

$f[n]=\{1,1,2,4\}_{(-1)}$，　其中 -1 是序列开始的宗数

$f[n]=\{1,\underset{\uparrow}{1},2,4\}$，　其中 ↑ 指向原点对应的函数值

$f[n]=\{1,1,2,4\}$，　$n=-1,0,1,2$

5.1.3　离散时间信号的基本运算

1. 离散时间信号的加、乘运算

离散时间信号 $y_1[n]=f_1[n]+f_2[n]$，$y_2[n]=f_1[n]f_2[n]$在 $n=n_0$ 的函数值，等于序列 $f_1[n]$、$f_2[n]$在该宗数时的函数值之和或积：

$$y_1[n_0]=f_1[n_0]+f_2[n_0] \tag{5.1.1}$$

$$y_2[n_0]=f_1[n_0]f_2[n_0] \tag{5.1.2}$$

若离散时间信号 $f_1[n]$、$f_2[n]$分别如图 5.1.3(a)、(b)所示。根据离散时间信号的加、乘运算的定义式(5.1.1)、式(5.1.2)可作出序列 $y_1[n]=f_1[n]+f_2[n]$和 $y_2[n]=f_1[n]f_2[n]$的波形图，分别如图 5.1.3(c)、(d)所示。

2. 离散时间信号的反转运算

用$-n$ 代替序列 $f[n]$中的独立变量 n，得到序列 $f[n]$的反转序列 $f[-n]$，$f[-n]$的波形图与序列 $f[n]$的波形图对称于纵轴。

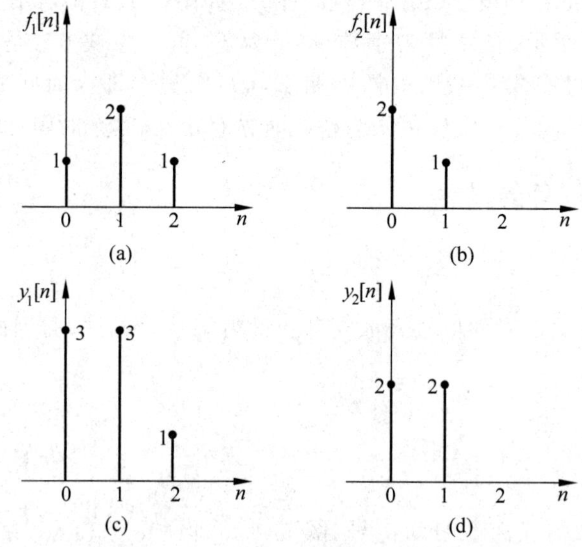

图 5.1.3　离散时间信号的加、乘运算例图

例如，离散时间信号 $f[n]$ 如图 5.1.4(a)所示，根据离散时间信号的反转运算的定义，可作出序列 $f[n]$ 的反转序列 $f[-n]$ 的波形图如图 5.1.4(b)所示。

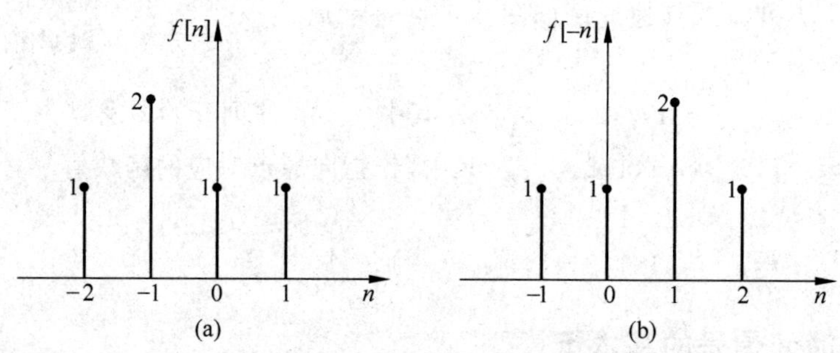

图 5.1.4　离散时间信号的反转运算例图

3. 离散时间信号的移位运算

用 $n-n_0$ 代替序列 $f[n]$ 中的独立变量 n，得到 $f[n]$ 的移位信号 $f[n-n_0]$。这里要强调的是 n_0 必须为整数，否则移位后无定义。当 $n_0>0$ 时，序列 $f[n-n_0]$ 是序列 $f[n]$ 的波形沿 n 轴右移 n_0 位的结果。当 $n_0<0$ 时，序列 $f[n-n_0]$ 是序列 $f[n]$ 的波形沿 n 轴左移 $|n_0|$ 位的结果。

例 5.1.1　已知序列 $f[n]$ 的波形图如图 5.1.5(a)所示，试作 $f[n+1]$、$f[-n-2]$ 的波形图。

解　根据离散时间信号的移位运算的定义，作 $f[n+1]$ 的波形图如图 5.1.5(b)所示。作 $f[n-2]$ 的波形图如图 5.1.5(c)所示，再根据离散时间信号反转运算的定义，作出 $f[-n]$ 的波形图如图 5.1.5(d)所示，再产生 $n+2$ 的移位，得到的 $f[-n-2]$ 的波形图如图 5.1.5(e)所示。

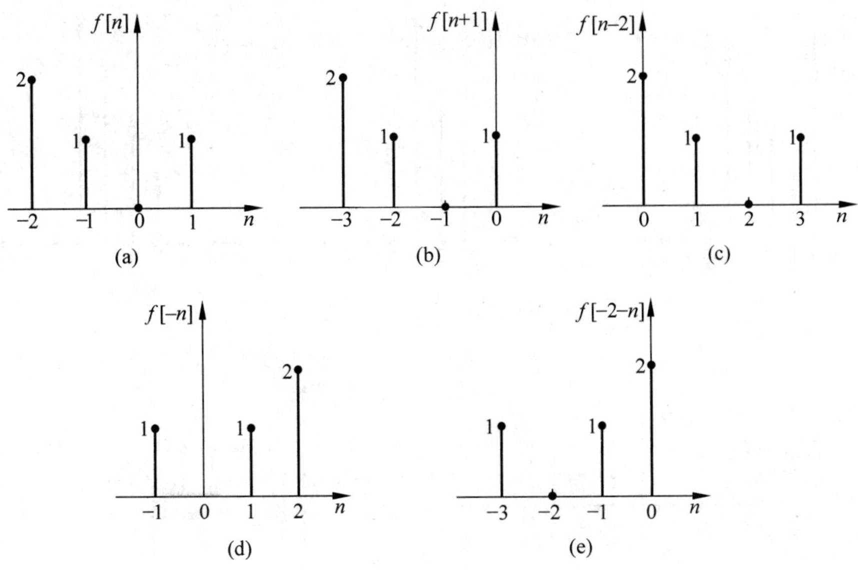

图 5.1.5　例 5.1.1 图

4. 离散时间信号的差分、累加

定义一阶前向差分为

$$\Delta f[n]=f[n+1]-f[n] \tag{5.1.3}$$

定义一阶后向差分为

$$\nabla f[n]=f[n]-f[n-1] \tag{5.1.4}$$

例 5.1.2　已知离散时间序列 $f[n]$的波形图如图 5.1.6(a)所示，试画出其前向差分 $\Delta f[n]$和后向差分$\nabla f[n]$的波形图。

解　作出移位信号 $f[n+1]$及 $f[n-1]$的波形图分别如图 5.1.6(b)、(c)所示，根据前向差分与后向差分的定义式(5.1.3)及式(5.1.4)，可得出前向差分 $\Delta f[n]$和后向差分 $\nabla f[n]$结果分别如图 5.1.6(d)、(e)所示。

离散时间信号的累加定义为

$$y[n]=\sum_{k=-\infty}^{n} f[k] \tag{5.1.5}$$

注意：式(5.1.5)中求和的上限为 n。

例 5.1.3　已知离散时间序列 $f[n]$ 的波形图如图 5.1.7(a) 所示，试画出其求和运算 $y[n]=\sum_{k=-\infty}^{n} f[k]$ 的波形图。

解　由图 5.1.7(a)，根据式(5.1.5)可直接得到

$$y[-2]=0$$
$$y[-1]=f[-2]+f[-1]=-2$$
$$y[0]=f[-2]+f[-1]+f[0]=-1$$
$$y[1]=y[0]+f[1]=1$$

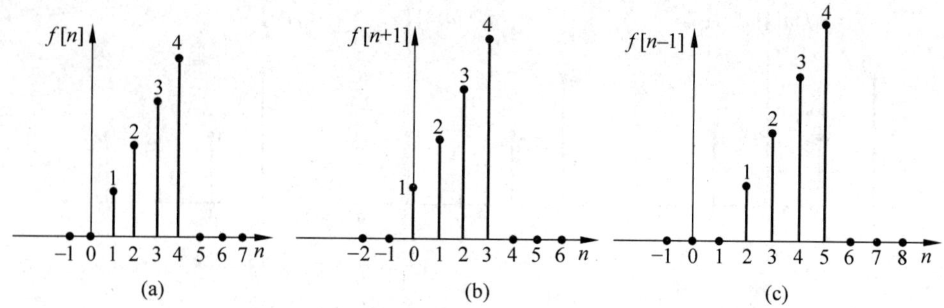

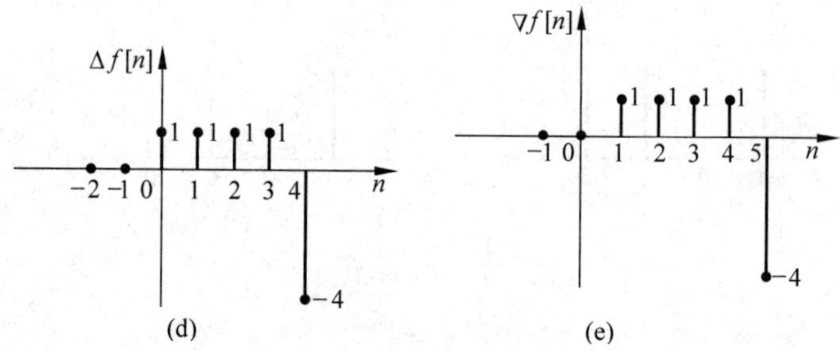

图 5.1.6　例 5.1.2 图

$$y[2]=y[1]+f[2]=3$$
$$y[3]=y[2]+f[3]=3$$
$$y[4]=y[3]+f[4]=2$$
$$y[5]=y[4]+f[5]=1$$
$$y[6]=y[5]+f[6]=1$$

以此类推，可得和信号如图 5.1.7(b)所示。

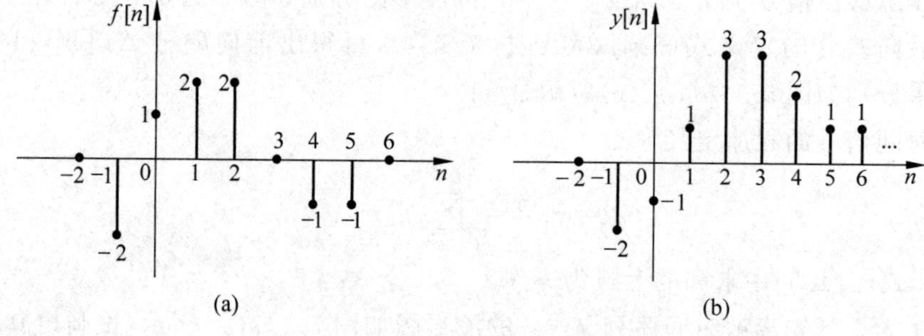

图 5.1.7　例 5.1.3 图

与序列求和相关的还有离散信号的能量与功率的概念。信号能量 E 定义为

$$E=\sum_{i=-\infty}^{+\infty}|f[i]|^2 \tag{5.1.6}$$

信号功率 P 定义为

$$P=\lim_{N\to+\infty}\frac{1}{2N+1}\sum_{i=-N}^{N}|f[i]|^2 \tag{5.1.7}$$

与连续信号对应，序列也可以根据能量或功率是否为有限值分为能量序列与功率序列。

5.1.4　常用离散时间信号

1. 单位冲激序列 $\boldsymbol{\delta}[\boldsymbol{n}]$

定义　单位冲激序列 $\delta[n]$为

$$\delta[n]=\begin{cases}1, & n=0\\ 0, & n\neq 0\end{cases} \tag{5.1.8}$$

$\delta[n]$的波形图如图 5.1.8 所示。

任意离散时间序列都可以表示成单位冲激序列的移位加权和，即

$$f[n]=\sum_{k=-\infty}^{+\infty}f[k]\delta[n-k] \tag{5.1.9}$$

例 5.1.4　离散时间信号 $f[n]$的波形图如图 5.1.9 所示，试写出 $f[n]$的表达式。

解

$$\begin{aligned}f[n]&=\sum_{k=-\infty}^{+\infty}f[k]\delta[n-k]\\&=\sum_{k=-1}^{3}f[k]\delta[n-k]\\&=\delta[n+1]+2\delta[n]+3\delta[n-1]+3\delta[n-2]+\delta[n-3]\end{aligned}$$

或

$$f[n]=\{1,2,3,3,1\}_{(-1)}$$

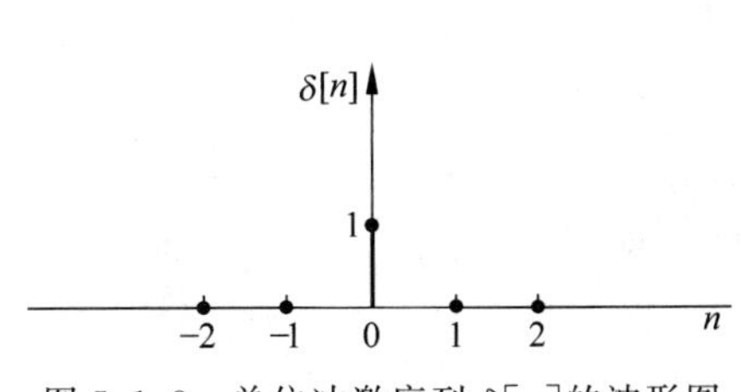

图 5.1.8　单位冲激序列 $\delta[n]$的波形图

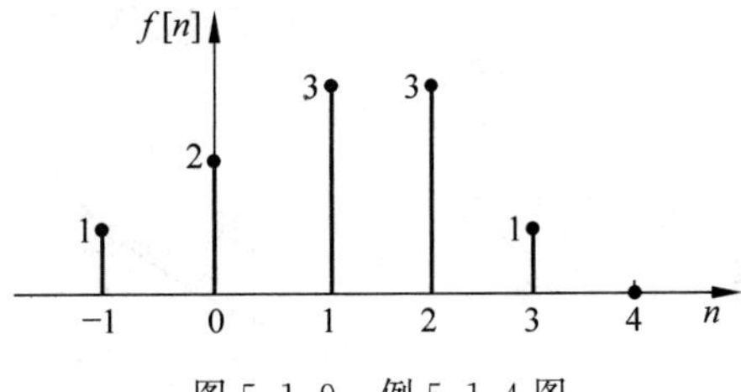

图 5.1.9　例 5.1.4 图

2. 单位阶跃序列 $\boldsymbol{u}[\boldsymbol{n}]$

定义　单位阶跃序列 $u[n]$为

$$u[n]=\begin{cases}1, & n\geqslant 0\\ 0, & n<0\end{cases} \tag{5.1.10}$$

$u[n]$的波形图如图 5.1.10 所示。

单位阶跃序列 $u[n]$与单位冲激序列 $\delta[n]$存在如下关系：

差分关系

$$\delta[n]=u[n]-u[n-1] \tag{5.1.11}$$

累加关系

$$u[n]=\sum_{k=0}^{+\infty}\delta[n-k] \tag{5.1.12}$$

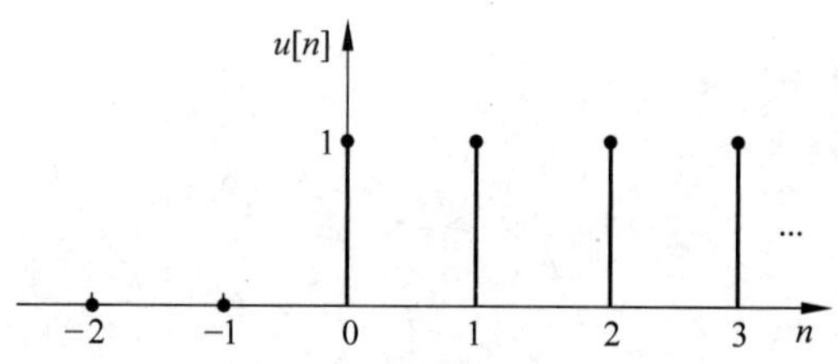

图 5.1.10 单位阶跃序列 $u[n]$的波形图

3. 单边指数序列

单边指数序列定义为

$$f[n]=a^{n}u[n] \tag{5.1.13}$$

例如，离散时间序列 $f_1[n]=2^n u[n]$，$f_2[n]=\left(\frac{1}{2}\right)^n u[n]$，$f_3[n]=(-2)^n u[n]$，$f_4[n]=\left(-\frac{1}{2}\right)^n u[n]$的波形图分别如图 5.1.11(a)～(d)所示。

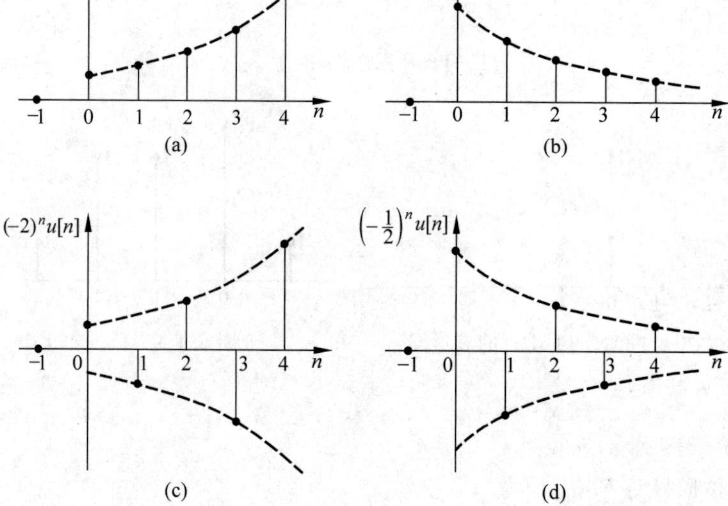

图 5.1.11 单边指数序列 $a^n u[n]$的波形例图

4. 矩形序列 $R_N[n]$

样本点数为 N 的矩形序列 $R_N[n]$定义如下：

$$R_N[n]=\begin{cases}1, & 0\leqslant n\leqslant N-1\\ 0, & \text{其他}\end{cases} \tag{5.1.14}$$

波形如图 5.1.12 所示。

$$R_N[n]=u[n]-u[n-N] \tag{5.1.15}$$

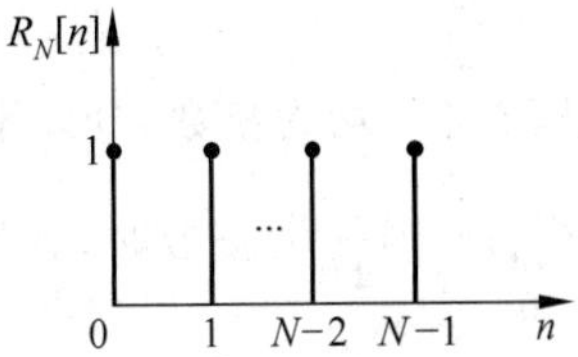

图 5.1.12　矩形序列波形图

5. 复指数序列

复指数序列定义为

$$f[n]=\mathrm{e}^{(\sigma+\mathrm{j}\Omega)n}=\mathrm{e}^{\sigma n}\mathrm{e}^{\mathrm{j}\Omega n}=\mathrm{e}^{\sigma n}[\cos(\Omega n)+\mathrm{j}\sin(\Omega n)] \tag{5.1.16}$$

所以

$$|f[n]|=\mathrm{e}^{\sigma n} \tag{5.1.17}$$

$$\arg(x[n])=\Omega n \tag{5.1.18}$$

6. 正弦序列

正弦序列定义为

$$f[n]=\sin(\Omega n) \tag{5.1.19}$$

式中，Ω 为正弦序列的数字域频率，单位是弧度，它表示序列变化的速率，或者相邻的两个序列值之间变化的弧度数。

若正弦序列是由模拟信号抽样得到的，为简便起见，设原模拟信号为

$$f(t)=\sin(\omega_0 t)$$

对原信号 $f[n]$理想时域取样，设取样周期为 T，则其理想时域取样信号各冲激的强度为

$$f(t)\mid_{t=nT}=f(nT)=\sin(\omega_0 nT)$$

而对应的离散时间序列即为

$$f[n]=\sin(n\Omega)$$

因为对于相同的 n，序列值与取样信号值相等，所以数字频率 Ω 与模拟角频率 ω_0 之间满足

$$\Omega=\omega_0 T \tag{5.1.20}$$

上式具有普遍意义，它表示凡是由模拟信号抽样得到的序列，模拟信号角频率 ω_0 与序列数字频率 Ω 之间满足线性关系。由于抽样周期 T 与抽样频率 f 互为倒数，上式也可表示成

$$\Omega=\frac{\omega_0}{f} \tag{5.1.21}$$

我们知道连续的正弦信号肯定是周期信号，那么经过抽样后的正弦序列是否一定是周期信号呢？答案是不一定。下面讨论正弦序列的周期性问题。

与连续时间信号类似，如果对于所有的 n，存在一个最小的正整数 N，使如下等式成立：

$$f[n]=f[n+N],\quad -\infty<n<+\infty \tag{5.1.22}$$

则称 $f[n]$为周期序列，周期为 N(N 为正整数)。

设正弦序列为

$$f[n]=A\sin(\Omega n+\phi)$$

若 $f[n]$是周期为 N 的周期序列，则

$$f[n+N]=A\sin[\Omega(n+N)+\phi]=A\sin(\Omega n+\Omega N+\phi)$$

根据周期性的定义，若要使 $f[n]=f[n+N]$，则 $\Omega N=2m\pi$，即

$$\frac{2\pi}{\Omega}=\frac{N}{m} \tag{5.1.23}$$

这里 N、m 均为整数，分以下 3 种情况讨论。

(1) 当$\frac{2\pi}{\Omega}$为整数时，满足条件的 N 和 m 存在，该正弦序列为周期序列，并且 $m=1$ 时，N 最小。所以该正弦序列为周期为$\frac{2\pi}{\Omega}$的周期序列。如序列 $\sin\left(\frac{\pi n}{8}\right)$中，$\frac{2\pi}{\Omega}=\frac{2\pi}{\pi/8}=16$，所以该正弦序列的周期为 16。

(2) 当$\frac{2\pi}{\Omega}$为有理数时，设$\frac{2\pi}{\Omega}=\frac{P}{Q}$，取 $m=Q$，那么 $N=P$，所以该正弦序列是周期为 P 的周期序列。如序列 $\sin\left(\frac{4\pi n}{5}\right)$，$\frac{2\pi}{\Omega}=\frac{2\pi}{4\pi/5}=\frac{5}{2}$，$N=P=5$，该正弦序列是周期为 5 的周期序列。

(3) 当$\frac{2\pi}{\Omega}$为无理数时，满足条件的 N 和 m 不存在，该正弦序列为非周期序列。如序列 $\sin\left(\frac{4n}{5}\right)$，$\frac{2\pi}{\Omega}=\frac{2\pi}{4/5}$，该正弦序列为非周期序列。

对于复指数序列有同样的分析结果。

5.2 LTI 离散时间系统

离散时间系统在数学上的定义是将输入序列 $f[n]$映射成输出序列 $y[n]$的唯一性变换或运算。即离散时间系统是指输入信号、输出信号均为离散时间信号的系统，如图 5.2.1 所示。

图 5.2.1 离散时间系统方框图

与连续时间系统一样，离散时间系统可以用下面的符号表示：

$$f[n]\rightarrow y[n] \tag{5.2.1}$$

5.2.1 LTI 离散时间系统的性质

LTI 离散时间系统具有如下性质。

1. 离散线性系统的性质

离散线性系统应同时具有分解性即 $y[n]=y_s[n]+y_f[n]$、零输入响应 $y_s[n]$线性特

性和零状态响应 $y_f[n]$线性特性。

2. 离散移位不变(也称为时不变)系统的性质

离散移位不变系统具有移位不变性。可以用式(5.2.1)表示为

$$\text{若 } f[n]\to y[n],\text{则 } f[n-n_0]\to y[n-n_0],\quad n_0 \text{ 为整数} \tag{5.2.2}$$

5.2.2　LTI 离散时间系统的差分方程

联系 LTI 离散时间系统的输入信号 $f[n]$和输出信号 $y[n]$的数学模型为线性常系数差分方程(difference equation),其一般形式为

$$\begin{aligned}&y[n+N]+a_{N-1}y[n+(N-1)]+\cdots+a_1y[n+1]+a_0y[n]\\&=b_Mf[n+M]+b_{M-1}f[n+(M-1)]+\cdots+b_1f[n+1]+b_0f[n],\\&a_0,a_1,\cdots,a_{N-1},b_0,b_1,\cdots,b_M \text{ 均为常数}\end{aligned} \tag{5.2.3}$$

连续系统用微分方程描述,而离散系统用差分方程来描述。以二阶方程为例,微分与差分方程的比较如表 5.2.1 所示。

表 5.2.1　微分方程与差分方程的比较

比较内容	微分方程	差分方程
方程形式	$a_2y''(t)+a_1y'(t)+a_0y(t)=bf(t)$	$a_2y[n]+a_1y[n-1]+a_0y[n-2]=bf[n]$
函数比较	含有 $y''(t),y'(t),y(t)$	含有 $y[n],y[n-1],y[n-2]$
阶次	输出函数导数的最高次数	输出函数自变量序号的最高与最低之差
初始状态	$y'(0^-),y(0^-)$	$y[-1],y[-2]$

1. 差分方程的阶

定义输出序列的最高、最低宗数之差为差分方程的阶。

例如差分方程 $y[n+1]+y[n]=f[n+4]$,输出序列的最高、最低宗数之差为$(n+1)-n=1$,为一阶差分方程,对应的 LTI 离散时间系统是一阶系统。而差分方程 $y[n]+3y[n-2]-4y[n-3]=f[n+1]$,因为 $n-(n-3)=3$,所以是三阶差分方程,对应的 LTI 离散时间系统是三阶系统。

2. LTI 离散时间系统分析概述

下面以实际问题为例,说明如何建立差分方程。

例如,在观测信号时,所得的观测值不仅包含有用信号,还混杂有噪声,为滤除数据中的噪声,常采用滤波处理。设第 n 次观测值为 $f[n]$,经处理后估计值为 $y[n]$,若本次估计值为本次观测数据与上次估计值的平均值,试列出差分方程。

第 n 次观测值为 $f[n]$,第 $n-1$ 次估计值为 $y[n-1]$,第 n 次估计值为 $y[n]$。根据题意有

$$y[n]=\frac{1}{2}(f[n]+y[n-1])$$

或写为

$$y[n]-\frac{1}{2}y[n-1]=\frac{1}{2}f[n]$$

又如,设某地区在第 n 年的人口为 $y[n]$,人口的正常出生率和死亡率分别为 α 和 β,而第 n 年从外地迁入该地区的人口为 $f[n]$,那么第 n 年该地区的人口总数为

$$y[n]=y[n-1]+\alpha y[n-1]-\beta y[n-1]+f[n]$$

整理得

$$y[n]-(1+\alpha-\beta)y[n-1]=f[n]$$

这也是一个一阶差分方程。要求得该方程的解,除系数 α、β 和 $f[n]$ 已知外,还需要已知初始条件,即起始年($n=0$)该地区的总人口数 $y[0]$。

求解常系数线性差分方程的方法如下:

(1) 迭代法。包括手算逐次代入求解或利用计算机求解。这种方法概念清楚,也比较简便,但只能得到其数值解,不能直接给出一个完整的解析式(闭合式)。

(2) 时域经典法。与微分方程的时域经典法类似,先分别求齐次解与特解,然后代入初始条件求待定系数。这种方法便于由物理概念说明各响应分量之间的关系,但求解过程比较麻烦,在解决具体问题时不宜采用。

(3) 零输入响应与零状态响应求解法。可以利用求齐次解的方法得到零输入响应,利用卷积和的方法求零状态响应。与连续系统的情况类似,卷积和方法在离散时间系统分析中同样占有十分重要的地位。

(4) 利用 z 变换在变换域求解差分方程的解。此方法有许多优点,也是实际应用中简便而有效的方法。

本章我们着重学习离散系统的时域分析法,z 变换分析法将在第 6 章讨论。

例 5.2.1 已知一个系统的差分方程为 $y[n]-ay[n-1]=f[n]$,且 $y[-1]=0$,$f[n]=\delta[n]$,求 $y[n]$。

由于描述离散时间系统的差分方程是具有递推关系的代数方程,若已知初始状态和输入序列,则可以利用迭代法求差分方程的数值解。

解 在差分方程 $y[n]-ay[n-1]=f[n]$ 中,若 $f[n]=\delta[n]$,则

$$y[n]-ay[n-1]=\delta[n]$$

移项可得

$$y[n]=\delta[n]+ay[n-1]$$

令 $n=-1$,$y[-1]=\delta[-1]+ay[-2]$(其中 $y[-2]$ 无定义,因此 $n\leqslant-2$ 的 $y[n]$ 无定义)

$n=0$,$y[0]=\delta[0]+ay[-1]=1$(其中 $y[-1]=0$,$\delta[0]=1$)

$n=1$,$y[1]=\delta[1]+ay[0]=a$

$n=2$,$y[2]=\delta[2]+ay[1]=a^2$(当 $n\neq0$ 时,$\delta[n]=0$)

⋮

以此类推,得到

$$y[n]=a^n n\geqslant-1$$

本例是使用迭代法求解差分方程,对于高阶差分方程往往不易得到方程的闭式解,一般不常用。本书是根据 LTI 离散时间系统具有分解性,分别计算零输入响应 $y_s[n]$ 和零状态响应 $y_f[n]$,然后利用分解性求得全响应,即 $y[n]=y_s[n]+y_f[n]$。

5.3　LTI 离散时间系统的时域分析

同 LTI 连续时间系统一样，LTI 离散时间系统的全响应也具有分解性，即有

$$y[n]=y_s[n]+y_f[n]$$

5.3.1　LTI 离散时间系统的零输入响应 $y_s[n]$

1. 零输入响应 $y_s[n]$的定义

离散时间系统在初始状态单独作用下（输入信号 $f[n]=0$）所产生的响应分量定义为系统的零输入响应，记为 $y_s[n]$。

2. 零输入响应 $y_s[n]$的求法

根据零输入响应的定义可知，$y_s[n]$是齐次差分方程 $y_s[n+N]+a_{N-1}y_s[n+(N-1)]+\cdots+a_1y_s[n+1]+a_0y_s[n]=0$ 在初始状态为 $y[-1],y[-2],\cdots,y[-N]$时的解。

求解特征方程 $\lambda^N+a_{N-1}\lambda^{N-1}+\cdots+a_1\lambda+a_0=0$，得 N 个特征根 $\lambda_k(k=1,2,\cdots,N)$，当各特征根 λ_k 均为单根时，零输入响应为

$$y_s[n]=C_1\lambda_1^n+C_2\lambda_2^n+\cdots+C_N\lambda_N^n=\sum_{k=1}^{N}C_k\lambda_k^n,\quad n\geqslant -N \tag{5.3.1}$$

由于 $y_s[-1]=y[-1],y_s[-2]=y[-2],\cdots,y_s[-N]=y[-N]$，所以在式(5.3.1)中直接代入初始状态 $y[-1],y[-2],\cdots,y[-N]$即可求出待定常数 C_k，得到 LTI 离散时间系统的零输入响应 $y_s[n]$。

例 5.3.1　已知 LTI 离散时间系统的差分方程为 $y[n+1]-\frac{1}{2}y[n]=\frac{1}{3}f[n+1]$，系统初始状态 $y[-1]=3$，求系统的零输入响应 $y_s[n]$。

解　差分方程 $y[n+1]-\frac{1}{2}y[n]=\frac{1}{3}f[n+1]$对应的求解零输入响应 $y_s[n]$的齐次差分方程为

$$y_s[n+1]-\frac{1}{2}y_s[n]=0$$

解特征方程 $\lambda-\frac{1}{2}=0$，求得特征根 $\lambda=\frac{1}{2}$。于是

$$y_s[n]=C_1\left(\frac{1}{2}\right)^n,\quad n\geqslant -1$$

代入初始状态

$$y[-1]=y_s[-1]=C_1\left(\frac{1}{2}\right)^{-1}=3$$

得

$$C_1=\frac{3}{2}$$

则

$$y_s[n]=3\left(\frac{1}{2}\right)^{n+1},\quad n\geqslant -1$$

5.3.2 LTI 离散时间系统的零状态响应 $y_f[n]$

1. 零状态响应 $y_f[n]$ 的定义

LTI 离散时间系统在输入信号 $f[n]$ 单独作用下(系统的初始状态为零)产生的响应称为系统的零状态响应,记为 $y_f[n]$。由定义可知,当 $n<0$ 时 $y_f[n]\equiv 0$。

2. LTI 离散时间系统的单位冲激序列响应 $h[n]$

定义当输入信号是单位冲激序列 $\delta[n]$ 时的零状态响应为 LTI 离散时间系统的单位冲激序列响应,记为 $h[n]$,如图 5.3.1 所示。$h[n]$ 是系统特性的时域描述,由系统唯一确定。

例 5.3.2 已知 LTI 离散时间系统的差分方程为 $y[n]=\frac{1}{2}f[n]+f[n-1]$,试求其单位冲激序列响应 $h[n]$。

解 根据 LTI 离散时间系统的单位冲激序列响应 $h[n]$ 的定义可直接求出

$$h[n]=\frac{1}{2}\delta[n]+\delta[n-1]$$

波形图如图 5.3.2 所示。

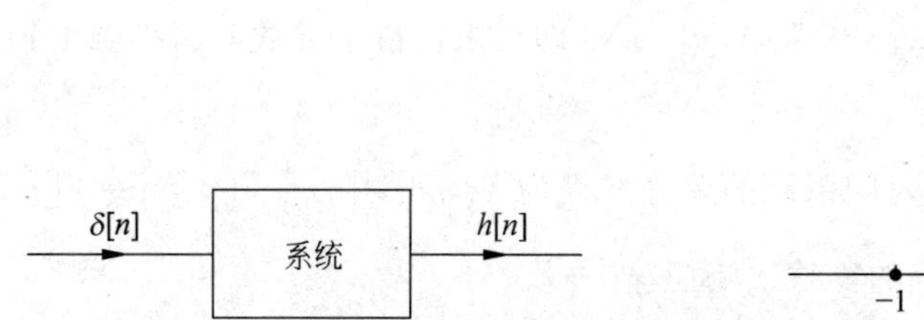

图 5.3.1 LTI 离散时间系统的单位冲激序列响应 $h[n]$

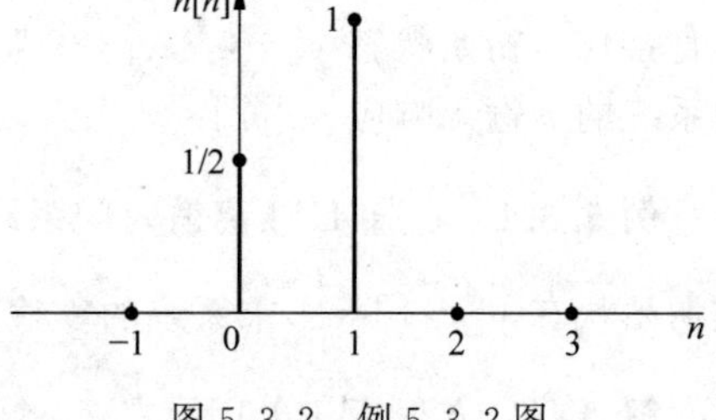

图 5.3.2 例 5.3.2 图

由 LTI 离散时间系统单位冲激序列响应 $h[n]$ 的定义知,$h[n]$ 是差分方程

$$\begin{aligned}&h[n+N]+a_{N-1}h[n-(N-1)]+\cdots+a_1h[n+1]+a_0h[n]\\&=b_M\delta[n+M]+b_{M-1}\delta[n+(M-1)]+\cdots+b_1\delta[n+1]+b_0\delta[n],\\&a_0,a_1,\cdots,a_{N-1},b_0,b_1,\cdots,b_M\ \text{均为常数}\end{aligned}$$

在初始状态为零时的解。直接解该差分方程求 $h[n]$ 十分烦琐。此处强调对单位冲激序列响应 $h[n]$ 定义的理解,具体的计算用下一章的 z 变换方法解决。

视频链接

3. LTI 离散时间系统零状态响应 $y_f[n]$ 的求法

在 LTI 连续时间系统中,把激励信号分解为冲激信号的线性组合,求出每一个冲激信号单独作用于系统的零状态响应,然后把这些响应叠加,即得系统对应此激励信号的零状态响应。这个叠加的过程表现为卷积积分。在 LTI 离散时间系统中,可以采用相同的原理进

行分析，只不过将卷积积分变成了卷积和。

首先，用 $\delta[n]$ 作基本信号分解输入信号 $f[n]=\sum_{k=-\infty}^{+\infty} f[k]\delta[n-k]$，然后用式(5.2.1)的符号进行推导。

由 LTI 离散时间系统单位冲激序列响应的定义可知

$$\delta[n]\rightarrow h[n]$$

根据 LTI 离散时间系统的移位不变性得

$$\delta[n-k]\rightarrow h[n-k]$$

由于零状态响应 $y_{\mathrm{f}}[n]$ 具备线性特性的比例性，得

$$f[k]\delta[n-k]\rightarrow f[k]h[n-k]$$

根据零状态响应 $y_{\mathrm{f}}[n]$ 具备线性特性的叠加性，得

$$f[n]=\sum_{k=-\infty}^{+\infty} f[k]\delta[n-k]\rightarrow \sum_{k=-\infty}^{+\infty} f[k]h[n-k]=y_{\mathrm{f}}[n]$$

其中，$\sum_{k=-\infty}^{+\infty} f[k]h[n-k]$ 称为序列 $f[n]$ 与 $h[n]$ 的卷和，记为 $f[n]*h[n]$。

所以，若 LTI 离散时间系统单位冲激序列响应为 $h[n]$，当输入信号为序列 $f[n]$ 时，系统的零状态响应 $y_{\mathrm{f}}[n]$ 等于输入序列 $f[n]$ 与系统的单位冲激序列响应 $h[n]$ 的卷积和，即

$$y_{\mathrm{f}}[n]=f[n]*h[n] \tag{5.3.2}$$

4. LTI 离散时间系统的单位阶跃响应 $s[n]$

输入信号为单位阶跃信号 $u[n]$ 时的零状态响应称为系统的单位阶跃响应，记为 $s[n]$。根据式(5.3.2)知

$$s[n]=u[n]*h[n] \tag{5.3.3}$$

5.4　卷和(卷积和)

5.4.1　离散信号卷和的定义

具有相同宗数 n 的两个离散时间序列 $f_1[n]$、$f_2[n]$ 的求和 $\sum_{k=-\infty}^{+\infty} f_1[k]f_2[n-k]$ 定义为该两序列的卷积和，简称卷和，记为 $f_1[n]*f_2[n]$。卷和的结果仍为同一宗数的序列 $y[n]$，即

$$f_1[n]*f_2[n]=\sum_{k=-\infty}^{+\infty} f_1[k]f_2[n-k]=y[n] \tag{5.4.1}$$

离散信号卷和的计算可以通过解析式法、图解法以及列竖式法和 z 变换法来进行。

例 5.4.1　已知序列 $f_1[n]=a^n u[n]$，$f_2[n]=b^n u[n]$，求解 $f[n]=f_1[n]*f_2[n]$。

解　根据卷和的定义式(5.4.1)得

$$f[n]=f_1[n]*f_2[n]=\sum_{k=-\infty}^{+\infty} a^k u[k]b^{n-k}u[n-k]$$

考虑到 $n<0$ 时，$u[n]=0$；$k>n$ 时，$u[n-k]=0$；$0\leqslant k\leqslant n$ 时，$u[k]=u[n-k]=1$。

当 $a\neq b$ 时，

$$f[n]=a^n u[n]*b^n u[n]=\sum_{k=0}^{n}a^k b^{n-k}=b^n\sum_{k=0}^{n}\left(\frac{a}{b}\right)^k=\frac{b^{n+1}-a^{n+1}}{b-a}u[n]$$

当 $a=b$ 时，

$$f[n]=b^n\sum_{k=0}^{n}1=(n+1)b^n u[n]$$

根据卷和的定义：

$$f_1[n]*f_2[n]=\sum_{k=-\infty}^{+\infty}f_1[k]f_2[n-k]=y[n]$$

也可以用图解法计算卷和：

(1) 反折：将自变量宗数变为 k，得 $f_1[k]$和 $f_2[k]$，反折 $f_2[k]$得 $f_2[-k]$。

(2) 移位：对 $f_2[-k]$进行时移变换得 $f_2[n-k]$。

(3) 相乘：计算 $f_1[k]f_2[n-k]$。

(4) 累加：对 $f_1[k]f_2[n-k]$关于 k 完成累加运算，即得卷和 $y[n]$。

至于 z 变换法计算卷和将在第 6 章学习。

例 5.4.2 计算卷和 $y[n]=u[n]*u[n]$。

解 由卷和的定义式(5.4.1)可知

$$y[n]=u[n]*u[n]=\sum_{k=-\infty}^{+\infty}u[k]u[n-k]$$

作出 $u[k]$、$u[-k]$的波形图分别如图 5.4.1(a)、(b)所示。

当 $n>0$ 时，$u[n-k]$的波形图是 $u[-k]$的波形图沿 k 轴右移 n 位的结果，如图 5.4.1(c)

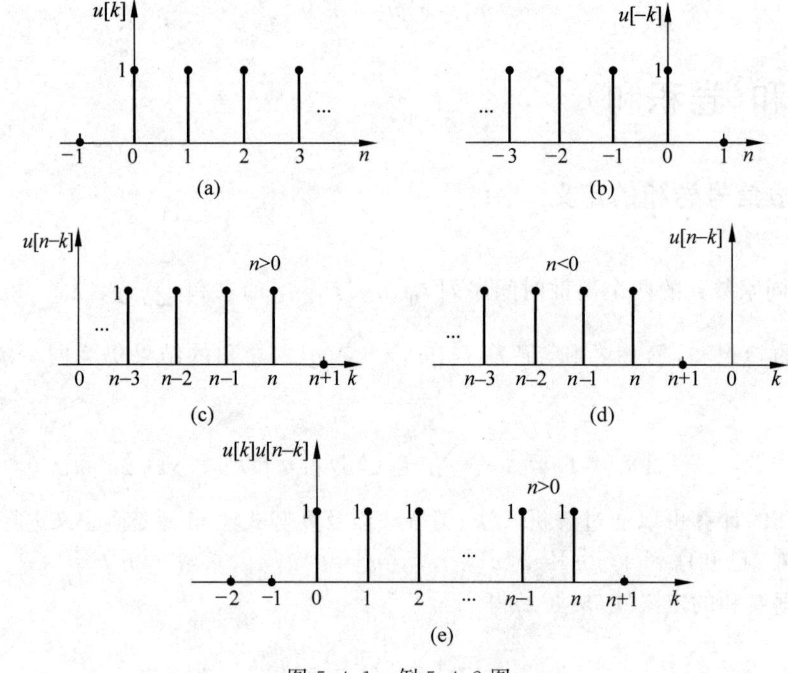

图 5.4.1 例 5.4.2 图

所示；当 $n<0$ 时，$u[n-k]$的波形图是 $u[-k]$的波形图沿 k 轴左移$|n|$位的结果，如图 5.4.1(d)所示。

可见，当 $n>0$ 时，$u[k]u[n-k]$的波形图如图 5.4.1(e)所示；当 $n=0$ 时，$u[k]u[-k]=1$；即当 $n\geqslant 0$ 时，

$$u[k]u[n-k]=\begin{cases}1, & 0\leqslant k\leqslant n\\ 0, & \text{其他}\end{cases}$$

则当 $n\geqslant 0$ 时，

$$y[n]=\sum_{k=-\infty}^{+\infty}u[k]u[n-k]=n+1$$

而当 $n<0$ 时，$u[k]u[n-k]=0$，则 $y[n]=0$。所以

$$y[n]=u[n]*u[n]=(n+1)u[n]$$

5.4.2 离散信号卷和的性质

1. 代数运算性质

交换律

$$f_1[n]*f_2[n]=f_2[n]*f_1[n] \tag{5.4.2}$$

结合律

$$\{f_1[n]*f_2[n]\}*f_3[n]=f_1[n]*\{f_2[n]*f_3[n]\} \tag{5.4.3}$$

分配律

$$f_1[n]*\{f_2[n]+f_3[n]\}=f_1[n]*f_2[n]+f_1[n]*f_3[n] \tag{5.4.4}$$

注：卷和的代数运算性质存在的条件是各个序列之间的卷和存在。

说明　(略)

2. 离散时间序列 $f[n]$与 $\delta[n]$和 $u[n]$的卷和

1) 离散时间序列 $f[n]$与单位冲激序列 $\delta[n]$的卷和

$$f[n]*\delta[n]=f[n] \tag{5.4.5}$$

推论：

$$\delta[n]*\delta[n]=\delta[n] \tag{5.4.6}$$

说明　根据卷和的定义式(5.4.1)可得

$$f[n]*\delta[n]=\sum_{k=-\infty}^{+\infty}f[k]\delta[n-k]$$

而根据式(5.1.9)得

$$\sum_{k=-\infty}^{+\infty}f[k]\delta[n-k]=f[n]$$

所以

$$f[n]*\delta[n]=f[n]$$

若

$$f[n]=\delta[n]$$

则

$$\delta[n]*\delta[n]=\delta[n]$$

证毕。

2) 离散时间序列 $f[n]$与单位阶跃序列 $u[n]$的卷和

根据卷和的定义式(5.4.1)得

$$f[n]*u[n]=\sum_{k=-\infty}^{+\infty}f[k]u[n-k]$$

而

$$u[n-k]=\begin{cases}1, & k<n, \quad 即\ n\in(-\infty,k) \\ 0, & k>n, \quad 即\ n\in(k,+\infty)\end{cases}$$

所以

$$f[n]*u[n]=\sum_{k=-\infty}^{n}f[k]$$

3. 卷和的移位特性

若

$$f_1[n]*f_2[n]=y[n]$$

则

$$f_1[n-n_1]*f_2[n-n_2]=y[n-n_1-n_2],\quad n_1、n_2\ 为整数 \tag{5.4.7}$$

说明 （略）

例 5.4.3 离散时间信号 $f_1[n]$、$f_2[n]$如图 5.4.2(a)、(b)所示，计算 $y[n]=f_1[n]*f_2[n]$，并绘制 $y[n]$的波形图。

解 由波形图可知

$f_1[n]=\delta[n]+2\delta[n-1]+\delta[n-2]$

$f_2[n]=\delta[n-2]-2\delta[n-3]$

$y[n]=f_1[n]*f_2[n]=\{\delta[n]+2\delta[n-1]+\delta[n-2]\}*\{\delta[n-2]-2\delta[n-3]\}$

利用卷和的代数运算性质得

$$\begin{aligned}y[n]=&\{\delta[n]*\delta[n-2]\}-\{\delta[n]*2\delta[n-3]\}+\\&\{2\delta[n-1]*\delta[n-2]\}-\{2\delta[n-1]*2\delta[n-3]\}+\\&\{\delta[n-2]*\delta[n-2]\}-\{\delta[n-2]*2\delta[n-3]\}\end{aligned}$$

已知 $\delta[n]*\delta[n]=\delta[n]$，利用卷和的移位特性式(5.4.7)可得

$$\begin{aligned}y[n]&=\delta[n-2]-2\delta[n-3]+2\delta[n-3]-4\delta[n-4]+\delta[n-4]-2\delta[n-5]\\&=\delta[n-2]-3\delta[n-4]-2\delta[n-5]\end{aligned}$$

$y[n]$的波形图如图 5.4.2(c)所示。

例 5.4.4 离散时间信号 $f_1[n]$、$f_2[n]$的波形图如图 5.4.3(a)、(b)所示，计算 $y[n]=f_1[n]*f_2[n]$。

解 由波形图可知

$$y[n]=f_1[n]*f_2[n]=\{u[n+1]-u[n-4]\}*\{u[n-1]-u[n-8]\}$$

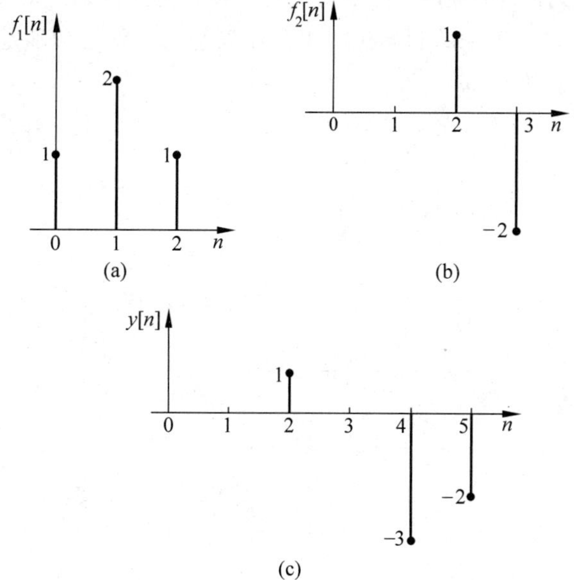

图 5.4.2　例 5.4.3 图

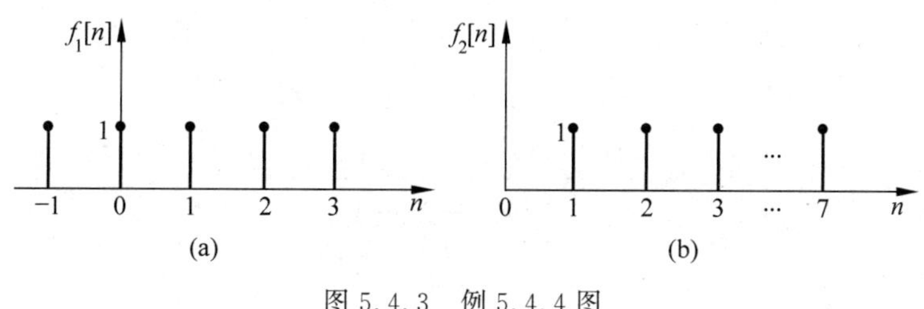

图 5.4.3　例 5.4.4 图

利用卷和的代数运算性质得

$$y[n]=\{u[n+1]*u[n-1]\}-\{u[n-4]*u[n-1]\}-\{u[n+1]*u[n-8]\}+\{u[n-4]*u[n-8]\}$$

已知 $u[n]*u[n]=(n+1)u[n]$，利用卷和的移位特性式(5.4.7)可得

$$y[n]=(n+1)u[n]-(n-4)u[n-5]-(n-6)u[n-7]+(n-11)u[n-12]$$

4. 短序列卷和

若有限长序列 $f_1[n]$、$f_2[n]$的样本点数分别为 N_1、N_2，则 $y[n]=f_1[n]*f_2[n]$也是有限长序列，样本点数 $N=N_1+N_2-1$。

证明　(略)

5.4.3　短序列间的卷和——列竖式法

利用一种“对应位相乘求和”的方法(简称列竖式法)，可快速求出两个有限长短序列的卷和结果。具体方法是将两序列用列表法表示，以各自 n 的最高宗数对应的函数值按右端

对齐；然后把各个序列值对应相乘，但不要进位；最后把同一列上的乘积值按对应位求和，也不进位即得卷和结果。卷和的起始位置由两序列起始位置之和确定。

例 5.4.5 已知序列 $f_1[n]=2\delta[n-1]+\delta[n-2]+4\delta[n-3]+\delta[n-4]$，序列 $f_2[n]=3\delta[n]+\delta[n-1]+5\delta[n-2]$，求 $y[n]=f_1[n]*f_2[n]$。

解 将两序列表示为

$$f_1[n]=\{2,1,4,1\}_{(1)},\quad f_2[n]=\{3,1,5\}_{(0)}$$

列竖式进行计算：

$$\begin{array}{rcccccc}
f_1[n]=\{ & & & 2, & 1, & 4, & 1\}_{(1)} \\
f_2[n]=\{ & & & & 3, & 1, & 5\}_{(0)} \\
\hline
 & & & 10 & 5 & 20 & 5 \\
 & & 2 & 1 & 4 & 1 & \\
 & 6 & 3 & 12 & 3 & & \\
\hline
y[n]=\{ & 6, & 5, & 23, & 12, & 21, & 5\}_{(1)}
\end{array}$$

即

$$y[n]=6\delta[n-1]+5\delta[n-2]+23\delta[n-3]+12\delta[n-4]+21\delta[n-5]+5\delta[n-6]$$

例 5.4.6 求图 5.4.2 所示的两序列的卷和。

解 用列竖式法计算卷和

$$\begin{array}{rcccc}
f_1[n]=\{ & 1, & 2, & 1\}_{(0)} & \\
f_2[n]=\{ & & 1, & -2\}_{(2)} & \\
\hline
 & & -2 & -4 & -2 \\
 & 1 & 2 & 1 & \\
\hline
y[n]=\{ & 1, & 0, & -3, & -2\}_{(2)}
\end{array}$$

即

$$y[n]=\delta[n-2]-3\delta[n-4]-2\delta[n-5]$$

$y[n]$的波形图如图 5.4.2(c)所示。

例 5.4.7 已知序列 $f_1[n]$、$f_2[n]$分别如图 5.4.4(a)、(b)所示，求 $y[n]=f_1[n]*f_2[n]$，并绘制 $y[n]$的波形图。

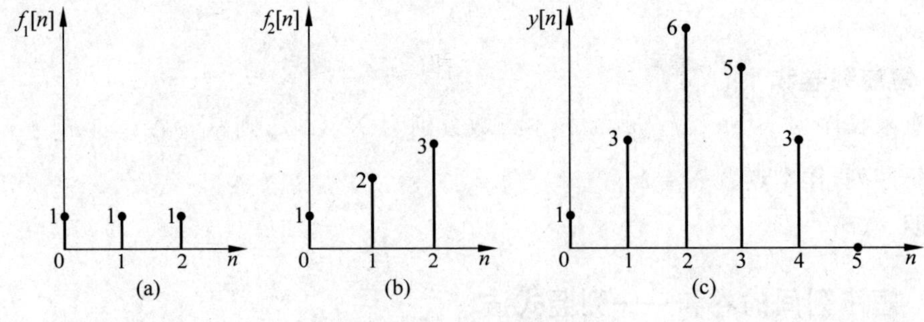

图 5.4.4 例 5.4.7 图

解　用列竖式法计算 $y[n]$：

$$
\begin{array}{r}
f_1[n]=\{1,\ 1,\ 1\}_{(0)} \\
f_2[n]=\{1,\ 2,\ 3\}_{(0)} \\
\hline
3\quad 3\quad 3 \\
2\quad 2\quad 2\qquad \\
1\quad 1\quad 1\qquad\qquad \\
\hline
y[n]=\{1,\ 3,\ 6,\ 5,\ 3\}_{(0)}
\end{array}
$$

即

$$y[n]=\delta[n]+3\delta[n-1]+6\delta[n-2]+5\delta[n-3]+3\delta[n-4]$$

$y[n]$的波形图如图 5.4.4(c)所示。

例 5.4.8　某 LTI 离散时间系统的输入信号 $f[n]$和单位冲激序列响应 $h[n]$如图 5.4.5(a)、(b)所示，求系统的零状态响应。

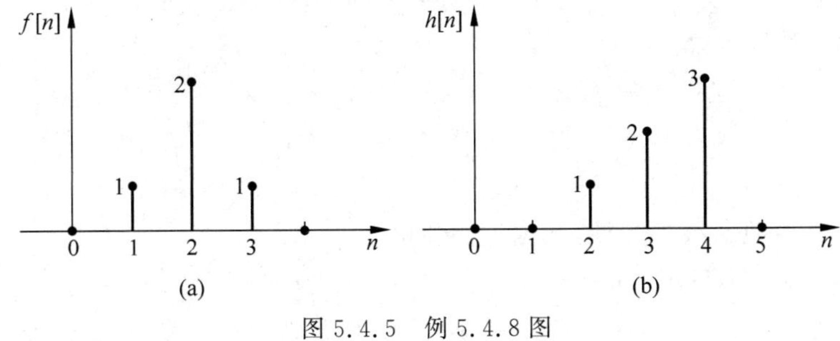

图 5.4.5　例 5.4.8 图

解　根据式(5.3.2)可知 LTI 离散时间系统的零状态响应

$$y_{\mathrm{f}}[n]=f[n]*h[n]$$

而本题输入信号 $f[n]$和单位冲激序列响应 $h[n]$均为短序列，所以用列竖式法计算：

$$
\begin{array}{r}
f[n]=\{1,\ 2,\ 1\}_{(1)} \\
h[n]=\{1,\ 2,\ 3\}_{(2)} \\
\hline
3\quad 6\quad 3 \\
2\quad 4\quad 2\qquad \\
1\quad 2\quad 1\qquad\qquad \\
\hline
y[n]=\{1,\ 4,\ 8,\ 8,\ 3\}_{(3)}
\end{array}
$$

即

$$y[n]=\delta[n-3]+4\delta[n-4]+8\delta[n-5]+8\delta[n-6]+3\delta[n-7]$$

5.5　LTI 离散时间系统时域分析举例

例 5.5.1　已知 LTI 离散时间系统的输入输出关系为 $y[n]=\sum\limits_{k=n}^{+\infty}f[k+1]$，求系统的单位冲激序列响应 $h[n]$。

解 由于LTI离散时间系统单位冲激序列响应$h[n]$的定义为：当输入信号是单位冲激序列$\delta[n]$时的零状态响应，因此，得该系统的单位冲激序列为

$$h[n]=\sum_{k=n}^{+\infty}\delta[k+1]=\begin{cases}1, & n\leqslant -1\\ 0, & \text{其他}\end{cases}$$

即

$$h[n]=u[-n-1]$$

例5.5.2 已知LTI离散时间系统输入信号$f[n]=a^n u[n]$时的零状态响应为$y_{\mathrm{f}}[n]$，试证明$h[n]=y_{\mathrm{f}}[n]-ay_{\mathrm{f}}[n-1]$。

说明 引用式(5.2.1)的符号进行讨论。

由LTI离散时间系统零状态响应$y_{\mathrm{f}}[n]$的求解公式(5.3.2)知

$$f[n]\rightarrow y_{\mathrm{f}}[n]=f[n]*h[n]=a^n u[n]*h[n]$$

根据LTI系统的移位不变性得

$$f[n-1]\rightarrow y_{\mathrm{f}}[n-1]$$

根据卷和的移位特性可得

$$y_{\mathrm{f}}[n-1]=f[n-1]*h[n]=a^{n-1}u[n-1]*h[n]$$

即

$$f[n-1]\rightarrow y_{\mathrm{f}}[n-1]=a^{n-1}u[n-1]*h[n]$$

由于LTI系统具有线性特性，根据比例性得

$$af[n-1]\rightarrow ay_{\mathrm{f}}[n-1]=a^n u[n-1]*h[n]$$

即

$$y_{\mathrm{f}}[n]=a^n u[n]*h[n],\quad ay_{\mathrm{f}}[n-1]=a^n u[n-1]*h[n]$$

将两式相减，由于卷和满足分配律式(5.4.4)，且

$$u[n]-u[n-1]=\delta[n]$$
$$a^n\delta[n]=\delta[n]$$

则

$$\begin{aligned}y_{\mathrm{f}}[n]-ay_{\mathrm{f}}[n-1]&=a^n u[n]*h[n]-a^n u[n-1]*h[n]\\&=a^n\{u[n]-u[n-1]\}*h[n]=a^n\delta[n]*h[n]\\&=\delta[n]*h[n]=h[n]\end{aligned}$$

所以

$$h[n]=y_{\mathrm{f}}[n]-ay_{\mathrm{f}}[n-1]$$

证毕。

例5.5.3 已知LTI离散时间系统输入信号$f[n]$如图5.5.1(a)所示，系统的单位冲激序列响应$h[n]$如图5.5.1(b)所示，试求该系统的零状态响应$y_{\mathrm{f}}[n]$。

解 根据式(5.3.3)知：当输入信号为$f[n]=\delta[n]-\delta[n-2]$时，系统的零状态响应$y_{\mathrm{f}}[n]$为输入信号$f[n]$和系统的单位冲激序列响应$h[n]$的卷和，即

$$y_{\mathrm{f}}[n]=f[n]*h[n]$$

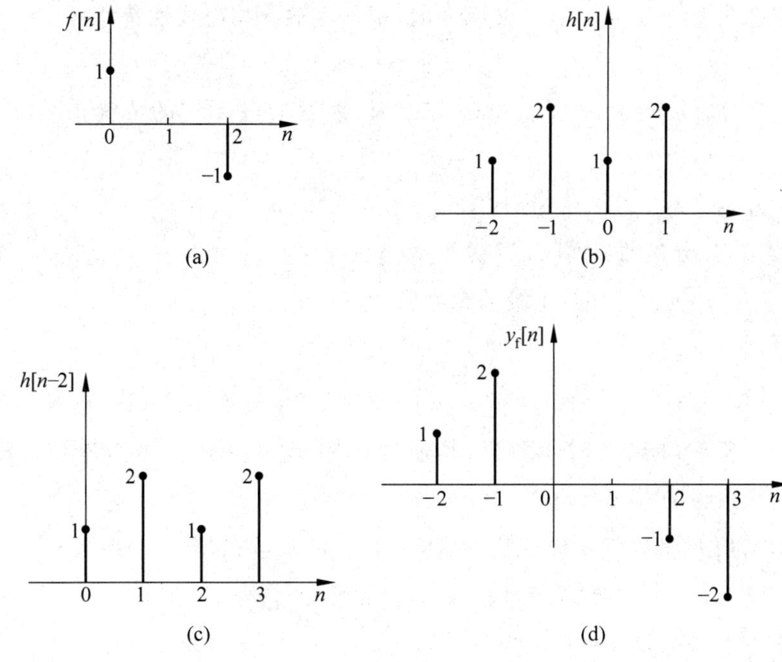

图 5.5.1　例 5.5.3 图

根据卷和的性质式(5.4.5)和式(5.4.7)可得

$$y_f[n]=f[n]*h[n]=\{\delta[n]-\delta[n-2]\}*h[n]=h[n]-h[n-2]$$

作出 $h[n-2]$的波形图如图 5.5.1(c)所示，$y_f[n]$的波形图如图 5.5.1(d)所示。所以

$$y_f[n]=\delta[n+2]+2\delta[n+1]-\delta[n-2]-2\delta[n-3]$$

例 5.5.4　已知 LTI 离散时间系统的初始状态 $y[-1]=1, y[-2]=2$，当输入信号 $f_1[n]=u[n]$时，全响应(输出信号)$y_1[n]=2^n+5^n, n\geqslant -2$；若系统的初始状态不变，当输入信号为 $f_2[n]=2u[n]$时，全响应(输出信号)$y_2[n]=2\times 2^n+3\times 5^n, n\geqslant -2$。求初始状态为 $y[-1]=2, y[-2]=4$，输入信号 $f_3[n]=3\{u[n]-u[n-5]\}$的全响应 $y_3[n]$。

解　设该 LTI 系统在初始状态 $y[-1]=1, y[-2]=2$ 单独作用下的零输入响应为 $y_{s1}[n]$；在输入信号 $f_1[n]=u[n]$单独作用下的零状态响应为 $y_{f1}[n]$。

由于 LTI 系统具分解性，则

$$y_1[n]=y_{s1}[n]+y_{f1}[n]=2^n+5^n,\quad n\geqslant -2 \tag{5.5.1}$$

根据零状态响应线性特性，当输入信号为 $f_2[n]=2u[n]=2f_1[n]$时，系统的零状态响应为 $y_{f2}[n]=2y_{f1}[n]$；若初始状态不变，$y_{s2}[n]=y_{s1}[n]$，则可得

$$y_2[n]=y_{s2}[n]+y_{f2}[n]=y_{s1}[n]+2y_{f1}[n]=2\times 2^n+3\times 5^n,\quad n\geqslant -2 \tag{5.5.2}$$

联立求解式(5.5.1)、式(5.5.2)可得

$$y_{f1}[n]=y_2[n]-y_1[n]=(2^n+2\times 5^n)u[n]$$

$$y_{s1}[n]=y_1[n]-y_{f1}[n]=-5^n,\quad n\geqslant -2$$

当初始状态为 $y[-1]=2,y[-2]=4$ 时，根据零输入响应线性特性得

$$y_{s3}[n]=2y_{s1}[n]=-2\times 5^n,\quad n\geqslant -2$$

当输入信号 $f_3[n]=3\{u[n]-u[n-5]\}$ 时，根据 LTI 系统的零状态响应线性特性和时不变性得

$$y_{f3}[n]=3\{y_{f1}[n]-y_{f1}[n-5]\}=3(2^n-2\times 5^n)u[n]-3(2^{n-5}-2\times 5^{n-5})u[n-5]$$

由于 LTI 系统具有分解性，所以，当初始状态为 $y[-1]=2,y[-2]=4$，输入信号为 $f_3[n]=3\{u[n]-u[n-5]\}$ 时，系统的全响应为

$$\begin{aligned}y[n]&=y_{s3}[n]+y_{f3}[n]\\&=-2\times 5^n+3\times(2^n-2\times 5^n)u[n]-3\times(2^{n-5}-2\times 5^{n-5})u[n-5],\quad n\geqslant -2\end{aligned}$$

例 5.5.5 某 LTI 离散时间系统，其输入信号 $f[n]=a^nu[n]$，单位冲激序列响应 $h[n]=u[n]$，求系统的零状态响应 $y_f[n]$。

解 根据 LTI 离散时间系统零状态响应 $y_f[n]$ 的求解式(5.3.2)得

$$y_f[n]=f[n]*h[n]=a^nu[n]*u[n]$$

根据卷和定义式(5.4.1)得

$$y_f[n]=a^nu[n]*u[n]=\sum_{k=-\infty}^{+\infty}a^ku[k]u[n-k]$$

由例 5.4.1 知，当 $n\geqslant 0$ 时，

$$u[k]u[n-k]=\begin{cases}1, & 0\leqslant k\leqslant n\\0, & \text{其他}\end{cases}$$

当 $n<0$ 时，

$$u[k]u[n-k]=0$$

因此，当 $n\geqslant 0$ 时，

$$y_f[n]=\sum_{k=0}^{n}a^k=\frac{1-a^{n+1}}{1-a}$$

而 $n<0$ 时，

$$y_f[n]=0$$

所以

$$y_f[n]=\frac{1-a^{n+1}}{1-a}u[n]$$

例 5.5.6 已知某 LTI 离散时间系统的单位冲激序列响应 $h[n]=2^nu[n]$，求该系统的单位阶跃响应 $s(n)$。

解 当输入信号为 $u[n]$ 时，该系统的零状态响应是 LTI 系统的单位阶跃响应 $s[n]$。所以

$$s[n]=u[n]*h[n]=h[n]*u[n]=\sum_{k=-\infty}^{+\infty}h[k]u[n-k]$$

$$=\sum_{k=-\infty}^{+\infty}2^{k}u[k]u[n-k]$$

由于当 $n\geqslant 0$ 时，

$$u[k]u[n-k]=\begin{cases}1, & 0\leqslant k\leqslant n\\ 0, & \text{其他}\end{cases}$$

当 $n<0$ 时，

$$u[k]u[n-k]=0$$

则

$$s[n]=\left[\sum_{k=0}^{n}2^{k}\right]u[n]=\frac{1-2^{n+1}}{1-2}u[n]=(2^{n+1}-1)u[n]$$

5.6　小结

离散时间信号与系统的分析方法在许多方面同连续时间信号与系统有相似性。在连续系统中，描述系统的数学模型是微分方程；而在离散系统中，描述系统的数学模型是差分方程。差分方程与微分方程的解法也是类似的。在连续系统中，“卷积积分”有着重要意义；而在离散系统中，“卷积和”方法具有同等重要的地位。在连续系统中，大都采用变换域方法，即傅里叶变换与拉普拉斯变换方法；而在离散系统中则采用傅里叶变换与 z 变换方法。因此，在学习离散时间信号与系统时，应与对应的连续时间信号与系统的分析方法联系起来，比较两者的异同(见表 5.6.1)。只有这样，才能更好地掌握离散系统某些独特的性能，巩固和加深对连续系统的理解。

表 5.6.1　离散时间系统与连续时间系统的比较

比较内容	连续系统	离散系统
数学模型	微分方程	差分方程
核心运算	卷积积分	卷积和
基本信号	$\delta(t)$	$\delta(n)$
频域分析	连续傅里叶变换	离散傅里叶变换
复频域分析	拉普拉斯变换	z 变换

由于连续时间信号与系统和离散时间信号与系统的研究各有其应用背景，因此两者沿着各自的道路平行地发展。连续时间信号与系统主要在物理学和电路理论方面得到应用和发展，而离散时间信号与系统的理论则在数值分析、预测与统计等方面得到应用和发展。由于数字计算机功能日趋完善，其应用也日益广泛，同时，大规模集成电路研制的进展使得体积小、重量轻、成本低、机动性好的离散系统有可能实现，因此，离散时间信号与系统的分析越来越受到人们的重视。

5.7 本章思维导图

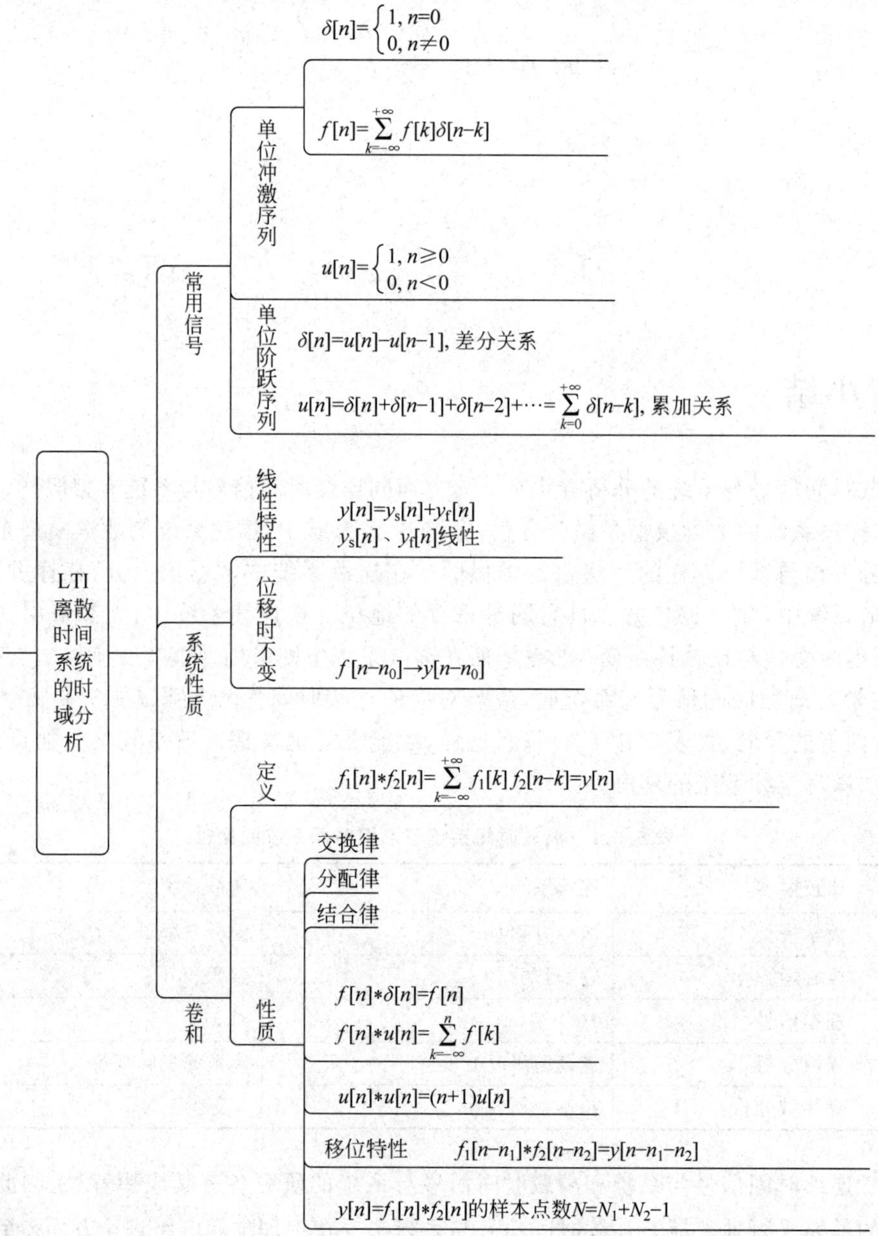

- LTI离散时间系统的时域分析
  - 常用信号
    - 单位冲激序列
      - $\delta[n]=\begin{cases}1, & n=0\\0, & n\neq 0\end{cases}$
      - $f[n]=\sum\limits_{k=-\infty}^{+\infty} f[k]\delta[n-k]$
    - 单位阶跃序列
      - $u[n]=\begin{cases}1, & n\geqslant 0\\0, & n<0\end{cases}$
      - $\delta[n]=u[n]-u[n-1]$，差分关系
      - $u[n]=\delta[n]+\delta[n-1]+\delta[n-2]+\cdots=\sum\limits_{k=0}^{+\infty}\delta[n-k]$，累加关系
  - 系统性质
    - 线性特性
      - $y[n]=y_s[n]+y_f[n]$
      - $y_s[n]$、$y_f[n]$线性
    - 位移时不变
      - $f[n-n_0]\to y[n-n_0]$
  - 卷和
    - 定义
      - $f_1[n]*f_2[n]=\sum\limits_{k=-\infty}^{+\infty} f_1[k]f_2[n-k]=y[n]$
    - 性质
      - 交换律
      - 分配律
      - 结合律
      - $f[n]*\delta[n]=f[n]$
      - $f[n]*u[n]=\sum\limits_{k=-\infty}^{n} f[k]$
      - $u[n]*u[n]=(n+1)u[n]$
      - 移位特性 $f_1[n-n_1]*f_2[n-n_2]=y[n-n_1-n_2]$
      - $y[n]=f_1[n]*f_2[n]$的样本点数$N=N_1+N_2-1$

习题 A

5.1 填空题

(1) LTI 离散时间系统的时域描述的名称是________，记为 $h[n]$，定义为________，由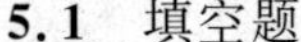唯一确定，与系统的初始状态和输入无关。

(2) LTI 离散时间系统的零输入响应 $y_s[n]$由系统的初始状态和________唯一确定，零状态响应 $y_f[n]$由________和________唯一确定。

(3) 已知 LTI 离散时间系统的单位冲激序列响应 $h[n]$，则输入信号为 $f[n]$时零状态响应 $y_f[n]$等于________。

(4) LTI 离散时间系统的单位阶跃响应 $s[n]$的定义为________，若系统单位冲激序列响应为 $h[n]$，则系统的单位阶跃响应 $s[n]=$________。

(5) $f[n]*\delta[n]=$________；$f[n]*u[n]=$________；$f[n]*\{\delta[n+1]-2\delta[n-1]+\delta[n-3]\}=$________；$f[n-3]*\delta[n-1]=$________；$f[n]*\{u[n]-u[n-2]\}=$________。

(6) $\delta[n]*\delta[n]=$________；$u[n]*\delta[n-1]=$________。

(7) 已知单位冲激序列响应为 $h[n]$的 LTI 离散时间系统，当输入信号为 $f[n]$时，系统的零状态响应为 $y_f[n]$，则输入信号为 $2f[n-2]$时，系统的单位冲激序列响应为________，系统的零状态响应为________。

(8) 已知 $f_1[n]=\{2,3,-1\}_{(-1)}$，$f_2[n]=\{3,1,0,0,2\}_{(0)}$，则卷积和 $f_1[n]*f_2[n]=$________。

(9) 已知两个离散时间序列分别为 $f_1[n]=\left(\frac{1}{3}\right)^n u[n]$，$f_2[n]=u[n]-u[n-3]$，$y[n]=f_1[n]*f_2[n]$，则 $y[2]=$________，$y[4]=$________。

5.2　单项选择题

(1) $f[n+3]*\delta[n-2]$的正确结果为________。

A. $f[5]\delta[n-2]$　　B. $f[1]\delta[n-2]$　　C. $f[n+1]$　　D. $f[n+5]$

(2) 序列和 $\sum_{k=-\infty}^{+\infty}\delta[k]$ 等于________。

A. 1　　B. $+\infty$　　C. $u[k]$　　D. $(k+1)u[k]$

(3) 序列和 $\sum_{k=-\infty}^{n}2^k\delta[k-2]$ 等于________。

A. 1　　B. 4　　C. $4u[n]$　　D. $4u[n-2]$

(4) 离散时间信号 $f_1[n]$和 $f_2[n]$的波形如题 5.2(4)图所示，设 $y[n]=f_1[n]*f_2[n]$，则 $y[2]$等于________。

A. 1　　B. 2　　C. 3　　D. 5

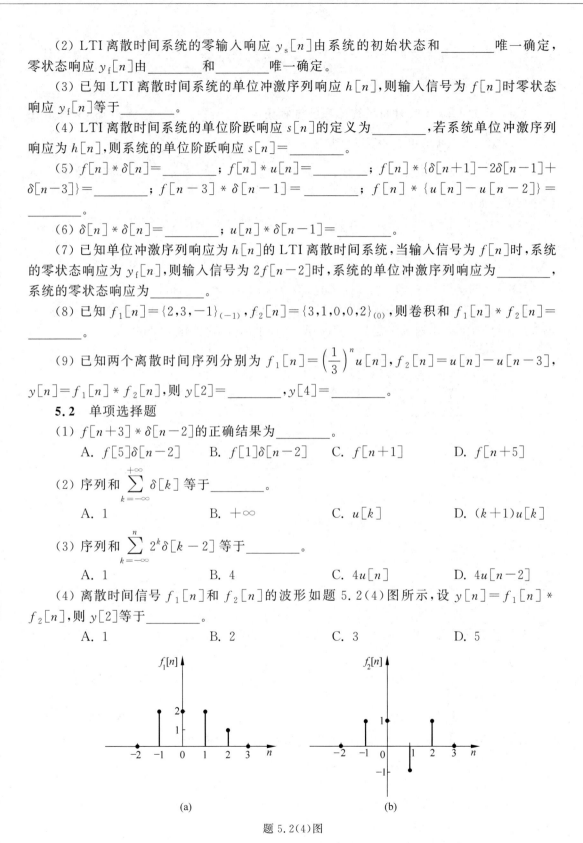

题 5.2(4)图

5.3 已知描述系统的一阶差分方程为 $y[n]-\frac{1}{2}y[n-1]=\frac{1}{3}u[n]$，初始条件为 $y[-1]=1$，求系统的零输入响应。

5.4 已知 LTI 离散时间系统的系统方程为 $y[n]-\frac{1}{2}y[n-1]=f[n]$，初始状态 $h[-1]=0$，试求系统的单位冲激序列响应 $h[n]$。

5.5 已知 LTI 离散时间系统的单位阶跃响应 $s[n]=\left(\frac{1}{2}\right)^n u[n]$，求该系统的单位冲激序列响应 $h[n]$。

5.6 已知 $f[n]=\{0.3,0.2,0.1\}_{(0)}$，$h[n]=\{0.2,0.1\}_{(0)}$，试计算 $y[n]=f[n]*h[n]$。

5.7 已知 $f[n]=\{1,2,-2,1\}_{(0)}$，$h[n]=\{3,4,2,4\}_{(0)}$，试计算 $y[n]=f[n]*h[n]$。

5.8 已知 $f[n]=(-1)^n u[n]$，$h[n]=u[n+2]-u[n-2]$，试计算 $y[0]$。

5.9 某 LTI 离散时间系统输入序列 $f_1[n]$为题 5.9 图(a)所示时，输出序列 $y_{f1}[n]$如题 5.9 图(b)所示。求输入为题 5.9 图(c)所示序列 $f_2[n]$时的输出序列。

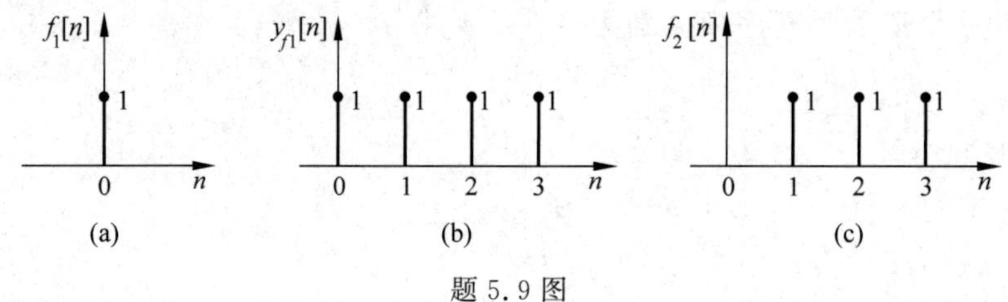

题 5.9 图

5.10 某 LTI 离散时间系统的单位冲激序列响应 $h[n]=u[n-1]-u[n-5]$，求输入序列为 $f[n]=u[n-1]-u[n-3]$时的零状态响应。

5.11 求 $nu[n]*\delta[n-2]$。

习题 B

5.12 判断下列序列是否为周期序列，若是周期序列，试求其周期。

(1) $f[n]=3\cos\left(\frac{n\pi}{3}\right)+8\cos\left(\frac{n\pi}{8}\right)-2\cos\left(\frac{n\pi}{2}\right)$；

(2) $f[n]=e^{j\left(\frac{n}{8}-\pi\right)}$；

(3) $f[n]=A\sin(\omega_0 n)u(n)$。

5.13 求下列差分方程所描述的 LTI 离散系统的零输入响应。

(1) $y[n]-5y[n-1]+6y[n-2]=0, y[-1]=2, y[-2]=1$；

(2) $y[n]+3y[n-1]+2y[n-2]=f[n], y[-1]=0, y[-2]=1$。

5.14 求下列序列的卷积和。

(1) $0.5^n u(n)*u(n)$；

(2) $nu(n)*\delta(n-1)$；

(3) $[u(n+2)-u(n-2)] * \sin\left(\frac{\pi n}{2}\right)$。

5.15　已知 $f[n]=u[n]-3^n u[n]$，$h[n]=\delta[n-1]-2\delta[n-3]$，求 $y_f[n]$。

5.16　题 5.16 图所示 LTI 离散时间系统子系统的单位序列响应分别为 $h_1[n]=u[n]$，$h_2[n]=u[n-5]$，求该系统的单位冲激序列响应 $h[n]$。

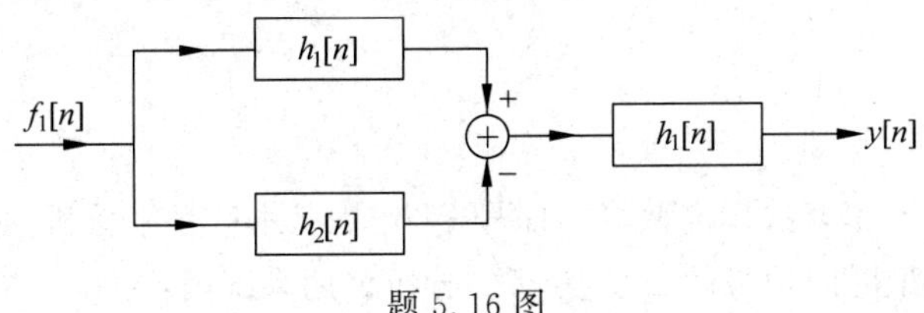

题 5.16 图

5.17　某 LTI 离散时间系统输入序列与输出序列之间有如下关系：$f_1[n]=e^{j\pi n/4}\to y_1[n]=e^{j\pi n/8}$，$f_2[n]=e^{-j\pi n/4}\to y_2[n]=e^{-j\pi n/8}$。求输入序列为 $f[n]=\cos[\pi(n-1)/4]$时的输出序列 $y[n]$。

5.18　已知序列 $f_1[n]=(n+1)\{u[n]-u[n-4]\}$，$f_2[n]=(-1)^n\{u[n]-u[n-3]\}$，求：

(1) $y_1[n]=f_1[n] * f_2[n]$；

(2) $y_2[n]=f_1[n-2] * f_2[n]$；

(3) $y_3[n]=f_1[n-2] * f_2[n-3]$。

第6章　LTI离散时间系统的 z 域分析

CHAPTER 6

本章选用离散指数信号 z^n 作为基本信号来分析离散时间信号，即进行离散时间信号的 z 变换(ZT)分析。用系统函数 $H(z)$ 描述LTI离散时间系统，对应的LTI离散时间系统的系统分析方法称为LTI离散时间系统的 z 域分析，又称为 z 变换(ZT)分析法。讨论的自变量为复变量 $z=|z|e^{j\theta}$。

6.1　双边 z 变换(双边ZT)

6.1.1　双边 z 变换的定义

对于离散时间信号来说，z变换及 z 域分析具有重要的作用。z变换在离散时间信号与系统分析中的地位与作用，类似于连续时间信号与系统分析的拉普拉斯变换。z变换的定义可以由时域取样信号的拉普拉斯变换引出，也可以直接对离散信号予以定义。

离散时间序列 $f[n]$ 的双边 z 变换的定义为

$$z(f[n])=\sum_{n=-\infty}^{+\infty} f[n]z^{-n}=F(z),\quad |z|\in(a,b) \tag{6.1.1}$$

式中，a、b 为满足一定条件的实常数，且 $a>0,b>0$。

双边 z 变换记为

$$f[n]\longleftrightarrow F(z),\quad |z|\in(a,b) \tag{6.1.2}$$

例6.1.1　求离散时间信号 $f_1[n]=\alpha^n u[n]$，$f_2[n]=\beta^n u[-n]$，$f_3[n]=\delta[n]$ 的双边 z 变换。

解　利用双边 z 变换的定义式(6.1.1)，直接进行计算：

$$f_1[n]\overset{\text{ZT}}{\longleftrightarrow} F_1(z)=\sum_{n=-\infty}^{+\infty} f_1[n]z^{-n}=\sum_{n=-\infty}^{+\infty}\alpha^n u[n]z^{-n}$$

由于

$$u[n]=\begin{cases}1, & n\geqslant 0\\ 0, & n<0\end{cases}$$

所以

$$F_1(z)=\sum_{n=0}^{+\infty}\alpha^n z^{-n}=\sum_{n=0}^{+\infty}(\alpha z^{-1})^n$$

$F_1(z)=\sum_{n=0}^{+\infty}(\alpha z^{-1})^n$ 为公比 $q=\alpha z^{-1}$ 的等比级数。当公比 $|q|=|\alpha z^{-1}|<1(|z|>|\alpha|)$ 时,即 $|z|\in(|\alpha|,+\infty)$ 时,级数收敛,$F_1(z)=\dfrac{1}{1-\alpha z^{-1}}$。当公比 $|q|=|\alpha z^{-1}|\geqslant 1$,即 $|z|\leqslant|\alpha|$ 时,级数不收敛,$F_1(z)$ 不存在(无穷大)。所以

$$\alpha^n u[n]\longleftrightarrow \frac{z}{z-\alpha},\quad |z|\in(|\alpha|,+\infty) \tag{6.1.3}$$

同理,有

$$f_2[n]\longleftrightarrow F_2(z)=\sum_{n=-\infty}^{+\infty}f_2[n]z^{-n}=\sum_{n=-\infty}^{+\infty}\beta^n u[-n]z^{-n}$$

由于

$$u[-n]=\begin{cases}0, & n>0\\ 1, & n\leqslant 0\end{cases}$$

所以

$$F_2(z)=\sum_{n=-\infty}^{0}\beta^n z^{-n}$$

令 $m=-n$,得

$$F_2(z)=\sum_{m=+\infty}^{0}\beta^{-m}z^m=\sum_{m=0}^{+\infty}(\beta^{-1}z)^m$$

可见 $F_2(z)$是公比 $q=\beta^{-1}z$ 的等比级数。当$|\beta^{-1}z|<1$,即$|z|<|\beta|$或$|z|\in(0,|\beta|)$时,$F_2(z)=\dfrac{1}{1-\beta^{-1}z}=\dfrac{-\beta}{z-\beta}$,否则求和不存在。即

$$F_2(z)=\frac{-\beta}{z-\beta},\quad |z|\in(0,|\beta|)$$

对于

$$f_3[n]\longleftrightarrow F_3(z)=\sum_{n=-\infty}^{+\infty}f_3[n]z^{-n}=\sum_{n=-\infty}^{+\infty}\delta[n]z^{-n}$$

由于

$$\delta[n]=\begin{cases}1, & n=0\\ 0, & n\neq 0\end{cases}$$

所以 $F_3(z)=1$,且可取任何 z 值,即收敛域是整个 z 平面。因此,

$$\delta[n]\longleftrightarrow 1,\quad |z|\in(0,+\infty) \tag{6.1.4}$$

例 6.1.2　求离散时间信号 $f[n]=-\alpha^n u[-n-1]$的双边 z 变换。

解

$$f[n]\longleftrightarrow F(z)=\sum_{n=-\infty}^{+\infty}f[n]z^{-n}=-\sum_{n=-\infty}^{+\infty}\alpha^n u[-n-1]z^{-n}$$

由于

$$u[-n-1]=\begin{cases}0, & n>-1\\ 1, & n\leqslant -1\end{cases}$$

则

$$F(z)=-\sum_{n=-\infty}^{-1}\alpha^{n}z^{-n}$$

令 $m=-n$，有

$$F(z)=-\sum_{m=+\infty}^{1}\alpha^{-m}z^{m}=-\sum_{m=1}^{+\infty}(\alpha^{-1}z)^{m}=1-\sum_{m=0}^{+\infty}(\alpha^{-1}z)^{m}$$

当 $|\alpha^{-1}z|<1$ 时，即 $|z|\in(0,|\alpha|)$，级数收敛，可得

$$F(z)=1-\frac{1}{1-\alpha^{-1}z}=\frac{1}{1-\alpha z^{-1}}=\frac{z}{z-\alpha},\quad |z|\in(0,|\alpha|) \tag{6.1.5}$$

例 6.1.3 若 $f[n]\longleftrightarrow F(z)=\dfrac{z}{z-\alpha}$，做 z 变换的逆变换 $f[n]$。

解 此题无解。因为例 6.1.1 中 $f_1[n]=\alpha^n u[n]$ 与例 6.1.2 中 $f[n]=-\alpha^n u[-n-1]$ 的 ZT 均为 $\dfrac{z}{z-\alpha}$。

可见，两个不同的信号有相同的 z 变换表达式，不同的仅是 z 的取值范围，即收敛域。因此，同拉普拉斯变换一样，z 变换除了表达式外，还必须注明 z 的收敛域。

6.1.2 双边 z 变换的收敛域

使离散时间信号 $f[n]$ 的 z 变换 $F(z)$ 存在的 z 的取值范围称为 z 变换的收敛域，记为 $|z|\in(a,b)$（a、b 均为实常数，且 $a>0,b>0$），在 z 平面上用阴影表示收敛域。使离散时间信号 $f[n]$ 的 z 变换 $F(z)$ 为无穷大的点为 $F(z)$ 的极点，在收敛域内一定没有 $F(z)$ 的极点。

例 6.1.4 做信号 $f[n]=\left(\dfrac{1}{2}\right)^{|n|}$ 的双边 z 变换。

解 由于

$$u[-n-1]+u[n]=1$$

则

$$f[n]=\left(\frac{1}{2}\right)^{|n|}=\left(\frac{1}{2}\right)^{|n|}\{u[-n-1]+u[n]\}$$

由于

$$u[-n-1]=\begin{cases}0, & n>-1\\ 1, & n\leqslant -1\end{cases},\quad u[n]=\begin{cases}1 & n\geqslant 0\\ 0, & n<0\end{cases}$$

则

$$f[n]=\left(\frac{1}{2}\right)^{-n}u[-n-1]+\left(\frac{1}{2}\right)^{n}u[n]=2^{n}u[-n-1]+\left(\frac{1}{2}\right)^{n}u[n]$$

$f[n]$ 的波形图如图 6.1.1(a)所示。

于是可得

$$f[n]\longleftrightarrow F(z)=\sum_{n=-\infty}^{+\infty}f[n]z^{-n}=\sum_{n=-\infty}^{+\infty}\left(\frac{1}{2}\right)^{|n|}z^{-n}=\sum_{n=-\infty}^{-1}2^{n}z^{-n}+\sum_{n=0}^{+\infty}\left(\frac{1}{2}\right)^{n}z^{-n}$$

根据式(6.1.5)知

$$2^n u[-n-1] \longleftrightarrow \sum_{n=-\infty}^{-1} 2^n z^{-n} = \frac{-z}{z-2}, \quad |z| \in (0,2)$$

根据式(6.1.3)知

$$\left(\frac{1}{2}\right)^n u[n] \longleftrightarrow \sum_{n=0}^{+\infty} \left(\frac{1}{2}\right)^n z^{-n} = \frac{z}{z-\frac{1}{2}}, \quad |z| \in \left(\frac{1}{2}, +\infty\right)$$

所以

$$f[n] \longleftrightarrow F(z) = \frac{-z}{z-2} + \frac{z}{z-\frac{1}{2}}, \quad |z| \in \left(\frac{1}{2}, 2\right)$$

收敛域如图 6.1.1(b)所示。

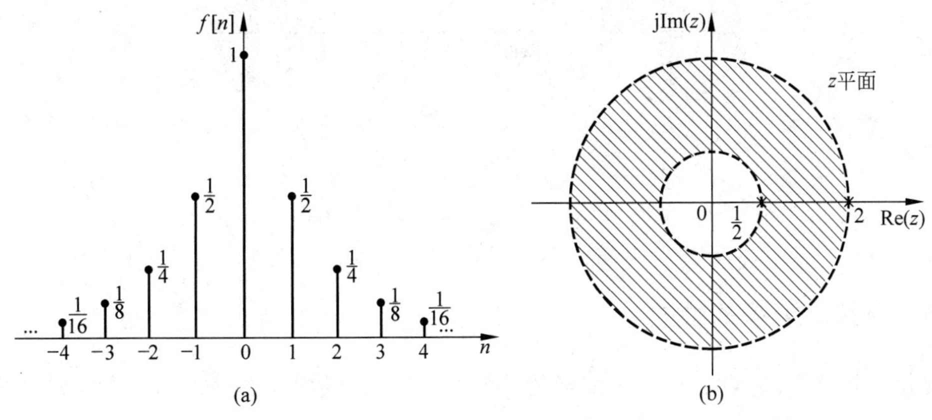

图 6.1.1　例 6.1.4 图

(1) 离散时间信号 $f[n]$ 的双边 z 变换 $F(z)$ 的收敛域通常是 z 平面上的一个圆环，$|z| \in (a,b)$，如图 6.1.2(a)所示。$F(z)$ 既有区内极点 p_k（位于以 a 为半径的圆内），为 $f[n]$ 的因果分量的贡献，又有区外极点 p_k'（位于以 b 为半径的圆外），为 $f[n]$ 的逆因果分量的贡献，收敛边界 $a=|p_k|_{\max}$，$b=|p_k'|_{\min}$。

(2) 右边序列 $f[n]$ 满足 $n \leqslant n_1$ 时，$f[n] \equiv 0$，其双边 z 变换为

$$F(z) = \sum_{n=n_1}^{+\infty} f[n] z^{-n}$$

右边序列收敛域为 z 平面上某圆的圆外部分，即 $|z| \in (a,+\infty)$，如图 6.1.2(b)所示。$F(z)$ 的全部极点均为区内极点 p_k，收敛边界 $a=|p_k|_{\max}$。

当 $n_1=0$ 时对应的是因果序列，本书探讨的右边序列主要是因果序列。

(3) 左边序列 $f[n]$ 满足 $n \geqslant n_2$ 时，$f[n] \equiv 0$，其双边 z 变换为

$$F(z) = \sum_{n=-\infty}^{n_2} f[n] z^{-n}$$

左边序列的收敛域是 z 平面上某圆的圆内部分，即 $|z| \in (0,b)$，如图 6.1.2(c)所示。$F(z)$ 的全部极点均为区外极点 p_k'，收敛边界 $b=|p_k'|_{\min}$。

(4) 有限长序列的双边 z 变换的收敛域是整个 z 平面，$|z| \in (0,+\infty)$，如图 6.1.2(d)

所示。

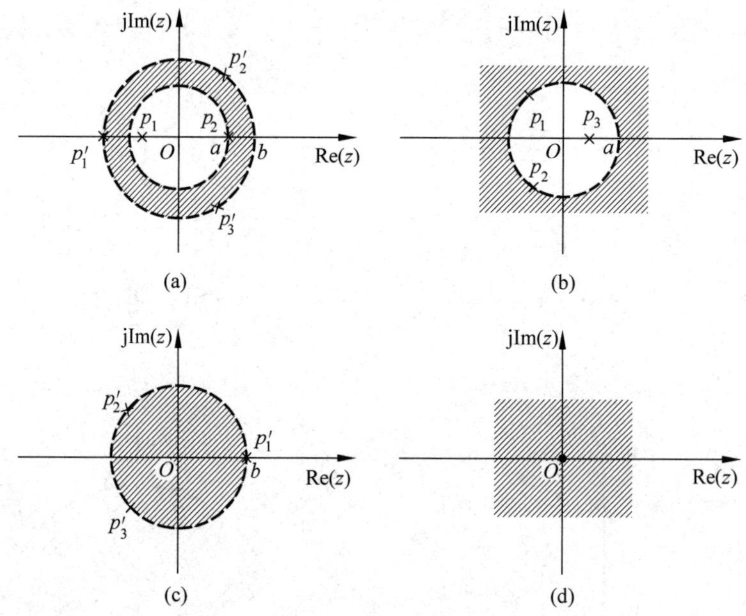

图 6.1.2　双边 ZT 的收敛域示意图

6.1.3　双边 z 变换的性质

与拉普拉斯变换类似，双边 z 变换的性质讨论的是离散时间序列 $f[n]$的时域运算与对应的 z 变换 $F(z)$的 z 域运算的关系。

1. 双边 z 变换的线性特性

若

$$f_1[n]\longleftrightarrow F_1(z),\quad |z|\in(a_1,b_1)$$

$$f_2[n]\longleftrightarrow F_2(z),\quad |z|\in(a_2,b_2)$$

则对任意常数 a、b，有

$$f[n]=af_1[n]+bf_2[n]\longleftrightarrow F(z)=aF_1(z)+bF_2(z),\quad |z|\in(a_1,b_1)\cap(a_2,b_2) \tag{6.1.6}$$

如果$(a_1,b_1)\cap(a_2,b_2)$为空集，则信号 $f[n]$的双边 z 变换不存在。如果 $F(z)$中出现零点和极点相抵消，则 $F(z)$的收敛域可能扩大。

证明（略）

例 6.1.5　做序列 $f[n]=3^n u[n]+\delta[n]$的双边 z 变换。

解　已知

$$\alpha^n u[n]\longleftrightarrow \frac{z}{z-\alpha},\quad |z|\in(|\alpha|,+\infty)$$

$$\delta[n]\longleftrightarrow 1,\quad |z|\in(0,+\infty)$$

则

$$3^n u[n] \longleftrightarrow \frac{z}{z-3}, \quad |z| \in (3,+\infty)$$

$$F(z)=\frac{z}{z-3}+1=\frac{2z-3}{z-3}, \quad |z| \in (3,+\infty)$$

例 6.1.6　做序列 $\cos(\Omega_0 n)u[n]$的双边 z 变换。

解　应用欧拉公式[式(1.1.4)]将序列 $\cos(\Omega_0 n)u[n]$表示成

$$\cos(\Omega_0 n)u[n]=\frac{1}{2}\mathrm{e}^{\mathrm{j}\Omega_0 n}u[n]+\frac{1}{2}\mathrm{e}^{-\mathrm{j}\Omega_0 n}u[n]$$

已知

$$\alpha^n u[n] \longleftrightarrow \frac{z}{z-\alpha}, \quad |z| \in (|\alpha|,+\infty)$$

且

$$|\mathrm{e}^{\mathrm{j}\Omega_0 n}|=1$$

则

$$\mathrm{e}^{\mathrm{j}\Omega_0 n}u[n] \longleftrightarrow \frac{z}{z-\mathrm{e}^{+\mathrm{j}\Omega_0}}, \quad |z| \in (1,+\infty)$$

$$\mathrm{e}^{-\mathrm{j}\Omega_0 n}u[n] \longleftrightarrow \frac{z}{z-\mathrm{e}^{-\mathrm{j}\Omega_0}}, \quad |z| \in (1,+\infty)$$

由式(6.1.6)可得

$$\cos(\Omega_0 n)u[n] \longleftrightarrow \frac{1}{2}\left(\frac{z}{z-\mathrm{e}^{\mathrm{j}\Omega_0}}+\frac{z}{z-\mathrm{e}^{-\mathrm{j}\Omega_0}}\right), \quad |z| \in (1,+\infty)$$

2. 双边 z 变换的移位特性

若

$$f[n] \longleftrightarrow F(z), \quad |z| \in (a,b)$$

则

$$f[n-m] \longleftrightarrow z^{-m}F(z), \quad |z| \in (a,b),m\ 为整数 \tag{6.1.7}$$

证明　根据双边 z 变换的定义，得

$$y[n]=f[n-m] \longleftrightarrow Y(z)=\sum_{n=-\infty}^{+\infty} f[n-m]z^{-n}$$

令 $n-m=k$，则

$$Y(z)=\sum_{k=-\infty}^{+\infty} f[k]z^{-(m+k)}=z^{-m}\sum_{k=-\infty}^{+\infty} f[k]z^{-k}$$

已知

$$f[n] \longleftrightarrow F(z)=\sum_{n=-\infty}^{+\infty} f[n]z^{-n}, \quad |z| \in (a,b)$$

则

$$f[n-m] \longleftrightarrow z^{-m}F(z), \quad |z| \in (a,b)$$

证毕。

例 6.1.7 求序列 $f[n]=\alpha^n u[n]-\alpha^n u[n-1]$的双边 z 变换。

解 1 已知

$$\alpha^n u[n] \longleftrightarrow \frac{z}{z-\alpha}, \quad |z| \in (|\alpha|, +\infty)$$

利用双边 z 变换的移位特性式(6.1.7)得

$$\alpha^{n-1} u[n-1] \longleftrightarrow z^{-1}\frac{z}{z-\alpha}=\frac{1}{z-\alpha}, \quad |z| \in (|\alpha|, +\infty)$$

利用线性特性式(6.1.6)得

$$\alpha^n u[n-1] \longleftrightarrow \frac{\alpha}{z-\alpha}, \quad |z| \in (|\alpha|, +\infty)$$

所以

$$f[n]=\alpha^n u[n]-\alpha^n u[n-1] \longleftrightarrow F(z)=\frac{z}{z-\alpha}-\frac{\alpha}{z-\alpha}=1, \quad |z| \in (0, +\infty)$$

其中 $F(z)=1$ 无极点,所以收敛域为整个 z 平面。

解 2 因为

$$f[n]=\alpha^n u[n]-\alpha^n u[n-1]=\alpha^n\{u[n]-u[n-1]\}=\alpha^n\delta[n]=\delta[n]$$

所以

$$f[n] \longleftrightarrow F(z)=1, \quad |z| \in (0, +\infty)$$

例 6.1.8 序列 $f[n]$如图 6.1.3 所示,做双边 z 变换。

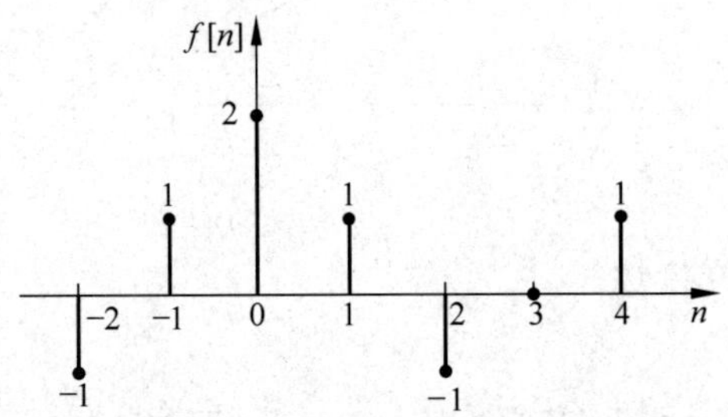

图 6.1.3 例 6.1.8 图

解 用单位冲激序列的移位加权和式(5.1.9)将序列 $f[n]$表示为

$$f[n]=-\delta[n+2]+\delta[n+1]+2\delta[n]+\delta[n-1]-\delta[n-2]+\delta[n-4]$$

已知

$$\delta[n] \longleftrightarrow 1, \quad |z| \in (0, +\infty)$$

根据双边 z 变换的移位特性式(6.1.7)和线性特性式(6.1.6)得

$$F(z)=-z^2+z+2+z^{-1}-z^{-2}+z^{-4}, \quad |z| \in (0, +\infty)$$

3. 双边 z 变换的序列指数加权特性

若

$$f[n] \longleftrightarrow F(z), \quad |z| \in (a, b)$$

则

$$z_0^n f[n] \longleftrightarrow F\left(\frac{z}{z_0}\right), \quad |z| \in (|z_0 a|, |z_0 b|), z_0 \text{ 为常数} \tag{6.1.8}$$

推论

$$(-1)^n f[n] \longleftrightarrow F(-z),\quad |z| \in (a,b) \tag{6.1.9}$$

证明

$$z_0^n f[n] \longleftrightarrow \sum_{n=-\infty}^{+\infty} \{z_0^n f[n]\} z^{-n} = \sum_{n=-\infty}^{+\infty} f[n]\left(\frac{z}{z_0}\right)^{-n}$$

已知当 $a<|z|<b$ 时，$F(z)=\sum_{n=-\infty}^{+\infty} f[n]z^{-n}$，则当 $a<\left|\frac{z}{z_0}\right|<b$ 时，即 $|z_0 a|<|z|<|z_0 b|$ 时，

$$\sum_{n=-\infty}^{+\infty} f[n]\left(\frac{z}{z_0}\right)^{-n} \longleftrightarrow F\left(\frac{z}{z_0}\right)$$

所以

$$z_0^n f[n] \longleftrightarrow F\left(\frac{z}{z_0}\right),\quad |z| \in (|z_0 a|, |z_0 b|)$$

在式(6.1.8)中若 $z_0=-1$，则得

$$(-1)^n f[n] \longleftrightarrow F(-z),\quad |z| \in (a,b)$$

证毕。

例 6.1.9　做序列 $f[n]=(-2)^n u[n]$ 的 z 变换。

解　已知

$$u[n] \longleftrightarrow \frac{z}{z-1},\quad |z| \in (1,+\infty)$$

根据序列指数加权特性式(6.1.8)可得

$$f[n]=(-2)^n u[n] \longleftrightarrow \frac{\dfrac{z}{-2}}{\dfrac{z}{-2}-1}=\frac{z}{z+2},\quad |z| \in (2,+\infty)$$

与公式 $\alpha^n u[n] \longleftrightarrow \frac{z}{z-\alpha}$ 的结果是一致的。

4. 双边 z 变换的时域卷和特性

若

$$f_1[n] \longleftrightarrow F_1(z),\quad |z| \in (a_1,b_1)$$
$$f_2[n] \longleftrightarrow F_2(z),\quad |z| \in (a_2,b_2)$$

则

$$f[n]=f_1[n]*f_2[n] \longleftrightarrow F(z)=F_1(z)F_2(z),\quad |z| \in (a_1,b_1) \cap (a_2,b_2) \tag{6.1.10}$$

证明

$$f_1[n]*f_2[n] \longleftrightarrow F(z)=\sum_{n=-\infty}^{+\infty}\{f_1[n]*f_2[n]\}z^{-n}$$
$$=\sum_{n=-\infty}^{+\infty}\left\{\sum_{k=-\infty}^{+\infty} f_1[k]f_2[n-k]\right\}z^{-n}$$

$$
\begin{aligned}
&=\sum_{k=-\infty}^{+\infty} f_1[k]\left\{\sum_{n=-\infty}^{+\infty} f_2[n-k]z^{-n}\right\} \\
&=\sum_{k=-\infty}^{+\infty} f_1[k][z^{-k}F_2(z)] \\
&=\left\{\sum_{k=-\infty}^{+\infty} f_1[k]z^{-k}\right\}F_2(z) \\
&=F_1(z)F_2(z)
\end{aligned}
$$

证毕。

例 6.1.10 已知序列 $f_1[n]=\alpha^n u[n]$，$f_2[n]=\beta^n u[n]$，$\alpha\neq\beta$，α、β 为常数，试计算 $y[n]=f_1[n]*f_2[n]$。

解 已知

$$
f_1[n]=\alpha^n u[n]\longleftrightarrow F_1(z)=\frac{z}{z-\alpha},\quad |z|\in(|\alpha|,+\infty)
$$

$$
f_2[n]=\beta^n u[n]\longleftrightarrow F_2(z)=\frac{z}{z-\beta},\quad |z|\in(|\beta|,+\infty)
$$

根据 z 变换的时域卷和特性式(6.1.10)得

$$
Y(z)=F_1(z)F_2(z)=\frac{z^2}{(z-\alpha)(z-\beta)},\quad |z|\in(|\alpha|,+\infty)\cap(|\beta|,+\infty)
$$

展开 $Y(z)$，当 $\alpha\neq\beta$ 时，

$$
Y(z)=\frac{1}{\alpha-\beta}\left(\frac{\alpha z}{z-\alpha}-\frac{\beta z}{z-\beta}\right),\quad |z|\in(|\alpha|,+\infty)\cap(|\beta|,+\infty)
$$

因为 $F_1(z)$、$F_2(z)$的公共收敛域一定存在，所以，做 z 变换的逆变换得

$$
y[n]=\frac{1}{\alpha-\beta}(\alpha^{n+1}-\beta^{n+1})u[n]
$$

例 6.1.11 离散时间序列 $f[n]$和 $h[n]$分别为

$$
f[n]=\{1,2,1\}_{(1)},\quad h[n]=\{1,2,3\}_{(2)}
$$

求卷和 $y[n]=f[n]*h[n]$。

解

$$
\begin{aligned}
&f[n]=\delta[n-1]+2\delta[n-2]+\delta[n-3]\longleftrightarrow \\
&F(z)=z^{-1}+2z^{-2}+z^{-3},\quad |z|\in(0,+\infty) \\
&h[n]=\delta[n-2]+2\delta[n-3]+3\delta[n-4]\longleftrightarrow \\
&H(z)=z^{-2}+2z^{-3}+3z^{-4},\quad |z|\in(0,+\infty)
\end{aligned}
$$

根据 z 变换的时域卷和特性式(6.1.10)得

$$
Y(z)=F(z)H(z)=z^{-3}+4z^{-4}+8z^{-5}+8z^{-6}+3z^{-7},\quad |z|\in(0,+\infty)
$$

做 z 变换的逆变换可得

$$
y[n]=\delta[n-3]+4\delta[n-4]+8\delta[n-5]+8\delta[n-6]+3\delta[n-7]
$$

5. 双边 z 变换的时域反转特性

若

$$f[n] \longleftrightarrow F(z), \quad |z| \in (a, b)$$

则

$$f[-n] \longleftrightarrow F\left(\frac{1}{z}\right), \quad |z| \in \left(\frac{1}{b}, \frac{1}{a}\right) \tag{6.1.11}$$

证明　利用双边 z 变换的定义式(6.1.1)计算：

$$f[-n] \longleftrightarrow \sum_{n=-\infty}^{+\infty} f[-n] z^{-n}$$

令 $n=-m$，得

$$\sum_{n=-\infty}^{+\infty} f[-n] z^{-n} = \sum_{m=+\infty}^{-\infty} f[m] z^{m} = \sum_{m=-\infty}^{+\infty} f[m] (z^{-1})^{-m}$$

已知，当 $a<|z|<b$ 时，

$$f[n] \longleftrightarrow F(z) = \sum_{n=-\infty}^{+\infty} f[n] z^{-n}$$

则当 $a<\left|\frac{1}{z}\right|<b$ 时，即 $\frac{1}{b}<|z|<\frac{1}{a}$ 时，

$$\sum_{m=-\infty}^{+\infty} f[m] (z^{-1})^{-m} = F(z^{-1})$$

即

$$f[-n] \longleftrightarrow F\left(\frac{1}{z}\right), \quad |z| \in \left(\frac{1}{b}, \frac{1}{a}\right)$$

证毕。

例 6.1.12　已知 $f[n] \longleftrightarrow F(z)$，$|z|:(|a|,+\infty)$，求信号 $f[-n-1]$ 的双边 z 变换。

解　根据双边 z 变换的移位特性式(6.1.7)得

$$f[n-1] \longleftrightarrow z^{-1} F(z), \quad |z| \in (|a|, +\infty)$$

根据时域反转特性式(6.1.11)得

$$f[-n-1] \longleftrightarrow z F(z^{-1}), \quad |z| \in \left(0, \frac{1}{|a|}\right)$$

例 6.1.13　做信号 $f[n]=\left(\frac{1}{2}\right)^{|n|}$ 的双边 z 变换。

解

$$f[n]=\left(\frac{1}{2}\right)^{|n|}=\left(\frac{1}{2}\right)^{|n|}\{u[-n-1]+u[n]\}=\left(\frac{1}{2}\right)^{-n} u[-n-1]+\left(\frac{1}{2}\right)^{n} u[n]$$

已知

$$\left(\frac{1}{2}\right)^{n} u[n] \longleftrightarrow \frac{z}{z-\frac{1}{2}}, \quad |z| \in \left(\frac{1}{2}, +\infty\right)$$

根据时域反转特性式(6.1.11)得

$$\left(\frac{1}{2}\right)^{-n} u[-n] \longleftrightarrow \frac{z^{-1}}{z^{-1}-\frac{1}{2}} = -\frac{2}{z-2}, \quad |z| \in (0, 2)$$

根据移位特性式(6.1.7)得

$$\left(\frac{1}{2}\right)^{-(n+1)} u[-n-1] \longleftrightarrow -\frac{2z}{z-2}, \quad |z| \in (0,2)$$

根据线性特性式(6.1.6)得

$$\left(\frac{1}{2}\right)^{-n} u[-n-1] \longleftrightarrow -\frac{z}{z-2}, \quad |z| \in (0,2)$$

所以

$$F(z)=\frac{-z}{z-2}+\frac{z}{z-\dfrac{1}{2}}=\frac{-\dfrac{3}{2}z}{z^2-\dfrac{5}{2}z+1}, \quad |z| \in \left(\frac{1}{2},2\right)$$

例 6.1.14 求信号 $f[n]=z_0^n$ 的双边 z 变换，其中，z_0 为常数。

解

$$f[n]=z_0^n=z_0^n\{u[-n-1]+u[n]\}=z_0^n u[-n-1]+z_0^n u[n]$$

由式(6.1.3)可知

$$\alpha^n u[n] \longleftrightarrow \frac{z}{z-\alpha}, \quad |z| \in (|\alpha|,+\infty)$$

根据时域反转特性式(6.1.11)得

$$\alpha^{-n} u[-n] \longleftrightarrow \frac{z^{-1}}{z^{-1}-\alpha}=\frac{-\alpha^{-1}}{z-\alpha^{-1}}, \quad |z| \in (0,\alpha^{-1})$$

即可得

$$z_0^n u[n] \longleftrightarrow \frac{z}{z-z_0}, \quad |z| \in (|z_0|,+\infty)$$

$$z_0^n u[-n] \longleftrightarrow -\frac{-z_0}{z-z_0}, \quad |z| \in (0,|z_0|)$$

根据移位特性式(6.1.7)得

$$z_0^{n+1} u[-n-1] \longleftrightarrow -\frac{zz_0}{z-z_0}, \quad |z| \in (0,|z_0|)$$

根据线性特性式(6.1.6)得

$$z_0^n u[-n-1] \longleftrightarrow -\frac{z}{z-z_0}, \quad |z| \in (0,|z_0|)$$

由于$|z| \in (0,|z_0|) \cap (|z_0|,+\infty)$为空集，故序列 $f[n]$的双边 z 变换不存在。

6.2 z 变换的逆变换

如果已知离散时间信号 $f[n]$的 z 变换 $F(z)$，$|z| \in (a,b)$，求其 $f[n]$就称为做 z 变换的逆变换。求 z 变换的逆变换有三种方法：留数法、部分分式展开法和幂级数展开法（长除法）。本书只讨论部分分式展开法。

例 6.2.1 求 $F(z)=\dfrac{z^2}{z^2-0.5z-0.5}$，$|z| \in (1,+\infty)$的逆变换。

解 1 有理真分式部分分式展开得

$$\frac{F(z)}{z}=\frac{z}{z^{2}-0.5z-0.5}=\frac{\frac{2}{3}}{z-1}+\frac{\frac{1}{3}}{z+0.5}$$

则

$$F(z)=\frac{\frac{2}{3}z}{z-1}+\frac{\frac{1}{3}z}{z+0.5},\quad |z|\in(1,+\infty)$$

因为收敛域为 $|z|\in(1,+\infty)$，所以极点 $p_1=1, p_2=-0.5$ 均为区内极点。做 z 变换的逆变换得

$$f[n]=\left[\frac{2}{3}+\frac{1}{3}(-0.5)^{n}\right]u[n]$$

解 2　由于 $F(z)$ 不是真分式，故对 $F(z)$ 进行长除，再对有理真分式部分进行部分分式展开得

$$F(z)=1+\frac{0.5z+0.5}{(z-1)(z+0.5)}=1+\frac{\frac{2}{3}}{z-1}-\frac{\frac{1}{6}}{z+0.5},\quad |z|\in(1,+\infty)$$

已知

$$\delta[n]\longleftrightarrow 1,\quad |z|\in(0,+\infty)$$

$$\alpha^{n}u[n]\longleftrightarrow\frac{z}{z-\alpha},\quad |z|\in(|\alpha|,+\infty)$$

根据双边 z 变换的移位特性式(6.1.7)得

$$\alpha^{n-1}u[n-1]\longleftrightarrow\frac{1}{z-\alpha},\quad |z|\in(|\alpha|,+\infty)$$

对 $F(z)$ 做 z 变换的逆变换，得

$$f[n]=\delta[n]+\left[\frac{2}{3}-\frac{1}{6}(-0.5)^{n-1}\right]u[n-1]$$

由本例可见，虽然两种求解方法 $f[n]$ 的表达式形式不同，但代表的是同一信号。

例 6.2.2　求 $F(z)=\dfrac{12}{(z+1)(z-2)(z-3)}$，$|z|\in(3,+\infty)$ z 变换的逆变换 $f[n]$。

解

$$\frac{F(z)}{z}=\frac{12}{z(z+1)(z-2)(z-3)}=\frac{2}{z}+\frac{-1}{z+1}+\frac{-2}{z-2}+\frac{1}{z-3}$$

$$F(z)=2-\frac{z}{z+1}-\frac{2z}{z-2}+\frac{z}{z-3},\quad |z|\in(3,+\infty)$$

对 $F(z)$ 做 z 变换的逆变换，得

$$f[n]=2\delta[n]-(-1)^{n}u[n]-2^{n+1}u[n]+3^{n}u[n]$$

例 6.2.3　已知 $f[n]\longleftrightarrow F(z)=\dfrac{1+3z^{-1}}{1-3z^{-1}+2z^{-2}}$，试计算收敛域分别为 $|z|\in(2,+\infty)$ 和 $|z|\in(0,1)$ 的逆变换 $f[n]$。

解

$$F(z)=\frac{1+3z^{-1}}{1-3z^{-1}+2z^{-2}}=\frac{z^2+3z}{z^2-3z+2}$$

$$\frac{F(z)}{z}=\frac{z+3}{z^2-3z+2}=\frac{5}{z-2}-\frac{4}{z-1}$$

所以

$$F(z)=\frac{5z}{z-2}-\frac{4z}{z-1}$$

(1) 当收敛域为$|z|\in(2,+\infty)$时，$F(z)$的极点 $p_1=1, p_2=2$ 均为区内极点，做 $F(z)$ 的逆变换，可得

$$f[n]=5(2)^n u[n]-4u[n]$$

(2) 当收敛域为$|z|\in(0,1)$时，$F(z)$的极点 $p_1=1, p_2=2$ 均为区外极点，做 $F(z)$的逆变换，可得

$$f[n]=-5(2)^n u[-n-1]+4u[-n-1]$$

6.3 单边 z 变换

6.3.1 单边 z 变换(单边 ZT)的定义

与双边、单边拉普拉斯变换的概念类似，单边 z 变换(单边 ZT)的定义为

$$z\{f[n]\}=F(z)=\sum_{n=0}^{+\infty}f[n]z^{-n},\quad |z|\in(a,+\infty) \tag{6.3.1}$$

记为

$$f[n]\longleftrightarrow F(z),\quad |z|\in(a,+\infty)$$

可以把单边 z 变换看成是双边 z 变换的一种特例：因果序列情况下的双边 ZT。即

$$f[n]u[n]\longleftrightarrow F(z),\quad |z|\in(a,+\infty) \tag{6.3.2}$$

序列 $f[n]$的单边 z 变换 $F(z)$的收敛域是 z 平面上某个圆的圆外部分，$|z|\in(a,\infty)$，$F(z)$的全部极点均为区内极点 p_k，收敛边界 $a=|p_k|_{\max}$。一切因果序列的双边、单边 z 变换全部相同。

例 6.3.1 分别计算如图 6.3.1 所示序列 $f[n]$的双边、单边 z 变换。

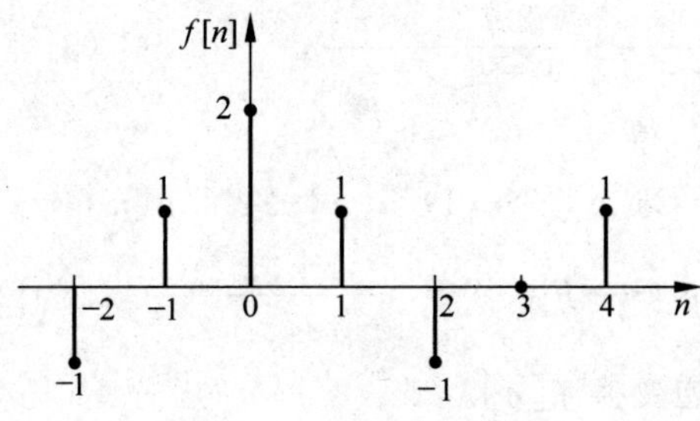

图 6.3.1 例 6.3.1 图

解

$$f[n]=-\delta[n+2]+\delta[n+1]+2\delta[n]+\delta[n-1]-\delta[n-2]+\delta[n-4]$$

则双边 z 变换为

$$F_{双}(z)=-z^2+z+2+z^{-1}-z^{-2}+z^{-4},\quad |z|\in(0,+\infty)$$

(有限长序列的 z 变换的收敛域为整个 z 平面。)而单边 z 变换为

$$F_{单}(z)=2+z^{-1}-z^{-2}+z^{-4},\quad |z|\in(0,+\infty)$$

例 6.3.2　试分别计算序列 $f[n]=\left(\frac{1}{3}\right)^{|n|}$ 的双边、单边 z 变换。

解

$$f[n]=\left(\frac{1}{3}\right)^{|n|}=\left(\frac{1}{3}\right)^{|n|}\{u[n]+u[-n-1]\}=\left(\frac{1}{3}\right)^{n}u[n]+\left(\frac{1}{3}\right)^{-n}u[-n-1]$$

$$=\left(\frac{1}{3}\right)^{n}u[n]+3^n u[-n-1]$$

已知

$$\alpha^n u[n]\longleftrightarrow\frac{z}{z-\alpha},\quad |z|\in(|\alpha|,+\infty)$$

$$-\alpha^n u[-n-1]\longleftrightarrow\frac{z}{z-\alpha},\quad |z|\in(0,|\alpha|)$$

所以双边 z 变换为

$$F_{双}(z)=\frac{z}{z-\frac{1}{3}}-\frac{z}{z-3},\quad |z|\in\left(\frac{1}{3},3\right)$$

而单边 z 变换为

$$F_{单}(z)=\frac{z}{z-\frac{1}{3}},\quad |z|\in\left(\frac{1}{3},+\infty\right)$$

6.3.2　单边 z 变换的性质

单边 z 变换除了具有双边 z 变换的全部性质外，还具有如下性质。

1. 单边 z 变换的序列线性加权(z 域微分)特性

若

$$f[n]\longleftrightarrow F(z),\quad |z|\in(a,+\infty)$$

则

$$nf[n]\longleftrightarrow -zF'(z),\quad |z|\in(a,+\infty)\tag{6.3.3}$$

证明　(略)

例 6.3.3　求下列信号的 z 变换：(1) $f_1[n]=n\alpha^n u(n)$；(2) $f_2[n]=nu(n)$；(3) $f_3[n]=n^2u(n)$。

解　(1) 已知

$$\alpha^n u[n]\longleftrightarrow\frac{z}{z-\alpha},\quad |z|\in(|\alpha|,+\infty)$$

根据序列线性加权(z 域微分)特性式(6.3.3)得

$$n\alpha^n u[n] \longleftrightarrow -z\left[\frac{z}{z-\alpha}\right]' = \frac{\alpha z}{(z-\alpha)^2},\quad |z| \in (|\alpha|, +\infty)$$

(2) 已知

$$u[n] \longleftrightarrow \frac{z}{z-1},\quad |z| \in (1, +\infty)$$

根据序列线性加权(z 域微分)特性式(6.3.3)得

$$nu[n] \longleftrightarrow -z\left[\frac{z}{z-1}\right]' = \frac{z}{(z-1)^2},\quad |z| \in (1, +\infty)$$

(3) 由(2)可知

$$nu[n] \longleftrightarrow \frac{z}{(z-1)^2},\quad |z| \in (1, +\infty)$$

根据序列线性加权(z 域微分)特性式(6.3.3)得

$$n^2 u[n] \longleftrightarrow -z\left[\frac{z}{(z-1)^2}\right]' = \frac{z^2+z}{(z-1)^3},\quad |z| \in (1, +\infty)$$

例 6.3.4 求序列 $f[n]=(n-3^n)^2 u[n]$ 的 z 变换。

解

$$f[n] = (n-3^n)^2 u[n] = n^2 u[n] - 2n3^n u[n] + 9^n u[n]$$

已知

$$n^2 u[n] \longleftrightarrow \frac{z^2+z}{(z-1)^3},\quad |z| \in (1, +\infty)$$

$$n\alpha^n u[n] \longleftrightarrow -z\left[\frac{z}{z-\alpha}\right]' = \frac{\alpha z}{(z-\alpha)^2},\quad |z| \in (|\alpha|, +\infty)$$

$$\alpha^n u[n] \longleftrightarrow \frac{z}{z-\alpha},\quad |z| \in (|\alpha|, +\infty)$$

所以

$$F(z) = \frac{z^2+z}{(z-1)^3} - \frac{6z}{(z-3)^2} + \frac{z}{z-9},\quad |z| \in (9, +\infty)$$

例 6.3.5 已知序列 $y[n] \longleftrightarrow Y(z) = \dfrac{z}{(z-1)^3}, |z| \in (1, +\infty)$,求序列 $y[n]$。

解 根据 z 域微分特性式(6.3.3)

$$nf[n] \longleftrightarrow -z\frac{\mathrm{d}F(z)}{\mathrm{d}z},\quad |z| \in (a, +\infty)$$

可得

$$nu[n] \longleftrightarrow \frac{z}{(z-1)^2},\quad |z| \in (1, +\infty)$$

根据双边 z 变换的移位特性式(6.1.7)得

$$(n-1)u[n-1] \longleftrightarrow \frac{1}{(z-1)^2},\quad |z| \in (1, +\infty)$$

再根据 z 域微分特性式(6.3.3)得

$$n(n-1)u[n-1] \longleftrightarrow \frac{2z}{(z-1)^3}, \quad |z| \in (1,+\infty)$$

根据 z 变换的线性特性式(6.1.6)得

$$\frac{1}{2}n(n-1)u[n-1] \longleftrightarrow \frac{z}{(z-1)^3}, \quad |z| \in (1,+\infty)$$

而

$$\frac{1}{2}n(n-1)u[n-1]=\frac{1}{2}n(n-1)u[n] \text{(等式两边波形一致)}$$

则得

$$y[n]=\frac{1}{2}n(n-1)u[n]$$

视频链接

2. 单边 z 变换的移位特性

若序列 $f[n]$的单边 z 变换为 $F(z)$,即

$$f[n]u[n] \longleftrightarrow F(z), \quad |z| \in (a,+\infty)$$

由于单边 z 变换具有双边 z 变换的全部性质,则根据双边 z 变换的移位特性式(6.1.7)得

$$f[n+m]u[n+m] \longleftrightarrow z^m F(z), \quad |z| \in (a,+\infty), m \text{ 为整数}$$

而单边 z 变换的移位特性为

$$f[n-1]u[n] \longleftrightarrow z^{-1}F(z)+f[-1], \quad |z| \in (a,+\infty) \tag{6.3.4}$$

$$f[n-2]u[n] \longleftrightarrow z^{-2}F(z)+z^{-1}f[-1]+f[-2], \quad |z| \in (a,+\infty) \tag{6.3.5}$$

$$\vdots$$

$$f[n+1]u[n] \longleftrightarrow zF(z)-zf[0], \quad |z| \in (a,+\infty) \tag{6.3.6}$$

$$f[n+2]u[n] \longleftrightarrow z^2F(z)-z^2f[0]-zf[1], \quad |z| \in (a,+\infty) \tag{6.3.7}$$

$$\vdots$$

证明　根据单边 z 变换的定义式(6.3.1)可知

$$f[n]u[n] \longleftrightarrow F(z)=\sum_{n=0}^{+\infty} f[n]z^{-n}, \quad |z| \in (a,+\infty)$$

对 $f[n-1]$做单边 z 变换:

$$f[n-1]u[n] \longleftrightarrow \sum_{n=0}^{+\infty} f[n-1]z^{-n}$$

令 $m=n-1$,得

$$f[n-1]u[n] \longleftrightarrow \sum_{m=-1}^{+\infty} f[m]z^{-(m+1)}=z^{-1}\left\{\sum_{m=-1}^{+\infty} f[m]z^{-m}\right\}$$

$$=z^{-1}\left\{f[-1]z+\sum_{m=0}^{+\infty} f[m]z^{-m}\right\}$$

已知

$$\sum_{m=0}^{+\infty} f[m]z^{-m}=F(z), \quad |z| \in (a,+\infty)$$

则

$$f[n-1]u[n] \longleftrightarrow z^{-1}F(z)+f[-1], \quad |z| \in (a,+\infty)$$

对 $f[n-2]$做单边 z 变换：

$$f[n-2]u[n] \longleftrightarrow \sum_{n=0}^{+\infty} f[n-2]z^{-n}$$

令 $m=n-2$,得

$$f[n-2]u[n] \longleftrightarrow \sum_{m=-2}^{+\infty} f[m]z^{-(m+2)} = z^{-2}\left\{\sum_{m=-2}^{+\infty} f[m]z^{-m}\right\}$$

$$= z^{-2}\left\{f[-2]z^2 + f[-1]z + \sum_{m=0}^{+\infty} f[m]z^{-m}\right\}$$

则

$$f[n-2]u[n] \longleftrightarrow z^{-2}F(z) + z^{-1}f[-1] + f[-2], \quad |z| \in (a, +\infty)$$

对 $f[n+1]$做单边 z 变换：

$$f[n+1]u[n] \longleftrightarrow \sum_{n=0}^{+\infty} f[n+1]z^{-n}$$

令 $m=n+1$,得

$$f[n+1]u[n] \longleftrightarrow \sum_{m=1}^{+\infty} f[m]z^{-(m-1)} = z\left\{\sum_{m=1}^{+\infty} f[m]z^{-m}\right\}$$

$$= z\left\{\sum_{m=0}^{+\infty} f[m]z^{-m} - f[0]\right\} = zF(z) - zf[0], \quad |z| \in (a, +\infty)$$

对 $f[n+2]$做单边 z 变换：

$$f[n+2]u[n] \longleftrightarrow \sum_{n=0}^{+\infty} f[n+2]z^{-n}$$

令 $m=n+2$,得

$$f[n+2]u[n] \longleftrightarrow \sum_{m=2}^{+\infty} f[m]z^{-(m-2)} = z^2\left\{\sum_{m=2}^{+\infty} f[m]z^{-m}\right\}$$

$$= z^2\left\{\sum_{m=0}^{+\infty} f[m]z^{-m} - f[0] - f[1]z^{-1}\right\}$$

$$= z^2F(z) - z^2f[0] - zf[1], \quad |z| \in (a, +\infty)$$

以此类推。证毕。

单边 z 变换的移位特性主要用于求解差分方程,将在后续章节详细介绍。

6.4 LTI 离散时间系统的 z 变换(ZT)分析

6.4.1 LTI 离散时间系统的系统函数 $H(z)$

若 LTI 离散时间系统输入信号为 $f[n]$时,零状态响应为 $y_f[n]$,则定义 LTI 离散时间系统的系统函数为

$$H(z) = \frac{z(y_f[n])}{z(f[n])} = \frac{Y(z)}{F(z)}, \quad |z| \in (a_h, b_h) \tag{6.4.1}$$

由式(5.3.2)知，LTI 离散时间系统的单位冲激序列响应为 $h[n]$，则当输入信号为 $f[n]$时，系统的零状态响应为 $y_{\mathrm{f}}[n]=f[n]*h[n]$。对上式做 z 变换，根据 z 变换的时域卷积特性式(6.1.10)可得

$$Y_{\mathrm{f}}(z)=F(z)z(h[n])$$

即

$$z(h[n])=\frac{Y_{\mathrm{f}}(z)}{F(z)}=H(z)$$

所以

$$h[n]\longleftrightarrow H(z),\quad |z|\in(a_{\mathrm{h}},b_{\mathrm{h}}) \tag{6.4.2}$$

式(6.4.2)说明系统函数 $H(z)$与单位冲激序列响应 $h[n]$是一对 z 变换。$h[n]$、$H(z)$由系统唯一确定。

例 6.4.1　已知某因果 LTI 离散时间系统输入信号 $f[n]=u[n]$时，零状态响应 $y_{\mathrm{f}}[n]=\frac{1}{2}(1-2^{n})u[n]$，求该系统的系统函数 $H(z)$。

解 1

$$f[n]=u[n]\longleftrightarrow F(z)=\frac{z}{z-1},\quad |z|\in(1,+\infty)$$

$$y_{\mathrm{f}}[n]=\left\{\frac{1}{2}u[n]-\frac{1}{2}\cdot 2^{n}u[n]\right\}\longleftrightarrow Y_{\mathrm{f}}(z)=\frac{1}{2}\left(\frac{z}{z-1}\right)-\frac{1}{2}\left(\frac{z}{z-2}\right)=\frac{-z}{2(z-1)(z-2)},\quad |z|\in(2,+\infty)$$

根据 LTI 离散时间系统的系统函数的定义式(6.4.1)得

$$H(z)=\frac{z(y_{\mathrm{f}}[n])}{z(f[n])}=\frac{Y_{\mathrm{f}}(z)}{F(z)}=-\frac{1}{2(z-2)},\quad |z|\in(2,+\infty)$$

解 2　根据式(5.1.8)可知，单位阶跃序列 $u[n]$与单位冲激序列 $\delta[n]$存在如下的差分关系：

$$\delta[n]=u[n]-u[n-1]$$

已知输入信号为 $u[n]$时，零状态响应为$\frac{1}{2}(1-2^{n})u[n]$，根据系统时不变性，当输入信号为 $u[n-1]$时，零状态响应为$\frac{1}{2}(1-2^{n-1})u[n-1]$；根据系统线性特性，当输入信号为 $\delta[n]=u[n]-u[n-1]$时，零状态响应为 $y_{\mathrm{f}}[n]=\frac{1}{2}(1-2^{n})u[n]-\frac{1}{2}(1-2^{n-1})u[n-1]$。

已知输入信号为单位冲激序列 $\delta[n]$时，零状态响应是系统的单位冲激序列响应 $h[n]$，可得

$$h[n]=\frac{1}{2}(1-2^{n})u[n]-\frac{1}{2}(1-2^{n-1})u[n-1]$$

由式(6.4.2)可得

$$H(z)=z(h[n])=\frac{1}{2}\left(\frac{z}{z-1}-\frac{z}{z-2}\right)-\frac{1}{2}\left(\frac{1}{z-1}-\frac{1}{z-2}\right)=-\frac{1}{2(z-2)},\quad |z|\in(2,+\infty)$$

例 6.4.2 已知因果 LTI 离散时间系统的差分方程为 $y[n]+3y[n-1]+2y[n-2]=f[n]-f[n-1]$，求系统函数 $H(z)$。

解 对差分方程两边求 z 变换，设

$$f[n] \longleftrightarrow F(z), \quad y[n] \longleftrightarrow Y(z)$$

根据 z 变换的移位特性式(6.1.7)得

$$Y(z)+3z^{-1}Y(z)+2z^{-2}Y(z)=F(z)-z^{-1}F(z)$$

则

$$H(z)=\frac{Y(z)}{F(z)}=\frac{1-z^{-1}}{1+3z^{-1}+2z^{-2}}=\frac{z^2-z}{z^2+3z+2}, \quad |z|\in(2,+\infty)$$

由例 6.4.2 可见，对于输入信号为 $f[n]$、输出信号为 $y[n]$ 的因果 LTI 离散时间系统，若系统方程为 $y[n+N]+a_{N-1}y[n+(N-1)]+\cdots+a_1y[n+1]+a_0y[n]=b_Mf[n+M]+b_{M-1}f[n+(M-1)]+\cdots+b_1f[n+1]+b_0f[n]$，则可直接得到系统函数 $H(z)=\dfrac{Y(z)}{F(z)}=\dfrac{b_Mz^M+b_{M-1}z^{M-1}+\cdots+b_1z+b_0}{z^N+a_{N-1}z^{N-1}+\cdots+a_1z+a_0}$。如果 $H(z)$ 有极点 p_k，$|p_k|_{\max}=a$，则 $H(z)$ 的收敛域为 $|z|\in(a,+\infty)$。

例如，因果 LTI 离散时间系统的系统差分方程分别为

$$y[n+2]+\frac{5}{6}y[n+1]+\frac{1}{6}y[n]=3f[n+1]$$

$$y[n]+\frac{1}{4}y[n-1]-\frac{1}{8}y[n-2]=f[n]+f[n-1]$$

则对应的系统函数分别为

$$H_1(z)=\frac{3z}{z^2+\frac{5}{6}z+\frac{1}{6}}, \quad |z|\in\left(\frac{1}{2},+\infty\right)$$

$$H_2(z)=\frac{1+z^{-1}}{1+\frac{1}{4}z^{-1}-\frac{1}{8}z^{-2}}=\frac{z^2+z}{z^2+\frac{1}{4}z-\frac{1}{8}}, \quad |z|\in\left(\frac{1}{2},+\infty\right)$$

例 6.4.3 已知某因果 LTI 离散时间系统的方框图如图 6.4.1(a)所示，其中单位延迟器的定义如图 6.4.1(b)所示，试求系统函数 $H(z)$ 和系统的单位冲激序列响应 $h[n]$。

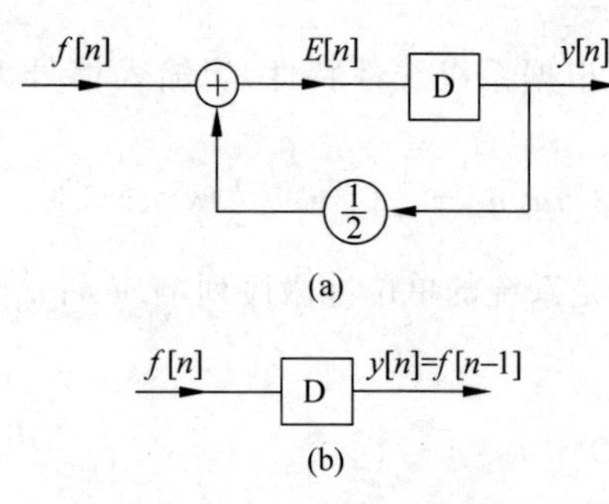

图 6.4.1 例 6.4.3 图

解 由图 6.4.1 可得

$$E[n]=f[n]+\frac{1}{2}y[n]$$

$$y[n]=E[n-1]=f[n-1]+\frac{1}{2}y[n-1]$$

则系统差分方程为

$$y[n]-\frac{1}{2}y[n-1]=f[n-1]$$

由于方框图是模拟物理可实现系统，而物理可实现系统均为因果系统，所以系统函数

$$H(z)=\frac{z^{-1}}{1-\frac{1}{2}z^{-1}}=\frac{1}{z-\frac{1}{2}},\quad |z|\in\left(\frac{1}{2},+\infty\right)$$

根据式(6.4.2)对 $H(z)$ 做 z 变换的逆变换，得

$$h[n]=\left(\frac{1}{2}\right)^{n-1}u[n-1]$$

例 6.4.4　已知因果 LTI 离散时间系统的差分方程为 $y[n+2]-\frac{5}{6}y[n+1]+\frac{1}{6}y[n]=f[n+1]+f[n]$，求该系统的单位冲激序列响应 $h[n]$。

解　由差分方程可得系统函数

$$H(z)=\frac{z+1}{z^2-\frac{5}{6}z+\frac{1}{6}},\quad |z|\in\left(\frac{1}{2},+\infty\right)$$

部分分式展开得

$$\frac{H(z)}{z}=\frac{z+1}{z\left(z-\frac{1}{2}\right)\left(z-\frac{1}{3}\right)}=\frac{6}{z}+\frac{18}{z-\frac{1}{2}}+\frac{-24}{z-\frac{1}{3}}$$

则

$$H(z)=6+\frac{18z}{z-\frac{1}{2}}+\frac{-24z}{z-\frac{1}{3}},\quad |z|\in\left(\frac{1}{2},+\infty\right)$$

根据式(6.4.2)对 $H(z)$ 做 z 变换的逆变换，得

$$h[n]=6\delta[n]+18\left(\frac{1}{2}\right)^n u[n]-24\left(\frac{1}{3}\right)^n u[n]$$

6.4.2　LTI 离散时间系统零状态响应 $y_f[n]$ 的 z 域(ZT)分析

如图 6.4.2 所示 LTI 离散时间系统的单位冲激响应为 $h[n]$，当输入信号为 $f[n]$时，由式(5.3.2)知系统的零状态响应

$$y_f[n]=f[n]*h[n]$$

对上式做双边 z 变换，设

$$f[n]\longleftrightarrow F(z),\quad |z|\in(a_f,b_f)$$

$$h[n]\longleftrightarrow H(z),\quad |z|\in(a_h,b_h)$$

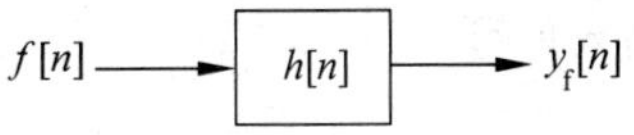

$f[n]$ → $h[n]$ → $y_f[n]$

图 6.4.2　LTI 离散时间系统方框图

根据 z 变换的时域卷和特性式(6.1.10)可得

$$Y(z)=F(z)H(z),\quad |z|\in(a_f,b_f)\cap(a_h,b_h)\tag{6.4.3}$$

对上式做 z 变换的逆变换，即可得 $y_f[n]$。

若输入信号是因果信号，即 $F(z)$的收敛域为$|z|\in(a_f,+\infty)$，若系统是因果系统，即 $H(z)$的收敛域为$|z|\in(a_h,+\infty)$，则 $F(z)$、$H(z)$的公共收敛域$|z|\in(a_y,+\infty)$一定存在，因此，一般情况下就不再讨论收敛域了。

例 6.4.5　已知因果 LTI 离散时间系统的差分方程为 $y[n]-\frac{1}{2}y[n-1]=f[n]$，求系

统对输入信号 $f[n]=\left(\frac{1}{3}\right)^n u[n]$的响应 $y_f[n]$。

解 由差分方程可得系统函数

$$H(z)=\frac{1}{1-\frac{1}{2}z^{-1}}=\frac{z}{z-\frac{1}{2}}$$

而输入信号

$$f[n]=\left(\frac{1}{3}\right)^n u[n] \longleftrightarrow F(z)=\frac{z}{z-\frac{1}{3}}$$

根据式(6.4.3)可得响应 $y_f[n]$的 z 变换

$$Y_f(z)=F(z)H(z)=\frac{z^2}{\left(z-\frac{1}{2}\right)\left(z-\frac{1}{3}\right)}$$

部分分式展开 $Y_f(z)$得

$$Y_f(z)=\frac{3z}{z-\frac{1}{2}}-\frac{2z}{z-\frac{1}{3}}$$

对上式做 z 变换的逆变换，得

$$y_f[n]=3\left(\frac{1}{2}\right)^n u[n]-2\left(\frac{1}{3}\right)^n u[n]$$

例 6.4.6 已知因果 LTI 离散时间系统的差分方程为 $y[n]-y[n-1]-\frac{3}{4}y[n-2]=\frac{1}{2}f[n-1]$，求系统对输入信号 $f[n]=\left(\frac{1}{2}\right)^n u[n]$的响应 $y[n]$。

解 由差分方程可得系统函数

$$H(z)=\frac{\frac{1}{2}z^{-1}}{1-z^{-1}-\frac{3}{4}z^{-2}}=\frac{\frac{1}{2}z}{z^2-z-\frac{3}{4}}=\frac{\frac{1}{2}z}{\left(z-\frac{3}{2}\right)\left(z+\frac{1}{2}\right)}$$

输入信号

$$f[n]=\left(\frac{1}{2}\right)^n u[n] \longleftrightarrow F(z)=\frac{z}{z-\frac{1}{2}}$$

则响应的 z 变换为

$$Y(z)=H(z)F(z)=\frac{\frac{1}{2}z^2}{\left(z-\frac{3}{2}\right)\left(z+\frac{1}{2}\right)\left(z-\frac{1}{2}\right)}=\frac{-\frac{1}{4}z}{z-\frac{1}{2}}+\frac{-\frac{1}{8}z}{z+\frac{1}{2}}+\frac{\frac{3}{8}z}{z-\frac{3}{2}}$$

所以

$$y[n]=\frac{3}{8}\left(\frac{3}{2}\right)^n u[n]-\frac{1}{4}\left(\frac{1}{2}\right)^n u[n]-\frac{1}{8}\left(-\frac{1}{2}\right)^n u[n]$$

注意：通常求解时对 $y_f[n]$ 可不再加下标注，而是简写为 $y[n]$。

6.4.3　用单边 z 变换求解差分方程

LTI 离散时间系统可用线性常系数差分方程描述。对系统的差分方程取单边 z 变换，自动引入初始条件，将差分方程转换成代数方程。求解该代数方程得到响应的 z 变换。做 z 变换的逆变换即可得到响应。

例 6.4.7　已知因果 LTI 离散时间系统的差分方程为 $y[n+1]-\frac{1}{2}y[n]=f[n]$，系统初始状态为 $y[-1]=3$，输入信号 $f[n]=u[n]$，求系统的全响应 $y[n]$。

解 1　系统的特征方程为 $\lambda-\frac{1}{2}=0$，得特征根 $\lambda=\frac{1}{2}$，则系统的零输入响应

$$y_s[n]=C_1\left(\frac{1}{2}\right)^n,\quad n\geqslant -1$$

代入初始状态 $y[-1]=3$，$y_s[-1]=C_1\left(\frac{1}{2}\right)^{-1}=3$，则 $C_1=\frac{3}{2}$，得

$$y_s[n]=3\left(\frac{1}{2}\right)^{n+1},\quad n\geqslant -1$$

由差分方程可得系统函数

$$H(z)=\frac{1}{z-\frac{1}{2}}$$

输入信号

$$f[n]=u[n]\longleftrightarrow F(z)=\frac{z}{z-1},\quad |z|\in(1,+\infty)$$

根据式(6.4.3)得系统零状态响应的 z 变换

$$Y_f(z)=F(z)H(z)=\frac{z}{(z-1)\left(z-\frac{1}{2}\right)}=\frac{2z}{z-1}-\frac{2z}{z-\frac{1}{2}}$$

做上式 z 变换的逆变换，可得

$$y_f[n]=2\left[1-\left(\frac{1}{2}\right)^n\right]u[n]$$

故全响应

$$\begin{aligned}y[n]&=y_s[n]+y_f[n]\\&=3\left(\frac{1}{2}\right)^{n+1}+2\left[1-\left(\frac{1}{2}\right)^n\right]u[n],\quad n\geqslant -1\end{aligned}$$

解 2　为了应用单边 z 变换解差分方程，并直接代入初始状态 $y[-1]$，将原差分方程两边进行移位，得差分方程 $y[n]-\frac{1}{2}y[n-1]=f[n-1]$。

对该差分方程做单边 z 变换，设 $y[n]$、$f[n]$ 的单边 z 变换分别为 $Y(z)$、$F(z)$。将差分方程转换为代数方程，并自动引入初始状态

$$Y(z)-\frac{1}{2}\{z^{-1}Y(z)+y[-1]\}=z^{-1}F(z)+f[-1]$$

其中，$y[-1]=3, F(z)=\dfrac{z}{z-1}, f[-1]=0$。

解该代数方程可得响应的 z 变换

$$Y(z)=\frac{\frac{1}{2}y[-1]}{1-\frac{1}{2}z^{-1}}+\frac{z^{-1}F(z)}{1-\frac{1}{2}z^{-1}}=Y_s(z)+Y_f(z)$$

其中，零输入响应 $y_s[n]$ 的 z 变换为

$$Y_s(z)=\frac{\frac{1}{2}y[-1]}{1-\frac{1}{2}z^{-1}}=\frac{\frac{3}{2}z}{z-\frac{1}{2}}$$

做 z 变换的逆变换可得

$$y_s[n]=3\left(\frac{1}{2}\right)^{n+1},\quad n\geqslant -1$$

零状态响应 $y_f[n]$ 的 z 变换为

$$Y_f(z)=\frac{z^{-1}F(z)}{1-\frac{1}{2}z^{-1}}=\frac{z}{\left(z-\frac{1}{2}\right)(z-1)}=\frac{2z}{z-1}-\frac{2z}{z-\frac{1}{2}}$$

做 z 变换的逆变换可得

$$y_f[n]=2\left[1-\left(\frac{1}{2}\right)^n\right]u[n]$$

故全响应

$$y[n]=y_s[n]+y_f[n]=3\left(\frac{1}{2}\right)^{n+1}+2\left\{1-\left(\frac{1}{2}\right)^n\right\}u[n],\quad n\geqslant -1$$

如果直接计算全响应的 z 变换 $Y(z)=\dfrac{\frac{3}{2}}{1-z^{-1}}+\dfrac{z^{-1}z}{\left(1-\frac{1}{2}z^{-1}\right)(z-1)}$ 的逆变换，由于同时考虑了初始状态和输入信号，只能记为 $y[n]=2+\left(\frac{1}{2}\right)^{n+1}$，$n\geqslant -1$，这时就损失了 $n=0$ 的结果。

例 6.4.8 已知因果 LTI 离散时间系统的差分方程为

$$y[n]+\frac{5}{6}y[n-1]+\frac{1}{6}y[n-2]=f[n]$$

且输入信号 $f[n]=u[n]$，初始条件为 $y[-1]=1, y[-2]=1$，求系统全响应 $y[n]$。

解 对差分方程做单边 z 变换，利用单边 z 变换的移位特性式(6.3.4)、式(6.3.5)得

$$Y(z)+\frac{5}{6}\{Y(z)z^{-1}+y[-1]\}+\frac{1}{6}\{Y(z)z^{-2}+y[-1]z^{-1}+y[-2]\}=F(z)$$

$$Y(z)=\frac{-\frac{5}{6}y[-1]-\frac{1}{6}y[-1]z^{-1}-\frac{1}{6}y[-2]+F(z)}{1+\frac{5}{6}z^{-1}+\frac{1}{6}z^{-2}}=Y_s(z)+Y_f(z)$$

已知 $y[-1]=1, y[-2]=1, F(z)=\frac{z}{z-1}$，可得

$$Y_s(z)=\frac{-\frac{5}{6}-\frac{1}{6}z^{-1}-\frac{1}{6}}{1+\frac{5}{6}z^{-1}+\frac{1}{6}z^{-2}}=\frac{-z^2-\frac{1}{6}z}{z^2+\frac{5}{6}z+\frac{1}{6}}=\frac{z}{z+\frac{1}{3}}-\frac{2z}{z+\frac{1}{2}}$$

则

$$y_s[n]=\left(-\frac{1}{3}\right)^n-2\left(-\frac{1}{2}\right)^n,\quad n\geqslant -2$$

同理得

$$Y_f(z)=\frac{F(z)}{1+\frac{5}{6}z^{-1}+\frac{1}{6}z^{-2}}=\frac{z^3}{\left(z^2+\frac{5}{6}z+\frac{1}{6}\right)(z-1)}=\frac{-\frac{1}{2}z}{z+\frac{1}{3}}+\frac{z}{z+\frac{1}{2}}+\frac{\frac{1}{2}z}{z-1}$$

则

$$y_f[n]=\left[-\frac{1}{2}\left(-\frac{1}{3}\right)^n+\left(-\frac{1}{2}\right)^n+\frac{1}{2}\right]u[n]$$

故全响应

$$y[n]=y_s[n]+y_f[n]=\left(-\frac{1}{3}\right)^n-2\left(-\frac{1}{2}\right)^n+\left[-\frac{1}{2}\left(-\frac{1}{3}\right)^n+\left(-\frac{1}{2}\right)^n+\frac{1}{2}\right]u[n],\quad n\geqslant -2$$

6.4.4 LTI 离散时间系统的模拟

LTI 离散时间系统模拟的概念与 LTI 连续时间系统模拟一样，也是对一些基本的功能部件进行相互连接，实现差分方程或系统函数描述的系统功能。

1. LTI 离散时间系统模拟所用的基本部件

LTI 离散时间系统的基本实现部件为加法器、数乘器和单位延时器三种。加法器的时域、z 域方框图分别如图 6.4.3(a)、(b)所示，数乘器的时域、z 域方框图分别如图 6.4.3(c)、(d)所示，单位延时器的时域、z 域方框图分别如图 6.4.3(e)、(f)所示。

2. LTI 离散时间系统的模拟

LTI 离散时间系统的模拟与 LTI 连续时间系统的模拟相同，下面举例说明。

例 6.4.9　已知一个 LTI 离散时间系统的系统函数为

$$H(z)=\frac{2-3z^{-1}}{\left(1-\frac{1}{3}z^{-1}\right)\left(1+\frac{1}{2}z^{-1}\right)(1+2z^{-1})}$$

试分别画出直接实现、并联和级联形式 3 种模拟方框图。

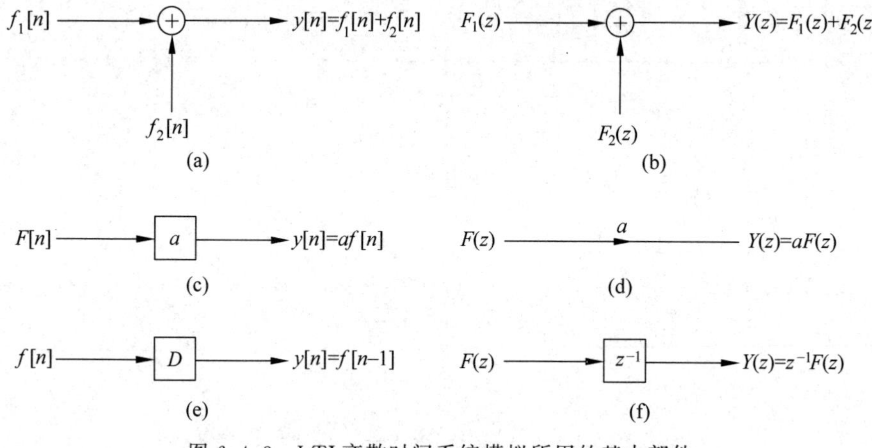

图 6.4.3　LTI 离散时间系统模拟所用的基本部件

注：a 为常数

解　直接型：

$$H(z)=\frac{2-3z^{-1}}{\left(1-\frac{1}{3}z^{-1}\right)\left(1+\frac{1}{2}z^{-1}\right)(1+2z^{-1})}=\frac{2-3z^{-1}}{1+\frac{13}{6}z^{-1}+\frac{1}{6}z^{-2}-\frac{1}{3}z^{-3}}$$

可见，由输入信号到输出信号有两条正向支路，系统函数分别为 2、$-3z^{-1}$；有三条环路，系统函数分别为$-\frac{13}{6}z^{-1}$、$-\frac{1}{6}z^{-2}$、$\frac{1}{3}z^{-3}$。可作出系统直接实现形式模拟图如图 6.4.4(a)所示。

将系统函数 $H(z)$进行有理真分式部分分式展开得

$$H(z)=\frac{-\frac{2z}{5}}{z-\frac{1}{3}}+\frac{-\frac{8z}{5}}{z+\frac{1}{2}}+\frac{4z}{z+2}$$

用单位延时器表示为

$$H(z)=\frac{-\frac{2}{5}}{1-\frac{1}{3}z^{-1}}+\frac{-\frac{8}{5}}{1+\frac{1}{2}z^{-1}}+\frac{4}{1+2z^{-1}}$$

分别作出各项的直接实现形式的模拟图，然后再将各子系统的模拟图并联起来，得到系统的并联形式的方框图如图 6.4.4(b)所示。

将系统函数进行因式分解得

$$H(z)=\frac{2-3z^{-1}}{1-\frac{1}{3}z^{-1}}\,\frac{1}{1+\frac{1}{2}z^{-1}}\,\frac{1}{1+2z^{-1}}$$

分别作出各子系统的直接实现形式的模拟图，然后再将各子系统的模拟图串联起来，得到系统的级联形式的方框图如图 6.4.4(c)所示。

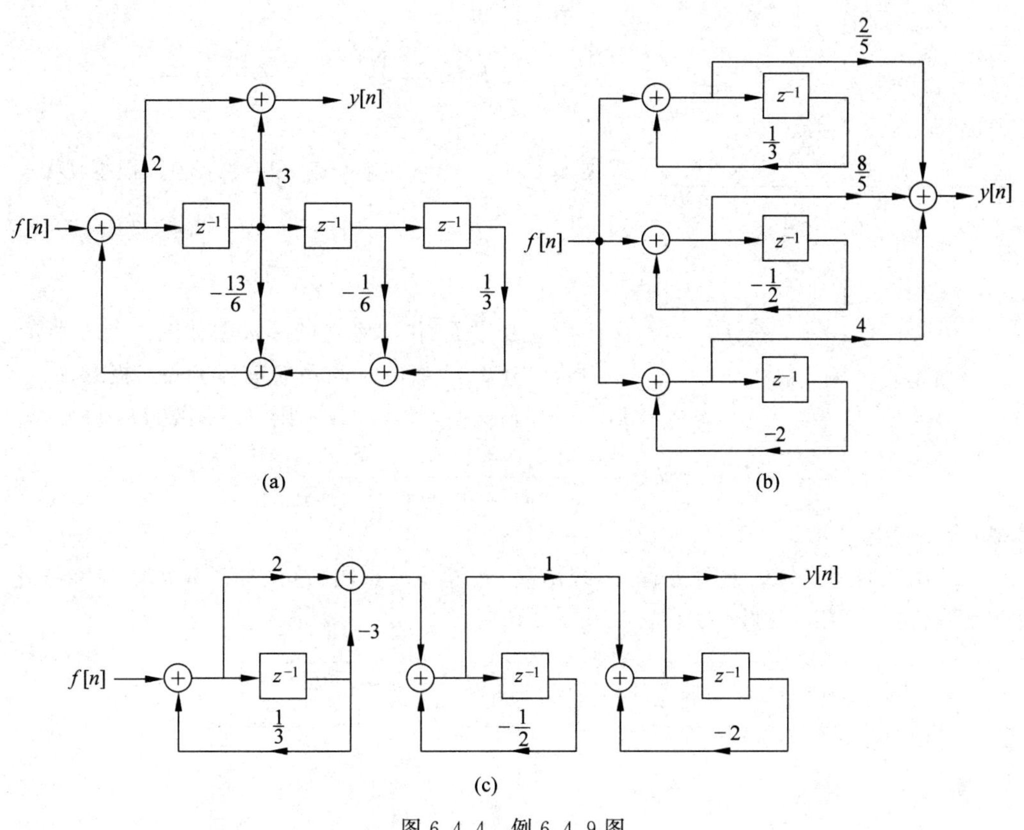

图 6.4.4 例 6.4.9 图

6.4.5 LTI 离散时间系统的零极图、因果性及稳定性

1. LTI 离散时间系统的零极图分析

设 LTI 离散时间系统的系统函数 $H(z)=\dfrac{N(z)}{D(z)}$，分子多项式 $N(z)$、分母多项式 $D(z)$ 的阶分别为 M、N。

定义系统函数 $H(z)$ 的零点 ξ_i 为 $\lim\limits_{z\to\xi_i}H(z)=0$，即方程 $N(z)=0$ 的根。

定义系统函数 $H(z)$ 的极点 p_k 为 $\lim\limits_{z\to p_k}H(z)\to+\infty$，即方程 $D(z)=0$ 的根。

求出系统函数 $H(z)$ 的零点 ξ_i、极点 p_k $(i=1,2,\cdots,M;\ k=1,2,\cdots,N)$，在 z 平面上分别用符号“○”及“×”标注出零、极点的位置，若遇重极点则在其旁标明重数，就得到了系统的零极图。

例 6.4.10 已知因果 LTI 离散时间系统的系统函数

$$H(z)=\frac{z^2}{z^2-\frac{3}{2}z+\frac{1}{2}}$$

画出系统零极图。

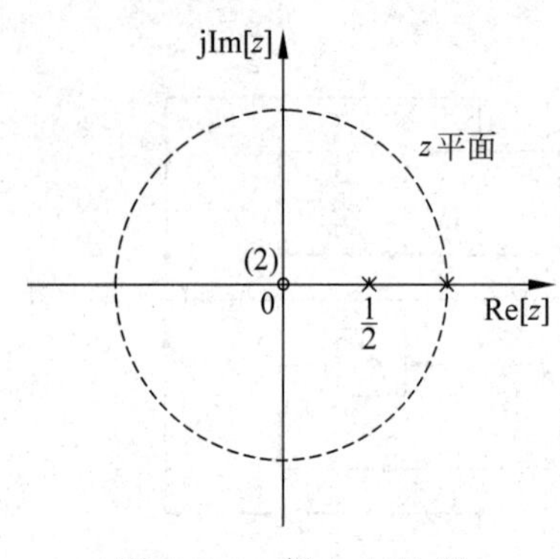

图 6.4.5 例 6.4.10 图

解 已知

$$H(z)=\frac{N(z)}{D(z)}=\frac{z^2}{z^2-\frac{3}{2}z+\frac{1}{2}}$$

根据 $N(z)=z^2=0$，得零点 $\xi_1=\xi_2=0$。根据 $D(z)=z^2-\frac{3}{2}z+\frac{1}{2}=\left(z-\frac{1}{2}\right)(z-1)=0$，得极点 $p_1=\frac{1}{2}$，$p_2=1$。

建立复平面，作出系统的零极图如图 6.4.5 所示。

若已知 LTI 离散时间系统有零点 ξ_i、极点 p_k ($i=1,2,\cdots,M$；$k=1,2,\cdots,N$)，则系统函数 $H(z)$ 为

$$H(z)=b_M\frac{(z-\xi_1)(z-\xi_2)\cdots(z-\xi_M)}{(z-p_1)(z-p_2)\cdots(z-p_N)}$$

其中 b_M 为待定常数。

LTI 离散时间系统的差分方程、系统函数、系统零极点图、单位冲激序列响应在描述系统时是等价的，可相互求出，关系如图 6.4.6 所示。

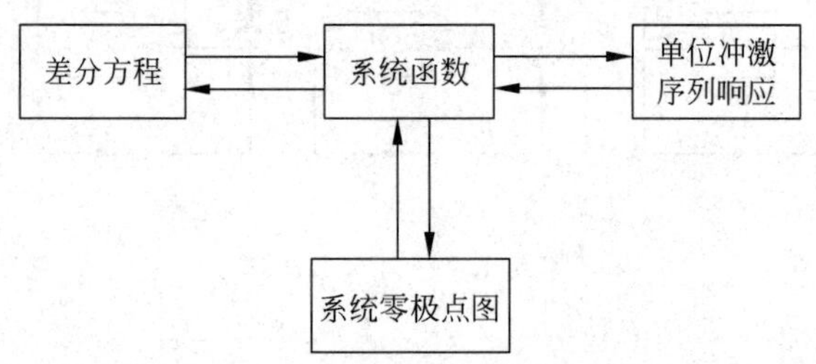

图 6.4.6 离散时间系统描述的关系

2. 离散时间系统的因果性

与连续时间系统一样，因果性是指有原因才有结果，即在任意 $n=n_0$ 时刻的输出由 $n\leqslant n_0$ 时的输入产生，这样的系统称为因果系统。即当 $n<0$ 时，若输入信号 $f[n]\equiv 0$，则 $n<0$ 时，输出信号 $y[n]\equiv 0$ 的离散系统称为因果离散时间系统。

对于因果的 LTI 离散时间系统，其单位冲激序列响应是因果信号(或有始信号)，即

$$h[n]=h[n]u[n] \tag{6.4.4}$$

若 LTI 离散时间系统的系统函数 $H(z)=\frac{N(z)}{D(z)}$，其中 $N(z)$、$D(z)$ 的阶分别为 M、N，则因果 LTI 离散时间系统满足 $M\leqslant N$。

如果 LTI 离散时间系统是因果的，则系统函数 $H(z)$ 的收敛域应该是 z 平面上距原点最远的极点所在圆的外部；如果系统是逆因果的，$H(z)$ 的收敛域应该是 z 平面上距原点最近的极点所在圆的内部。

注意，上述结论的逆命题不一定成立，只能从 $H(z)$ 的收敛域判断系统的冲激响应 $h[n]$ 是右边的、左边的或是双边的。

3. 因果 LTI 离散时间系统的稳定性判定

时域判定：若因果 LTI 离散时间系统的单位冲激序列响应为 $h[n]$，系统函数为 $H(z)$，因果 LTI 离散时间系统稳定要求 $h[n]$必须绝对可和，即满足

$$\sum_{n=0}^{+\infty} |h[n]| < +\infty \tag{6.4.5}$$

z 域判定：若因果 LTI 离散时间系统的系统函数 $H(z)$有极点 $p_k(k=1,2,\cdots,N)$，当全部极点均位于单位圆内时，即

$$|p_k|_{\max} < 1 \tag{6.4.6}$$

该因果 LTI 离散时间系统稳定，否则系统不稳定。

例 6.4.11　求下列 LTI 离散时间系统的单位冲激序列响应 $h[n]$，判断因果性和稳定性。

(1) $H_1(z)=\dfrac{z}{z-0.5}$，$|z|\in(0.5,+\infty)$；

(2) $H_2(z)=\dfrac{z}{z-2}$，$|z|\in(2,+\infty)$；

(3) $H_3(z)=\dfrac{z(z-2)}{(z-0.5)(z-1)}$，$|z|\in(1,+\infty)$。

解　(1) $h_1[n]=0.5^n u[n]$，$H_1(z)$的收敛域$|z|\in(0.5,+\infty)$为半径等于 0.5 的圆外部分，或 $h_1[n]$是因果信号，该系统是因果系统。由于极点 $p_1=0.5$，满足$|p_1|=0.5<1$，该系统是稳定系统。

(2) $h_2[n]=2^n u[n]$，系统是因果系统，$H_2(z)$的收敛域是半径为 2 的圆外部分。由于极点 $p_2=2$，$|p_2|=2$ 不小于 1，该系统不稳定。

(3)

$$H_3(z)=\frac{3z}{z-0.5}-\frac{2z}{z-1},\quad |z|\in(1,+\infty)$$

$$h_3[n]=[3(0.5)^n-2]u[n]$$

由于$|z|\in(1,+\infty)$是单位圆外部分，或 $h_3[n]$是因果信号，所以系统是因果系统。由于 $H_3(z)$有极点 $p_1=0.5$，$p_2=1$，不满足$|p_k|_{\max}<1$，所以系统是不稳定系统。

例 6.4.12　已知因果 LTI 离散时间系统的差分方程为 $y[n]+\frac{5}{3}y[n-1]-\frac{2}{3}y[n-2]=f[n]-f[n-1]$。(1)求系统单位冲激响应；(2)画出系统的零极图；(3)判定系统的稳定性；(4)计算系统的单位阶跃响应 $s[n]$。

解　由差分方程可得系统函数

$$H(z)=\frac{1-z^{-1}}{1+\frac{5}{3}z^{-1}-\frac{2}{3}z^{-2}}=\frac{z(z-1)}{z^2+\frac{5}{3}z-\frac{2}{3}},\quad |z|>2$$

(1) 对 $H(z)$进行部分分式展开，得到

$$H(z)=\frac{-\frac{2}{7}z}{z-\frac{1}{3}}+\frac{\frac{9}{7}z}{z+2},\quad |z|>2$$

对上式做 z 变换的逆变换，得单位冲激序列响应

$$h[n]=-\frac{2}{7}\left(\frac{1}{3}\right)^n u[n]+\frac{9}{7}(-2)^n u[n]$$

(2) 解 $N(z)=z^2-z=z(z-1)=0$ 得零点 $\xi_1=0,\xi_2=1$。解 $D(z)=z^2+\frac{5}{3}z-\frac{2}{3}=\left(z-\frac{1}{3}\right)(z+2)=0$ 得极点 $p_1=\frac{1}{3},p_2=-2$。

画出零极图如图 6.4.7 所示。

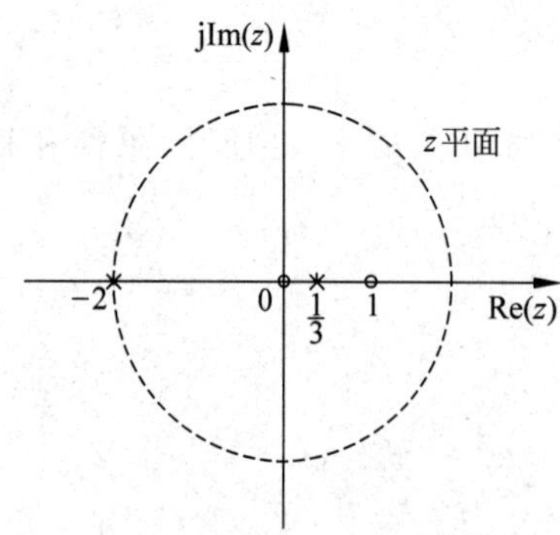

图 6.4.7　例 6.4.12 图

(3) 根据因果系统稳定性的 z 域判定式(6.4.6)可知，极点 $p_2=-2$ 不在单位圆内，所以系统不稳定。

(4) 当输入信号 $f[n]=u[n]\leftrightarrow F(z)=\frac{z}{z-1}$，$|z|\in(1,+\infty)$ 时，根据 LTI 离散时间系统 ZT 分析式(6.4.3)可知，系统单位阶跃响应的 z 变换为

$$S(z)=F(z)H(z)=\frac{z}{z-1}\frac{z(z-1)}{\left(z-\frac{1}{3}\right)(z+2)}$$

$$=\frac{z^2}{\left(z-\frac{1}{3}\right)(z+2)}=\frac{\frac{1}{7}z}{z-\frac{1}{3}}+\frac{\frac{6}{7}z}{z+2}$$

对上式做 z 变换的逆变换，可得系统单位阶跃响应

$$s[n]=\frac{1}{7}\left(\frac{1}{3}\right)^n u[n]+\frac{6}{7}(-2)^n u[n]$$

例 6.4.13　因果 LTI 离散时间系统的差分方程为

$$y[n]-y[n-1]-6y[n-2]=2f[n-1]$$

(1)求系统函数 $H(z)$；(2)求系统的单位冲激序列响应；(3)判定系统的稳定性。

解　(1) 由差分方程可得系统函数得

$$H(z)=\frac{2z^{-1}}{1-z^{-1}-6z^{-2}}=\frac{2z}{(z-3)(z+2)}$$

(2) 部分分式展开得

$$H(z)=\frac{\frac{2}{5}z}{(z-3)}-\frac{\frac{2}{5}z}{(z+2)}$$

$$h[n]=\frac{2}{5}\{3^n u[n]-(-2)^n u[n]\}$$

(3) 系统函数 $H(z)$ 的极点 $p_1=3,p_2=-2$ 不在单位圆内，根据式(6.4.6)可知系统是不稳定系统。

6.5 本章思维导图

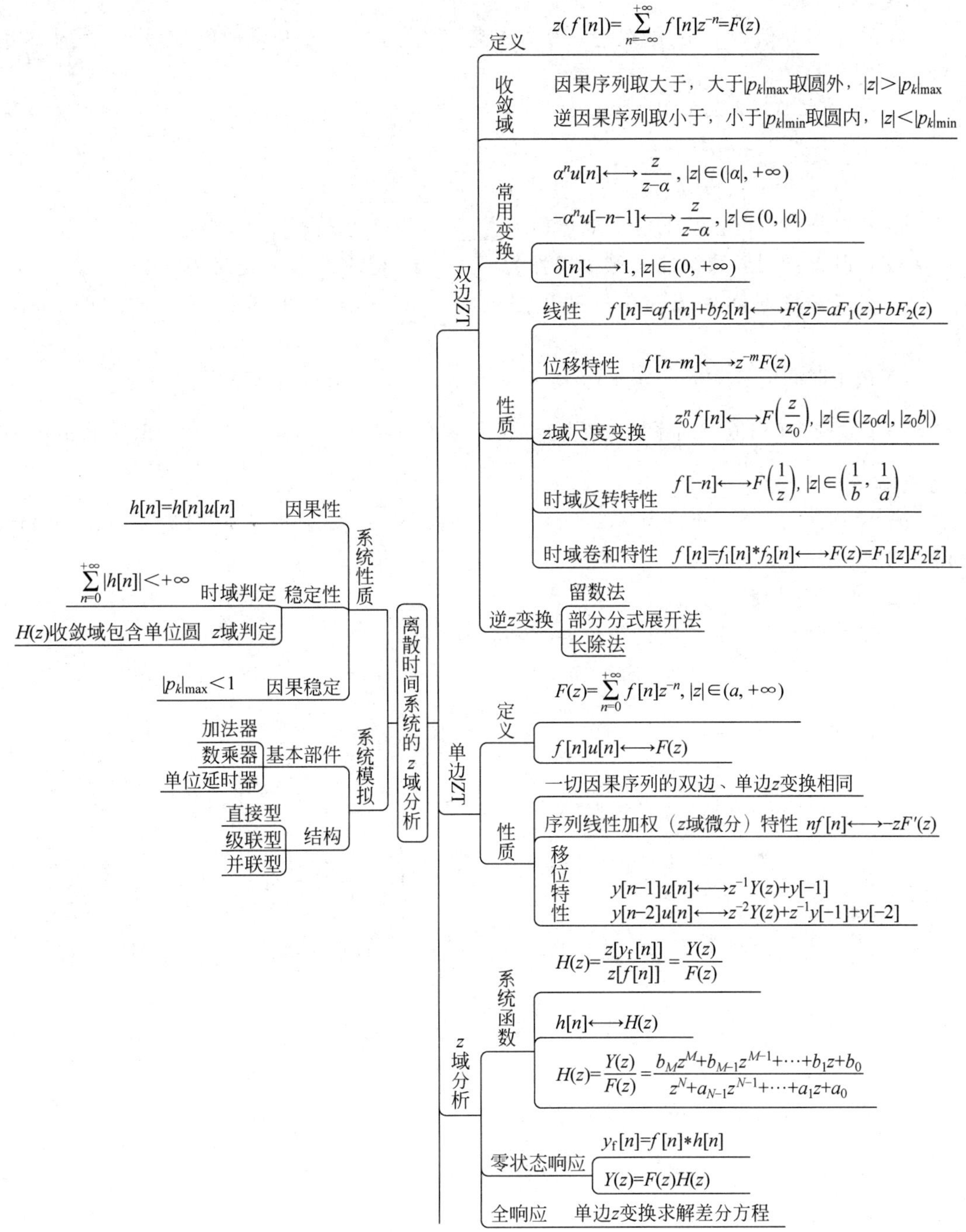

离散时间系统的z域分析
双边ZT
定义
$z(f[n])=\sum_{n=-\infty}^{+\infty} f[n]z^{-n}=F(z)$
收敛域
因果序列取大于，大于$|p_k|_{max}$取圆外，$|z|>|p_k|_{max}$
逆因果序列取小于，小于$|p_k|_{min}$取圆内，$|z|<|p_k|_{min}$
常用变换
$\alpha^n u[n]\longleftrightarrow \frac{z}{z-\alpha}, |z|\in(|\alpha|, +\infty)$
$-\alpha^n u[-n-1]\longleftrightarrow \frac{z}{z-\alpha}, |z|\in(0, |\alpha|)$
$\delta[n]\longleftrightarrow 1, |z|\in(0, +\infty)$
性质
线性 $f[n]=af_1[n]+bf_2[n]\longleftrightarrow F(z)=aF_1(z)+bF_2(z)$
位移特性 $f[n-m]\longleftrightarrow z^{-m}F(z)$
z域尺度变换 $z_0^n f[n]\longleftrightarrow F\left(\frac{z}{z_0}\right), |z|\in(|z_0a|, |z_0b|)$
时域反转特性 $f[-n]\longleftrightarrow F\left(\frac{1}{z}\right), |z|\in\left(\frac{1}{b}, \frac{1}{a}\right)$
时域卷和特性 $f[n]=f_1[n]*f_2[n]\longleftrightarrow F(z)=F_1[z]F_2[z]$
逆z变换
留数法
部分分式展开法
长除法
单边ZT
定义
$F(z)=\sum_{n=0}^{+\infty} f[n]z^{-n}, |z|\in(a, +\infty)$
$f[n]u[n]\longleftrightarrow F(z)$
性质
一切因果序列的双边、单边z变换相同
序列线性加权（z域微分）特性 $nf[n]\longleftrightarrow -zF'(z)$
移位特性
$y[n-1]u[n]\longleftrightarrow z^{-1}Y(z)+y[-1]$
$y[n-2]u[n]\longleftrightarrow z^{-2}Y(z)+z^{-1}y[-1]+y[-2]$
z域分析
系统函数
$H(z)=\frac{z[y_f[n]]}{z[f[n]]}=\frac{Y(z)}{F(z)}$
$h[n]\longleftrightarrow H(z)$
$H(z)=\frac{Y(z)}{F(z)}=\frac{b_Mz^M+b_{M-1}z^{M-1}+\cdots+b_1z+b_0}{z^N+a_{N-1}z^{N-1}+\cdots+a_1z+a_0}$
零状态响应
$y_f[n]=f[n]*h[n]$
$Y(z)=F(z)H(z)$
全响应 单边z变换求解差分方程
系统性质
因果性 $h[n]=h[n]u[n]$
稳定性
时域判定 $\sum_{n=0}^{+\infty}|h[n]|<+\infty$
z域判定 H(z)收敛域包含单位圆
因果稳定 $|p_k|_{max}<1$
系统模拟
基本部件
加法器
数乘器
单位延时器
结构
直接型
级联型
并联型

习题 A

6.1 填空题

(1) 离散时间信号 $f[n]$的双边 z 变换的定义为________；离散时间信号 $f[n]$的单边 z 变换的定义为________。

(2) 若 $f[n]\leftrightarrow F(z)$，则 $f[n-2]\leftrightarrow$ ________；$f[-n]\leftrightarrow$ ________；$2^n f[n]\leftrightarrow$ ________；________ $\leftrightarrow F(-z)$。

(3) $f[n]=u[n]-u[n-4]$的 z 变换 $F(z)=$________。

(4) LTI 离散时间系统的时域描述称为________，记为 $h[n]$，定义为________。

(5) LTI 离散时间系统的 z 域描述称为________，记为 $H(z)$，定义为________。

(6) LTI 离散时间系统的单位冲激序列响应 $h[n]$与系统函数 $H(z)$之间的关系为________。

(7) 离散时间信号 $f[n]=\delta[n+3]+\delta[n]+2^n u[-n]$的单边 z 变换 $F(z)=$________。

(8) 因果 LTI 离散时间系统的系统函数为 $H(z)=2z^{-1}-4+\dfrac{z}{z-3}$，则系统的单位冲激序列响应 $h[n]$为________。

(9) 序列 $f[n]$的 z 变换为 $F(z)=8z^3-2+z^{-1}-z^{-2}$，序列 $f[n]$可以用单位冲激序列表示为________。

6.2 单项选择题

(1) 离散时间单位延迟器的单位冲激响应为________。

A. $\delta[n]$　　B. $\delta[n+1]$　　C. $\delta[n-1]$　　D. 1

(2) 已知一个双边序列 $f[n]=\begin{cases}2^n, & n\geqslant 0\\ 3^n, & n<0\end{cases}$，其 z 变换为________。

A. $\dfrac{-z}{(z-2)(z-3)}, 2<|z|<3$　　B. $\dfrac{-z}{(z-2)(z-3)}, |z|\leqslant 2, |z|\geqslant 3$

C. $\dfrac{z}{(z-2)(z-3)}, 2<|z|<3$　　D. $\dfrac{-1}{(z-2)(z-3)}, 2<|z|<3$

(3) 已知 $f[n]$的 ZT：$F(z)=\dfrac{z}{z-0.5}+\dfrac{z}{z-2}$，$F(z)$的收敛域为________时，$f[n]$是因果序列。

A. $|z|>0.5$　　B. $|z|<0.5$

C. $|z|>2$　　D. $0.5<|z|<2$

(4) $f[n]=-2u[-n]$的 z 变换为________。

A. $F(z)=\dfrac{2z}{z-1}, |z|>1$　　B. $F(z)=\dfrac{-2z}{z-1}, |z|>1$

C. $F(z)=\dfrac{2}{z-1}, |z|<1$　　D. $F(z)=\dfrac{-2}{z-1}, |z|<1$

(5) 离散时间序列 $f[n]=\sum\limits_{m=0}^{+\infty}(-1)^m\delta[n-m]$ 的 z 变换及其收敛域为________。

A. $\frac{z}{z-1}, |z|<1$　　B. $\frac{z}{z-1}, |z|>1$

C. $\frac{z}{z+1}, |z|<1$　　D. $\frac{z}{z+1}, |z|>1$

(6) 一个因果、稳定的离散时间系统函数 $H(z)$ 的极点必定在 z 平面的________。

A. 单位圆以外　　B. 实轴上　　C. 左半平面　　D. 单位圆以内

6.3　判断题(判断下列说法是否正确,正确的打"√",错误的打"×")

(1) $|z|=+\infty$ 处 z 变换收敛是因果序列的特征。________

(2) $H(z)$ 的收敛域如果不包括单位圆($|z|=1$),系统不稳定。________

(3) 系统函数 $H(z)$ 与系统的输入信号有关,会随着输入信号变化。________

(4) 因果信号的单边和双边 z 变换是一样的。________

6.4　求下面两个序列的卷积 $y[n]=f_1[n]*f_2[n]$,其中 $f_1[n]=u[n]$,$f_2[n]=a^n u[n]-a^{n-1}u[n-1]$。

6.5　做 z 变换 $F(z)=\frac{z^2}{z^2-1.5z+0.5}$,$|z|>1$ 的逆变换 $f[n]$。

6.6　已知一个因果 LTI 离散时间系统的差分方程为 $y[n]-\frac{1}{2}y[n-1]=f[n]$,求系统对输入信号 $f[n]=\left(-\frac{1}{2}\right)^n u[n]$ 的响应 $y[n]$。

6.7　已知 LTI 离散时间系统的差分方程为 $y[n]+\frac{5}{3}y[n-1]-\frac{2}{3}y[n-2]=f[n]-f[n-1]$。

(1) 若系统是因果的,求系统冲激序列响应;

(2) 若系统是逆因果的,求系统冲激序列响应;

(3) 若系统是稳定的,求系统冲激序列响应。

6.8　已知一个因果 LTI 离散时间系统的差分方程为 $y[n]+y[n-1]-6y[n-2]=f[n]+f[n-1]$。

(1) 求系统函数 $H(z)$;

(2) 讨论 $H(z)$ 的收敛域和稳定性;

(3) 求单位冲激序列响应 $h[n]$;

(4) 当激励 $f[n]=u[n]$ 时,求零状态响应 $y_f[n]$。

6.9　某因果 LTI 离散时间系统,当输入 $f[n]=u[n]$ 时,系统零状态响应 $y_f[n]=\left[3-6\left(\frac{1}{2}\right)^n+3\left(\frac{1}{3}\right)^n\right]u[n]$。

(1) 求系统的差分方程;

(2) 若初始状态 $y[-1]=1, y[-2]=2$,求系统的零输入响应;

(3) 若初始状态 $y[-1]=2, y[-2]=4, f[n]=3\{u[n]-u[n-5]\}$,求系统的全响应 $y[n]$。

6.10　已知离散时间系统的框图如题 6.10 图所示,求系统的频率响应特性。

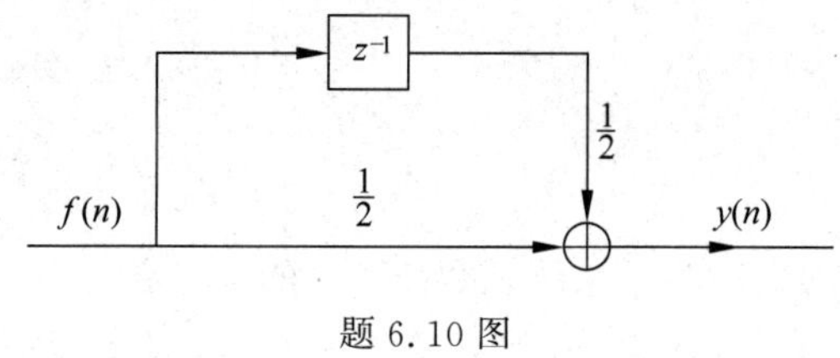

题 6.10 图

6.11 LTI 离散时间系统 $y[n]-\frac{5}{6}y[n-1]+\frac{1}{6}y[n-2]=f[n-1]$，$y[-1]=y[-2]=1$，$f[n]=u[n]$，求 $y[n]$。

6.12 求收敛域$|z|\in\left(\frac{1}{2},3\right)$，$F(z)=\frac{z+2}{2z^2-7z+3}$所对应的序列。

6.13 已知某 LTI 离散时间系统的系统函数

$$H(z)=\frac{z}{(z-0.5)(z-2)(z-3)},\quad |z|\in(0.5,2)$$

(1) 判断系统的因果特性和稳定性；

(2) 求系统的单位冲激响应；

(3) 若取其单位圆内的零极点构成一个因果系统，求系统函数，并标注收敛域。

6.14 已知 $h_1[n]=\delta[n-2]$，$h_2[n]=0.5^n u[n]$，求该系统的单位冲激响应。

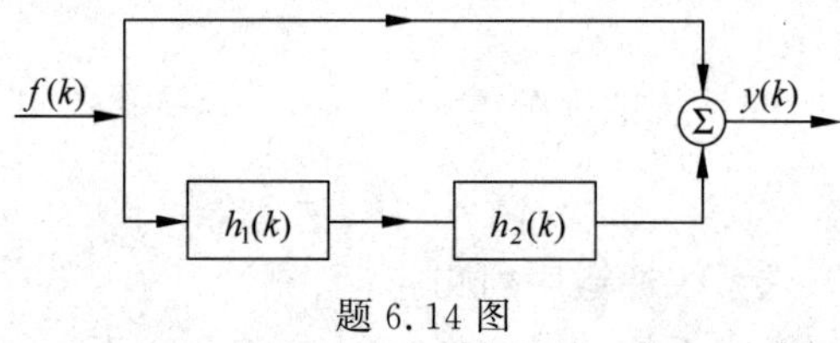

题 6.14 图

6.15 已知某 LTI 离散时间系统 $h[n]=(-1)^{n-1}u[n]+(-0.5)^{n-1}u[n]$，求该系统的差分方程。

6.16 已知 $2^n u[n-1]*x[n]=(2^n-n-1)u[n-1]$，求 $x[n]$。

习题 B

6.17 已知离散时间序列 $f[n]=\delta[n-2]+(n-1)u[n-1]$，做该序列的 z 变换。

6.18 已知某离散时间序列 $f[n]\leftrightarrow F(z)=\ln\left(\frac{1-z^{-1}}{1-az^{-1}}\right)$，$|z|>|a|$，且$|a|<1$，试写出该序列的表达式。

6.19 某 LTI 离散时间系统的单位阶跃响应 $s[n]$如题 6.19 图(a)所示，求该系统输入题 6.19 图(b)所示序列 $f[n]$时的零状态响应 $y_f[n]$，并作出 $y_f[n]$的波形图。

6.20 某 LTI 因果稳定离散时间系统，系统的初始状态为零，已知输入和输出序列之间满足如下关系：$f_1[n]=(-2)^n\rightarrow y_1[n]=0$，$f_2[n]=\left(\frac{1}{2}\right)^n u[n]\rightarrow y_2[n]=\delta[n]+$

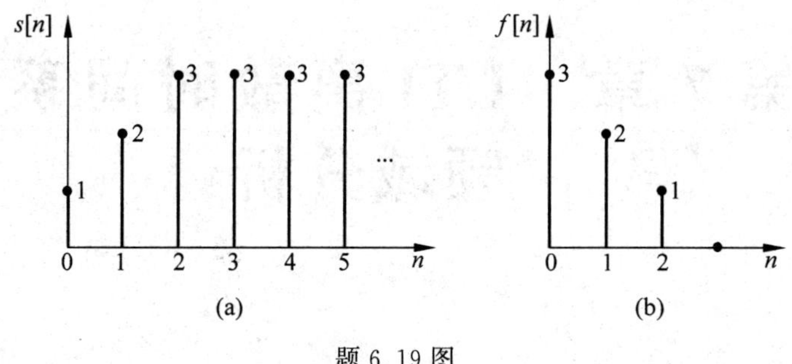

题 6.19 图

$A\left(\frac{1}{4}\right)^n u[n]$。试写出该系统的系统函数 $H[z]$。

6.21　题 6.21 图所示离散时间系统由两个子系统级联组成，已知 $h_1[n]=2\cos\left(\frac{n\pi}{4}\right)$，$h_2[n]=a^n u(n)$，激励 $f[n]=\delta[n-1]-a\delta[n-2]$，求该系统的零状态响应。

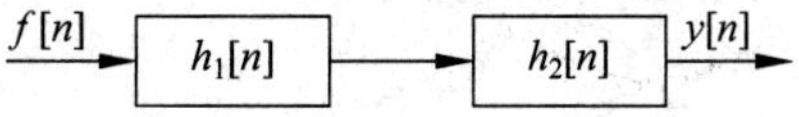

$f[n]$ → $h_1[n]$ → $h_2[n]$ → $y[n]$

题 6.21 图

6.22　已知 LTI 离散时间序列 $f[n]=\left[\sum_{k=0}^{7}\frac{1}{8}e^{j\frac{\pi}{4}kn}\right]u[n]$，做该序列的 z 变换。

第 7 章　LTI 离散时间系统的频域分析

CHAPTER 7

传统的傅里叶变换(FT)一般只能用来分析连续时间信号的频谱,而计算机只会处理离散的数字编码消息,所以现代社会需要对大量的离散时间序列信号进行傅里叶分析。DTFT 就是 IT 领域中对离散时间信号进行频谱分析的数学工具之一。

7.1　DTFT 的定义

DTFT 是 Discrete Time Fourier Transformation 的缩写,称为离散时间傅里叶变换,它是时域离散信号的傅里叶变换,不同于模拟信号的傅里叶变换,时域离散信号的自变量只能取离散值,即 n 只能取整数,不能进行积分运算。我们可以从抽样信号的傅里叶变换引出 DTFT:

$$F(f(t)\delta_T(t)) = F\left(\sum_{n=-\infty}^{+\infty} f(nT)\delta(t-nT)\right) = \sum_{n=-\infty}^{+\infty} f(nT)\mathrm{e}^{-\mathrm{j}\omega nT} \tag{7.1.1}$$

令 $f(nT)=f[n]$,$\Omega=\omega T$,则离散时间信号的傅里叶变换定义为

$$f[n] \xleftrightarrow{\text{DTFT}} F(\mathrm{e}^{\mathrm{j}\Omega}) = \sum_{n=-\infty}^{+\infty} f[n]\mathrm{e}^{-\mathrm{j}\Omega n} = |F(\mathrm{e}^{\mathrm{j}\Omega})|\mathrm{e}^{\mathrm{j}\angle F(\mathrm{e}^{\mathrm{j}\Omega})} \tag{7.1.2}$$

$F(\mathrm{e}^{\mathrm{j}\Omega})$的傅里叶逆变换(IDTFT)定义为

$$f[n] = \frac{1}{2\pi}\int_{-\pi}^{\pi} F(\mathrm{e}^{\mathrm{j}\Omega})\mathrm{e}^{\mathrm{j}\Omega n}\mathrm{d}\Omega \tag{7.1.3}$$

Ω 称为离散时间信号 $f[n]$的数字角频率,$\Omega=\omega T$,其中 T 为采样周期,ω 为角频率(rad/s)。$F(\mathrm{e}^{\mathrm{j}\Omega})$称为序列 $f[n]$的频谱,$|F(\mathrm{e}^{\mathrm{j}\Omega})|$为幅度谱,$\angle F(\mathrm{e}^{\mathrm{j}\Omega})$为相位谱。

离散时间信号 $f[n]$的 DTFT 存在的充要条件是 $f[n]$满足绝对可和,即满足下式:

$$\sum_{n=-\infty}^{+\infty} |f[n]| < +\infty \tag{7.1.4}$$

反之,序列的傅里叶变换存在且连续,则序列一定是绝对可和的。

例 7.1.1　求离散时间序列 $f[n]=\delta[n]$的 DTFT。

解

$$F(e^{j\Omega})=\sum_{n=-\infty}^{+\infty}\delta[n]e^{-j\Omega n}=\delta[0]e^{0}=1$$

例 7.1.2　求 $f[n]=\frac{1}{2}\delta[n+1]+\delta[n]+\frac{1}{2}\delta[n-1]$的离散时间傅里叶变换。

解

$$\begin{aligned}F(e^{j\Omega})&=\frac{1}{2}e^{j\Omega}+1+\frac{1}{2}e^{-j\Omega}\\&=1+\frac{1}{2}(e^{j\Omega}+e^{-j\Omega})\\&=1+\cos\Omega\end{aligned}$$

例 7.1.3　设 $f[n]=R_N(n)$，求 $f[n]$的 DTFT。

$$\begin{aligned}X(e^{j\Omega})&=\sum_{n=-\infty}^{+\infty}R_N(n)e^{-j\Omega n}=\sum_{n=0}^{N-1}e^{-j\Omega n}\\&=\frac{1-e^{-j\Omega N}}{1-e^{-j\Omega}}=e^{-j\Omega\left(\frac{N-1}{2}\right)}\frac{\sin(N\Omega/2)}{\sin(\Omega/2)}\\&=|X(e^{j\Omega})|\,e^{j\arg[X(e^{j\Omega})]}\end{aligned}$$

设 $N=5$，画出幅度与相位曲线，如图 7.1.1 所示。

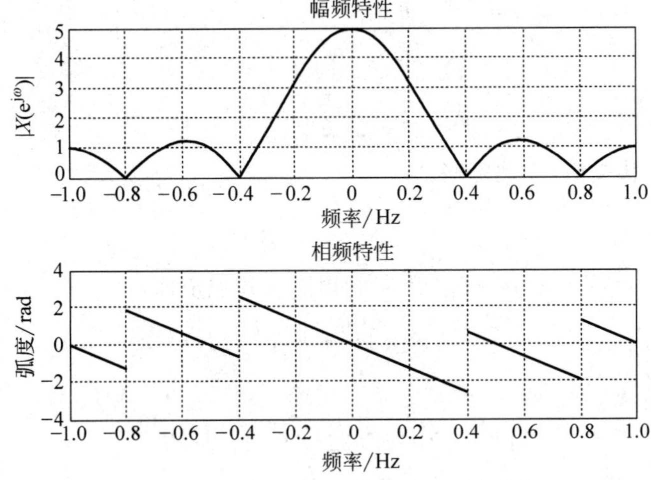

图 7.1.1　5 点矩形序列的幅频和相频特性

7.2　DTFT 的性质

1. 周期性

$$F(e^{j\Omega})=\sum_{n=-\infty}^{+\infty}f[n]e^{-j\Omega n}=\sum_{n=-\infty}^{+\infty}f[n]e^{-j(\Omega+2\pi M)n}=F(e^{j(\Omega+2\pi M)})$$

由上式可以看出，$e^{j\Omega}$ 是 Ω 的以 2π 为周期的正交周期性函数，所以 $F(e^{j\Omega})$ 是以 Ω 为自变量、周期为 2π 的连续函数。

由于 DTFT 的周期是 2π，因此一般只分析 $-\pi\sim\pi$ 或 $0\sim2\pi$ 范围的 DTFT 就够了。

2. 线性

设 $f_1[n]\longleftrightarrow F_1(e^{j\Omega})$，$f_2[n]\longleftrightarrow F_2(e^{j\Omega})$，则

$$af_1[n]+bf_2[n]\overset{\text{DTFT}}{\longleftrightarrow} aF_1(e^{j\Omega})+bF_2(e^{j\Omega}) \tag{7.2.1}$$

3. 时移

若 $f[n]\longleftrightarrow F(e^{j\Omega})$，则

$$f[n-n_0]\overset{\text{DTFT}}{\longleftrightarrow} F(e^{j\Omega})e^{-j\Omega n_0} \tag{7.2.2}$$

时域平移信号，频域幅度不变，相位增加一个线性相位。

证明

$$\text{DTFT}(f[n-n_0])=\sum_{n=-\infty}^{+\infty} f[n-n_0]e^{-j\Omega n}$$

令 $n'=n-n_0$，则有

$$\begin{aligned}\text{DTFT}(f[n-n_0])&=\sum_{n'=-\infty}^{\infty} f[n']e^{-j\Omega(n'+n_0)}=e^{-j\Omega n_0}\sum_{n'=-\infty}^{\infty} f[n']e^{-j\Omega n'}\\&=e^{-j\Omega n_0}F(e^{j\Omega})\end{aligned}$$

4. 频移

$$e^{j\Omega_0 n}f[n]\overset{\text{DTFT}}{\longleftrightarrow} F(e^{j(\Omega-\Omega_0)}) \tag{7.2.3}$$

证明过程与时移类似，在此省略。

5. 卷积定理

若 $f[n]\longleftrightarrow F(e^{j\Omega})$，$h[n]\longleftrightarrow H(e^{j\Omega})$，则得时域卷积定理：

$$f[n]*h[n]\overset{\text{DTFT}}{\longleftrightarrow} F(e^{j\Omega})H(e^{j\Omega}) \tag{7.2.4}$$

频域卷积定理：

$$f[n]h[n]\overset{\text{DTFT}}{\longleftrightarrow} \frac{1}{2\pi}F(e^{j\Omega})*H(e^{j\Omega}) \tag{7.2.5}$$

证明　由卷积和定义有 $y[n]=f[n]*h[n]=\sum\limits_{m=-\infty}^{+\infty} f[m]h[n-m]$，等式两边做傅里叶变换得

$$Y(e^{j\Omega})=\sum_{n=-\infty}^{+\infty}\left[\sum_{m-\infty}^{+\infty} f[m]h[n-m]\right]e^{-j\Omega n}$$

令 $k=n-m$，则上式可改写为

$$\begin{aligned}Y(e^{j\Omega})&=\sum_{k=-\infty}^{+\infty}\sum_{m=-\infty}^{+\infty} h[k]f[m]e^{-j\Omega k}e^{-j\Omega m}\\&=\sum_{k=-\infty}^{+\infty} h[k]e^{-j\Omega k}\sum_{m=-\infty}^{+\infty} f[m]e^{-j\Omega m}=F(e^{j\Omega})H(e^{j\Omega})\end{aligned}$$

这里我们只证明了时域卷积定理，频域卷积定理的证明方法与此类似，就此省略。

6. 对称性

为了方便讨论离散时间序列傅里叶变换的对称性，我们首先引入两个有关序列的基本概念：共轭对称序列与共轭反对称序列。

若序列 $f_e[n]$满足下式：

$$f_e[n]=f_e^*[-n] \tag{7.2.6}$$

则称 $f_e[n]$为共轭对称序列。对实序列而言，有 $f_e[n]=f_e[-n]$，即序列 $f_e[n]$为偶对称序列。

若序列 $f_o[n]$满足下式：

$$f_o[n]=-f_o^*[-n] \tag{7.2.7}$$

则称 $f_o[n]$为共轭反对称序列。对实序列而言，有 $f_o[n]=-f_o[-n]$，即序列 $f_o[n]$为奇对称序列。

任意序列都可用共轭对称与共轭反对称序列之和表示，即

$$f[n]=f_e[n]+f_o[n] \tag{7.2.8}$$

将上式中的 n 用$-n$ 代替，再取共轭，得到

$$f^*[-n]=f_e[n]-f_o[n] \tag{7.2.9}$$

利用上面两个公式得

$$f_e[n]=\frac{f[n]+f^*[-n]}{2} \tag{7.2.10}$$

$$f_o[n]=\frac{f[n]-f^*[-n]}{2} \tag{7.2.11}$$

对于频域函数 $F(e^{j\Omega})$，也有与上面类似的概念和结论。同理可定义傅里叶变换 $F(e^{j\Omega})$的共轭对称分量和共轭反对称分量：

$$F(e^{j\Omega})=F_e(e^{j\Omega})+F_o(e^{j\Omega}) \tag{7.2.12}$$

$$F_e(e^{j\Omega})=\frac{1}{2}[F(e^{j\Omega})+F^*(e^{-j\Omega})] \tag{7.2.13}$$

$$F_o(e^{j\Omega})=\frac{1}{2}[F(e^{j\Omega})-F^*(e^{-j\Omega})] \tag{7.2.14}$$

其中 $F_e(e^{j\Omega})$称为傅里叶变换 $F(e^{j\Omega})$的共轭对称分量，满足 $F_e(e^{j\Omega})=F_e^*(e^{-j\Omega})$；$F_o(e^{j\Omega})$称为共轭反对称分量，满足 $F_o(e^{j\Omega})=-F_o^*(e^{-j\Omega})$。式(7.2.12)表示序列 $f[n]$的傅里叶变换 $F(e^{j\Omega})$也可以分解为共轭对称分量和共轭反对称分量之和。

与序列的情况相同，若 $F(e^{j\Omega})$为实函数，且满足共轭对称，即 $F(e^{j\Omega})=F(e^{-j\Omega})$，则称其为频率的偶函数。若 $F(e^{j\Omega})$为实函数，且满足共轭反对称，即 $F(e^{j\Omega})=-F(e^{-j\Omega})$，则称其为频率的奇函数。

有关 DTFT 的对称性将会在数字信号处理课程中详细探讨。

7. 帕塞瓦尔(Parseval)定理

$$\sum_{n=-\infty}^{+\infty}|f[n]|^2=\frac{1}{2\pi}\int_{-\pi}^{\pi}|F(e^{j\Omega})|^2\mathrm{d}\Omega \tag{7.2.15}$$

表 7.2.1 综合了 DTFT 的性质，这些性质在以后的问题分析和实际应用中是非常重要的。

表 7.2.1 序列的傅里叶变换的性质

序　列	傅里叶变换	序　列	傅里叶变换
$f[n]$	$F(e^{j\Omega})$	$f[n-n_0]$	$e^{-j\Omega n_0}F(e^{j\Omega})$
$x*(n)$	$X^*(e^{-j\omega})$	$f[-n]$	$F(e^{-j\Omega})$
$af_1[n]+bf_2[n]$	$aF_1(e^{j\Omega})+bF_2(e^{j\Omega})$	$e^{j\Omega_0 n}f[n]$	$F(e^{j(\Omega-\Omega_0)})$
$f_1[n]*f_2[n]$	$F_1(e^{j\Omega})\cdot F_2(e^{j\Omega})$	$f_1[n]\cdot f_2[n]$	$\frac{1}{2\pi}F_1(e^{j\Omega})*F_2(e^{j\Omega})$
$\sum\limits_{n=-\infty}^{+\infty}\lvert f[n]\rvert^2=\frac{1}{2\pi}\int_{-\pi}^{\pi}\lvert F(e^{j\Omega})\rvert^2 d\Omega$		$\sum f[n]y^*[n]=\frac{1}{2\pi}\int_{-\pi}^{\pi}F(e^{j\Omega})Y^*(e^{j\Omega})d\Omega$	

7.3 DTFT 与 z 变换的关系

比较 DTFT 和双边 z 变换的定义式：

$$F(z)=\sum_{n=-\infty}^{+\infty}f[n]z^{-n} \tag{7.3.1}$$

$$F(e^{j\Omega})=\sum_{n=-\infty}^{+\infty}f[n]e^{-j\Omega n} \tag{7.3.2}$$

我们发现，如果复变量 z 仅在 z 平面的单位圆($r=|z|=1$ 或 $\sigma=0$)上取值，则复变量转化为纯虚变量，即 $z=e^{j\Omega}$，那么根据双边 z 变换的定义便可导出 DTFT：

$$f[n]\longleftrightarrow F(e^{j\Omega})=F(z)\big|_{z=e^{j\Omega}}=\sum_{n=-\infty}^{+\infty}f[n]e^{-j\Omega n} \tag{7.3.3}$$

而$|e^{j\Omega}|=1$，因此，序列 $f[n]$的傅里叶变换(DTFT)就是该序列在单位圆上的 ZT。可以由序列的 ZT 求得序列的 DTFT(频谱)。但是要注意，DTFT 并不是总存在，由于序列的傅里叶变换就是该序列的 z 变换在单位圆上的取值，所以 z 变换的收敛域必须包含单位圆，否则序列的 DTFT 不存在。因此，序列 $f[n]$的 ZT 与 DTFT 存在下列关系：

(1) 若 $f[n]\overset{ZT}{\longleftrightarrow}F(z)$，$|z|\in(a,b)$，当收敛域$|z|\in(a,b)$包含单位圆时，$f[n]\overset{DTFT}{\longleftrightarrow}F(e^{j\Omega})=F(z)\big|_{z=e^{j\Omega}}$。

(2) 若 $f[n]\overset{DTFT}{\longleftrightarrow}F(e^{j\Omega})$，则 $f[n]\overset{ZT}{\longleftrightarrow}F(z)=F(e^{j\Omega})\big|_{z=e^{j\Omega}}$，且收敛域$|z|\in(a,b)$包含单位圆。

例 7.3.1 求序列 $f[n]=\left(\frac{1}{2}\right)^n u[n]$的 DTFT。

解 对 $f[n]$取 ZT，得

$$F(z)=\frac{z}{z-\frac{1}{2}},\quad |z|\in\left(\frac{1}{2},+\infty\right)$$

因为$\frac{1}{2}<1$，即$|z|\in\left(\frac{1}{2},+\infty\right)$包含单位圆，利用 DTFT 和 ZT 的关系得

$$f[n]=\left(\frac{1}{2}\right)^n u[n] \xleftrightarrow{\text{DTFT}} F(e^{j\Omega})=F(z)\big|_{z=e^{j\Omega}}=\frac{e^{j\Omega}}{e^{j\Omega}-\frac{1}{2}}=\frac{1}{1-\frac{1}{2}e^{-j\Omega}}$$

例 7.3.2　求序列 $f[n]=2^n u[n]$的 DTFT。

解　对 $f[n]$取 ZT，得

$$F(z)=\frac{z}{z-2},\quad |z|\in(2,+\infty)$$

因为 $2>1$，即收敛域$|z|\in(2,+\infty)$不包含单位圆，所以序列的 DTFT 不存在。

7.4　离散时间系统的频率响应

1. 频率响应的定义

如图 7.4.1 所示 LTI 离散时间系统，输入信号为 $f[n]$，系统单位冲激序列响应为 $h[n]$，系统的零状态响应为 $y_f[n]$。

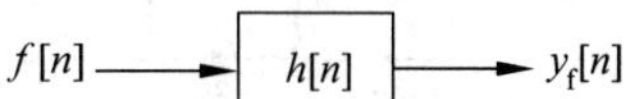

$f[n]$ → $h[n]$ → $y_f[n]$

图 7.4.1　LTI 离散时间系统的方框图

设

$$f[n]\xleftrightarrow{\text{DTFT}}F(e^{j\Omega}),\quad y_f[n]\xleftrightarrow{\text{DTFT}}Y(e^{j\Omega})$$

定义 LTI 离散时间系统的频率响应为

$$H(e^{j\Omega})=\frac{Y(e^{j\Omega})}{F(e^{j\Omega})}=|H(e^{j\Omega})|e^{j\angle H(e^{j\Omega})} \tag{7.4.1}$$

称$|H(e^{j\Omega})|$为幅频特性，$\angle H(e^{j\Omega})$为相频特性。通常，利用系统频率响应的幅频特性$|H(e^{j\Omega})|$在数字角频率 $\Omega\in(-\pi,\pi)$内的性质来判定 LTI 离散时间系统的滤波特性。

例 7.4.1　对于理想延迟系统，$y[n]=f[n-n_d]$，$-\infty<n<+\infty$，n_d 为常数且是整数。求系统的频率响应。

解　由系统的数学模型 $y[n]=f[n-n_d]$，可得系统单位冲激序列响应 $h[n]=\delta[n-n_d]$，则系统函数 $H(z)=z^{-n_d}$，收敛域为$|z|\in(0,+\infty)$。

由于系统函数的收敛域为整个 z 平面，当然包含单位圆，所以该系统的频率响应为 $H(e^{j\Omega})=H(z)|_{z=e^{j\Omega}}=e^{-j\Omega n_d}$。

例 7.4.2　若序列 $h[n]$是实因果序列，其傅里叶变换的实部为 $H_R(e^{j\Omega})=1+\cos\Omega$，求序列 $h[n]$及其傅里叶变换 $H(e^{j\Omega})$。

解　利用三角函数关系得

$$H_R(e^{j\Omega})=1+\cos\Omega=1+\frac{1}{2}e^{j\Omega}+\frac{1}{2}e^{-j\Omega}$$

由序列傅里叶变换的定义得

$$H_R(e^{j\Omega})=\text{DTFT}(h_e[n])=\sum_{n=-\infty}^{+\infty}h_e[n]e^{-j\Omega n}$$

比较上面两式可得

$$h_e[-1]=1/2,\quad h_e[0]=1,\quad h_e[1]=1/2$$

由于 $h[n]$是实因果序列，因此，$h[n]=h^*[n]$，当 $n<0$ 时，$h[n]=0$。所以根据式(7.2.10)得以下关系：

$$h[n]=\begin{cases}0, & n<0\\ h_e[n], & n=0\\ 2h_e[n], & n>0\end{cases}=\begin{cases}1, & n=0\\ 1, & n=1\\ 0, & \text{其他}\end{cases}$$

所以

$$H(e^{j\Omega})=\sum_{n=-\infty}^{+\infty}h[n]e^{-j\Omega n}=1+e^{-j\Omega}=2e^{-j\frac{\Omega}{2}}\cos\frac{\Omega}{2}$$

例 7.4.3 某 LTI 离散时间系统单位冲激序列响应为 $h_1[n]$，系统频率响应为 $H_1(e^{j\Omega})$，如图 7.4.2(a)所示。试判定单位冲激序列响应 $h_2[n]=(-1)^n h_1[n]$的 LTI 离散时间系统的滤波特性。

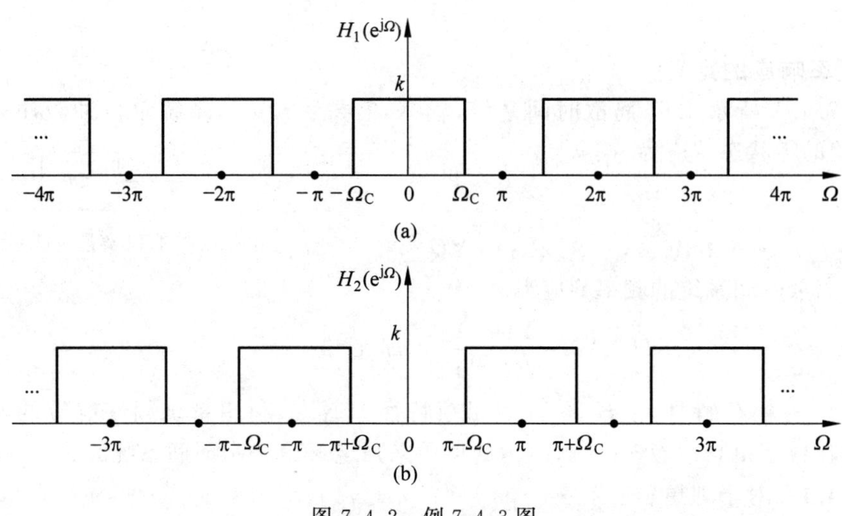

图 7.4.2 例 7.4.3 图

解 图 7.4.2(a)所示 LTI 离散时间系统的频率响应 $H_1(e^{j\Omega})$在 $\Omega\in(-\pi,\pi)$内的性质说明该系统为一理想低通滤波器，通带截止频率为 Ω_C。

设

$$h_1[n]\overset{\text{ZT}}{\longleftrightarrow}H_1(z),\quad |z|\in(a,+\infty)$$

由于 $h_1[n]\overset{\text{DTFT}}{\longleftrightarrow}H_1(e^{j\Omega})$存在，所以 $H_1(z)$的收敛域$|z|\in(a,+\infty)$包含单位圆。

而 $h_2[n]=(-1)^n h_1[n]$，根据 z 变换的序列指数加权特性式(6.1.8)，可得系统函数

$$H_2(z)=H_1(-z),\quad |z|\in(a,+\infty)$$

由于$|z|\in(a,+\infty)$包含单位圆，所以

$$H_2(e^{j\Omega})=H_2(z)\big|_{z=e^{j\Omega}}=H_1(-e^{j\Omega})$$

因为 $e^{j\pi}=-1$，则有

$$H_2(e^{j\Omega})=H_1(e^{j\pi}e^{j\Omega})=H_1[e^{j(\Omega+\pi)}]$$

可见，$H_2(e^{j\Omega})$是 $H_1(e^{j\Omega})$沿 Ω 轴左移 π 的结果，如图 7.4.2(b)所示。

观察 $H_2(e^{j\Omega})$在 $\Omega\in(-\pi,\pi)$内的性质可知，LTI 离散时间系统 $h_2[n]$是一个理想高通滤波器，通带截止频率为$(\pi-\Omega_C)$。

2. DTFT 的局限性

离散时间傅里叶变换(DTFT)是特殊的 z 变换,在数学和信号分析中具有重要的理论意义。但在用计算机实现运算方面比较困难。这是因为,在 DTFT 的变换对中,离散时间序列在时间 n 上是离散的,但其频谱在数字角频率 Ω 上却是连续的周期函数。而计算机只能处理变量离散的数字信号。这就是我们将会在数字信号处理课程中学习的 DFT。

7.5　本章思维导图

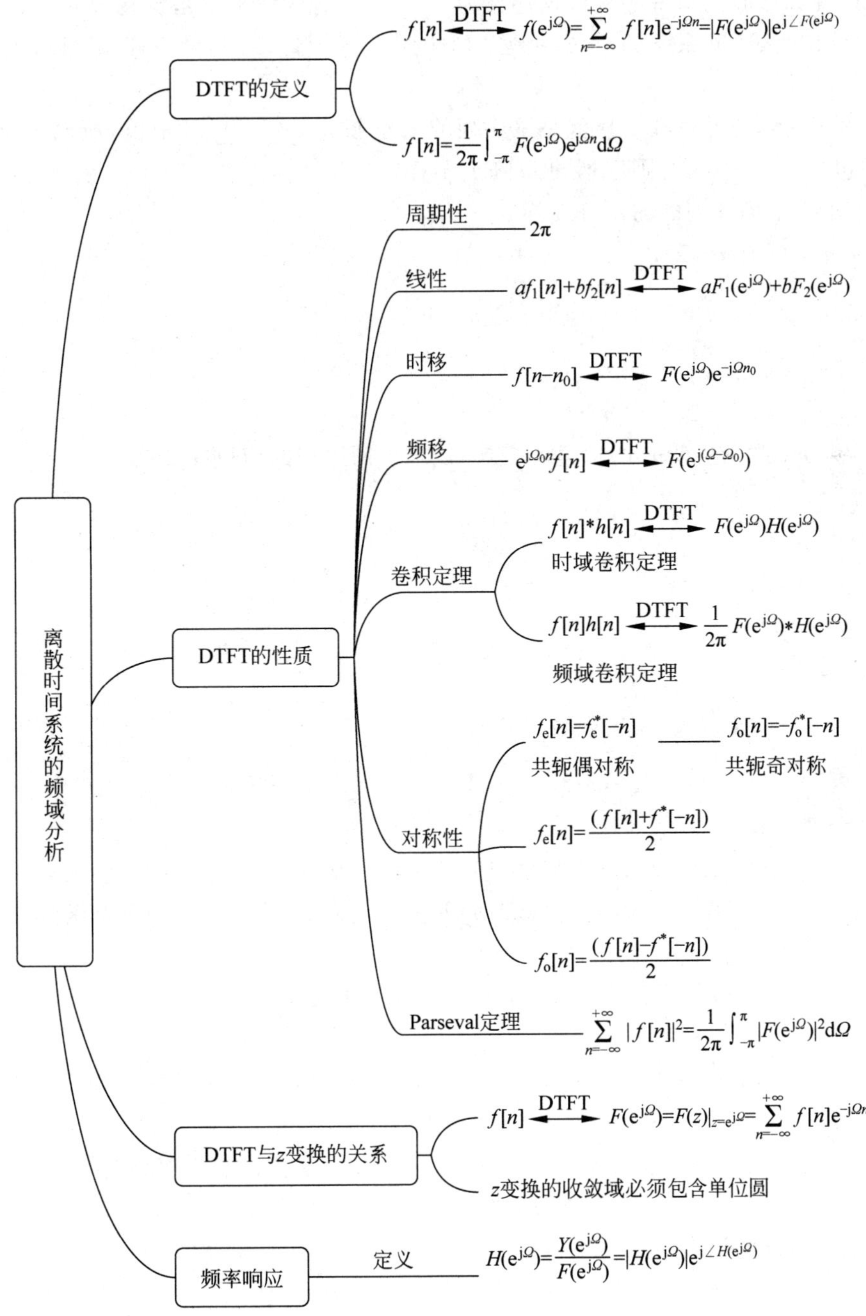

习题 A

7.1 填空题(将正确答案填入括号内)

(1) 离散时间信号 $f[n]$的 DTFT 的定义为________。

(2) 若 $f[n]\leftrightarrow F(\mathrm{e}^{\mathrm{j}\Omega})$,则 $f[n-2]\leftrightarrow$________;$\mathrm{e}^{\mathrm{j}2n}f[n]\leftrightarrow$________。

(3) $f[n]=u[n]-u[n-4]$的 DTFT 为________。

(4) LTI 离散时间系统的频域描述称为________,记为 $H(\mathrm{e}^{\mathrm{j}\Omega})$,定义为________。

(5) LTI 离散时间系统的单位冲激序列响应 $h[n]$与系统的频率响应 $H(\mathrm{e}^{\mathrm{j}\Omega})$的关系为________。

(6) 由于序列的傅里叶变换就是该序列的 z 变换在________的取值,所以 z 变换的收敛域必须包含________,否则序列的 DTFT 不存在。

7.2 求出下面序列的傅里叶变换。

(1) $f[n]=2\delta[n-5]$;

(2) $f[n]=\dfrac{1}{2}\delta[n+1]+\delta[n]+\dfrac{1}{2}\delta[n-1]$;

(3) $f[n]=a^n u[n],0<a<1$;

(4) $f[n]=u[n+2]-u[n-3]$。

7.3 设 $F(\mathrm{e}^{\mathrm{j}\Omega})$是 $f[n]$的傅里叶变换,试求下面序列的傅里叶变换。

(1) $f[n-n_0]$;

(2) $f^*[n]$;

(3) $f[-n]$;

(4) $nf[n]$;

(5) $f[2n]$;

(6) $g[n]=\begin{cases} f\left[\dfrac{n}{2}\right], & n=\text{偶数} \\ 0, & n=\text{奇数} \end{cases}$。

7.4 证明:

(1) 若 $f[n]$是实偶函数,则其离散时间傅里叶变换 $F(\mathrm{e}^{\mathrm{j}\Omega})$是 Ω 的实偶函数。

(2) 若 $f[n]$是实奇函数,则其离散时间傅里叶变换 $F(\mathrm{e}^{\mathrm{j}\Omega})$是 Ω 的虚奇函数。

7.5 设实序列 $f[n]=\{2,4,6\}_{(1)}$。

(1) 试求 $f[n]$的共轭偶对称序列 $f_{\mathrm{e}}[n]$和共轭奇对称序列 $f_{\mathrm{o}}[n]$,并分别画出其波形。

(2) 设序列 $f_1[n]=f_{\mathrm{e}}[n]+f_{\mathrm{o}}[n]$,式中,$f_{\mathrm{e}}[n]$和 $f_{\mathrm{o}}[n]$为(1)所求结果。画出 $f_1[n]$的波形,并与上图结果进行比较,结果说明了什么?

7.6 已知系统的单位脉冲响应 $h[n]=a^n u[n],0<a<1$,输入序列为 $f[n]=\delta[n]+2\delta[n-2]$。

(1) 求出系统的输出序列 $y[n]$;

(2) 分别求出 $f[n]$、$[n]$和 $y[n]$的傅里叶变换。

习题 B

7.7 设 $f[n]$是一有限长序列,已知

$$f[n]=\begin{cases}-1,2,0,-3,2,1, & n=0,1,2,3,4,5\\ 0, & n\ 为其他\end{cases}$$

它的离散傅里叶变换为 $F(\mathrm{e}^{\mathrm{j}\Omega})$。不具体计算 $F(\mathrm{e}^{\mathrm{j}\Omega})$,试直接确定下列表达式的值。

(1) $F(\mathrm{e}^{\mathrm{j}0})$;

(2) $F(\mathrm{e}^{\mathrm{j}\pi})$;

(3) $\int_{-\pi}^{\pi} F(\mathrm{e}^{\mathrm{j}\Omega})\mathrm{d}\Omega$;

(4) $\int_{-\pi}^{\pi} |F(\mathrm{e}^{\mathrm{j}\Omega})|^2 \mathrm{d}\Omega$;

(5) $\int_{-\pi}^{\pi} \left|\frac{\mathrm{d}F(\mathrm{e}^{\mathrm{j}\Omega})}{\mathrm{d}\Omega}\right|^2 \mathrm{d}\Omega$。

7.8 证明离散时间傅里叶变换性质中的频域微分性质,即

$$\mathrm{DTFT}(nf[n])=\mathrm{j}\frac{\mathrm{d}F(\mathrm{e}^{\mathrm{j}\Omega})}{\mathrm{d}\Omega}$$

式中,$F(\mathrm{e}^{\mathrm{j}\Omega})$是序列 $f[n]$的离散时间傅里叶变换。

7.9 已知 $f(t)=2\cos(2\pi f_0 t)$,$f_0=100\mathrm{Hz}$,以采样频率 400Hz 对 $f(t)$进行取样,得到取样信号 $f_s(t)$和对应的时域离散信号 $f[n]$,试:

(1) 写出 $f(t)$的傅里叶变换表达式 $F(\omega)$;

(2) 写出 $f_s(t)$和 $f[n]$的表达式;

(3) 分别做 $f_s(t)$和 $f[n]$的傅里叶变换。

附　　录

附录 A　连续时间信号的傅里叶变换和拉普拉斯变换

连续傅里叶变换		连续拉普拉斯变换	
$F(\omega)=\int_{-\infty}^{+\infty} f(t)e^{-j\omega t}dt$ $f(t)=\frac{1}{2\pi}\int_{-\infty}^{+\infty} F(\omega)e^{j\omega t}d\omega$		$F(s)=\int_{-\infty}^{+\infty} f(t)e^{-st}dt$ $f(t)=\frac{1}{2\pi j}\int_{\sigma-j\infty}^{\sigma+j\infty} F(s)e^{st}ds$	
线性	$af_1(t)+bf_2(t)\leftrightarrow aF_1(j\omega)+bF_2(j\omega)$	线性	$af_1(t)+bf_2(t)\leftrightarrow aF_1(s)+bF_2(s)$
时移	$f(t\pm t_0)\leftrightarrow e^{\pm j\omega t_0}F(j\omega)$	时移	$f(t\pm t_0)\leftrightarrow e^{\pm st_0}F(s)$
频移	$e^{\pm j\omega_0 t}f(t)\leftrightarrow F(j(\omega\mp\omega_0))$	复频移	$e^{\pm s_0 t}f(t)\leftrightarrow F(s\mp s_0)$
尺度变换	$f(at+b)\leftrightarrow\frac{1}{\lvert a\rvert}e^{j\frac{b}{a}\omega}F\left(j\frac{\omega}{a}\right)$	尺度变换	$f(at+b)\leftrightarrow\frac{1}{\lvert a\rvert}e^{\frac{b}{a}s}F\left(\frac{s}{a}\right)$
反转	$f(-t)\leftrightarrow F(-j\omega)$	反转	$f(-t)\leftrightarrow F(-s)$
时域卷积	$f_1(t)*f_2(t)\leftrightarrow F_1(j\omega)F_2(j\omega)$	时域卷积	$f_1(t)*f_2(t)\leftrightarrow F_1(s)F_2(s)$
频域卷积	$f_1(t)f_2(t)\leftrightarrow\frac{1}{2\pi}F_1(j\omega)*F_2(j\omega)$	双边时域微分	$f^{(N)}(t)\leftrightarrow s^N F(s)$
时域微分	$f'(t)/f^{(N)}(t)\leftrightarrow j\omega F(j\omega)/(j\omega)^N F(j\omega)$	单边时域微分	$f'(t)\leftrightarrow sF(s)-f(0_-)$ $f''(t)\leftrightarrow s^2F(s)-sf(0_-)-f'(0_-)$
频域微分	$tf(t)/(-jt)^N f(t)\leftrightarrow j\frac{dF(j\omega)}{d\omega}\Big/\frac{d^N F(j\omega)}{d\omega^N}$	S 域微分	$tf(t)/(-t)^N f(t)\leftrightarrow -F'(s)/\frac{d^N F(s)}{ds^N}$
时域积分	$\int_{-\infty}^{t} f(x)dx, f(-\infty)=0\leftrightarrow\frac{F(j\omega)}{j\omega}+\pi F(0)\delta(\omega)$	时域积分	$f^{(-1)}(t)\leftrightarrow\frac{F(s)}{s}$
对称对偶	$F(jt)\leftrightarrow 2\pi f(-\omega)$	初值	$f(0_+)=\lim_{s\to+\infty} sF(s)$，$F(s)$为真分式
帕塞瓦尔等式	$E=\int_{-\infty}^{+\infty}\lvert f(t)\rvert^2dt=\frac{1}{2\pi}\int_{-\infty}^{+\infty}\lvert F(j\omega)\rvert^2d\omega$	终值	$f(+\infty)=\lim_{s\to 0} sF(s)$，$s=0$ 在收敛域内

附录 B　离散时间信号的傅里叶变换和 z 变换

离散 z 变换(单边)		离散傅里叶变换	
$F(z)=\sum\limits_{n=0}^{+\infty}f[n]z^{-n}$ $f[n]=\frac{1}{2\pi\mathrm{j}}\oint_L F(z)z^{n-1}\mathrm{d}z, n\geqslant 0$		$F(\mathrm{e}^{\mathrm{j}\Omega})=\sum\limits_{n=-\infty}^{+\infty}f[n]\mathrm{e}^{-\mathrm{j}\Omega n}$ $f[n]=\frac{1}{2\pi}\int_{-\pi}^{\pi}F(\mathrm{e}^{\mathrm{j}\Omega})\mathrm{e}^{\mathrm{j}\Omega n}\mathrm{d}\Omega$	
线性	$af_1[n]+bf_2[n]\longleftrightarrow aF_1(z)+bF_2(z)$	线性	$af_1[n]+bf_2[n]\longleftrightarrow aF_1(\mathrm{e}^{\mathrm{j}\Omega})+bF_2(\mathrm{e}^{\mathrm{j}\Omega})$
时移	$f[n\pm m]\longleftrightarrow z^{\pm m}F(z)$(双边)	时移	$f[n\pm n_0]\longleftrightarrow \mathrm{e}^{\pm\mathrm{j}\Omega n_0}F(\mathrm{e}^{\mathrm{j}\Omega})$
频移	$\mathrm{e}^{\pm\mathrm{j}\Omega k}f[n]\longleftrightarrow F(\mathrm{e}^{\mp\mathrm{j}\Omega}z)$(尺度变换)	频移	$\mathrm{e}^{\pm\mathrm{j}n\Omega_0}f[n]\longleftrightarrow F(\mathrm{e}^{\mathrm{j}(\Omega\mp\Omega_0)})$
尺度变换	$z_0^n f[n]\longleftrightarrow F\left(\frac{z}{z_0}\right)$	尺度变换	$f_{(k)}[n]=\begin{cases}f(n/k)\\0\end{cases}\longleftrightarrow F(\mathrm{e}^{\mathrm{j}n\Omega})$
反转	$f[-n]\longleftrightarrow F(z^{-1})$(仅限双边)	反转	$f[-n]\longleftrightarrow F(\mathrm{e}^{-\mathrm{j}\Omega})$
时域卷积	$f_1[n]*f_2[n]\longleftrightarrow F_1(z)F_2(z)$	时域卷积	$f[n]*[n]\longleftrightarrow F(\mathrm{e}^{\mathrm{j}\Omega})H(\mathrm{e}^{\mathrm{j}\Omega})$
时域差分	$f[n-1]\longleftrightarrow z^{-1}F(z)+f(-1)$ $f[n-2]\longleftrightarrow z^{-2}F(z)+z^{-1}f(-1)+f(-2)$ $f[n+]\longleftrightarrow zF(z)-zf(0)$ $f[n+2]\longleftrightarrow z^2F(z)-z^2f(0)-zf(1)$	频域卷积	$f[n]h[n]\longleftrightarrow\frac{1}{2\pi}F(\mathrm{e}^{\mathrm{j}\Omega})*H(\mathrm{e}^{\mathrm{j}\Omega})$
		时域差分	$f[n]-f[n-1]\longleftrightarrow(1-\mathrm{e}^{\mathrm{j}\Omega})F(\mathrm{e}^{\mathrm{j}\Omega})$
z 域微分	$nf[n]\longleftrightarrow -z\frac{\mathrm{d}F(z)}{\mathrm{d}z}$	频域微分	$nf[n]\longleftrightarrow \mathrm{j}\frac{\mathrm{d}F(\mathrm{e}^{\mathrm{j}\Omega})}{\mathrm{d}\Omega}$
部分求和	$f[n]*u[n]=\sum\limits_{k=-\infty}^{n}f[k]\longleftrightarrow\frac{z}{z-1}$	时域累加	$\sum\limits_{n=-\infty}^{+\infty}f[n]\longleftrightarrow\frac{F(\mathrm{e}^{\mathrm{j}\Omega})}{1-\mathrm{e}^{\mathrm{j}\Omega}}+\pi F(\mathrm{e}^{\mathrm{j}\Omega})\sum\limits_{n=-\infty}^{+\infty}\delta(\Omega-2\pi n)$
初值	$f[M]=\lim\limits_{z\to+\infty}z^M F(z)$(右边信号), $f[M+1]=\lim\limits_{z\to+\infty}[z^{M+1}F(z)-zf(M)]$		
终值	$f[+\infty]=\lim\limits_{z\to 1}(z-1)F(z)$(右边信号)	帕塞瓦尔等式	$\sum\limits_{n=-\infty}^{+\infty}\lvert f[n]\rvert^2=\frac{1}{2\pi}\int_{-\pi}^{\pi}\lvert F(\mathrm{e}^{\mathrm{j}\Omega})\rvert^2\mathrm{d}\Omega$

附录 C 常用的连续时间信号傅里叶变换对

连续傅里叶变换对 $F(\omega)=\int_{-\infty}^{+\infty} f(t)\mathrm{e}^{-\mathrm{j}\omega t}\mathrm{d}t$	
函数 $f(t)$	傅里叶变换 $F(\omega)$
$\delta(t)/1$	$1/2\pi\delta(\omega)$
$\delta'(t)/\delta^{(n)}(t)$	$\mathrm{j}\omega/(\mathrm{j}\omega)^n$
$u(t)$	$\frac{1}{\mathrm{j}\omega}+\pi\delta(\omega)$
$tu(t)$	$\mathrm{j}\pi\delta'(\omega)-\frac{1}{\omega^2}$
$\mathrm{e}^{-\alpha t}u(t),\alpha>0$	$\frac{1}{\alpha+\mathrm{j}\omega}$
$\cos(\omega_0 t)$ $\sin(\omega_0 t)$	$\pi[\delta(\omega+\omega_0)+\delta(\omega-\omega_0)]$ $\mathrm{j}\pi[\delta(\omega+\omega_0)-\delta(\omega-\omega_0)]$
$\mathrm{e}^{\pm \mathrm{j}\omega_0 t}$	$2\pi\delta(\omega\mp\omega_0)$
$\mathrm{e}^{-\alpha t}\cos(\beta t)u(t)$	$\frac{\mathrm{j}\omega+\alpha}{(\mathrm{j}\omega+\alpha)^2+\beta^2}$
$\mathrm{e}^{-\alpha t}\sin(\beta t)u(t)$	$\frac{\beta}{(\mathrm{j}\omega+\alpha)^2+\beta^2}$
$t\mathrm{e}^{-\alpha t}u(t),\alpha>0$	$\frac{1}{(\alpha+\mathrm{j}\omega)^2}$
$\mathrm{e}^{-\alpha\|t\|}u(t),\alpha>0$	$\frac{2\alpha}{\alpha^2+\omega^2}$
$\frac{1}{t}$	$-\mathrm{j}\pi\mathrm{sgn}(\omega)$
$\mathrm{sgn}(t)$	$\frac{2}{\mathrm{j}\omega}$
$g_\tau(t)=\begin{cases}1, & \|t\|<\frac{\tau}{2}\\ 0, & \|t\|>\frac{\tau}{2}\end{cases}$	$\tau\mathrm{Sa}\left(\frac{\omega\tau}{2}\right)=\frac{2}{\omega}\sin\left(\frac{\omega\tau}{2}\right)$
$\frac{W}{\pi}\mathrm{Sa}(Wt)=\frac{\sin(Wt)}{\pi t}$	$F(\mathrm{j}\omega)=\begin{cases}1, & \|\omega\|<\frac{W}{2}\\ 0, & \|\omega\|>\frac{W}{2}\end{cases}$
$f_T(t)=\sum_{k=-\infty}^{+\infty} a_k\mathrm{e}^{\mathrm{j}k\omega_0 t}$	$2\pi\sum_{k=-\infty}^{+\infty} a_k\delta(\omega-k\omega_0),\omega_0=\frac{2\pi}{T}$
$\delta_T(t)=\sum_{k=-\infty}^{+\infty}\delta(t-kT)$	$\delta_{\omega_0}(\omega)=\omega_0\sum_{k=-\infty}^{+\infty}\delta(\omega-k\omega_0),\omega_0=\frac{2\pi}{T}$

附录 D 常用的拉普拉斯变换对

拉普拉斯变换对(单边) $F(s)=\int_{0_-}^{+\infty} f(t)e^{-st}dt$	
函数 $f(t)$	象函数 $F(s)$
$\delta(t)$	1
$\delta'(t)$	s
$u(t)$	$\frac{1}{s}$
$tu(t)$	$\frac{1}{s^2}$
$e^{-\alpha t}u(t)$	$\frac{1}{s+\alpha}$
$\cos(\beta t)u(t)$	$\frac{s}{s^2+\beta^2}$
$\sin(\beta t)u(t)$	$\frac{\beta}{s^2+\beta^2}$
$e^{-\alpha t}\cos(\beta t)u(t)$	$\frac{s+\alpha}{(s+\alpha)^2+\beta^2}$
$e^{-\alpha t}\sin(\beta t)u(t)$	$\frac{\beta}{(s+\alpha)^2+\beta^2}$
$te^{-\alpha t}u(t)$	$\frac{1}{(s+\alpha)^2}$
$t^n u(t)$	$\frac{n!}{s^{n+1}}$
$\delta^{(n)}(t)$	s^n
$f_T(t)$	$F(s)=\frac{X(s)}{1-e^{-sT}}$ $\sigma\in(0,+\infty)$
$\delta_T(t)=\sum_{k=-\infty}^{+\infty}\delta(t-kT)$	$F(s)=\frac{1}{1-e^{-sT}}$ $\sigma\in(0,+\infty)$

附录 E 常用离散时间信号的 z 变换对

z 变换对(单边) $F(z)=\sum_{n=0}^{+\infty} f[n]z^{-n}$	
函数 $f[n],n\geqslant 0$	象函数
$\delta[n]$	1

续表

函数 $f[n],n\geqslant 0$	象函数
$\delta[n-m],m\geqslant 0$	z^{-m}
$u[n]$	$\frac{z}{z-1}$
$nu[n]$	$\frac{z}{(z-1)^2}$
$z_0^n u[n]$	$\frac{z}{z-z_0}$
$e^{\alpha n}u[n]$	$\frac{z}{z-e^{\alpha}}$
$e^{j\beta n}u[n]$	$\frac{z}{z-e^{j\beta}}$
$\cos(\beta n)u[n]$	$\frac{z(z-\cos\beta)}{z^2-2z\cos\beta+1}$
$\sin(\beta n)u[n]$	$\frac{z\sin\beta}{z^2-2z\cos\beta+1}$
$z_0^n\cos(\beta n)u[n]$	$\frac{z(z-z_0\cos\beta)}{z^2-2z_0z\cos\beta+z_0^2}$
$z_0^n\sin(\beta n)u[n]$	$\frac{z_0z\sin\beta}{z^2-2z_0z\cos\beta+z_0^2}$
$nz_{0^{n-1}}u[n]$	$\frac{z}{(z-z_0)^2}$

附录 F　常用连续时间信号双边拉普拉斯变换对

双边拉普拉斯变换对 $F(s)=\int_{-\infty}^{+\infty}f(t)e^{-st}dt$	
函数	象函数 $F(s)$ 和收敛域
$\delta(t)$	1,整个 s 平面
$\delta^{(n)}(t)$	s^n,有限 s 平面
$u(t)$	$\frac{1}{s}$,$\mathrm{Re}(s)>0$
$tu(t)$	$\frac{1}{s^2}$,$\mathrm{Re}(s)>0$
$\frac{t^{n-1}}{(n-1)!}u(t)$	$\frac{1}{s^n}$,$\mathrm{Re}(s)>0$
$-u(-t)$	$\frac{1}{s}$,$\mathrm{Re}(s)<0$
$-tu(-t)$	$\frac{1}{s^2}$,$\mathrm{Re}(s)<0$

续表

函数	象函数 $F(s)$ 和收敛域
$e^{-\alpha t}u(t)$	$\frac{1}{s+\alpha}$, $\mathrm{Re}(s)>\mathrm{Re}(-\alpha)$
$te^{-\alpha t}u(t)$	$\frac{1}{(s+\alpha)^2}$, $\mathrm{Re}(s)>\mathrm{Re}(-\alpha)$
$-e^{-\alpha t}u(-t)$	$\frac{1}{s+\alpha}$, $\mathrm{Re}(s)<\mathrm{Re}(-\alpha)$
$\cos(\beta t)u(t)$	$\frac{s}{s^2+\beta^2}$, $\mathrm{Re}(s)>0$
$\sin(\beta t)u(t)$	$\frac{\beta}{s^2+\beta^2}$, $\mathrm{Re}(s)>0$
$e^{-\alpha t}\cos(\beta t)u(t)$	$\frac{s+\alpha}{(s+\alpha)^2+\beta^2}$, $\mathrm{Re}(s)>\mathrm{Re}(-\alpha)$
$e^{-\alpha t}\sin(\beta t)u(t)$	$\frac{\beta}{(s+\alpha)^2+\beta^2}$, $\mathrm{Re}(s)>\mathrm{Re}(-\alpha)$
$e^{-\alpha\|t\|}$, $\mathrm{Re}(\alpha)>0$	$\frac{-2\alpha}{s^2-\alpha^2}$, $\mathrm{Re}(\alpha)>\mathrm{Re}(s)>\mathrm{Re}(-\alpha)$
$e^{-\alpha\|t\|}\mathrm{sgn}(t)$, $\mathrm{Re}(\alpha)>0$	$\frac{2s}{s^2-\alpha^2}$, $\mathrm{Re}(\alpha)>\mathrm{Re}(s)>\mathrm{Re}(-\alpha)$

附录 G 常用离散时间信号双边 z 变换对

双边 z 变换对

$$F(z)=\sum_{n=-\infty}^{+\infty} f[n]z^{-n}$$

函数	象函数 $F(z)$ 和收敛域
$\delta[n]$	1,整个 z 平面
$\Delta^n\delta[n]$	$\frac{z^n}{(z-1)^n}$, $\|z\|>0$
$u[n]$	$\frac{z}{z-1}$, $\|z\|>1$
$(n+1)u[n]$	$\frac{z^2}{(z-1)^2}$, $\|z\|>1$
$\frac{(n+k-1)!}{n!\,(k-1)!}u[n]$	$\frac{z^k}{(z-1)^k}$, $\|z\|>1$
$-u[-n-1]$	$\frac{z}{z-1}$, $\|z\|<1$
$-(n+1)u[-n-1]$	$\frac{z^2}{(z-1)^2}$, $\|z\|<1$

续表

函数	象函数 $F(z)$ 和收敛域
$z_0^n u[n]$	$\dfrac{z}{z-z_0}, \lvert z\rvert > \lvert z_0\rvert$
$(n+1)z_0^n u[n]$	$\dfrac{z^2}{(z-z_0)^2}, \lvert z\rvert > \lvert z_0\rvert$
$-z_0^n u[-n-1]$	$\dfrac{z}{z-z_0}, \lvert z\rvert < \lvert z_0\rvert$
$\cos(\beta n)u[n]$	$\dfrac{z(z-\cos\beta)}{z^2-2z\cos\beta+1}$
$\sin(\beta n)u[n]$	$\dfrac{z\sin\beta}{z^2-2z\cos\beta+1}$
$z_0^n\cos(\beta n)u[n]$	$\dfrac{z(z-z_0\cos\beta)}{z^2-2z_0 z\cos\beta+z_0^2}$
$z_0^n\sin(\beta k)u[n]$	$\dfrac{z_0 z\sin\beta}{z^2-2z_0 z\cos\beta+z_0^2}$
$z_0^{\lvert n\rvert}, \lvert z_0\rvert<1$	$\dfrac{(z_0^2-1)z}{(z-z_0)(z_0 z-1)}, \lvert z_0\rvert < \lvert z\rvert < \left\lvert\dfrac{1}{z_0}\right\rvert$
$z_0^{\lvert n\rvert}\mathrm{sgn}, \lvert z_0\rvert<1$	$\dfrac{z_0(z^2-z)}{(z-z_0)(z_0 z-1)}, \lvert z_0\rvert < \lvert z\rvert < \left\lvert\dfrac{1}{z_0}\right\rvert$

附录 H　连续时间信号卷积积分

$$f_1(t) * f_2(t) = \int_{-\infty}^{+\infty} f_1(\tau) f_2(t-\tau)\mathrm{d}\tau$$

$f_1(t)$	$f_2(t)$	$f_1(t)*f_2(t)$	$f_1(t)$	$f_2(t)$	$f_1(t)*f_2(t)$
$f(t)$	$\delta'(t)$	$f'(t)$	$f(t)$	$\delta(t)$	$f(t)$
$f(t)$	$u(t)$	$\int_{-\infty}^{t} f(\lambda)\mathrm{d}\lambda$	$u(t)$	$u(t)$	$tu(t)$
$\mathrm{e}^{-\alpha t}u(t)$	$u(t)$	$\dfrac{1}{\alpha}(1-\mathrm{e}^{-\alpha t})u(t)$	$u(t)$	$tu(t)$	$\dfrac{1}{2}t^2u(t)$
$\mathrm{e}^{-\alpha t}u(t)$	$\mathrm{e}^{-\alpha t}u(t)$	$t\mathrm{e}^{-\alpha t}u(t)$	$t\mathrm{e}^{-\alpha t}u(t)$	$\mathrm{e}^{-\alpha t}u(t)$	$\dfrac{1}{2}t^2\mathrm{e}^{-\alpha t}u(t)$

附录 I 离散时间信号卷积和

$f_1[n]*f_2[n]=\sum_{k=-\infty}^{+\infty}f_1[k]f_2[n-k]$					
$f_1[n]$	$f_2[n]$	$f_1[n]*f_2[n]$	$f_1[n]$	$f_2[n]$	$f_1[n]*f_2[n]$
$f[n]$	$\delta[n]$	$f[n]$	$f[n]$	$u[n]$	$\sum_{k=-\infty}^{n}f[k]$
$u[n]$	$u[n]$	$(n+1)u[n]$	$nu[n]$	$u[n]$	$\frac{1}{2}(n+1)nu[n]$
$z_0^n u[n]$	$u[n]$	$\frac{1-z_0^{n+1}}{1-z_0}u[n],z_0\neq 0$	$z_1^n u[n]$	$z_2{}^n u[n]$	$\frac{z_1^n n+1-z_2^{n+1}}{z_1-z_2}u[n]$, $z_1\neq z_2$
$z_0^n u[n]$	$z_0^n u[n]$	$(n+1)z_0^n u[n]$	$nu[n]$	$z_0^n u[n]$	$\frac{n}{1-z_0}u[n]+\frac{z_0(z_0^n-1)}{(1-z_0)^2}u[n]$

附录 J 关于 $\boldsymbol{\delta}(t)$、$\boldsymbol{\delta}[n]$函数的公式

$f(t)\delta(t)=f(0)\delta(t)$	$f(t)\delta(t-t_0)=f(t_0)\delta(t-t_0)$
$\int_{-\infty}^{+\infty}f(t)\delta(t)\mathrm{d}t=f(0)$	$\int_{-\infty}^{+\infty}f(t)\delta(t-t_0)\mathrm{d}t=f(t_0)$
$\delta(at)=\frac{1}{\lvert a\rvert}\delta(t)$	$\int_{-\infty}^{+\infty}\delta(t)\mathrm{d}t=1$
$\delta^{(n)}(at)=\frac{1}{\lvert a\rvert}\frac{1}{a^n}\delta^{(n)}(t)$	$\int_{-\infty}^{t}\delta(\tau)\mathrm{d}\tau=u(t)$
$\delta(-t)=\delta(t)$ $\delta'(-t)=-\delta'(t)$	$f(t)\delta'(t)=f(0)\delta'(t)-f'(0)\delta(t)$
$\delta(f(t))=\sum_{i=1}^{n}\frac{1}{\lvert f'(t_i)\rvert}\delta(t-t_i)$	$\int_{-\infty}^{+\infty}f(t)\delta^{(n)}(t)\mathrm{d}t=(-1)^n f^{(n)}(0)$
$\int_{-\infty}^{+\infty}\delta'(t)\mathrm{d}t=0$ $\int_{-\infty}^{t}\delta'(\tau)\mathrm{d}\tau=\delta(t)$	$f(t)\delta'(t-t_0)=f(t_0)\delta'(t-t_0)-f'(t_0)\delta(t-t_0)$
$f[n]\delta[n]=f[0]\delta[n]$ $\sum_{n=-\infty}^{+\infty}f[n]\delta[n]=f[0]$	$\int_{-\infty}^{+\infty}f(t)\delta'(t-t_0)\mathrm{d}t=-f'(t_0)$

部分习题答案

第 1 章

1.1 (1) 因果 0 逆因果 0 对；

(2) $u(t)=\begin{cases}1, & t>0\\ 0, & t<0\end{cases}$，$\mathrm{sgn}(t)=\begin{cases}1, & t>0\\ -1, & t<0\end{cases}$，$\mathrm{Sa}(t)=\dfrac{\sin t}{t}$；

(3) $f^{(-1)}(t)=\int_{-\infty}^{t} f(\tau)\mathrm{d}\tau$；

(4) 输入信号与输出信号均为连续时间信号 输入信号与输出信号均为离散时间信号；

(5) $\dfrac{1}{3}$ 1 $u(t)$ $tu(t)$ $\delta(t)$ $\dfrac{1}{2}t^2u(t)$；

(6) $2y_{\mathrm{f}}'(t-1)$。

1.2 (1)答：LTI 连续时间系统在系统的初始状态单独作用下(输入信号为零)的响应分量，称为系统的零输入响应 $y_{\mathrm{s}}(t)$。而在系统的输入信号 $f(t)$ 单独作用下(系统的初始状态为零)的响应分量，称为系统的零状态响应 $y_{\mathrm{f}}(t)$。

(2)答：LTI 连续时间系统具有线性系统的性质，包括分解性[即全响应 $y(t)=y_{\mathrm{s}}(t)+y_{\mathrm{f}}(t)$]、零输入响应 $y_{\mathrm{s}}(t)$ 线性性及零状态响应 $y_{\mathrm{f}}(t)$ 线性性，同时还具有时不变系统的性质，即时不变性，即若 $f(t)\rightarrow y(t)$，则 $f(t-t_0)\rightarrow y(t-t_0)$。

1.3 (1)C；(2)A；(3)D；(4)C；(5)B。

1.6 $f_2(t)=3f_1\left(\dfrac{t}{2}-\dfrac{1}{2}\right)$。

1.7 $y_2(t)=y_1(1-t)+y_1(2-t)+y_1(t-1)+y_1(t-2)$。

1.9 (1) $f''(t)=\delta'(t+1)+\delta'(t)-3\delta'(t-1)+\delta'(t-2)$，

$f'(t)=\delta(t+1)+\delta(t)-3\delta(t-1)+\delta(t-2)$，

$f(t)=u(t+1)+u(t)-3u(t-1)+u(t-2)$；

(2) $f''(t)=\delta'(t)-\delta(t)+2\delta(t-1)-\delta'(t-1)-\delta(t-2)$，

$f'(t)=\delta(t)-u(t)+2u(t-1)-\delta(t-1)-u(t-2)$，

$f(t)=u(t)-tu(t)+2(t-1)u(t-1)-u(t-1)-(t-2)u(t-2)$。

1.10 (1)1；(2)e^2；(3)-1；(4)0；(5)$\mathrm{e}^{\mathrm{j}3\omega}$；(6)1。

1.12 (1)$f_1(t)=\delta(t)-2\mathrm{e}^{-2t}u(t)$；(2)$f_2(t)=\mathrm{e}\delta(t-1)$；(3)$f_3(t)=2\delta(t-2)$。

1.13 (1)0；(2)$1+\mathrm{j}$；(3)$+\mathrm{j}2$；(4)$\mathrm{j}5$、$-\mathrm{j}5$；(5)$-1+\mathrm{j}6$、$-1-\mathrm{j}6$；(6)$1+\mathrm{j}2$、$1-\mathrm{j}2$。

1.17 $y_2(t)=tu(t)-(t-1)u(t-1)-(t-2)u(t-2)+(t-3)u(t-3)$。

第 2 章

2.1 (1) 系统的单位冲激响应 LTI 连续时间系统当输入信号为单位冲激信号 $\delta(t)$

时的零状态响应称为系统的单位冲激响应　系统；

(2) 系统　输入信号　系统；

(3) $f(t)*h(t)$；

(4) LTI 连续时间系统当输入信号为单位阶跃信号 $u(t)$时的零状态响应称为系统的单位阶跃响应，记为 $s(t)$　$u(t)*h(t)=h^{(-1)}(t)$；

(5) $f_1(t)*f_2(t)=\int_{-\infty}^{+\infty}f_1(\tau)f_2(t-\tau)\mathrm{d}\tau=y(t)$　$f(t)$　$f^{(-1)}(t)$

$f(t+1)-2f(t-1)+f(t-3)$　$f(t-4)$　$f^{(-1)}(t)-f^{(-1)}(t-2)$　$f^{(N+2)}(t)$；

(6) $4y^{(4)}(t-5)$；

(7) $\delta(t)$　$u(t-1)$　$(t-t_1-t_2)u(t-t_1-t_2)$；

(8) $h(t)$　$2y_{\mathrm{f}}(t-2)$；

(9) $y(t)=2f(t)+f'(t)$；

(10) $\delta(t)-\mathrm{e}^{-t}u(t)+3\mathrm{e}^{-(t-2)}u(t-2)$。

2.2　答：由于连续时间 LTI 系统具有分解性，所以可以分别求解系统的零输入响应 $y_{\mathrm{s}}(t)$和零状态响应 $y_{\mathrm{f}}(t)$。

(1) 建立与系统方程对应的齐次方程的特征方程 $\lambda^N+a_{N-1}\lambda^{N-1}+\cdots+a_1\lambda+a_0=0$，解出特征根 λ_k，当特征根 λ_k 均为单根时得到含待定常数的零输入响应的表达式 $y_{\mathrm{s}}(t)=\sum_{k=1}^{N}C_k\mathrm{e}^{\lambda_k t}$ $t>0$。代入初始状态 $y(0^-),y'(0^-),\cdots,y^{(N-1)}(0^-)$ 确定待定常数 C_k。

(2) 系统的零状态响应 $y_{\mathrm{f}}(t)=f(t)*h(t)$（注，已知系统方程，目前还很难求解出系统的单位冲激响应，需学习过第 3 章、第 4 章的知识才行）。

(3) 全响应 $y(t)=y_{\mathrm{s}}(t)+y_{\mathrm{f}}(t)$。

2.3　(1)C；(2)D；(3)A。

2.4　(1)$y_{\mathrm{s}}(t)=4\mathrm{e}^{-\frac{3}{2}t},t>0$；(2)$y_{\mathrm{s}}(t)=5\mathrm{e}^{-3t}-4\mathrm{e}^{-4t},t>0$；

(3)$y_{\mathrm{s}}(t)=\frac{4}{3}\mathrm{e}^{-t}-\frac{1}{3}\mathrm{e}^{-4t},t>0$。

2.5　$y(t)=(t+2)u(t+2)-2(t+1)u(t+1)+2tu(t)-2(t-1)u(t-1)+(t-2)u(t-2)$。

2.6　$y_{\mathrm{f}}(t)=2[tu(t)-(t-1)u(t-1)-(t-2)u(t-2)+(t-3)u(t-3)]$。

2.7　$y_{\mathrm{f}}(t)=\frac{1}{2}t^2u(t)-\frac{3}{2}(t-1)^2u(t-1)+\frac{3}{2}(t-2)^2u(t-2)-\frac{1}{2}(t-3)^2u(t-3)$。

2.9　$h(t)=\delta(t)+u(t-1)+(t-1)u(t-1)-\delta'(t-1)-\delta(t-2)-u(t-2)$。

2.10　$h(t)=s'(t)=u(t)-u(t-1)-u(t-2)+u(t-3)$。

2.11　$y_2(t)=u(t)-u(t-1)-\frac{3}{2}u(t-2)+u(t-3)+u(t-4)-\frac{1}{2}u(t-6)$。

2.17　**解**

$$
\begin{aligned}
y(t)&=f_1(t)*f_2(t)\\
&=[1+u(t-1)]*\mathrm{e}^{-(t+1)}u(t+1)\\
&=y_1(t)+y_2(t)
\end{aligned}
$$

$$y_1(t)=1*\mathrm{e}^{-(t+1)}u(t+1)=\mathrm{e}^{-(t+1)}u(t+1)*1$$
$$=\int_{-\infty}^{+\infty}\mathrm{e}^{-(\tau+1)}u(\tau+1)\mathrm{d}\tau$$

当 $\tau>-1$ 时，

$$y_1(t)=\int_{-1}^{+\infty}\mathrm{e}^{-(\tau+1)}\mathrm{d}\tau=\mathrm{e}^{-1}\int_{-1}^{+\infty}\mathrm{e}^{-\tau}\mathrm{d}\tau=1$$

当 $\tau<-1$ 时，

$$y_1(t)=0$$

所以

$$y_1(t)=u(t+1)$$
$$y_2(t)=u(t-1)*\mathrm{e}^{-(t+1)}u(t+1)$$
$$y'_2(t)=\delta(t-1)*\mathrm{e}^{-(t+1)}u(t+1)=\mathrm{e}^{-t}u(t)$$
$$y_2(t)=[y'_2(t)]^{(-1)}=\int_{-\infty}^{t}\mathrm{e}^{-\tau}u(\tau)\mathrm{d}\tau=\left.\frac{\mathrm{e}^{-\tau}}{-1}\right|_0^t=(1-\mathrm{e}^{-t})u(t)$$

因此有

$$y(t)=u(t)+(1-\mathrm{e}^{-t})u(t)$$

2.18　解

$$y'(t)=f'_1(t)*f_2(t)=[\delta(t)-\delta(t-\pi)]*f_2(t)$$
$$=f_2(t)-f_2(t-\pi)$$

波形如题 2.18 答案图所示。

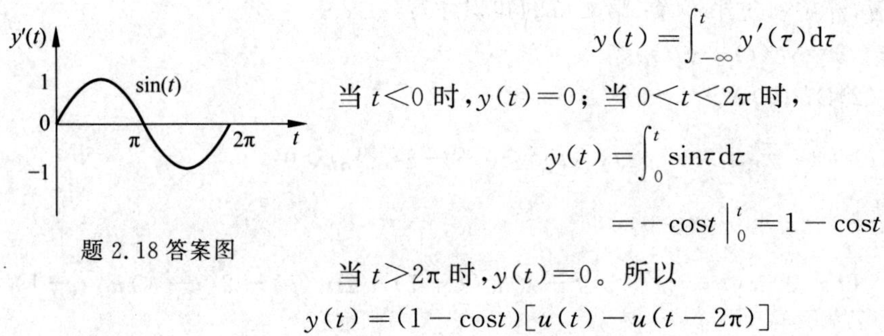

题 2.18 答案图

$$y(t)=\int_{-\infty}^{t}y'(\tau)\mathrm{d}\tau$$

当 $t<0$ 时，$y(t)=0$；当 $0<t<2\pi$ 时，

$$y(t)=\int_0^t\sin\tau\mathrm{d}\tau$$
$$=-\cos t\Big|_0^t=1-\cos t$$

当 $t>2\pi$ 时，$y(t)=0$。所以

$$y(t)=(1-\cos t)[u(t)-u(t-2\pi)]$$

第　3　章

3.1　(1) $\int_{-\infty}^{+\infty}f(t)\mathrm{e}^{-\mathrm{j}\omega t}\mathrm{d}t$，$f(t-1)$，$f(t)\mathrm{e}^{\mathrm{j}\omega_0 t}$，$(\mathrm{j}\omega)^N F(\omega)$，$f(-t)$，$\mathrm{j}F'(\omega)$；

(2) $6\pi\delta(\omega)$，$1+2\mathrm{e}^{-\mathrm{j}2\omega}$，$2\pi\delta(\omega+3)+2\pi\delta(\omega-3)$，$\mathrm{j}\pi\delta(\omega+4)-\mathrm{j}\pi\delta(\omega-4)$，$\frac{2}{\mathrm{j}\omega}\mathrm{e}^{\mathrm{j}2\omega}-\pi\delta(\omega)-\frac{1}{\mathrm{j}\omega}\mathrm{e}^{-\mathrm{j}3\omega}$，$\frac{1}{\mathrm{j}\omega+5}$，$\frac{1}{\mathrm{j}\omega}(\mathrm{e}^{2\mathrm{j}\omega}-\mathrm{e}^{-3\mathrm{j}\omega})=5\mathrm{Sa}\left(\frac{5}{2}\omega\right)\mathrm{e}^{-\mathrm{j}\frac{\omega}{2}}$，$\mathrm{j}2\pi\delta'(\omega)$，$t\mathrm{e}^{-8t}u(t)$，$g_4(t)$，$\frac{1}{2\pi}\mathrm{e}^{\mathrm{j}\omega_0 t}$，$\frac{\sin 3\pi t}{\pi t}$，$\frac{\sin t}{t}$；

(3) $\frac{\omega^2-\mathrm{j}\omega+1}{(\mathrm{j}\omega+1)^2(\mathrm{j}\omega+2)}$；

(4) $\frac{1}{6}\text{sgn}(t)-\frac{1}{3}\text{e}^{-3t}u(t)$。

3.2 (1)C；(2)A。

3.3 答：(1) 当输入信号为 $f(t)$时 LTI 连续时间系统的零状态响应为 $y_\text{f}(t)$，则定义系统的频率响应为

$$H(\omega)=\frac{\mathcal{F}[y_\text{f}(t)]}{\mathcal{F}[f(t)]}=\frac{Y_\text{f}(\omega)}{F(\omega)}=|H(\omega)|\text{e}^{\text{j}\angle H(\omega)}$$

(2) 计算 $h(t)\longleftrightarrow H(\omega)$，$f(t)\longleftrightarrow F(\omega)$，则 $y_\text{f}(t)\leftrightarrow Y_\text{f}(\omega)=F(\omega)H(\omega)$，取反 FT 变换得到零状态响应 $y_\text{f}(t)$。

3.4 (1)$F_1(\omega)=\frac{4}{\omega^2+4}$； (2)$F_2(\omega)=5\text{Sa}\left[\frac{5}{2}(\omega-2)\right]\text{e}^{-\text{j}2.5(\omega-2)}$；

(3)$F_3(\omega)=\frac{10}{\omega^2+25}\text{e}^{\text{j}3\omega}$； (4)$F_4(\omega)=\frac{\text{j}\omega}{\text{j}\omega+3}$。

3.6 (1)$f_1(t)=(\text{e}^{-2t}-\text{e}^{-3t})u(t)$；(2)$f_2(t)=(t-2)\text{e}^{-4(t-2)}u(t-2)$；

(3)$f_3(t)=\left(\frac{5}{3}\text{e}^{-5t}-\frac{2}{3}\text{e}^{-2t}\right)u(t)$；

(4)$f_4(t)=\frac{1}{2}[\text{e}^{-2(t+1)}-\text{e}^{-4(t+1)}]u(t+1)+(\text{e}^{-2t}-\text{e}^{-4t})u(t)-\frac{1}{2}[\text{e}^{-2(t-2)}-\text{e}^{-4(t-2)}]u(t-2)$。

3.7 (1)$f_1(t)=\delta(t)-\frac{1}{\text{j}\pi t}$； (2)$F_2(\omega)=2\pi\text{e}^{2\omega}u(-\omega)$；

(3)$f_3(t)=\frac{1}{2}\delta(t+3)+\frac{1}{2}\delta(t-3)$； (4)$f_4(t)=\text{j}\frac{1}{2}\delta(t-2)-\text{j}\frac{1}{2}\delta(t+2)$；

(5)$f_5(t)=\text{e}^{-\text{j}2t}+2+\text{e}^{\text{j}2t}=(2\cos t)^2$； (6)$F_6(\omega)=\text{e}^{-\text{j}2(\omega+1)}$。

3.8 (1)$F_1(\omega)=\frac{1}{\text{j}\omega+1}[1-\text{e}^{-(\text{j}\omega+1)}]$；

(2)$F_2(\omega)=\frac{1}{\text{j}\omega+2}\text{e}^{\text{j}\omega+2}$；

(3) $F_3(\omega)=2\pi\text{Sa}(\pi\omega)+\pi\text{Sa}(\pi\omega+\pi)+\pi\text{Sa}(\pi\omega-\pi)$。

3.9 (1)$F_1(\omega)=\text{j}F'(\omega)$； (2)$F_2(\omega)=[-F(\omega)-\omega F'(\omega)]$；

(3)$F_3(\omega)=\text{j}[F'(\omega)-\text{j}t_0F(\omega)]\text{e}^{-\text{j}\omega t_0}$； (4)$F_4(\omega)=\frac{1}{2}F\left(-\frac{\omega+3}{2}\right)\text{e}^{-\text{j}\frac{\omega+3}{2}}$；

(5)$F_5(\omega)=2F(2\omega)\text{e}^{-\text{j}10\omega}$；

(6)$F_6(\omega)=\frac{1}{6}F\left(\frac{\omega+\pi}{3}\right)\text{e}^{-\text{j}\frac{\omega+\pi}{3}}+\frac{1}{6}F\left(\frac{\omega-\pi}{3}\right)\text{e}^{-\text{j}\frac{\omega-\pi}{3}}$。

3.10 (1)$y_{\text{f}1}(t)=\frac{1}{4}$； (2)$y_{\text{f}2}(t)=\frac{\sin\omega_\text{c}(t-1)}{\pi(t-1)}$。

3.11 (1)$H(\omega)=\frac{\text{j}\omega+1}{(\text{j}\omega)^2+5\text{j}\omega+6}$，$h(t)=2\text{e}^{-3t}u(t)-\text{e}^{-2t}u(t)$；

(2)$H(\omega)=2(\text{j}\omega)^2+3\text{j}\omega-1$，$h(t)=2\delta''(t)+3\delta'(t)-\delta(t)$；

(3) $H(\omega)=\dfrac{(\mathrm{j}\omega)^2+2\mathrm{j}\omega-3}{\mathrm{j}\omega+6}=\mathrm{j}\omega-4+\dfrac{21}{\mathrm{j}\omega+6}$，$h(t)=\delta'(t)-4\delta(t)+21\mathrm{e}^{-6t}u(t)$。

3.12 (1) $H(\omega)=\dfrac{2\mathrm{j}\omega+4}{(\mathrm{j}\omega)^2+4\mathrm{j}\omega+3}$，$y''(t)+4y'(t)+3y(t)=2f'(t)+4f(t)$；

(2) $H(\omega)=\dfrac{4}{\omega^2+4}$，$y''(t)-4y(t)=-4f(t)$；

(3) $H(\omega)=3\mathrm{j}\omega-1$，$y(t)=3f'(t)-f(t)$；

(4) $H(\omega)=\dfrac{2\mathrm{j}\omega+5}{\mathrm{j}\omega+2}$，$y'(t)+2y(t)=2f'(t)+5f(t)$。

3.13

(1) 当 $a<\omega_c$ 时，$y(t)=\dfrac{\sin at}{\pi t}$；

(2) 当 $a>\omega_c$ 时，$y(t)=\dfrac{\sin\omega_c t}{\pi t}$；

(3) 当 $a<\omega_c$ 时，无失真；当 $a>\omega_c$ 时，有失真。

3.14 $y(t)=\dfrac{1}{4\pi t}(\sin 10^3 t-\sin 999t)=\dfrac{1}{2}\dfrac{\sin 0.5t}{\pi t}\cos 999.5t$。

3.15 (1) $s(t)=\dfrac{1}{2}u(t)-\dfrac{1}{2}\mathrm{e}^{-2t}u(t)$；(2) $y(t)=\mathrm{e}^{-t}u(t)-\mathrm{e}^{-2t}u(t)$。

3.16 输出信号都等于 $y(t)=\dfrac{\sin\pi t}{\pi t}$。

3.20 解 由于

$|t|<1,\quad t^2-1<0,\quad \mathrm{sgn}(t^2-1)=-1$

$|t|>1,\quad t^2-1>0,\quad \mathrm{sgn}(t^2-1)=1$

所以，$f(t)=1-2g_2(t)$，波形如题 3.20 答案图所示。

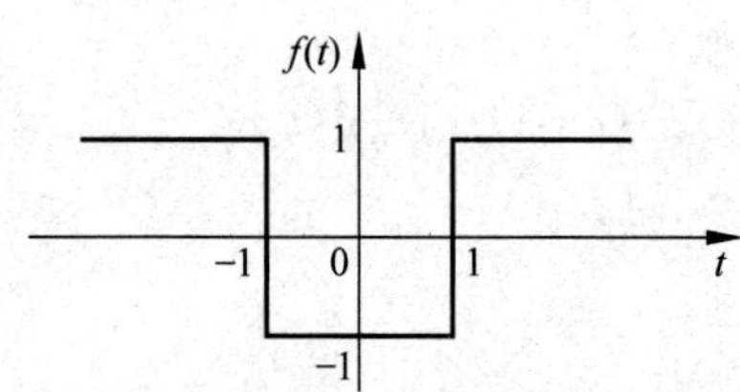

题 3.20 答案图

则有

$$F(\omega)=2\pi\delta(\omega)-4\mathrm{Sa}(\omega)=2\pi\delta(\omega)-4\frac{\sin(\omega)}{\omega}$$

3.21 (1) $F(\omega)=\dfrac{\sin(t-1)}{\pi(t-1)}\mathrm{e}^{\mathrm{j}(t-1)}$；(2) $\delta(t+3)+\delta(t-3)$。

3.22 解 因为

$$f(t)\longleftrightarrow F(\omega),\quad \mathrm{sgn}(t)\longleftrightarrow\frac{2}{\mathrm{j}\omega}$$

由对偶特性有

$$\frac{2}{\mathrm{j}t}\longleftrightarrow 2\pi\mathrm{sgn}(-\omega)=-2\pi\mathrm{sgn}(\omega)$$

即

$$\frac{1}{\pi t}\longleftrightarrow -\mathrm{j}\mathrm{sgn}(\omega)$$

由时域微分特性有

$$f'(t)\longleftrightarrow \mathrm{j}\omega F(\omega)$$

所以

$$Y(\omega)=[\mathrm{j}\omega F(\omega)]\times[-\mathrm{j}\operatorname{sgn}(\omega)]=|\omega|F(\omega)$$

3.23 (1)$\frac{\mathrm{j}}{9}F'\left(\frac{\omega}{3}\right)$；(2)$\mathrm{j}F'(-\omega)\mathrm{e}^{-\mathrm{j}2\omega}$。

3.24 $F_1(\omega)=\mathrm{j}\mathrm{Sa}(\omega+\pi)-\mathrm{j}\mathrm{Sa}(\omega-\pi)$，$F_2(\omega)=-[\mathrm{j}\mathrm{Sa}(\omega+\pi)-\mathrm{j}\mathrm{Sa}(\omega-\pi)]\mathrm{e}^{-\mathrm{j}\omega}$。

3.25 解

$$f(t)=\sum_{-\infty}^{+\infty}x(t-kT),\quad T=8,\quad \omega_0=\frac{\pi}{4}$$

$$x(t)=2g_2(t)+g_2(t-4)$$

$$X(\omega)=4\mathrm{Sa}(\omega)+2\mathrm{Sa}(\omega)\mathrm{e}^{-\mathrm{j}4\omega}$$

$$f(t)\overset{\mathrm{FS}}{\longleftrightarrow}a_k=\left.\frac{X(\omega)}{T}\right|_{\omega=k\omega_0}=\frac{1}{8}\left[4\mathrm{Sa}\left(k\ \frac{\pi}{4}\right)+2\mathrm{Sa}\left(k\ \frac{\pi}{4}\right)\mathrm{e}^{-\mathrm{j}k\pi}\right]$$

$$=\frac{1}{4}\mathrm{Sa}\left(k\ \frac{\pi}{4}\right)[2+(-1)^k]$$

$$F_T(\omega)=2\pi\sum_{k=-\infty}^{+\infty}a_k\delta(\omega-k\omega_0)$$

$$=\frac{\pi}{2}\sum_{k=-\infty}^{+\infty}\mathrm{Sa}\left(\frac{k\pi}{4}\right)[2+(-1)^k]\delta\left(\omega-\frac{k\pi}{4}\right)$$

3.26 $T=\frac{1}{300}\mathrm{s}$，$H(\omega)=\frac{1}{300}g_{600\pi}(\omega)$。

3.28 $R_1=R_2=1\Omega$。

3.29 解

$$y_{\mathrm{f}}(t)=\frac{1}{a}\int_{-\infty}^{+\infty}s\left[-\left(\frac{t-\tau}{a}\right)\right]f(\tau-2)\mathrm{d}\tau=\frac{1}{a}f(t-2)*s\left(-\frac{t}{a}\right)$$

设 $f(t)\longleftrightarrow F(\omega)$，则

$$f(t-2)\longleftrightarrow \mathrm{e}^{-\mathrm{j}2\omega}F(\omega)$$

由于 $s(t)\longleftrightarrow S(\omega)$，则

$$s\left(-\frac{t}{a}\right)\longleftrightarrow|a|S(-a\omega)$$

所以

$$Y_{\mathrm{f}}(\omega)=|a|F(\omega)S(-a\omega)\mathrm{e}^{-\mathrm{j}2\omega}$$

$$H(\omega)=|a|S(-a\omega)\mathrm{e}^{-\mathrm{j}2\omega}$$

3.30 证明

$$\mathrm{Sa}\left(\frac{\pi t}{2}\right)\longleftrightarrow 2g_\pi(\omega),\quad \frac{1}{2}f(t)\mathrm{e}^{\mathrm{j}k\pi t}\longleftrightarrow\frac{1}{2}F(\omega-k\pi)$$

$$Y(\omega)=\sum_{k=-\infty}^{+\infty}F(\omega-k\pi)g_\pi(\omega)=F(\omega)$$

所以

$$y(t)=f(t)$$

3.31 (1)$F(0)=4$；(2)$\int_{-\infty}^{+\infty}F(\omega)\mathrm{d}\omega=4\pi$；

(3)$f'(t)\overset{F}{\longleftrightarrow}\mathrm{j}\omega F(\omega),-\mathrm{j}f'(t)\overset{F}{\longleftrightarrow}\omega F(\omega),\int_{-\infty}^{+\infty}\omega F(\omega)\mathrm{d}\omega=2\pi[-\mathrm{j}f'(0)]=-\mathrm{j}2\pi$；

(4)$x(t)\longleftrightarrow X(\omega)=|X(\omega)|\mathrm{e}^{\mathrm{j}\angle X(\omega)}$。

3.32 解

$$u(t)\longleftrightarrow\pi\delta(\omega)+\frac{1}{\mathrm{j}\omega}$$

$$u(t-2)\longleftrightarrow\left[\pi\delta(\omega)+\frac{1}{\mathrm{j}\omega}\right]\mathrm{e}^{-\mathrm{j}2\omega}=\pi\delta(\omega)+\frac{1}{\mathrm{j}\omega}\mathrm{e}^{-\mathrm{j}2\omega}$$

$$f_1(t)=u\left(\frac{t}{2}-2\right)\longleftrightarrow F_1(\omega)=2\left[\pi\delta(2\omega)+\frac{1}{\mathrm{j}2\omega}\mathrm{e}^{-\mathrm{j}4\omega}\right]$$

$$=2\pi\delta(2\omega)+\frac{1}{\mathrm{j}\omega}\mathrm{e}^{-\mathrm{j}4\omega}$$

由于

$$|t|<3,\quad t^2-9<0,\quad \mathrm{sgn}(t^2-9)=-1$$

$$|t|>3,\quad t^2-9>0,\quad \mathrm{sgn}(t^2-9)=1$$

所以，$f(t)=1-2g_6(t)$，波形如题3.32答案图所示。

$$F_2(\omega)=2\pi\delta(\omega)-12\mathrm{Sa}(3\omega)$$

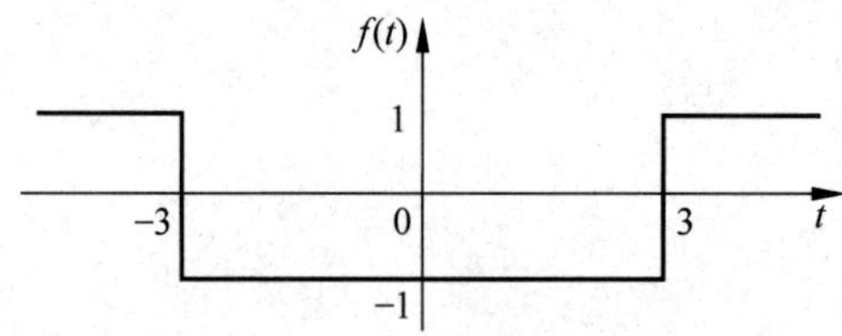

题3.32答案图

3.33 解 输入信号$f(t)$的角频率$\omega_0=\frac{2\pi}{T}=12$，因为$y(t)=f(t)$，所以$f(t)$的一切频率分量均应位于$H(\omega)$中，$H(\omega)$为理想高通滤波器，即$f(t)$在$|\omega|<100$范围内的分量应全为零。所以

$$|k\omega_0|\leqslant 100\text{ 时},a_k=0;\quad k\omega_0=12k\leqslant 100\text{ 时},k\leqslant\frac{100}{12}=8.33$$

因为k必须为整数，故当$|k|\leqslant 8$时，$a_k=0$。

3.34 解 设$F(\omega)=R(\omega)+\mathrm{j}x(\omega)$，其中$\mathrm{Re}[F(\omega)]=R(\omega)$，$\mathrm{Im}[F(\omega)]=X(\omega)$。因为$f(t)$是实因果信号，所以

$$f(t)=2F^{-1}[R(\omega)]u(t)=\mathrm{j}2F^{-1}[X(\omega)]u(t)$$

已知

$$\frac{1}{2\pi}\int_{-\infty}^{+\infty}\mathrm{Re}[F(\omega)]\mathrm{e}^{\mathrm{j}\omega t}\mathrm{d}\omega=|t|\mathrm{e}^{-|t|}$$

即

$$F^{-1}[R(\omega)]=|t|\mathrm{e}^{-|t|}$$

故

$$f(t)=2F^{-1}[R(\omega)]u(t)=2t\mathrm{e}^{-t}u(t)$$

第 4 章

4.1 (1) $\int_{-\infty}^{+\infty} f(t)\mathrm{e}^{-st}\mathrm{d}t=F(s),\sigma\in(\alpha,\beta)$；$\int_{0^-}^{+\infty} f(t)\mathrm{e}^{-st}\mathrm{d}t=F(s),\sigma\in(\alpha,+\infty)$；

(2) $F(s)\mathrm{e}^{-3s}$　$-tf(t)$　$\mathrm{e}^{3t}f(t)$　$f(-t)$　$f''(t)$；

(3) $sF(s)-f(0^-)$　$s^2F(s)-sf(0^-)-f'(0^-)$；

(4) 系统的单位冲激响应　LTI 连续时间系统在输入信号为单位冲激信号 $\delta(t)$ 时的零状态响应称为系统的单位冲激响应；

(5) 系统的频率响应　若 LTI 连续时间系统输入信号为 $f(t)$ 时，零状态响应为 $y_f(t)$，且 $f(t)\longleftrightarrow F(\omega)$，$y_f(t)\longleftrightarrow Y_f(\omega)$，定义 $H(\omega)=\dfrac{Y_f(\omega)}{F(\omega)}$ 为 LTI 系统的频率响应；

(6) 系统的系统函数　若 LTI 连续时间系统输入信号为 $f(t)$ 时，零状态响应为 $y_f(t)$，且 $f(t)\longleftrightarrow F(s)$，$y_f(t)\longleftrightarrow Y_f(s)$，定义 $H(S)=\dfrac{Y_f(s)}{F(s)}$ 为 LTI 系统的系统函数；

(7) $h(t)\overset{\mathrm{FT}}{\longleftrightarrow}H(\omega)$　$h(t)\overset{\mathrm{LT}}{\longleftrightarrow}H(s)$；

(8) $\dfrac{1}{s^2}$；

(9) $2\delta'(t)-4\delta(t)+3\mathrm{e}^{-9t}u(t)$；

(10) $u(t)+\mathrm{e}^{-t}\cos tu(t)-\mathrm{e}^{-t}\sin tu(t)$。

4.2 (1) 计算输入信号的拉普拉斯变换 $f(t)\longleftrightarrow F(s)$，则系统零状态响应 $y_f(t)$ 的拉普拉斯变换为 $Y_f(s)=F(s)H(s)$，取反拉普拉斯变换得系统的零状态响应 $y_f(t)$。

(2) 设 LTI 连续时间系统的系统函数 $H(s)=\dfrac{N(s)}{D(s)}$，定义系统函数的零点 ξ_i：$\lim\limits_{s\to\xi_i}H(s)=0$，即系统函数 $H(s)$ 分子多项式 $N(s)=0$ 的根；定义系统函数的极点 p_k 为 $\lim\limits_{s\to p_k}H(s)\to+\infty$，即系统函数 $H(s)$ 分母多项式 $D(s)=0$ 的根($i=1,2,\cdots,M$；$k=1,2,\cdots,N$)。

若 LTI 系统的系统函数有零点 ξ_i 和极点 p_k($i=1,2,\cdots,M$；$k=1,2,\cdots,N$)，建立复平面，在复平面上用"○"表示零点的位置，用"×"表示极点的位置，若遇重根在其旁标明重数，就作出了系统的零极图。

(3) 若因果 LTI 系统的系统函数 $H(s)$ 有极点 p_k($k=1,2,\cdots,N$)，当全部极点 p_k 均位于左半复平面时，即满足 $\mathrm{Re}[p_k]_{\max}<0$ 时，系统稳定；否则系统不稳定。

4.3 (1)D；(2)B；(3)D；(4)A。

4.4 (1)$F_1(s)=\dfrac{1}{s+3}$；　(2)$F_2(s)=\dfrac{1}{s+3}\mathrm{e}^{-s}$；

(3)$F_3(s)=\dfrac{1}{s+3}\mathrm{e}^{-(s+3)}$；　(4)$F_4(s)=\dfrac{1}{s+3}\mathrm{e}^{-(2s+3)}$；

(5)$F_5(s)=\dfrac{1}{s+3}[1-\mathrm{e}^{-2(s+3)}]$；　(6)$F_6(s)=\dfrac{1}{s+3}[\mathrm{e}^{-(s+3)}-\mathrm{e}^{-3(s+3)}]$。

4.5 (1)$F_1(s)=\frac{2}{s^3}$； (2)$F_2(s)=\frac{1}{s^2}e^{-s}$； (3)$F_3(s)=\frac{s+1}{s^2}e^{-s}$。

4.6 (1)$F_1(s)=\frac{1}{s}e^{-\frac{s}{2}}$； (2)$F_2(s)=(-1)$；

(3)$F_3(s)=\frac{1}{s^3}$； (4)$F_4(s)=\frac{s}{s+4}$。

4.7 (1)$F_1(s)=\frac{1}{(s+1)^2}$； (2)$F_2(s)=\frac{-1}{(s+1)^2}$；

(3)$F_3(s)=\frac{s}{(s+1)^2}$； (4)$F_4(s)=\frac{1}{s+3}e^{-2s}$。

4.8 (1)$F_1(s)=\frac{1}{s}(2e^{2s}-e^{s}-e^{-s})$；

(2)$F_2(s)=\frac{1}{s^2}(1-\frac{3}{2}e^{-s}+\frac{1}{2}e^{-3s})$；

(3)$F_3(s)=\frac{1}{s^2}(1-2e^{-s}+e^{-3s})$；

(4)$F_4(s)=\frac{1}{s}(1+e^{-2s})-\frac{1}{s^2}(1-e^{-2s})$。

4.9 (1)$f_1(t)=\left(\frac{3}{2}e^{-3t}-\frac{1}{2}e^{-t}\right)u(t)$；

(2)$f_2(t)=\left(\frac{6}{5}e^{4t}-\frac{1}{5}e^{-t}\right)u(t)$；

(3)$f_3(t)=tu(t)-2(t-1)u(t-1)+(t-2)u(t-2)$；

(4)$f_4(t)=3u(t)+tu(t)$；

(5)$f_5(t)=\delta(t)-9e^{-3t}u(t)+4e^{-2t}u(t)$；

(6)$f_6(t)=\frac{1}{4}(e^{-t}-e^{-9t})u(t)+[e^{-(t-1)}-e^{-9(t-1)}]u(t-1)$。

4.11 (1)$f_1(t)=\frac{1}{2}(e^{-t}-e^{-3t})u(t)$；

(2)$f_2(t)=\frac{1}{5}(e^{t}-e^{-4t})u(t)$；

(3)$f_3(t)=te^{-t}u(t)$。

4.12 (1)$H(s)=\frac{\frac{1}{3}}{s+\frac{2}{3}}$，$h(t)=\frac{1}{3}e^{-\frac{2}{3}t}u(t)$，$H(\omega)=\frac{\frac{1}{3}}{j\omega+\frac{2}{3}}$；

(2) $H(s)=\frac{s+2}{s^2-8s+15}$，$h(t)=\left(\frac{7}{2}e^{5t}-\frac{5}{2}e^{3t}\right)u(t)$，$H(\omega)$不存在；

(3) $H(s)=\frac{s+1}{s^2+8s+12}$，$h(t)=\left(\frac{5}{4}e^{-6t}-\frac{1}{4}e^{-2t}\right)u(t)$，$H(\omega)=\frac{j\omega+1}{(j\omega)^2+j8\omega+12}$。

4.13 $h(t)=e^{-5t}u(t)$。

4.14 (1)$y''(t)+3y'(t)+2y(t)=f(t)$； (2)$H(s)=\frac{1}{s^2+3s+2}$；

(3)$H(\omega)=\dfrac{1}{(\mathrm{j}\omega)^2+\mathrm{j}3\omega+2}$；　　(4)$h(t)=(\mathrm{e}^{-t}-\mathrm{e}^{-2t})u(t)$；

(5)$y(t)=\left(\dfrac{1}{2}-\mathrm{e}^{-t}+\dfrac{1}{2}\mathrm{e}^{-2t}\right)u(t)$；　　(6)系统稳定。

4.15　(1)$h(t)=\dfrac{1}{2}\delta(t)+\mathrm{e}^{-2t}u(t)-2\mathrm{e}^{-3t}u(t)$；

(2)$s(t)=\left(\dfrac{1}{3}-\dfrac{1}{2}\mathrm{e}^{-2t}+\dfrac{2}{3}\mathrm{e}^{-3t}\right)u(t)$。

4.16　$f(t)=\left(1-\dfrac{1}{2}\mathrm{e}^{-t}+\dfrac{1}{2}\mathrm{e}^{-2t}\right)u(t)$。

4.17　$y_{\mathrm{f}}(t)=\left(3\mathrm{e}^{-3t}-\dfrac{1}{3}\mathrm{e}^{-t}-\dfrac{8}{3}\mathrm{e}^{-4t}\right)u(t)$。

4.18　$h(t)=\left(\dfrac{7}{2}\mathrm{e}^{-4t}-\dfrac{3}{2}\mathrm{e}^{-2t}\right)u(t),s(t)=\left(\dfrac{1}{8}+\dfrac{3}{4}\mathrm{e}^{-2t}-\dfrac{7}{8}\mathrm{e}^{-4t}\right)u(t)$。

4.19

(1)$h(t)=\delta(t)-\mathrm{e}^{-t}u(t)$；　　(2)$y'(t)+y(t)=f'(t)$；

(3)$y_{\mathrm{f}}(t)=\dfrac{3}{2}\mathrm{e}^{-3t}u(t)-\dfrac{1}{2}\mathrm{e}^{-t}u(t)$。

4.20　(1)$y(t)=\dfrac{5}{2}\mathrm{e}^{-t}-\dfrac{3}{2}\mathrm{e}^{-3t}+\left(-\dfrac{1}{2}\mathrm{e}^{-t}+3\mathrm{e}^{-2t}-\dfrac{5}{2}\mathrm{e}^{-3t}\right)u(t)$

$=2\mathrm{e}^{-t}-4\mathrm{e}^{-3t}+3\mathrm{e}^{-2t},\quad t>0$；

(2) $y(t)=2\mathrm{e}^{-2t}-\mathrm{e}^{-5t}+\left(\dfrac{1}{10}+\dfrac{1}{6}\mathrm{e}^{-2t}-\dfrac{4}{15}\mathrm{e}^{-5t}\right)u(t)$

$=\dfrac{1}{10}+\dfrac{13}{6}\mathrm{e}^{-2t}-\dfrac{19}{15}\mathrm{e}^{-5t},\quad t>0$。

4.21　$f(t)=-u(t)-5tu(t)$。

4.22　$y_{\mathrm{f2}}(t)=u(t)-3u(t-2)+3u(t-4)-u(t-6)$。

4.23　(1)稳定；(2)不稳定；(3)不稳定。

4.24　$H(s)=\dfrac{4s-4}{s^2+3s+2}$。

4.34　**解**

$$f_1(t)=2\mathrm{e}^{-3t}u(t-1)$$

$$F_1(s)=2\mathrm{e}^{-3}\ \frac{1}{s+3}\mathrm{e}^{-s}=\frac{2}{s+3}\mathrm{e}^{-(s+3)},\quad \sigma>-3$$

$$f_2(t)=f'_1(t)\rightarrow y_2(t)=y'_1(t)$$

$$Y_2(s)=sY_1(s)$$

$$y_{\mathrm{f2}}(t)=-3y_{\mathrm{f1}}(t)+\mathrm{e}^{-2t}u(t)$$

$$Y_2(s)=-3Y_1(s)+\frac{1}{s+2}=sY_1(s)$$

即

$$(s+3)Y_1(s)=\frac{1}{s+2},\quad Y_1(s)=\frac{1}{(s+2)(s+3)}$$

所以

$$H(s)=\frac{Y_1(s)}{F_1(s)}=\frac{1}{(s+2)(s+3)}\frac{s+3}{2\mathrm{e}^{-(s+3)}}=\frac{1}{2}\frac{1}{(s+2)}\mathrm{e}^{(s+3)}$$

$$h(t)=\frac{1}{2}\mathrm{e}^{-2t+1}u(t+1)$$

4.37 解 (1) 做电路的 S 域模型,列 KCL 方程:

$$\left(\frac{1}{SL}+SC+\frac{1}{R}\right)Y(S)=\frac{F(S)}{SL}$$

解得

$$H(S)=\frac{Y(S)}{F(S)}=\frac{1}{S^2+S+1}$$

(2) $H(S)=\dfrac{\frac{\sqrt{3}}{2}\frac{2}{\sqrt{3}}}{\left(S+\frac{1}{2}\right)^2+\left(\frac{\sqrt{3}}{2}\right)^2}$

系统是物理可实现的,是因果的,有

$$h(t)=\sqrt{3}\,\mathrm{e}^{-\frac{1}{2}t}\sin\left(\frac{\sqrt{3}}{2}t\right)u(t)$$

(3) $H(S)$无零点,有极点 $p_{1,2}=-\frac{1}{2}\pm\mathrm{j}\frac{\sqrt{3}}{2}$。作出零极点图如题 4.37 答案图所示。

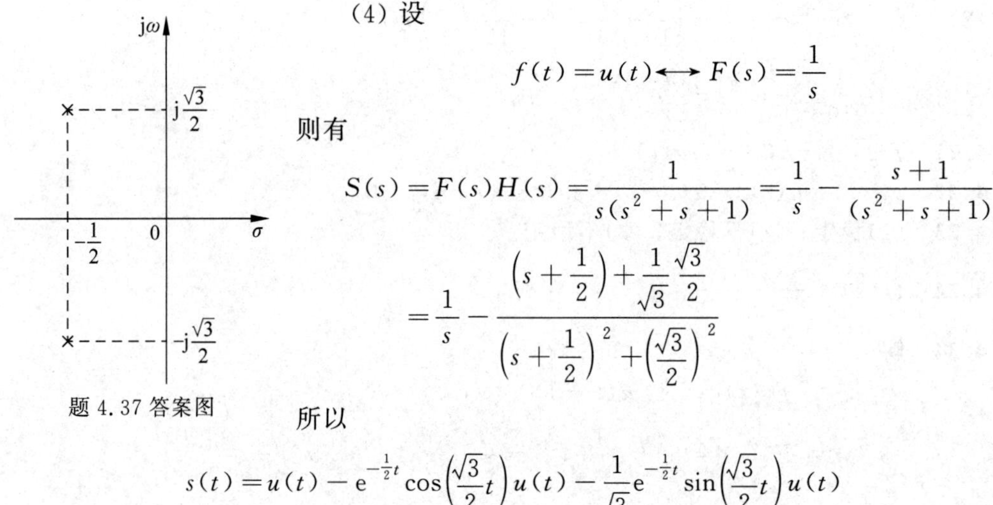

题 4.37 答案图

(4) 设

$$f(t)=u(t)\longleftrightarrow F(s)=\frac{1}{s}$$

则有

$$S(s)=F(s)H(s)=\frac{1}{s(s^2+s+1)}=\frac{1}{s}-\frac{s+1}{(s^2+s+1)}$$

$$=\frac{1}{s}-\frac{\left(s+\frac{1}{2}\right)+\frac{1}{\sqrt{3}}\frac{\sqrt{3}}{2}}{\left(s+\frac{1}{2}\right)^2+\left(\frac{\sqrt{3}}{2}\right)^2}$$

所以

$$s(t)=u(t)-\mathrm{e}^{-\frac{1}{2}t}\cos\left(\frac{\sqrt{3}}{2}t\right)u(t)-\frac{1}{\sqrt{3}}\mathrm{e}^{-\frac{1}{2}t}\sin\left(\frac{\sqrt{3}}{2}t\right)u(t)$$

第 5 章

5.1 填空题

(1) 单位冲激序列响应　当输入信号是单位冲激序列 $\delta[n]$时的零状态响应为 LTI 离散时间系统的单位冲激序列响应　系统;

(2) 系统　系统　系统的输入信号;

(3) $f[n]*h[n]$；

(4) 输入信号为单位阶跃信号 $u[n]$时的 LTI 离散时间系统的零状态响应称为系统的单位阶跃响应　$u[n]*h[n]$；

(5) $f[n]$　$\sum_{k=-\infty}^{n} f[k]$ $f[n+1]-2f[n-1]+f[n-3]$$f[n-4]$$f[n]+f[n-1]$；

(6) $\delta[n]$　$u[n-1]$；(7) $h[n]$　$2y_f[n-2]$；(8) $\{6,11,0,-1,4,6,-2\}_{(-1)}$；

(9) $\frac{13}{9}$　$\frac{13}{81}$。

5.2 选择题

(1)C；(2)A；(3)D；(4)A。

5.3 $y_s[n]=\left(\frac{1}{2}\right)^{n+1}, n\geqslant -1$。

5.4 $h[n]=\left(\frac{1}{2}\right)^{n}u[n]$。

5.5 $h[n]=\delta[n]-\left(\frac{1}{2}\right)^{n}u[n-1]$。

5.6 $y[n]=\{0.06,0.07,0.04,0.01\}_{(0)}$。

5.9 $y_{f2}[n]=y_{f1}[n-1]+y_{f1}[n-2]+y_{f1}[n-3]$。

5.10 $y_f[n]=h[n-1]+h[n-2]=u[n-2]-u[n-6]+u[n-3]-u[n-7]$。

5.12 (1)48；(2)非周期序列；(3)非周期序列。

5.13 (1)$y_s[n]=4\times 2^n, n\geqslant -2$；(2)$y_s[n]=2-4(-2)^n, n\geqslant -2$。

5.14 (1)$[2-(0.5)^n]u[n]$；(2)$(n-1)u[n-1]$；(3)0。

5.15 $y_f[n]=(1-3^{n-1})u[n-1]-2(1-3^{n-3})u[n-3]$。

5.16 $h[n]=u[n]+u[n-1]+u[n-2]+u[n-3]+u[n-4]$。

5.17 $y[n]=\cos(\pi(n-2)/8)$。

5.18

(1) $f_2[n]=\delta[n]-\delta[n-1]+\delta[n-2]$

$f_1[n]=\delta[n]+2\delta[n-1]+3\delta[n-2]+4\delta[n-3]$

$$\begin{aligned}y_1[n]&=f_1[n]-f_1[n-1]+f_1[n-2]\\&=\delta[n]+\delta[n-1]+2\delta[n-2]+3\delta[n-3]-\delta[n-4]+4\delta[n-5]\\&=\{1,1,2,3,-1,4\}_{(0)};\end{aligned}$$

(2) $y_2[n]=y_1[n-2]=\{1,1,2,3,-1,4\}_{(2)}$；

(3) $y_3[n]=y_1[n-5]=\{1,1,2,3,-1,4\}_{(5)}$。

第 6 章

6.1 填空题

(1) $F(z)=\sum_{n=-\infty}^{+\infty} f[n]z^{-n}, F(z)=\sum_{n=0}^{+\infty} f[n]z^{-n}$；

(2) $z^{-2}F(z)$　$F\left(\frac{1}{z}\right)$　$F\left(\frac{z}{2}\right)$　$(-1)^n f[n]$；

(3) $F(z)=\dfrac{1-z^{-4}}{1-z^{-1}}=1+z^{-1}+z^{-2}+z^{-3}, 0<|z|\leqslant+\infty$；

(4) 单位冲激序列响应　当输入信号是单位冲激序列 $\delta[n]$时的零状态响应为 LTI 离散时间系统的单位冲激序列响应；

(5) LTI 离散时间系统的系统函数　$H(z)=\dfrac{\mathcal{L}[y_f[n]]}{\mathcal{L}[f[n]]}=\dfrac{Y(z)}{F(z)}$；

(6) 单位冲激序列响应 $h[n]$与系统的系统函数 $H(z)$是一对 ZT；

(7) $F(z)=2$；

(8) $h[n]=2\delta[n-1]-4\delta[n]+3^n u[n]$；

(9) $f[n]=8\delta[n+3]-2\delta[n]+\delta[n-1]-\delta[n-2]$。

6.2　单项选择题

(1)C；(2)A；(3)C；(4)C；(5)D；(6)D。

6.3　判断题

(1)√；(2)√；(3)×；(4)√。

6.4　$y[n]=a^n u[n]$。

6.5　$f[n]=(2-0.5^n)u[n]$。

6.6　$y[n]=\left[\left(\dfrac{1}{2}\right)^{n+1}-\left(-\dfrac{1}{2}\right)^{n+1}\right]u[n]$。

6.7　(1)$h[n]=-\dfrac{2}{7}\left(\dfrac{1}{3}\right)^n u[n]+\dfrac{9}{7}(-2)^n u[n]$；

(2)$h[n]=\dfrac{2}{7}\left(\dfrac{1}{3}\right)^n u[-n-1]-\dfrac{9}{7}(-2)^n u[-n-1]$；

(3)$h[n]=-\dfrac{2}{7}\left(\dfrac{1}{3}\right)^n u[n]-\dfrac{9}{7}(-2)^n u[-n-1]$。

6.8　(1)$H(z)=\dfrac{Y(z)}{F(z)}=\dfrac{1+z^{-1}}{1+z^{-1}-6z^{-2}}=\dfrac{z(z+1)}{(z-2)(z+3)}$；

(2)$|z|>3$，$H(z)$的两个极点分别位于 2 和 -3，它们都不在单位圆内，因此，该系统是一个不稳定的因果系统；

(3)$h[n]=\left[\dfrac{3}{5}(2)^n+\dfrac{2}{5}(-3)^n\right]u[n]$；

(4)$y_f[n]=\left[-\dfrac{1}{2}+\dfrac{6}{5}(2)^n+\dfrac{3}{10}(-3)^n\right]u[n]$。

6.9　(1)$y[n]-\dfrac{5}{6}y[n-1]+\dfrac{1}{6}y[n-2]=f[n-1]$；

(2)$y_s[n]=\left(\dfrac{1}{2}\right)^{n+1}, n\geqslant-2$；

(3)$y[n]=2\left(\dfrac{1}{2}\right)^{n+1}+3\left\{\left[3-6\left(\dfrac{1}{2}\right)^n+3\left(\dfrac{1}{3}\right)^n\right]u[n]-\left[3-6\left(\dfrac{1}{2}\right)^{n-5}+3\left(\dfrac{1}{3}\right)^{n-5}\right]u[n-5]\right\}, n\geqslant-2$。

6.10　$H(e^{j\Omega})=e^{-j\frac{\Omega}{2}}\cos\dfrac{\Omega}{2}$。

6.11 $y[n]=\left(\frac{1}{2}\right)^n-\left(\frac{1}{3}\right)^{n+1}+3u[n]+3\left(\frac{1}{3}\right)^n u[n]-6\left(\frac{1}{2}\right)^n u[n], n\geqslant -2$。

6.17 $F(z)=z^{-2}+\frac{1}{(z-1)^2}, |z|\in(1,+\infty)$。

6.18 $f[n]=\frac{1}{n}(a^n-1)u[n]$。

6.19 $y_f[n]=3h[n]+2h[n-1]+h[n-2]=\{3,5,6,3,1\}_{(0)}$。

6.20 $A=-\frac{9}{8}, H(z)=-\frac{(z+2)\left(z-\frac{1}{2}\right)}{8z\left(z-\frac{1}{4}\right)}$。

6.21 $y_f[n]=(e^{j\frac{\pi}{4}(n-1)}+ae^{j\frac{\pi}{4}(n-2)})\left(\frac{1}{1-ae^{-j\frac{\pi}{4}}}+\frac{1}{1-ae^{j\frac{\pi}{4}}}\right)$。

6.22 $\frac{z^8}{z^8-1}, |z|>1$。

第 7 章

7.1 填空题

(1) $\sum_{n=-\infty}^{+\infty} f[n]e^{-j\Omega n}$;

(2) $F(e^{j\Omega})e^{-j2\Omega}F(e^{j(\Omega-2)})$;

(3) $1+e^{-j\Omega}+e^{-j2\Omega}+e^{-j3\Omega}$;

(4) LTI 离散时间系统的频率响应 $H(e^{j\Omega})=\frac{Y(e^{j\Omega})}{F(e^{j\Omega})}=|H(e^{j\Omega})|e^{j\angle H(e^{j\Omega})}$;

(5) 单位冲激序列响应 $h[n]$ 与系统的频率响应 $H(e^{j\Omega})$ 是一对 DTFT 变换;

(6) 单位圆上 单位圆。

7.2 (1) $e^{-j3\Omega}$;(2) $1+\cos\Omega$;(3) $\frac{1}{1-ae^{-j\Omega}}$;(4) $1+2\cos\Omega+2\cos(2\Omega)$。

7.3 (1) $e^{-j\Omega n_0}F(e^{j\Omega})$;(2) $F^*(e^{-j\Omega})$;(3) $F(e^{-j\Omega})$;(4) $j\frac{dF(e^{j\Omega})}{d\Omega}$;

(5) $\frac{1}{2}F(e^{j\frac{\Omega}{2}})+\frac{1}{2}F(e^{j\frac{\Omega-2\pi}{2}})$;(6) $F(e^{j2\Omega})$。

7.9 (1) $F(\omega)=2\pi\delta(\omega+200\pi)+2\pi\delta(\omega-200\pi)$;

(2) $f_s(t)=\sum_{n=-\infty}^{+\infty} 2\cos(2\pi f_0 t)\delta(t-nT)=\sum_{n=-\infty}^{+\infty} 2\cos\left(\frac{\pi}{2}n\right)\delta\left(t-\frac{1}{400}n\right)$

$$f[n]=2\cos\left(\frac{\pi}{2}n\right)$$

(3)

$$F_s(\omega)=f_s\sum_{n=-\infty}^{+\infty} F(\omega-n\Omega_s)=800\pi\sum_{n=-\infty}^{+\infty}[\delta(\omega+200\pi-800\pi n)+\delta(\omega-200\pi-800\pi n)]$$

$$F(e^{j\Omega})=2\pi\sum_{n=-\infty}^{+\infty}\left[\delta\left(\Omega+\frac{1}{2}\pi-2\pi n\right)+\delta\left(\Omega-\frac{1}{2}\pi-2\pi n\right)\right]$$

参 考 文 献

[1] 吴大正,杨沐耀,张永瑞.线性系统分析[M].北京：高等教育出版社,1998.

[2] 管致中,夏恭格.信号与线性系统[M].2版.北京：高等教育出版社,1992.

[3] OPPENHEIM ALAN V, WILLSKY ALAN S. Signals and Systems[M]. 2nd ed. Prentice-Hall, Inc.,1997.

[4] 闵大镒,朱学勇.信号与系统分析[M].成都：电子科技大学出版社,2000.

[5] 郑君里,杨为理,应启珩.信号与系统[M].北京：高等教育出版社,1981.

[6] 燕庆明.信号与系统[M].2版.北京：高等教育出版社,2003.

[7] 郑大钟.线性系统理论[M].2版.北京：清华大学出版社,2002.

[8] 时友芬,郑捷,王持芬.信号与系统原理[M].北京：北京邮电大学出版社,1993.

[9] 王金祥.信号与系统[M].哈尔滨：哈尔滨工业大学出版社,1996.

[10] 罗永先,王里生.信号与系统分析[M].长沙：国防科技大学出版社,1989.

[11] 张明友.信号与系统分析[M].成都：四川科学技术出版社,1991.

[12] 徐守时.信号与系统理论、方法和应用[M].合肥：中国科技大学出版社,1999.

[13] 陈生谭,郭宝龙,李学武,等.信号与系统[M].2版.西安：西安电子科技大学出版社,2001.